CRACKING THE CODING INTERVIEW
6TH EDITION

程序员面试金典

(第6版·修订版)

[美] 盖尔·拉克曼·麦克道尔　（Gayle Laakmann McDowell）著
刘博楠　赵鹏飞　李琳骁　漆犇 译

人民邮电出版社
北　京

图书在版编目（CIP）数据

程序员面试金典：第6版：修订版 /（美）盖尔·拉克曼·麦克道尔著；刘博楠等译. -- 2版. -- 北京：人民邮电出版社，2023.3
 ISBN 978-7-115-60887-1

Ⅰ. ①程… Ⅱ. ①盖… ②刘… Ⅲ. ①程序设计－资格考试－自学参考资料 Ⅳ. ①TP311.1

中国版本图书馆CIP数据核字(2022)第252055号

版权声明

© POSTS & TELECOM PRESS 2023. Authorized translation of the English edition © 2016 CareerCup. This translation is published and sold by permission of Gayle Laakmann McDowell, the owner of all rights to publish and sell the same.

本书中文简体字版由 Gayle Laakmann McDowell 授权人民邮电出版社有限公司独家出版。未经出版者事先书面许可，不得以任何方式复制或抄袭本书内容。

版权所有，侵权必究。

内 容 提 要

本书是原谷歌资深面试官的经验之作，紧扣程序员面试环节，全面而详尽地介绍了程序员要为面试做哪些准备以及如何应对面试。主要内容涉及面试的流程解析、面试准备工作，以及多家知名公司的面试题目及详解。修订版特别结合国内科技公司的近况，修订了上一版中的一些问题，增添了国内科技公司的面试流程与注意事项。面试题目方面结合近年国内科技公司的考查重点，整合了原有的内容，围绕考核知识点精选了100多道题目，详细讲解了相关的算法策略。

本书适合程序开发人员和想要了解相关内容的学生阅读。

◆ 著　　[美] 盖尔·拉克曼·麦克道尔
　　译　　刘博楠　赵鹏飞　李琳骁　漆犇
　　责任编辑　赵 轩
　　责任印制　彭志环
◆ 人民邮电出版社出版发行　北京市丰台区成寿寺路11号
　　邮编　100164　电子邮件　315@ptpress.com.cn
　　网址　https://www.ptpress.com.cn
　　河北京平诚乾印刷有限公司印刷
◆ 开本：787×1092　1/16
　　印张：23.25　　　　2023年3月第 2 版
　　字数：610千字　　　2023年3月河北第 1 次印刷
　　著作权合同登记号　图字：01-2022-5753号

定价：99.90元
读者服务热线：(010)84084456-6009　印装质量热线：(010)81055316
反盗版热线：(010)81055315
广告经营许可证：京东市监广登字 20170147 号

中文版推荐序

《程序员面试金典》是一本互联网公司技术面试经典图书。作者盖尔·拉克曼·麦克道尔将自身丰富的面试经历与多年来对互联网行业招聘形势的深入理解相结合，整理归纳成书，帮助许多想要加入互联网企业的求职者获得了心仪的工作机会。

算法和数据结构在现今技术面试环节中极为重要。通过力扣（LeetCode）相关数据，我们发现，国内不论是一线互联网企业还是创业公司，都对程序员算法和数据结构的掌握程度越来越重视，甚至在技术面试中要求手写代码。面试过程中除了会出现一些常用的数据结构，比如树、栈、队列等问题，还会出现一些高级的数据结构问题，比如图、优先队列等。对于算法，从最基础的排序、搜索到动态规划，都是企业非常看重的考核点。技术栈每天都在变化，越来越多的互联网企业看中的不再只是求职者的技术广度。掌握多门计算机语言、了解多种技术栈也不再是考核程序员最为重要的因素，更为重要的是程序员能适应这个行业的变化并不断成长。这背后，最为核心的便是计算机科学思维、算法思维以及逻辑思维能力。

本书不仅能带你理解算法和数据结构的相关知识，熟悉互联网企业招聘模式，还能帮助掌握将知识转化为职业成长的技能，有效应对互联网企业人才招聘模式的转变，将日常解决技术问题的能力提升一个层次。如果你缺乏相关工作经验，那么本书能帮你在专业技能上查缺补漏，并协助你整理出一个系统的学习方向，掌握互联网企业面试流程、考点，以及一些难以了解到的注意事项，做到提前避"坑"。

对于面试官来说，判断求职者的上手速度以及未来成长空间格外重要，但更需要考查其将思路快速转化为代码的能力。借鉴本书的成熟模式，适当地为白板面试做些准备，能够帮助你寻找到支撑业务长久发展并有巨大成长空间的优秀工程师。

职业技能提升非一日之功，静下心来仔细阅读，你将收获巨大。

张云浩，力扣（LeetCode）CTO

前　　言

讨论完招聘事宜，我们又一次沮丧地走出会议室。那天，我们重新审查了10位"过关"的求职者，但是全都不堪录用。我们很纳闷，是自己太过苛刻了吗？

我尤为失望，因为由我推荐的一名求职者也被拒了。他是我以前的学生，以高达3.73的GPA毕业于华盛顿大学，这可是世界上最棒的计算机专业院校之一。此外，他还完成了大量的开源项目工作。他精力充沛、富于创新、头脑敏锐、踏实能干。无论从哪方面来看，他都堪称真正的极客。

但是，我不得不同意其他招聘人员的看法：他还是不够格。就算我的强力推荐可以让他侥幸过关，但他在后续的招聘环节可能还是会失利，因为他的硬伤太多了。

他尽管十分聪明，但答起题来总是磕磕巴巴的。大多数成功的求职者都能轻松搞定第一道题（这一题广为人知，我们只是略作调整而已），可他却没能想出合适的算法。虽然他后来给出了一种解法，但没有提出针对其他情形进行优化的解法。最后，开始写代码时，他草草地采用了最初的思路，可这个解法漏洞百出，最终还是没能搞定。他算不上表现最差的求职者，但与我们的"录用底线"相去甚远，结果只能铩羽而归。

几个星期后，他给我打电话，询问面试结果。我很纠结，不知该怎么跟他说。他需要变得更聪明些吗？不，他其实智力超群。做个更好的程序员？不，他的编程技能和我见过的一些最出色的程序员不相上下。

与许多积极上进的求职者一样，他准备得非常充分。他研读过Brian W. Kernighan和Dennis M. Ritchie合著的《C程序设计语言》，也学习过麻省理工学院出版的《算法导论》等经典著作。他可以细数很多平衡树的方法，也能用C语言写出各种花哨的程序。

我不得不遗憾地告诉他：光是看这些书还远远不够。这些经典学院派著作能够教会你错综复杂的研究理论，帮助你成为出类拔萃的软件工程师，但是对程序员的面试助益不多。为什么呢？容我稍稍提醒你一下：即使从学生时代起，**你的面试官**其实都没怎么接触过所谓的红黑树算法。

要顺利通过面试，就得"**真枪实弹**"地做准备。你必须演练**真正的**面试题，并掌握它们的解题模式。你必须学会开发新的算法，而不是死记硬背见过的题目。

本书就是我根据自己在顶尖公司积累的第一手面试经验和随后在辅导求职者面试过程中提炼而成的精华。我曾经与数百名求职者有过"交锋"，本书可以说是我面试过几百位求职者后的结晶。同时，我还从成千上万求职者与面试官提供的问题中精挑细选了一部分。这些面试题出自许多知名的高科技公司。可以说，本书中的程序员面试题，都是从数以千计的好问题中挑选出来的。

修订说明

《程序员面试金典》的作者盖尔·拉克曼·麦克道尔是一位优秀的软件工程师，曾就职于很多知名科技公司，也在很多公司负责过招聘工作。关于面试，不论是从应聘还是招聘的角度，作者都有着丰富的经验。从2013年第5版被翻译引进，到2019年第6版丰富了更多算法题目，本书一直受到读者们的关注，我们也收到了很多热心读者的建议。

与作者希望全面系统地为读者展现面试的流程与内容，让读者对面试的全过程有清晰完整了解的宗旨一致，本书修订之初，我们走访了国内科技公司业务线的技术招聘负责人，就本书内容进行了讨论，进而对面试流程、面试技巧、面试知识点与题目等内容进行了优化。

对于在校学生，我们希望本书可以提供一个将学校教授的知识应用于未来职场，进行模拟演练的机会。这样可以让他们将学到的知识更好地融会贯通，也能帮助他们触类旁通，发现更多思路。对于从业者，我们希望本书可以提供一个温故知新的机会。在高度关注问题解决与应用的职场中，扎实的技术基础与灵活的原理应用，往往是让人脱颖而出的关键。每当遇到瓶颈，或许可以回头看看，在原理中也许会找到新的思路，能让问题瞬间迎刃而解。

在走访科技公司专家与求职者的过程中，我们发现企业对于求职者的基础知识的考查逐渐成为面试的主要内容，甚至贯穿整个面试过程。专家们也反馈，在技术逐渐趋于稳定的当今，随着业务的扩展，扎实的技术基础与灵活的原理应用逐渐成为找到问题突破口的关键。我们在修订时也优选了更加贴合实际情况的内容，将部分扩展的题目以电子版的方式提供给读者，这样既降低了读者的阅读压力，也保证了题目覆盖更广泛的主题。

面试是求职者向企业展现综合能力的机会，算法是借由编程表达的逻辑性思维活动，两者都是在一问一答中考查我们思考问题的方法和切入问题的角度。希望本书能系统地带大家领略这个过程，让大家知道找工作需要做哪些准备，如何准备，准备什么。

编辑 任洁

目 录

第一部分 求职准备 全面了解

第1章 面试之前 ···················· 1
- 1.1 积累编程经验 ···················· 1
- 1.2 写好简历 ························ 2
  - 1.2.1 简历篇幅长度适中 ············ 2
  - 1.2.2 工作经历 ···················· 2
  - 1.2.3 项目经历 ···················· 2
  - 1.2.4 软件和编程语言 ·············· 3
  - 1.2.5 提防（潜在的）污名 ·········· 3

第2章 面试的流程 ···················· 4
- 2.1 面试准备清单 ···················· 4
  - 2.1.1 你有哪些缺点 ················ 4
  - 2.1.2 你应该问面试官哪些问题 ······ 4
- 2.2 掌握项目所用的技术 ·············· 5
- 2.3 如何应对面试中的提问 ············ 5
  - 2.3.1 正面应答，避免自大 ·········· 5
  - 2.3.2 省略细枝末节 ················ 6
  - 2.3.3 多谈自己 ···················· 6
  - 2.3.4 回答条理清晰 ················ 6
- 2.4 自我介绍 ························ 7
  - 2.4.1 结构 ························ 7
  - 2.4.2 展示成功的点点滴滴 ·········· 8
- 2.5 面试流程 ························ 8
  - 2.5.1 国内企业的面试流程 ·········· 9
  - 2.5.2 国际企业面试的流程 ·········· 11
- 2.6 面试成绩 ························ 13

第3章 技术面试题 ···················· 14
- 3.1 准备事项 ························ 14
- 3.2 基础知识 ························ 14
  - 3.2.1 核心数据结构、算法及概念 ···· 14
  - 3.2.2 2的幂表 ······················ 15
- 3.3 解题步骤 ························ 15
  - 3.3.1 认真听 ······················ 16
  - 3.3.2 画个例图 ···················· 17
  - 3.3.3 给出一个蛮力法 ·············· 17
  - 3.3.4 优化 ························ 17
  - 3.3.5 梳理 ························ 18
  - 3.3.6 实现 ························ 18
  - 3.3.7 测试 ························ 19
- 3.4 优化和解题技巧 ·················· 19
  - 3.4.1 寻找 BUD ····················· 19
  - 3.4.2 亲力亲为 ···················· 22
  - 3.4.3 化繁为简 ···················· 23
  - 3.4.4 由浅入深 ···················· 23
  - 3.4.5 数据结构头脑风暴法 ·········· 24
- 3.5 可想象的极限运行时间 ············ 24
- 3.6 处理错误答案 ···················· 27
- 3.7 做过的面试题 ···················· 27
- 3.8 面试的"完美"语言 ················ 28
- 3.9 好代码的标准 ···················· 29

第二部分 技术面试题目中的基础知识

第4章 大 O ···························· 33
- 4.1 时间复杂度 ······················ 33
- 4.2 空间复杂度 ······················ 35
- 4.3 删除常量 ························ 35
- 4.4 丢弃不重要的项 ·················· 36
- 4.5 多项式算法：加与乘 ·············· 37
- 4.6 分摊时间 ························ 37
- 4.7 log N 运行时间 ·················· 38
- 4.8 递归的运行时间 ·················· 38
- 4.9 例题分析 ························ 39

第 5 章　数组与字符串 ·············· 52
5.1　散列表 ························· 52
5.2　ArrayList 与可变长度数组 ········ 53
5.3　StringBuilder ··················· 53

第 6 章　链表 ······················ 55
6.1　创建链表 ······················· 55
6.2　删除单向链表中的节点 ··········· 56
6.3　"快行指针"技巧 ················ 56
6.4　递归问题 ······················· 56

第 7 章　栈与队列 ·················· 57
7.1　实现一个栈 ····················· 57
7.2　实现一个队列 ··················· 58

第 8 章　树与图 ···················· 60
8.1　树的类型 ······················· 60
　　8.1.1　树与二叉树 ················ 60
　　8.1.2　二叉树与二叉搜索树 ········ 61
　　8.1.3　平衡与不平衡 ·············· 61
　　8.1.4　完整二叉树 ················ 61
　　8.1.5　满二叉树 ·················· 62
　　8.1.6　完美二叉树 ················ 62
8.2　二叉树的遍历 ··················· 62
8.3　二叉堆（小顶堆与大顶堆）······· 63
8.4　单词查找树（前序树）··········· 64
8.5　图 ····························· 65
　　8.5.1　邻接链表法 ················ 65
　　8.5.2　邻接矩阵法 ················ 66
8.6　图的搜索 ······················· 66
　　8.6.1　深度优先搜索 ·············· 67
　　8.6.2　广度优先搜索 ·············· 67
　　8.6.3　双向搜索 ·················· 68

第 9 章　位操作 ···················· 69
9.1　手工位操作 ····················· 69
9.2　位操作原理与技巧 ··············· 69
9.3　二进制补码与负数 ··············· 70
9.4　算术右移与逻辑右移 ············· 70
9.5　常见位操作：获取与设置数位 ····· 71

第 10 章　数学与逻辑题 ············· 73
10.1　素数 ·························· 73
10.2　概率 ·························· 75
10.3　总结规律和模式 ················ 76

第 11 章　面向对象设计 ············· 78
11.1　如何解答 ······················ 78
11.2　设计模式 ······················ 79
　　11.2.1　单例设计模式 ············· 79
　　11.2.2　工厂方法设计模式 ········· 79

第 12 章　递归与动态规划 ··········· 81
12.1　解题思路 ······················ 81
12.2　递归与迭代 ···················· 81
12.3　动态规划及记忆法 ·············· 82

第 13 章　系统设计与可扩展性 ······· 86
13.1　处理问题 ······················ 86
13.2　循环渐进的设计 ················ 87
13.3　逐步构建的方法：循序渐进 ····· 88
13.4　关键概念 ······················ 88
13.5　系统设计要考虑的因素 ·········· 90
13.6　实例演示 ······················ 91

第 14 章　排序与查找 ··············· 93
14.1　常见的排序算法 ················ 93
14.2　查找算法 ······················ 95

第 15 章　数据库 ··················· 97
15.1　SQL 语法及各类变体 ············ 97
15.2　规范化数据库和反规范化数据库 ·· 97
15.3　SQL 语句 ······················ 97
15.4　小型数据库设计 ················ 99
15.5　大型数据库设计 ················ 100

第 16 章　C 和 C++ ················ 101
16.1　类和继承 ······················ 101
16.2　构造函数和析构函数 ············ 101
16.3　虚函数 ························ 102
16.4　虚析构函数 ···················· 103
16.5　默认值 ························ 104
16.6　操作符重载 ···················· 104
16.7　指针和引用 ···················· 104
16.8　模板 ·························· 105

第 17 章　Java ···················· 107
17.1　如何处理 ······················ 107
17.2　重载与重写 ···················· 107
17.3　集合框架 ······················ 108

第 18 章 线程与锁 110
- 18.1 Java 线程 110
- 18.2 同步和锁 112
- 18.3 死锁及死锁的预防 114

第 19 章 测试 116
- 19.1 面试官想考查什么 116
- 19.2 测试现实生活中的事物 116
- 19.3 测试一套软件 117
- 19.4 测试一个函数 119
- 19.5 调试与故障排除 119

第三部分 经典题型 轻松拿捏

第 20 章 数组与字符串 121
- 20.1 判定字符是否唯一 121
- 20.2 URL 化 122
- 20.3 回文串排列 123
- 20.4 字符串压缩 125

第 21 章 链表 128
- 21.1 返回倒数第 k 个节点 128
- 21.2 链表求和 130
- 21.3 链表相交 132
- 21.4 环路检测 135

第 22 章 栈与队列 138
- 22.1 三合一 138
- 22.2 化栈为队 142
- 22.3 栈排序 143

第 23 章 树与图 145
- 23.1 特定深度节点链表 145
- 23.2 后继者 146
- 23.3 编译顺序 147
- 23.4 首个共同祖先 153
- 23.5 二叉搜索树序列 158
- 23.6 检查子树 160
- 23.7 随机节点 163
- 23.8 求和路径 166

第 24 章 位操作 171
- 24.1 插入 171
- 24.2 二进制数转字符串 172
- 24.3 下一个数 173
- 24.4 配对交换 177

第 25 章 数学与逻辑题 178
- 25.1 较重的药丸 178
- 25.2 篮球问题 178
- 25.3 大灾难 179
- 25.4 扔鸡蛋问题 181
- 25.5 有毒的汽水 183

第 26 章 面向对象设计 190
- 26.1 扑克牌 190
- 26.2 客服中心 192
- 26.3 聊天软件 194
- 26.4 环状数组 198
- 26.5 扫雷 200
- 26.6 散列表 205

第 27 章 递归与动态规划 207
- 27.1 三步问题 207
- 27.2 幂集 208
- 27.3 递归乘法 210
- 27.4 无重复字符串的排列组合 212
- 27.5 重复字符串的排列组合 215
- 27.6 括号 216
- 27.7 布尔运算 218

第 28 章 系统设计与可扩展性 221
- 28.1 网络爬虫 221
- 28.2 重复网址 222
- 28.3 缓存 222
- 28.4 销售排名 225
- 28.5 个人理财管理 228

第 29 章 排序与查找 231
- 29.1 变位词组 231
- 29.2 搜索轮转数组 232
- 29.3 排序集合的查找 233
- 29.4 失踪的整数 234
- 29.5 排序矩阵查找 238
- 29.6 峰与谷 241

第 30 章 数据库 244
- 30.1 多套公寓 244
- 30.2 连接 244

30.3	反规范化	245
30.4	设计分级数据库	246

第 31 章　C 和 C++　248

31.1	最后 K 行	248
31.2	反转字符串	249
31.3	散列表与 STL map	249
31.4	浅复制与深复制	250
31.5	volatile 关键字	251
31.6	分配内存	252
31.7	二维数组分配	253

第 32 章　Java　255

32.1	私有构造函数	255
32.2	final 们	255
32.3	泛型与模板	256
32.4	TreeMap、HashMap、LinkedHashMap	258
32.5	反射	259
32.6	lambda 表达式	259

第 33 章　线程与锁　261

33.1	进程与线程	261
33.2	上下文切换	261
33.3	无死锁的类	262
33.4	顺序调用	266
33.5	FizzBuzz	268

第 34 章　测试　271

34.1	随机崩溃	271
34.2	无工具测试	271

第 35 章　中等难题　273

35.1	交换数字	273
35.2	交点	274
35.3	最小差	276
35.4	整数的英文表示	277
35.5	运算	279
35.6	生存人数	282
35.7	部分排序	286
35.8	连续数列	288
35.9	模式匹配	290
35.10	交换求和	293
35.11	兰顿蚂蚁	296
35.12	1×5 个随机数方法中生成 7 个随机数	301

第 36 章　高难度题　304

36.1	不用加号的加法	304
36.2	消失的数字	305
36.3	字母与数字	307
36.4	2 出现的次数	310
36.5	主要元素	312
36.6	BiNode	315
36.7	最小 k 个数	318
36.8	多次搜索	323
36.9	消失的两个数字	327
36.10	单词转换	331
36.11	最大子矩阵	336
36.12	稀疏相似度	341

第 37 章　进阶话题　348

37.1	实用数学		348
	37.1.1	整数 1 至 N 的和	348
	37.1.2	2 的幂的和	349
	37.1.3	对数的底	349
	37.1.4	排列	349
	37.1.5	组合	349
	37.1.6	归纳证明	350
37.2	拓扑排序		350
37.3	Dijkstra 算法		351
37.4	散列表冲突解决方案		353
	37.4.1	使用链表连接数据	354
	37.4.2	使用二叉搜索树连接数据	354
	37.4.3	使用线性探测进行开放寻址	354
	37.4.4	平方探测和双重散列	354
37.5	Rabin-Karp 子串查找		354
37.6	AVL 树		355
	37.6.1	性质	355
	37.6.2	插入操作	355
37.7	红黑树		356
	37.7.1	性质	357
	37.7.2	为什么这样的树是平衡的	357
	37.7.3	插入操作	357
37.8	MapReduce		360
37.9	补充学习内容		361

第一部分　求职准备　全面了解

第 1 章

面试之前

如果想在面试中有好的表现，面试数年前就应该开始准备。下面列出了你应该在什么时间准备什么内容。

如果你晚了，也请不要担心，只需尽你所能追上时间表，并且集中精力准备面试即可。祝你好运！

1.1　积累编程经验

如果没有一份优秀的简历，就很难有面试的机会；而如果没有丰富的相关经验，就拿不出一份出色的简历。

对于在校学生来说，这意味着你应做好以下准备。

- **选对课程**。你应该选择有大量配套编码练习的课程，这是实践的绝好机会。课程设计与现实生活联系得越紧密越好。
- **申请实习**。入学之后，尽早寻求实习机会。毕业之前的这些实习可以成为你寻找更好工作机会的敲门砖。很多顶尖的科技公司专门为大一和大二的学生设计了实习项目。你还可以看看创业企业，它们也会提供一些更灵活的机会。
- **着手编程**。在闲暇时间，你可以开发一个项目，或对开源项目做出贡献。做什么并没有那么重要，重要的是你要着手编程。这样做不仅能提高技术水平，丰富实践经验，更重要的是你表现出的主动性会给公司留下好印象。

对于已经从业的专业人士，尤其是如果你想从不知名的小公司跳到科技巨头，或者从测试岗位转为开发人员，请参考以下这些建议。

- **多承担一些编程工作**。在不透露跳槽意向的前提下，你可以向经理表达自己想在编程上接受更大挑战。尽可能多参与一些重大项目，并多使用对自己以后有利的技术，将来它们会成为简历上的亮点。另外，简历上也要尽量多列举与编程相关的项目。
- **善用闲暇时光**。如果有空闲时间，可以试着开发一些手机应用、网页应用或者桌面软件。这样，你就有机会接触时下流行的技术，从而更契合科技公司的需求。这些项目经验都可以写到简历上，没有什么比"为兴趣而工作"更能打动招聘人员的了。

总而言之，公司最青睐的人才必须具备两大特性：一是天资聪颖，二是编程功底扎实。要是你能在简历上充分展示这两点，面试机会就唾手可得了。

此外，你应当提前规划好职业发展路径。如果打算转型成为管理者，哪怕当下应聘的仍是开发岗位，也需要现在就想方设法地培养自己的领导才能。

1.2 写好简历

简历筛选标准与面试标准并无太大差别，考查的都是求职者是否聪明，能否开发程序。

这意味着你在准备简历时应该突出这两点。宝贵的篇幅应该用来展示自己的技术才能。

1.2.1 简历篇幅长度适中

工作经验不足 10 年的求职者，最好将简历压缩成 1 页；超过 10 年的，可以使用 1.5 至 2 页篇幅。篇幅较短的简历通常会令人印象更为深刻。

- 招聘人员浏览一份简历一般只会用 10 秒钟左右。要是你的简历言简意赅，恰到好处，招聘人员一眼就能看到。废话连篇只会模糊重点，扰乱招聘人员的注意力。
- 有些招聘人员遇上冗长的简历甚至不会阅读，直接扔掉。

如果看到这里你还在想，我工作经验太丰富了，1 至 2 页篇幅根本放不下，怎么办？**只抓重点。**

1.2.2 工作经历

简历不应该是工作编年史。你应该只列举那些能给别人留下深刻印象的工作经验。

在描述工作经历时，请尽量采用这样的格式："使用 Y 实现了 X，从而达到了 Z 效果。"比如下面这个例子：

- "通过实施分布式缓存功能减少了 75% 的对象渲染时间，从而使得用户登录速度加快了 10%。"

下面还有一个例子，描述略有不同：

- "实现了一种新的基于 windiff 的比较算法，系统平均匹配精度由 1.2 提升至 1.5。"

尽管不是所有经历都能套用此句型，但模式无非是描述做过什么，如何完成，结果如何。理想的做法是尽可能地量化结果。

1.2.3 项目经历

在简历中列出"项目经历"会让你看起来很专业，对于大学生和毕业不久的新人尤其如此。

简历上应该只列举 2 到 4 个相对重要的项目。描述项目要简明扼要，比如使用了哪些语言或技术。如有必要，你也可以加上一些细节，比如该项目是个人独立开发还是团队合作的成果，是某一门课程的一部分还是独立开发的。独立项目一般说来会比课程设计更加出彩，因为这些项目展现出了你的主动性。

项目也不要列太多。很多求职者都犯过这样的错误，在简历上一股脑儿列出先前做过的 13 个项目，效果反而不佳。

那么，应该列出哪些项目呢？说实在的，其实这并没有那么重要。有些公司非常喜欢开源项目（参与这些项目说明具备了大型代码库的开发经验），有些公司则更喜欢独立项目（了解你在这些项目中的贡献会更加容易）。你的项目可以是一款移动应用、网络应用或者任何东西。最重要的是，你确实参与了开发。

1.2.4 软件和编程语言

Office 之类的软件不应列在简历中，类似于 Visual Studio 和 Eclipse 之类的技术软件相对有用一些，但是很多顶尖科技公司对这些软件并不关心。毕竟学习 Visual Studio 不是很难。当然，列出这些软件也并没有坏处，只不过会占用简历上宝贵的空间。你要权衡这其中的利弊。

是否需要列出所有你使用过的语言？还是只列出你顺手的那些？

列出所有你使用过的语言有风险。很多面试官在面试中会认为你对简历上所列出的任何内容都相对熟悉。另外一种策略是列出你用过的主要语言，后面加上熟练程度，比如像下面这样的。

- 编程语言：Java（非常熟练）、C++（熟练）、JavaScript（有过使用经验）。

你可以使用任何可以有效描述你的技能的形容词，比如"非常熟练""使用流畅"等。

也有一些求职者会列出使用某种特定语言的年限，但是这会令人困惑。如果你 10 年前学习了 Java 并在随后的几年偶尔使用它，那么你的 Java 使用年限是多少呢？正因如此，在简历中，年限并不是一个很好的表述方式。使用简单的文字表达你的意思就好了。

1.2.5 提防（潜在的）污名

- **企业级编程语言**。一些编程语言名声不太好，主要是因为它们用于企业级开发。Visual Basic 就是一个很好的例子。如果你表现出对于 VB 非常熟练，那别人就会认为你没有什么技术实力。很多人都认可 VB.NET 确实可以开发非常复杂的应用程序，但是实际上它所开发的应用程序并不复杂。没有哪个知名公司使用 VB。

事实上，整个 .NET 平台都面临着同样的问题（虽然没有那么严重）。如果你主要专注于 .NET 但是并不申请 .NET 的职位，那么与有着不同背景的求职者相比，你需要更努力地展示你的技术实力。

- **过于专注编程语言**。当顶尖科技公司的招聘人员看到简历中列出了所有 Java 语言的版本时，他们会对求职者的能力产生负面看法。优秀的软件工程师并不把自己禁锢在一种特定的编程语言上。因此，当招聘人员看到某个求职者似乎在炫耀知道一种编程语言的某个特定版本时，他们通常会认为这位求职者"不是我们需要的那类人"。

请注意，这并不是说你必须要把标榜编程语言的内容都从简历中移除。你需要理解招聘公司看重什么。一些公司确实非常注重这些技能。

- **资质证书**。如果一个公司对于那些显摆掌握大量技术的求职者有偏见，那么它对于列出大量资质证书的行为也很可能存在偏见。这意味着，在一些情况下，简历中不宜出现资质证书。
- **只会一两种编程语言**。编程时间越长，开发的项目越多，用的编程语言就越多。当招聘人员看到简历中只列出一种编程语言时，他们就会认为你解决问题的经验不多。他们也会担心只学过一两种编程语言的求职者会在学习新技术时遇到困难（为什么这位求职者没有学习更多的技术？），或者会认为求职者过于依赖某种特定的技术。

尽可能让自己的经验多样化。Python、Ruby 和 JavaScript 这 3 种语言就显得过于相似，最好可以学习一些差异化的编程语言，比如 Python、C++ 和 Java。

第 2 章
面试的流程

面试官通过面试来摸清你的个性，更深入地了解你的履历，同时缓和面试的紧张气氛。这类面试题很重要，只有事先准备，才能真正做到有的放矢。

2.1 面试准备清单

逐字逐句检查简历，确保回答每个部分或项目时都能对答如流。填写下面的表格，它会助你一臂之力。

常见问题	项目1	项目2	项目3
遇到过的挑战			
遭遇过的滑铁卢			
最享受什么			
如何体现领导力			
如何处理冲突			
有哪些可改进之处			

可以在表头中列出简历中提到的主要事项，比如项目、职位或活动，然后在每一行写清楚常见问题。

在面试前温习这个表格。为了方便掌握和记忆，可以把每个故事提炼为几个关键词。这样，就可以在面试时胸有成竹、从容不迫了。

另外，确保你有 1 至 3 个项目可以拿得出手，并能就其细节侃侃而谈。你应该是这些项目的主力，并且有能力同面试官深入探讨相关的技术细节。

2.1.1 你有哪些缺点

在问及自己有哪些缺点时，要说出具体缺点。像"我最大的缺点就是工作太努力了"这样的回答，反而会显得你傲慢自大，并且不愿正视自己的不足。因此，你应该提到真实、合乎情理的缺点，然后话锋一转，强调自己是如何克服这个缺点的，比如：

> "有时候，我对细节不够重视。好的一面是我反应迅速，执行力强，但不免会因为粗心大意而犯错。有鉴于此，我总是会找其他同事帮忙检查自己的工作，确保不出问题。"

2.1.2 你应该问面试官哪些问题

大多数面试官会给你提问的机会。有意无意间，提问的质量会成为面试官的一个评估因素。所以，请事先准备好问题。

可以从以下 3 个方面来着手。

1. 真实的问题

真实的问题就是你真的想知道答案的问题。下面是对多数求职者有用的一些问题点。

- "整个团队中,测试人员、开发人员和项目经理的比例是多少?他们是如何配合的?团队怎么做项目规划?"
- "你为什么来这个公司?你遇到过的最大的挑战是什么?"

这些问题有助于你了解公司的日常工作情况。

2. 有见地的问题

有见地的问题可以充分反映出你的知识水平和技术功底。

- "我注意到你们使用了 X 技术,请问你们是如何处理 Y 问题的?"
- "为什么你们的产品选择使用 X 协议而不是 Y 协议?据我所知,虽然 X 有 A、B、C 等几大好处,但因为存在 D 问题,很多公司并未采用该协议。"

只有事先对该公司做过充分调研,才问得出这类有深度的问题。

3. 富有激情的问题

富有激情的问题旨在展示你对技术的热忱。要让面试官知道你热衷学习,将来能为公司的发展做出巨大贡献。

- "我对可扩展性很感兴趣,想要了解更多。有哪些机会可以学习这方面的知识?"
- "我对 X 技术不是太熟悉,不过它听上去是个不错的解决方案。您能给我多讲讲它的工作原理吗?"

2.2 掌握项目所用的技术

你应该主攻写在简历上的两三个项目,清楚这些项目的目的、价值、服务对象和阶段性数据,熟练掌握其中涉及的技术,使之成为你的王牌。理想的项目符合如下标准。

- 有挑战性(不仅仅让你学到很多)。
- 你是主力(最好负责具有挑战性的部分)。
- 你能畅谈技术部分。

你应当能够畅谈在王牌项目及其余项目中遇到的挑战、犯的错误、做出的技术决策、技术选型中的取舍以及本可以做得更好的地方。

你也可以想想后续的问题,例如如何扩展应用。

2.3 如何应对面试中的提问

提问可以让面试官更加深入地了解你和你的职业生涯。回答这类问题时,切记以下建议。

2.3.1 正面应答,避免自大

骄傲自大是面试大忌。可是,你又想给面试官留下深刻的印象。那么,怎样才能很好地秀出自己的实力而又不显得自大呢?那就是回答问题要具体。

具体也就是只陈述事实,剩下的留给面试官自己去解读。例如,相比于干巴巴地说"我做了所有最难的工作",最好就具体工作展开描述。

另外，尽量正面回答问题，知之为知之，不知为不知，求职者遇到不会的东西谦逊地表示不知道，并表示愿意进一步了解，这也能给面试官留下正面印象。如果为了避免表现无知而说些其他的，不但不能得到面试官的认可，还可能给面试官留下负面印象。

2.3.2 省略细枝末节

当求职者就某个问题喋喋不休时，不熟悉该主题或项目的面试官往往听得一头雾水。

所以，请省略细枝末节，只谈重点。尽可能地解释它，至少要说明效果。这样，你总能给面试官留下深入探讨问题的机会。

"在研究最常见的用户行为并应用 Rabin-Karp 算法后，我设计了一种新算法，可以在 90% 的情况下将搜索操作的时间复杂度由 $O(n)$ 降至 $O(\log n)$。您要是感兴趣的话，我可以详细说明。"

该回答言简意赅，重点突出，要是面试官对实现细节感兴趣，他会主动询问。

2.3.3 多谈自己

面试本质上是对个人的评估。但很多求职者（尤其是应聘领导岗位的求职者）在面试时，把"我们""团队"挂在嘴边。面试结束时，面试官甚至不知道求职者实际的工作贡献。

留心自己的回答，看看你常挂在嘴边的是"我们"还是"我"。你可以认为每个问题都是针对你个人的，说出你做的事就好。

结合项目，在介绍时尽可能清晰地阐述个人贡献，可以参考下面的表达模式：
- "这是一个……项目，主要目的是……"
- "开发中我发现/遇到了……问题/难点。"
- "我做了几件事，首先……其次……"
- "项目上线后获得了……收益。"

2.3.4 回答条理清晰

回答面试题有两种常见的组织方式：主题先行法与 S.A.R.法。你可以分别或组合使用这两种技巧。

1. 主题先行法

主题先行法即开门见山，直奔主题，回答简洁明了。

以下是一个例子。
- 面试官："给我举个例子，讲一讲你如何说服一群人做出重大改变。"
- 求职者："好的，我在学校提出过一个让本科生授课的想法，并成功说服学校采纳该建议。起初，学校规定……"

主题先行法可以快速抓住面试官的注意力，让他了解事情梗概。这也有助于你不偏离主题，因为你早已开门见山地点明主旨。

2. S.A.R.法

S.A.R.法是指先描述情景（situation），然后解释你采取的行动（action），最后陈述结果（result）。

示例："说说你如何与'刺头'队友相处。"
- ❑ **情景**。在某个操作系统项目中，我与其他三个人合作。其中两人都很卖力，但另外一个人做得不多。他在开会时总是沉默寡言，也极少参与邮件讨论，只是很吃力地完成分配给他的模块。这是一个很棘手的问题，因为我们不仅要承担更多的工作，而且不知道能否指望他。
- ❑ **行动**。因为不想一开始就完全否定他，所以我试着打破僵局。为此，我做了以下三件事。首先，我想弄清楚他为什么会那样。是天性懒惰吗？是因为忙于别的事吗？我和他聊了聊他对项目的看法。令人惊讶的是，他冷不丁地说想要做书面记录模块，要知道那是整个项目中最耗时的部分之一。这让我意识到我错怪他了，他不是懒惰，而是因为他觉得自己的编程水平还不够好。

  弄清楚原因以后，我努力让他明白一件事：他不应该害怕搞砸项目。我告诉他我曾犯过一些更大的错误，还提到其实我对项目的很多部分也不甚了解。

  最后，我请他帮我解决这个项目的某个部分。我们坐下来，一起为一个大的组件设计了详尽的规范，细节之多远超以往。一旦他能看到项目所有的细节，就会知道这个项目不像他想的那样可怕。
- ❑ **结果**。随着信心增强，他主动承担了一系列较小的编程任务，最终参与开发了项目的最大模块。他按时完成了分配给他的所有任务，参加讨论也更积极。后来在另一个项目中，我和他合作得非常愉快。

切记：描述情景与结果务必言简意赅。面试官一般不需要太多细节就知道来龙去脉。实际上，细节过多反而会令面试官摸不着头脑。

采用 S.A.R. 法简明扼要地描述情景、行动和结果，可以让面试官快速了解你在项目中的作用和重要性。

试着根据自己的故事把主题、情景、行动、结果和彰显的品质填入下表。

	主　题	情　景	行　动	结　果	彰显的品质
故事 1			1.…… 2.…… 3.……		
故事 2					

2.4　自我介绍

许多面试官在面试开始时会先让你做个自我介绍，或者过一遍你的简历，这本质上是自我推介机会，是你给面试官的第一印象。因此，务必好好利用这个机会。

2.4.1　结构

按照时间顺序来组织自我介绍的内容，这种结构适合很多人：开头描述目前所从事的工作，结尾处提及工作之余培养的兴趣爱好（若有的话）。

(1) **目前的工作（一句就够了）**。我是某公司的软件工程师，在那儿带领安卓团队已经 5 年了。

(2) **大学时期**。我是计算机科学专业出身，在某学校读的本科，暑假期间除了在几家创业公司实习以外，还曾尝试创办自己的公司。

(3) **毕业之后**。我想接触一些大公司，毕业以后就去了某公司做开发。那段经历令我受益匪浅：我学到了许多有关大型系统设计的知识，并且推动了某关键组件的研发。这实际上表明，我渴望加入一个更具创业精神的团队。

(4) **目前的工作**（详细描述）。之前在某公司工作的上司把我招入了他的创业团队，也就是后来的某公司。在这里，我负责了初始系统架构，它具有较好的可扩展性，能够跟得上公司快速发展的步伐。之后，我负责领导安卓团队。尽管只管理 3 个人，但我的主要职责是提供技术领导，包括架构、编程等。

(5) **工作之余**。业余时间，我一直在参与一些开源项目。在项目中，我主要做 iOS 开发，以便更深入地了解它。此外，我也以版主身份活跃在安卓开发者论坛上。

(6) **总结**。我正在寻找新的工作机会，而贵公司吸引了我的目光。我始终热爱与用户打交道，并且我打心眼里想回到小公司工作。

以上结构适用于 95% 左右的求职者。但对于经验丰富的求职者来说，可能需要精简一些。比如"我从某大学获得计算机科学学位后，在某大厂工作了几年，然后加入了一家创业公司并领导安卓团队"。

至于兴趣爱好，是否谈论取决于你。通常，这只是为了缓和气氛。

2.4.2　展示成功的点点滴滴

在上面的例子中，求职者在不经意间谈到了他背景中的一些亮点。

❑ 他特意提到之前的上司把他招进了创业团队，这说明他之前受到认可。
❑ 他还说渴望加入一个小公司，这契合公司文化（假设他应聘的是一家创业公司）。
❑ 他提到自己取得的一些成果，比如研发某关键组件，搭建了具有良好可扩展性的系统。

当组织自我介绍内容时，想想特有的经历给你带来了哪些优势。你能随口说出自己的亮点（获得的奖项、晋升、受到老同事器重、创业，等等）吗？你想表现出什么？

2.5　面试流程

大多数公司的面试方式相似。如果你被通知面试，通常会先经历一次初选，一般是电话形式。在顶尖高校就读的学生，或许有机会以面对面的方式参加这类面试。

不要被面试的名称所迷惑："初选"通常会涉及编程和算法问题，其难度和现场面试一样高。如果不确定你的面试是否是一场技术面试，你可以向招聘流程的协调人员询问面试官的职务或者面试可能涉及的内容。一般说来，工程师会对你进行一场技术类面试。

很多公司已经开始使用在线同步编辑软件，但是也有一些公司会让你在纸上写出代码并通过电话读出来。一些面试官甚至会给你布置一些"家庭作业"，让你在挂断电话后解决，或者要求你通过邮件把写好的代码发送给他们。

一般 1 至 2 轮初选后会通知参加现场面试。

现场面试一般会有 3 至 6 轮，面对面进行，其中一轮通常是共进午餐。午餐面试一般不是技术面试，面试官有时甚至不会提交任何反馈。你可以利用这个机会和面试官讨论你的兴趣所在以及公司的企业文化。其他几轮面试则会以技术方面为主，涉及编程、算法、设计、架构和工作经验问题。

根据公司和团队的不同，面试问题在以上这些领域的分布有所不同，这是因为不同公司的优先次序和规模不同，也可能纯粹是随机的。面试官在面试问题的选择上往往有很大自由度。

面试之后，面试官会以某种形式提交反馈。在一些公司，你的所有面试官会一起开会讨论你的表现并做出录用决定。而在另外一些公司，面试官会提出录用意见，以便于招聘经理或招聘委员会做出最终的录用决定。还有一些公司，面试官甚至不做任何决定，他们的反馈会送至招聘委员会，由委员会做出录用决定。

大多数公司会在三天到一周之后与求职者联系，并告知其面试结果及下一步该怎么做（录用、拒绝录用、进一步面试或最新进展）。某些公司的回复很快（有时在面试当天就回复），某些公司则要慢一些。

延误时有发生。如果你的录用结果出现了延误，请与招聘人员联系。联系时务必态度恭敬。招聘人员和你一样，也十分忙碌，也会忘东忘西。

2.5.1 国内企业的面试流程

1. 某主营社交平台的企业

面试一般有 5 到 7 轮，整体周期在一个月到三个月不等，每轮面试之间间隔一般为三天到半个月不等，如果招聘得比较着急，也有一天面试两轮的情况。

以常规的 5 轮面试为例，前 3 轮为初试阶段，主要以笔试的形式考核岗位相关的技术能力。一般希望求职者可以到现场面试，当然也有视频面试的情况。这三轮面试的面试官可能是你未来的同事、组长，也有可能是协作部门同类岗位的同事。等待周期方面，一般情况下初试和复试中间等待的时间会比较长，一周到三周都有可能，如果等待时长超过一个月，那可能不是好兆头。

第 4 轮为复试，多半会由部门领导负责面试，主要问一些系统或行业方面的问题，当然也可能问一些关于项目协作或者学习的问题。一般情况下，求职者在这一轮有向面试官提问的机会。

第 5 轮终面是 HR 面试，一般能走到这一轮，就离成功就不远了。这轮面试一般不会拘泥于现场，电话面试的情况相对较多。关于面试的内容，针对社招和校招，问题区别非常大，但是本轮的核心内容是谈薪资待遇和福利。

- 必备项

该企业是一家产品主导的科技公司，产研岗位均要对最终产品负责，所以求职者在进行项目介绍或回答协作相关问题时，最好能够延展一些在产品层面的思考，这会给面试增加亮眼之处。

- 独特之处

近年较高职级岗位的招聘，会额外增加通道面试轮，由通道委员会负责。这轮面试主要是用于给求职者定级，面试可能会围绕求职者自己的项目进行较为深入的问答，也会就架构相关能力进行考查。

2. 某电子商务平台企业

面试一般有 5 到 7 轮，部分测试类岗位可能有 4 轮。整体时间为一到两个月。每一轮面试的等待时长一般不会太长，反馈时段不拘泥于工作时间。

通常第 1 轮是电话面试，招聘助理会提前致电求职者确认面试时间，面试的主要内容会以基础知识为主，针对岗位相关的技术基础、设计思路、迭代扩展等进行提问。面试时长一般为1到2个小时，求职者一定要提前找到一个安静且信号良好的地方。本轮面试结束后，面试官通常会直接告知结果。

第2轮为笔试，一般会给出两三道题目，主要考核个人代码能力、技术方案设计能力以及细节处理能力。

第3轮一般为现场面试，也会有视频面试的情况，主要考查求职者解决问题的能力。面试官会给出一个题目，让求职者现场设计并阐述解决方案，还会围绕这个问题进行提问。此外还会要求求职者介绍个人项目，阐述项目方案的问题点并给出解决方案。在进行个人项目阐述时，尽量不要将问题归咎于细节，以避免问题点过于基础。

第4轮面试聚焦于项目，也会就行业和业务进行提问，主要考查求职者在项目中如何解决难点，是否了解过相关竞品的方案等。行业与业务方面，通常会考查个人对行业的关注度，对竞品的了解程度，这些也会从侧面反映个人学习能力与态度。

第5轮为HR面试，HR除了与求职者讨论薪资福利，也会就个人发展等问题进行相关了解。

- 必备项

该企业会就求职者对自身项目的理解进行深度考查，从宏观理解到代码细节，贯穿整个面试流程。

- 独特之处

对于较高职级的面试，会在3轮到4轮之后进行交叉面试。面试官一般会是协作岗位的同事。面试内容以项目为主，附带部分业务问题。

3. 某内容平台企业

面试有4到7轮，整体流程在一个月左右，流程相对紧凑。

第1轮考查基础知识，一般是电话面试，面试时长在一个小时左右，主要考查求职者在技术方面是否有扎实的基础，知识分布是否均衡，此外会就项目经验做一个简单的了解。

第2轮考查基础原理应用能力，问题一般会围绕项目的技术架构、问题解决、服务部署展开，考查求职者在项目实战中的基础原理应用能力、bug解决能力与思维能力等。

第3轮为技术进阶，会基于项目进行数据库、框架、缓存、服务设计等方向的扩展考查。也会有一些开放性题目讨论，考查求职者的技术广度，以及问题处理和协作方面的能力。本轮面试会基于求职者个人项目或者指定的业务场景进行，面试的内容相对灵活。本轮面试非特殊情况会为现场面试。

第4轮是HR面试，HR除了介绍常规薪资福利内容外，可能会关注求职者的个人优势和入职相关的事项，一般会是轻松愉悦的一轮。

- 必备项

基础知识是贯穿在整个技术面试中的，各类基础的知识点会穿插在每个环节中被反复提及。

- 独特之处

每一轮技术面试都会有算法题目。手写代码的环节给的时间较短，如果没办法写完，一定要向面试官阐述整体的设计思路。

4. 某电子商务企业

面试一般有4到5轮，为期20天左右。每轮之间间隔较短，所以如果面试后较长时间没有后续反馈，可能不是好兆头。

第 1 轮与第 2 轮主要围绕基础知识和个人项目。各个事业部在面试内容的顺序上略有不同。个人项目方面，面试官可能会就求职者在简历中提及的技术点做深层的询问与讨论，包括但不限于技术难点、解决方案甚至扩展设计。基础知识部分，企业内各部门考查的内容近似，只是因业务范围不同有不同的侧重。

第 3 轮与第 4 轮是交叉面试和进阶技术与解决方案考查。交叉面试不是固定的面试环节，但是一般会由同部门不同岗位的同事负责。例如技术类岗位的交叉面试可能由产品组的同事负责。面试的内容主要会围绕业务理解、协作等方向展开。技术面试会涉及数据安全、架构设计、数据库优化、系统等方向，还有可能会就个人技术瓶颈和职业规划等问题进行相关询问。

第 5 轮，由 HR 与个人谈薪资福利，这轮一般是电话面试，轻松愉快。

- 必备项

该企业交叉面试的评价结果可能会影响后续结果，所以求职者需要对成本、协作、业务等方向的知识有基本的了解，交叉面试中也有可能出现竞品相关问题，即便是考查技术岗位，面试官也希望看到求职者对业务与竞争对手有一定的了解。

- 独特之处

该企业对求职者的稳定性有一定要求，频繁换工作的求职者，即便较为优秀也会因为缺乏稳定性而被淘汰。一般情况下企业要求求职者过去五年的就职单位不超过三个。

2.5.2 国际企业面试流程

1. 微软公司面试

微软喜欢招聪明人，尤其青睐极客。求职者必须对技术满怀热情。微软的面试官不大会问 C++ API 的个中细节，而是直接让你在白板上写代码。

参加面试时，求职者最好在约定时间之前赶到微软。你会和招聘助理碰面，他会给你一个面试样题。招聘助理主要是帮你热热身，不大会问技术问题。就算真的问了几个简单的技术问题，也是想让你放松心情，等到面试真正开始时，你就不会那么紧张了。

对招聘助理一定要以礼相待。说不定他们会帮上大忙，在你首轮面试表现欠佳时，他们有可能帮你争取到重新面试的机会。毫不夸张地说，他们甚至能左右你的应聘结果。

面试当天你会接受 4 至 5 轮面试，面试官一般来自两个团队。许多公司会把面试安排在会议室，微软却把面试安排在面试官的办公室。你正好可以借机四处看看，感受一下他们的团队文化。

一轮面试过后，不同的团队做法不一样，面试官可能会根据个人习惯决定是否将你的表现反馈给后续的面试官。

完成所有面试后，你可能会见到招聘经理。假如真是这样的话，那可是个好兆头，意味着你通过了某个团队的基本考查。接下来，就要看招聘经理要不要录用你了。

快的话，面试当天你就会知道结果；慢的话，则可能要等上一周。要是等了一周还没收到人事部的通知，不妨发封邮件，客气地问一下进展。

如果你没有马上收到回复，有可能是因为招聘助理太忙了，这并不代表你就没戏。

- 必备项

"你为什么想要加入微软？"

提这个问题，微软是想了解你是否对技术满怀热情。一个比较好的答案是："自打接触计算机以来,我就一直在用微软的软件,贵公司开发的软件产品令人赞不绝口。比如,我最近一直在 Visual Studio 开发环境中学习游戏编程,它的 API 实在是太好用了。"注意,回答一定要展示出你对技术满怀热情。

技术人员在自我介绍与项目介绍两个环节需要全英文交流,其他部分要看具体部门要求,入职后还会有一个新人交流也是要求全英语的。

- 独特之处

如果到了招聘经理这一关,说明你面试表现得不错。这可是个好兆头!

另外,微软趋向于让每个团队拥有更多自主的权利,产品的组合也非常丰富。因为不同的团队寻求不同的目标,所以在微软每个团队的体验会有很大不同。

2. 谷歌公司面试

业界有很多关于谷歌面试的可怕谣传,但多数也只是谣传。谷歌的面试与微软或亚马逊的面试并无太大区别。

谷歌的面试也从电话面试开始,面试你的人是技术工程师,因此,免不了会问些技术难题,求职者切不可掉以轻心。这些问题也可能涉及编程,有时你还要通过共享文档工具写些代码。电话面试的问题和现场面试类似,要求也一样。

现场面试一般有 4 至 6 轮,其中一轮为午餐面试。面试官之间不能交流评价报告,因此,每一轮面试你都可以从零开始。午餐面试不会有评价报告,你可以借机问些其他环节不方便问的问题。

谷歌不会要求面试官侧重不同的领域,也没有所谓的标准流程或结构。每个面试官可以自行决定问哪些问题。

面试过后,评价报告会以书面形式提交给由工程师和经理组成的招聘委员会,由他们做出录用结论。面试评价报告由分析能力、编程水平、工作经验和沟通能力 4 部分组成,最后你会得到总的评分:在 1.0 到 4.0 之间。招聘委员会里一般不会有你的面试官。就算有,那也纯属巧合。

通常,在决定录用与否时,招聘委员会更看重那种有面试官给你打高分的情况,打个比方,如果你的得分是 3.6、3.1、3.1 和 2.6,效果要好过拿 4 个 3.1。

这也就是说,每轮面试不一定都要有上佳表现。此外,你在电话面试中的表现一般起不了决定性作用。

如果招聘委员会给出的意见是"聘用",你的材料就会转给薪酬委员会以及执行管理委员会。最终结果可能要等上几周,因为还有不少流程要走,要等待多个委员会审批。

- 必备项

作为一家互联网公司,谷歌非常看重如何设计可扩展的系统。

无论你有怎样的经验,谷歌都十分注重分析技能(算法)。即使你认为以前的经验已经足以证明这方面的技能,也需要对这类问题做好充分的准备。

谷歌的面试是全程英语面试,入职后英语也是主要交流语言。

- 独特之处

面试官不是决策者。他们只提交评价意见供招聘委员会参考。招聘委员会给出录用与否的决定,当然,该决定偶尔也会被谷歌高管否决。

3. 苹果公司面试

苹果公司的面试流程与公司本身的风格非常相符,是最没官僚味儿的。苹果的面试官很看重技术功底，但求职者对应聘职位和公司的热情也非常重要。此外，你至少要对该系统有一定了解。

在苹果的面试中，招聘助理会先给你打电话了解一些基本情况，接下来团队成员会对你进行一连串的技术电话面试。

当你受邀去参加现场面试时，招聘助理会出面接待你，并介绍面试的大致流程。然后，你要接受招聘团队6至8轮的面试，其间这个团队的重要人物也会来面试你。

苹果的面试形式是"一对一"或"二对一"。请做好在白板上写代码的准备，交流的时候一定要把自己的思路表达清楚。你可能会跟未来的上司共进午餐，这看似随意，但其实也是一次面试。每个面试官都会侧重不同的领域，面试官之间一般不会过问彼此的面试情况，除非他们想让后续面试官就求职者某一方面多挖掘点内容。

当天所有面试结束后，面试官们会在一起评议你的表现。如果大家都认为你表现不错，接下来会由你所应聘部门的主管或副总来面试你。能见到主管也不见得你一定会被录用，不过总归是个好兆头。如果你落选了，他们只是默默送你离开公司，也不会透露你为什么落选了。

如果你得以进入主管或副总面试环节，你的面试官们会聚到会议室正式表决录用意见。副总通常不会列席，但如果你没能打动他们，他们照样可以直接否决。招聘人员通常会在几天后联系你，要是等不及的话，你也可以主动联系。

- 必备项

如果你知道哪个团队会来面试你，那么务必先熟悉他们的产品。你喜欢该产品的哪些方面？你觉得有哪些可以改进的地方？给出独到见解可以有力展示你对这份工作的激情。

面试流程中以英语面试为主，可能部分纯技术部分是中文，但多数是英文面试，也有可能全部都是英文。

- 独特之处

在苹果的面试中，"二对一"的形式司空见惯，不过也不用太紧张，这跟"一对一"面试并无分别。

此外，苹果的员工都是超级"果粉"，在面试中，你最好也能展现出同样的热情。

2.6 面试成绩

其实，面试官一般会从以下几个方面对你的表现做出评价。

- ❑ 分析能力：你在解决问题的过程中是否需要很多帮助？你的解决方案优化到了什么程度？你用多长时间得出了解决方案？如果不得不设计或者架构一个新的解决方案，你是否能够很好地组织问题，并且全面考虑不同决策的利弊？
- ❑ 编程能力：你是否能够成功地将算法转化为合理的代码？代码是否整洁且结构清晰？你是否思考过潜在的错误？你是否有良好的编程习惯？
- ❑ 技术知识、计算机科学基础知识：你是否有扎实的计算机科学以及相关技术的基础知识？
- ❑ 项目经验：你在过去是否做出过良好的技术决策？你是否构建过有趣且具有挑战性的项目？你是否展现出魄力、主动性或者其他的重要品质？
- ❑ 文化契合度、沟通能力：你的个人品质和价值观是否与公司和团队相契合？你和面试官是否沟通顺畅？

这些方面的权重会根据不同的题目、面试官、职位、团队和公司有所变化。

第 3 章
技术面试题

技术面试题是许多顶尖科技公司面试的主要内容，其中一些难题会令许多人望而却步，但其实这些题是有合理的解决方法的。

3.1 准备事项

多数人只是通读一遍问题和解法，囫囵吞枣。这好比试图单凭看问题和解法就想学会微积分。你得动手练习如何解题，单靠死记硬背效果不彰。

就本书的面试题以及你可能遇到的其他题目，请参照以下几个步骤。

- **尽量独立解题**。许多题目确实难乎其难，但是没关系，不要怕！此外，解题时还要考虑空间和时间效率。
- **在纸上写代码**。在电脑上编程可以享受到语法高亮、代码完整、调试快速等种种好处，在纸上写代码则不然。通过在纸上多多实践来适应这种情况，并对在纸上编写、编辑代码之缓慢习以为常。
- **在纸上测试代码**。就是要在纸上写下一般用例、基本用例和错误用例等。面试中就得这么做，因此最好提前做好准备。
- **将代码输入计算机**。你也许会犯一大堆错误。请整理一份清单，罗列自己犯过的所有错误，这样在真正面试时才能牢记在心。

此外，尽量多做模拟面试。你和朋友可以轮流给对方做模拟面试。虽然你的朋友不见得受过什么专业训练，但至少能带你过一遍代码或者算法面试题。

3.2 基础知识

许多公司关注数据结构和算法面试题，并不是要测试求职者的基础知识，它们默认求职者已具备相关的基础知识。

3.2.1 核心数据结构、算法及概念

大多数面试官不会问你二叉树平衡的具体算法或其他复杂算法。老实说，离开学校这么多年，恐怕他们自己也记不清这些算法了。

一般来说，你只要掌握基本知识即可。下面这份清单列出了必须掌握的知识。

数据结构	算法	概念
链表	广度优先搜索	位操作
树、单词查找树、图	深度优先搜索	内存（堆和栈）
栈和队列	二分查找	递归
堆	归并排序	动态规划
向量/数组列表	快排	大 O 时间及空间
散列表		

对于上述各项题目，务必掌握它们的具体用法、实现方法、应用场景以及空间和时间复杂度。

一种不错的方法就是练习如何实现数据结构和算法（先在纸上，然后在电脑上）。你会在这个过程中学到数据结构内部是如何工作的，这对很多面试而言都是不可或缺的。

其中，散列表是必不可少的一个题目。对这个数据结构，务必做到胸有成竹。

3.2.2 2 的幂表

下面这张表会在很多涉及可扩展性或者内存排序限制等问题上助你一臂之力。尽管不强求你记下来，可是记住总会有用。

2 的幂	准确值（X）	近似值	X 字节转换成 MB、GB 等
7	128		
8	256		
10	1024	1000	1 K
16	65 536		64 K
20	1 048 576	100 万	1 MB
30	1 073 741 824	10 亿	1 GB
32	4 294 967 296		4 GB
40	1 099 511 627 776	10 000 亿	1 TB

这张表可以拿来做速算。例如，一个将每个 32 位整数映射成布尔值的向量表可以在一台普通计算机内存中放下。那样的整数有 2^{32} 个。因为每个整数只占位向量表中的一位，共需要 2^{32} 位（或者 2^{29} 字节）来存储该映射表，大约是千兆字节的一半，普通机器很容易满足。

在接受互联网公司的电话面试时，不妨把表放在眼前，也许能派上用场。

3.3 解题步骤

下面的流程图将教你如何逐步解决一个问题。要学以致用。

问题解决流程图

1 听
仔细聆听问题描述。每一个细节都可能在优化算法时派上用场。

2 举例
例子一般要袖珍一些或特殊一点儿。仔细调试，想一想还有其他特殊情况吗？例子能覆盖所有情况吗？

3 蛮力法
先尽快想出一个蛮力法来解决问题。在此之前，不要试图开发出一个高效的算法。给出一个朴素的算法和其运行时间，然后在此基础上优化该算法。当然了，现在不要写代码！

BUD优化
B：瓶颈（bottleneck）
U：无用功（unnecessary work）
D：重复性工作（duplicated work）

4 优化
用BUD法优化你的朴素算法，也可以尝试以下方法。
- 寻找未利用的信息。一般你需要一个问题中的所有信息。
- 手动解决一个问题，然后逆向思考。你是怎么解决的？
- 给出不正确的解法，思考为什么失败。你能修复这类问题吗？
- 权衡时间与空间。这时散列表至关重要。

5 梳理
有了一个最优算法后，详细地回顾一遍你的算法，以确保写代码之前理顺每个细节。

6 实现
你的目标是写出一手漂亮的代码。从一开始就追求模块化，并且通过重构清理掉不漂亮的代码。

持续交流。你的面试官乐于了解你是如何解决问题的。

7 测试
请按以下顺序测试。
(1) 概念测试。像代码复查一样，仔细审查一遍代码。
(2) 异常或不标准的代码。
(3) 热点代码，比如计算节点和空节点。
(4) 小测试用例，比大的快且同样有效。
(5) 特殊或边缘情况。
当发现错误时，请小心修复。

接下来我会详述该流程图。

3.3.1 认真听

也许你以前听过这个建议：确保听清楚题。但我给你的建议不止这一点。

当然了，你首先要保证听清题，其次弄清楚模棱两可的地方。

举个例子，假设一个问题以下列其中一个话题作为开头，那么可以合理地认为它给出的所有信息都并非平白无故的。

"有两个排序的数组，找到……"

你很可能需要注意到数据是有序的。数据是否有序会导致最优算法大相径庭。

"设计一个在服务器上经常运行的算法……"

在服务器上/重复运行不同于只运行一次的算法。也许这意味你可以缓存数据,或者意味着你可以顺理成章地对数据集进行预处理。

如果信息对算法没影响,那么面试官不大可能(尽管也不无可能)把它给你。

很多求职者都能准确听清问题。但是开发算法的时间只有短短的十来分钟,以至解决问题的一些关键细节被忽略了。这样一来无论怎样都无法优化问题了。

也许你的第一版算法不需要这些信息。但是如果你陷入瓶颈或者想寻找更优方案,就回头看看有没有错过什么。

即使把相关信息写在白板上也会对你大有裨益。

3.3.2 画个例图

画个例图能显著提高你的解题能力,尽管如此,还有如此多的求职者只是试图在脑海中解决问题。

当你听到一道题时,离开椅子去白板上画个例图。

不过画例图是有技巧的。首先你需要一个好例子。

通常情况下,以一棵二叉搜索树为例,求职者可能会画如下例图。

这是个很糟糕的例子。第一,太小,不容易寻找模式。第二,不够具体,二叉搜索树有值。如果那些数字可以帮助你处理这个问题怎么办?第三,这实际上是个特殊情况。它不仅是个平衡树,也是个漂亮、完美的树,其每个非叶节点都有两个子节点。特殊情况极具欺骗性,对解题无益。

实际上,你需要设计一个这样的例子。

- ❏ 具体。应使用真实的数字或字符串(如果适用的话)。
- ❏ 足够大。一般的例子都太小了,要加大 0.5 倍。
- ❏ 具有普适性。请务必谨慎,很容易不经意间就画成特殊的情况。如果你的例子有任何特殊情况(尽管你觉得它可能不是什么大事),也应该解决这一问题。

尽力做出最好的例子。如果后面发现你的例子不那么正确,你应该修复它。

3.3.3 给出一个蛮力法

一旦完成了例子,就给出一个蛮力法。你的初始算法不怎么好也没有关系,这很正常。

一些求职者不想给出蛮力法,是因为他们认为此方法不仅显而易见而且糟糕透顶。但事实是,即使对你来说轻而易举,也未必对所有求职者来说都这样。你不会想让面试官认为,即使解出这一简单算法对你来说也得绞尽脑汁。

初始解法很糟糕,这很正常,不必介怀。先说明该解法的空间和时间复杂度,再开始优化。

3.3.4 优化

你一旦有了蛮力法,就应该努力优化该方法。以下技巧就有了用武之地。

- 寻找未使用的信息。你的面试官告诉过你数组是有序的吗？你如何利用这些信息？
- 换个新例子。很多时候，换个不同的例子会让你思路畅通，看到问题模式所在。
- 尝试错误解法。低效的例子能帮你看清优化的方法，一个错误的解法可能会帮助你找到正确的方法。比方说，如果让你从一个所有值可能都相等的集合中生成一个随机值。一个错误的方法可能是直接返回半随机值。可以返回任何值，但是可能某些值概率更大，进而思考为什么解决方案不是完美随机值。你能调整概率吗？
- 权衡时间、空间。有时存储额外的问题相关数据可能对优化运行时间有益。
- 预处理信息。有办法重新组织数据（排序等）或者预先计算一些有助于节省时间的值吗？
- 使用散列表。散列表在面试题中用途广泛，你应该第一个想到它。
- 考虑可想象的极限运行时间。

在蛮力法基础上试试这些技巧，寻找优化点。

3.3.5 梳理

明确了最佳算法后，不要急于写代码。花点时间巩固对该算法的理解。

白板编程很慢，慢得超乎想象。测试、修复亦如此。因此，要尽可能地在一开始就确保思路近乎完美。

梳理你的算法，以了解它需要什么样的结构，有什么变量，何时发生改变。

伪代码是什么？如果你更愿意写伪代码，没有问题。但是写的时候要当心。基本的步骤（访问数组、找最大值、堆插入）或者简明的逻辑（if p < q, move p. else move q.）值得一试。但是如果你用简单的词语代表 for 循环，基本上这段代码就烂透了，除了写得快一无是处。

你如果没有彻底理解要写什么，就会在编程时举步维艰，这会导致你用更长的时间才能完成，并且更容易犯大错。

3.3.6 实现

这下你已经有了一个最优算法并且对所有细节都了如指掌，接下来就是实现算法了。

写代码时要从白板的左上角（要省着点空间）开始。代码尽量沿水平方向写（不要写成一条斜线），否则会乱作一团，并且像 Python 那样对空格敏感的语言来说，读起来会云里雾里，令人困惑。

切记：你只能靠这一小段代码来证明自己是个优秀的开发人员。因此，每行代码都至关重要，一定要写得漂亮。

写出漂亮代码意味着你要做到以下几点。

- 模块化的代码。这展现了良好的代码风格，也会使你解题更为顺畅。如果你的算法需要使用一个初始化的矩阵，例如{{1, 2, 3}, {4, 5, 6}, ...}，不要浪费时间去写初始化的代码。可以假装自己有个函数 initIncrementalMatrix(int size)，稍后需要时再回头写完它。
- 错误检查。有些面试官很看重这个，但有些对此并不"感冒"。一个好办法是在这里加上 todo，这样只需解释清楚你想测试什么就可以了。

- 使用恰到好处的类、结构体。如果需要在函数中返回一个始末点的列表，可以通过二维数组来实现。当然，更好的办法是把 StartEndPair（或者 Range）对象当作 list 返回。你不需要去把这个类写完，大可假设有这样一个类，后面如果有富裕时间再补充细节。
- 好的变量名。到处使用单字母变量的代码不易读取。这并不是说在恰当场合（比如一个遍历数组的普通 for 循环）使用 i 和 j 就不对。但是，使用 i 和 j 时要多加小心。如果写了类似于 int i = startOfChild(array) 的变量名称，可能还可以使用更好的名称，比如 startChild。

然而，长的变量名写起来也会比较慢。你可以除第一次以外都用缩写，多数面试官都会同意。比方说你第一次可以使用 startChild，然后告诉面试官后面你会将其缩写为 sc。

评价代码好坏的标准因面试官、求职者、题目的不同而有所变化。所以只要专心写出一手漂亮的代码即可，尽人事、知天命。

如果发现某些地方需要稍后重构，就和面试官商量一下，看是否值得花时间重构，通常都会得到肯定答复。

如果觉得一头雾水（这很常见），就回头再过一遍。

3.3.7 测试

在现实中，不经过测试就不会嵌入代码；在面试中，未经过测试同样不要"提交"。

测试代码有两种办法：一种巧妙的，一种不那么巧妙的。

许多求职者会用最开始的例子来测试代码，可能会发现一些 bug，但同样会花很长时间。手动测试很慢。如果设计算法时使用了一个又大又好的例子，那么测试时间就会很长，但最后可能只在代码末尾发现一些小问题。

你应该尝试以下方法。

- 从概念测试着手。概念测试就是阅读和分析代码的每一行。像代码评审那样思考，在心中解释每一行代码的含义。
- 跳着看代码。重点检查类似 x = length-2 的行。对于 for 循环，要尤为注意初始化的地方，比如 i = 1。当你实际检查时，很容易发现小错误。
- 热点代码。如果你编程经验足够丰富的话，就会知道哪些地方可能出错。递归中的基线条件、整数除法、二叉树中的空节点、链表迭代中的开始和结束，这些要反复检查才行。
- 短小精悍的用例。接下来开始尝试测试代码，使用真实、具体的用例。不要使用大而全的例子，比如前面用来开发算法的 8 元素数组，只需要使用 3 到 4 个元素的数组就够了。这样也可以发现相同的 bug，而且很快。
- 特殊用例。用空值、单个元素、极端情况和其他特殊情况检测代码。

发现了 bug 就要修复，但不要贸然修改。仔细斟酌，找出问题所在，找到最佳的修改方案，只有这样才能动手。

3.4 优化和解题技巧

3.4.1 寻找 BUD

这也许是我找到的优化问题最有效的方法了。BUD 是以下词语的首字母缩写：

- 瓶颈（bottleneck）

- 无用功（unnecessary work）
- 重复性工作（duplicated work）

以上是最常见的 3 个问题，而求职者在优化算法时往往会在此浪费时间。你可以在蛮力法中找找它们的影子。发现一个，解决一个。

如果这样仍没有得到最佳算法，也可以在当前最好的算法中找找这 3 个优化点。

1. 瓶颈

瓶颈就是算法中拖慢整体运行时间的部分，它们通常会以两种方式出现。

一次性的工作会拖累整个算法。例如，假设你的算法分为两步，第一步是排序整个数组，第二步是根据属性找到特定元素。第一步是 $O(N \log N)$，第二步是 $O(N)$。尽管可以把第二步时间优化到 $O(\log N)$ 甚至 $O(1)$，但那又有什么用呢？它不是当务之急，因为 $O(N \log N)$ 才是瓶颈。除非优化第一步，否则你的算法整体上一直是 $O(N \log N)$。

你有一块工作不断重复，比如搜索。也许你可以把它从 $O(N)$ 降到 $O(\log N)$ 甚至 $O(1)$，这样就大大加快了整体运行时间。

优化瓶颈，对整体运行时间的影响是立竿见影的。

> 举个例子：有一个值都不相同的整数数组，计算两个数差值为 k 的对数。例如，数组{1, 7, 5, 9, 2, 12, 3}，差值 k 为 2，差值为 2 的一共有 4 对：(1, 3)、(3, 5)、(5, 7)、(7, 9)。

用蛮力法就是遍历数组，从第一个元素开始搜索剩下的元素（即一对中的另一个）。对于每一对，计算差值。如果差值等于 k，计数加一。

该算法的瓶颈在于重复搜索对数中的另一个。因此，这是优化的重点。

怎么才能更快地找到正确的另一个？已知 $(x, ?)$ 的另一个，即 $x + k$ 或 $x - k$。如果把数组排序，就可以用二分查找来找到另一个，N 个元素的话查找的时间就是 $O(\log N)$。

现在，将算法分为两步，每一步都用时 $O(N \log N)$。接下来，排序构成新的瓶颈。优化第二步于事无补，因为第一步已经拖慢了整体运行时间。

必须完全丢弃第一步排序数组，只使用未排序的数组。那如何在未排序的数组中快速查找呢？借助散列表吧。

把数组中所有元素都放到散列表中，然后判断 $x + k$ 或者 $x - k$ 是否存在。只是过一遍散列表，用时为 $O(N)$。

2. 无用功

> 举个例子：打印满足 $a^3 + b^3 = c^3 + d^3$ 的所有正整数解，其中 a、b、c、d 是 1 至 1000 的整数。

用蛮力法来解会有四重 for 循环，如下：

```
1  n = 1000
2  for a from 1 to n
3    for b from 1 to n
4      for c from 1 to n
5        for d from 1 to n
6          if a³ + b³ == c³ + d³
7            print a, b, c, d
```

用上面算法迭代 a、b、c、d 的所有可能，然后检测是否满足上述表达式。

在找到一个可行解后，就不用继续检查 d 的其他值了。因为 d 的一次循环中只有一个值能满足。所以一旦找到可行解至少应该跳出循环。

```
1   n = 1000
2   for a from 1 to n
3     for b from 1 to n
4       for c from 1 to n
5         for d from 1 to n
6           if a³ + b³ = c³ + d³
7             print a, b, c, d
8             break // 跳出 d 循环
```

虽然该优化对运行时间并无改变，运行时间仍是 $O(N^4)$，但仍值得一试。

还有其他无用功吗？答案是肯定的，对于每个 (a, b, c)，都可以通过 $d = \sqrt[3]{a^3 + b^3 - c^3}$ 这个简单公式得到 d。

```
1   n = 1000
2   for a from 1 to n
3     for b from 1 to n
4       for c from 1 to n
5         d = pow(a³ + b³ - c³, 1/3) // 取整成 int
6         if a³ + b³ == c³ + d³ && 0 <= d && d <= n // 验证结果
7           print a, b, c, d
```

第 6 行的 if 语句至关重要，因为第 5 行每次都会找到一个 d 的值，但是需要检查是否是正确的整数值。

这样一来，运行时间就从 $O(N^4)$ 降到了 $O(N^3)$。

3. 重复性工作

沿用上述问题及蛮力法，这次来找一找有哪些重复性工作。

这个算法本质上遍历所有 (a, b) 对的可能性，然后寻找所有 (c, d) 对的可能性，找到和 (a, b) 对匹配的对。

为什么对每一对 (a, b) 都要计算所有 (c, d) 对的可能性？只需一次性创建一个 (c, d) 对列表，然后对于每个 (a, b) 对，都去 (c, d) 列表中寻找匹配。想要快速定位 (c, d) 对，对 (c, d) 列表中每个元素，都可以把 (c, d) 对的和当作键，(c, d) 当作值（或者满足那个和的对列表）插入散列表。

```
1   n = 1000
2   for c from 1 to n
3     for d from 1 to n
4       result = c³ + d³
5       append (c, d) to list at value map[result]
6   for a from 1 to n
7     for b from 1 to n
8       result = a³ + b³
9       list = map.get(result)
10      for each pair in list
11        print a, b, pair
```

实际上，已经有了所有 (c, d) 对的散列表，大可直接使用。不需要再去生成 (a, b) 对。每个 (a, b) 都已在散列表中。

```
1   n = 1000
2   for c from 1 to n
3     for d from 1 to n
4       result = c³ + d³
5       append (c, d) to list at value map[result]
```

```
 6
 7    for each result, list in map
 8      for each pair1 in list
 9        for each pair2 in list
10          print pair1, pair2
```

它的运行时间是 $O(N^2)$。

3.4.2 亲力亲为

第一次遇到如何在排序的数组中寻找某个元素（习得二分查找之前），你可能不会一下子想到："啊哈！我们可以比较中间值和目标值，然后在剩下的一半中递归这个过程。"

然而，如果让一些没有计算机专业背景的人在一堆按字母表排序的论文中寻找指定论文，他们可能会用到类似二分查找的方式。他们估计会说："天哪，Peter Smith？可能在这堆论文的下面。"然后随机选择一个中间的（例如 i，s，h 开头的）论文，与 Peter Smith 做比较，接着在剩余的论文中继续用这个方法查找。尽管他们不知道二分查找，但可以凭直觉"做出来"。

干巴巴地抛出像"设计一个算法"这样的题目，人们经常会搞得乱七八糟。但是如果给出一个实例，无论是数据（例如数组）还是现实生活中的类似物（例如一堆论文），他们就会凭直觉开发出一个很好的算法。

我已经无数次地看到这样的事发生在求职者身上。他们在计算机上完成的算法奇慢无比，但一旦被要求人工解决同样问题，立马干净利落地完成。

因此，当你遇到一个问题时，一个好办法是尝试在真实例子上凭直觉解决它。通常越大的例子越容易。

> 举个例子：给定较小字符串 s 和较大字符串 b，设计一个算法，寻找在较大字符串中较小字符串的所有排列，打印每个排列的位置。

考虑一下你要怎么解决这道题。注意排列是字符串的重组，因此 s 中的字符能以任何顺序出现在 b 中，但是它们必须是连续的（不被其他字符隔开）。

像大多数求职者一样，你可能会这么想：先生成 s 的全排列，然后看它们是否在 b 中。全排列有 $S!$ 种，因此运行时间是 $O(S! \times B)$，其中 S 是 s 的长度，B 是 b 的长度。

这样是可行的，但实在慢得离谱。实际上该算法比指数级的算法还要**糟糕透顶**。如果 s 有 14 个字符，那么会有超过 870 亿个全排列。s 每增加一个字符，全排列就会增加 15 倍。天哪！

换种不同的方式，就可以轻而易举地开发出一个还不错的算法。参考如下例子：

s: abbc
b: cbabadcbbabbcbabaabccbabc

b 中 s 的全排列在哪儿？不要管如何做，找到它们就行。很简单的，12 岁的小孩子都能做到！我已经在每个全排列下面画了线。

s: abbc
b: cbabadcbbabbcbabaabccbabc
   ———   ———   ———
       ———

你找到了吗？怎么做的？

很少有人——即使之前提出 $O(S! \times B)$ 算法的人——真的去生成 abbc 的全排列，再去 b 中逐个寻找。几乎所有人都采用了如下两种方式之一。

- 遍历 b，查看 4 个字符（因为 s 中只有 4 个字符）的滑动窗口。逐一检查窗口是否是 s 的一个全排列。
- 遍历 b，每次发现一个字符在 s 中时，就去检查它往后的 4 个（包括它）字符是否属于 s 的全排列。

取决于"是否是一个全排列"的具体实现方式，你得到的运行时间可能是 $O(B \times S)$、$O(B \times S \log S)$ 或者 $O(B \times S^2)$。尽管这些都不是最优算法（包含 $O(B)$ 算法），但已经比我们之前的好太多。

解题时，试试这个方法。使用一个大而好的例子，直观地手动解决这个特定例子。然后复盘，思考你是如何解决它的，反向设计算法。

重点留意你凭直觉或不经意间做的任何"优化"。例如，解题时你可能会跳过以 d 开头的窗口，因为 d 不在 abbc 中。这是你靠大脑做出的一个优化，在设计算法时也应该留意到。

3.4.3 化繁为简

我们通过简化来实现一个由多步骤构成的方法。首先，可以简化或者调整约束，比如数据类型。这样一来，就可以解决简化后的问题了。最后，调整这个算法，让它适应更为复杂的情况。

举个例子：可以通过从杂志上剪下词语拼凑成句来完成一封邀请函。如何分辨一封邀请函（以字符串表示）是否可以从给定杂志（字符串）中获取呢？

为了简化问题，可以把从杂志上剪下词语改为剪下**字符**。

通过创建一个数组并计数字符串，可以解决邀请函的字符串简化版问题，其中数组中的每一位对应一个字母。首先计算每个字符在邀请函中出现的次数，然后遍历杂志查看是否能满足。

推导出这个算法，意味着我们做了类似的工作。不同的是，这次不是创建一个字符数组来计数，而是创建一个单词映射频率的散列表。

3.4.4 由浅入深

我们可以由浅入深，首先解决一个基本情况（例如，$n = 1$），然后尝试从这里开始构建。遇到更复杂或者有趣的情况（通常是 $n = 3$ 或者 $n = 4$）时，尝试使用之前的方法解决。

举个例子：设计一个算法打印出字符串的所有排列组合。简单起见，假设所有字符均不相同。

思考一个测试字符串 abcdefg。

```
用例 "a"   --> {"a"}
用例 "ab"  --> {"ab", "ba"}
用例 "abc" --> ?
```

这是第一个"有趣"的情况。如果已经有了 P("ab") 的答案，如何得到 P("abc") 的答案呢？已知可选的字母是 c，因此可以在每种可能中插入 c，即如下模式。

```
P("abc") = 把"c"插入到 P("ab")中的所有字符串的所有位置
P("abc") = 把"c"插入到{"ab","ba"}中的所有字符串的所有位置
P("abc") = 合并({"cab", "acb", "abc"}, {"cba", "bca", "bac"})
P("abc") = {"cab", "acb", "abc", "cba", "bca", "bac"}
```

理解了这个模式后，就可以写个差不多的递归算法了。通过"截断末尾字符"的方式，可以生成 $s_1...s_n$ 字符串的所有组合。做法很简单，首先生成字符串 $s_1...s_{n-1}$ 的所有组合，然后

遍历所有组合，每个字符串的每个位置都插入 s_n 得到新的字符串。

这种由基础例子逐渐推导的方法通常会得到一个递归算法。

3.4.5 数据结构头脑风暴法

这种方法很取巧但奏效。我们可以简单过一遍所有的数据结构，一个个地试。这种方法之所以有效，是因为一旦数据结构选对了，解题可能就简单了，手到擒来。

> 举个例子：随机产生数字并放入（动态）数组。你怎么记录它每一步的中间值？

应用数据结构头脑风暴法的过程可能如下所示。
- 链表？可能不行。链表一般不擅长随机访问和排序数字。
- 数组？也许可以，但已经有一个数组了。你能设法保持元素的有序吗？这样可能代价巨大。可以先放一放，如果后面需要了再考虑一试。
- 二叉树？貌似可以，因为二叉树的看家本领就是排序。实际上，如果这棵二叉搜索树是完全平衡二叉搜索树的话，顶节点可能就是中间值。但要注意的是，如果数字个数是偶数，中值实际上是中间两个数的平均值，毕竟这两个数不能都在顶节点上。该算法可行，但可稍后再考虑。
- 堆？堆对于基本排序和保存最大值、最小值手到擒来。如果你有两个堆，事情就有意思了。你可以分别保存元素中大的一半和小的一半。更大的一半数据保存在最小堆，因此这较大的一半中最小的元素在根节点。而更小的一半数据保存在最大堆，所以较小的一半中最大的元素也在根节点。有了这些数据结构，就得到了所有可能的中值元素。如果两个堆的大小不一致，则可以通过从一个堆弹出元素插入到另一个堆实现快速"平衡"。

总的来说，你解决过的问题越多，就越擅于选择出合适的数据结构。不仅如此，你的直觉还会变得更加敏锐，能判断出哪种方法最为有效。

3.5 可想象的极限运行时间

考虑到可想象的极限运行时间（英文缩写为 BCR），可能对解决某些问题大有裨益。

可想象的极限运行时间，按字面意思理解就是，关于某个问题的解决，你可以**想象出的**运行时间的**极限**。你可以轻而易举地证明，BCR 是无法超越的。

比方说，假设你想计算两个数组（长度分别为 A、B）共有元素的个数，会立马想到用时不可能超过 $O(A + B)$，因为必须要访问每个数组中的所有元素，所以 $O(A + B)$ 就是可想象的极限运行时间。

或者，假设你想打印数组中所有成对值。你当然明白用时不可能超过 $O(N^2)$，因为有 N^2 对需要打印。

不过还要注意。假设面试官要求你在一个数组中（假定所有元素均不同）找到所有和为 k 的对。一些对可想象的极限运行时间概念一知半解的求职者可能会说 BCR 是 $O(N^2)$，理由是不得不访问 N^2 对。

这种说法大错特错。仅仅因为你想要所有和为特定值的对，并不意味着必须访问**所有**对。事实上根本不需要。

> 可想象的极限运行时间与最佳运行时间（best case runtime）有什么关系呢？毫不相干！可想象的极限运行时间是针对一个问题而言，在很大程度上是一个输入输出的

函数，和特定的算法并无关系。事实上，如果计算可想象的极限运行时间时还要考虑具体用到哪个算法，那就很可能做错了。最佳运行时间是针对具体算法（通常是一个毫无意义的值）的。

注意，可想象的极限运行时间不一定可以实现，它的意义在于告诉你用时不会超过该时间。下面举例说明 BCR 的用法。

问题：找到两个排序数组中相同元素的个数，这两个数组长度相同，且每个数组中元素都不同。

从如下这个经典例子着手，在共同元素下标注下划线。

A: 13 27 <u>35</u> <u>40</u> 49 <u>55</u> 59
B: 17 <u>35</u> 39 <u>40</u> <u>55</u> 58 60

解出这道题使用的是蛮力法，即对于 A 中的每个元素都去 B 中搜索。这需要花费 $O(N^2)$ 的时间，因为对于 A 中的每个元素（共 N 个）都需要在 B 中做 $O(N)$ 的搜索。

BCR 为 $O(N)$，因为我们知道每个元素至少访问一次，一共 $2N$ 个元素。如果跳过一个元素，那么这个元素是否有相同的值会影响最后的结果。例如，如果从没有访问过 B 中的最后一个元素，那么把 60 改成 59，结果就不对了。

回到正题。现在有一个 $O(N^2)$ 的算法，我们想要更好地优化该算法，但不一定要像 $O(N)$ 那样快。

```
Brute Force:        O(N²)
Optimal Algorithm:  ?
BCR:                O(N)
```

$O(N^2)$ 与 $O(N)$ 之间的最优算法是什么？有许多，准确地讲，无穷无尽。理论上可以有个算法是 $O(N \log(\log(\log(\log(N)))))$。然而，无论是在面试还是现实中，运行时间都不太可能是这样。

请记住这个问题，因为它在面试中淘汰了很多人。运行时间不是一个多选题。虽然常见的运行时间有 $O(\log N)$、$O(N)$、$O(N \log N)$、$O(N^2)$ 或者 $O(2^N)$，但你不该直接假设某个问题的运行时间是多少而不考虑推导的过程。事实上，当你对运行时间是多少百思不解时，不妨猜一猜。这时你最有可能遇到一个不太明显、不太常见的运行时间。也许是 $O(N^2 K)$，N 是数组的大小，K 是数值对的个数。合理推导，不要只靠猜。

最有可能的是，我们正努力推导出 $O(N)$ 或者 $O(N \log N)$ 算法。这说明什么呢？

如果当前算法的运行时间是 $O(N \times N)$，那么想得到 $O(N)$ 或者 $O(N \times \log N)$ 可能意味着要把第二个 $O(N)$ 优化成 $O(1)$ 或者 $O(\log N)$。

这是 BCR 的一大益处，我们可以通过运行时间得到关于优化方向的启示。

第二个 $O(N)$ 来自于搜索。已知数组是排序的，可以用少于 $O(N)$ 的时间在排序的数组中搜索吗？

当然可以了，用二分查找在一个排序的数组中寻找一个元素的运行时间是 $O(\log N)$。

现在我们把算法优化为 $O(N \log N)$。

```
Brute Force:         O(N²)
Improved Algorithm:  O(N log N)
Optimal Algorithm:   ?
BCR:                 O(N)
```

还能继续优化吗？继续优化意味着把 $O(\log N)$ 缩短为 $O(1)$。

通常情况下，二分查找在排序数组中的最快运行时间是 $O(\log N)$。但这次**不是**正常情况，我们一直在重复搜索。

BCR 告诉我们，解出这个算法的最快运行时间为 $O(N)$。因此，我们所做的任何 $O(N)$ 的工作都是"免费的"，不会影响运行时间。

一个技巧是预计算或者预处理。任何 $O(N)$ 时间内的预处理都是"免费的"。这不会影响运行时间。

这又是 BCR 的一大益处。任何你所做的不超过或者等于 BCR 的工作都是"免费的"，从这个意义上来说，对运行时间并无影响。你可能最终会将此剔除，但是目前不是当务之急。

重中之重仍在于将搜索时间由 $O(\log N)$ 减少为 $O(1)$。任何 $O(N)$ 或者不超过 $O(N)$ 时间内的预计算都是"免费的"。

因此，可以把 B 中所有数据都放入散列表，它的运行时间是 $O(N)$，然后只需要遍历 A，查看每个元素是否在散列表中。查找（搜索）时间是 $O(1)$，所以总的运行时间是 $O(N)$。

假设面试官问了一个让我们坐立不安的问题：还能继续优化吗？

答案是不可以，这里指运行时间。我们已经实现了最快的运行时间，因此没办法继续优化大 O 时间，倒可以尝试优化空间复杂度。

这是 BCR 的另一大益处。它告诉我们运行时间优化的极限，我们到这儿就该调转枪头，开始优化空间复杂度了。

事实上，就算面试官不主动要求，我们也应该对算法抱有疑问。就算不存储数据，也可以精确地获得相同的运行时间。那么为什么面试官给出了排序的数组？并非不寻常，只是有些奇怪罢了。

回到我们的例子：

```
A: 13  27  35  40  49  55  59
B: 17  35  39  40  55  58  60
```

要找有如下特征的算法。

- 占用空间为 $O(1)$（或许是）。现在已经有了空间为 $O(N)$、时间最优的算法。如果想使用更少的其他空间，这可能意味着没有其他空间。因此，得丢弃散列表。
- 占用时间为 $O(N)$（或许是）。我们期望最少也要和当前的一样，该时间是最优时间，不可超越。
- 使用给定的条件，数组有序。

不使用其他空间的最佳算法是二分查找。想一想怎么优化它。试着过一遍整个算法。

(1) 用二分查找在 B 中找 A[0] = 13。没找到。
(2) 用二分查找在 B 中找 A[1] = 27。没找到。
(3) 用二分查找在 B 中找 A[2] = 35。在 B[1]中找到。
(4) 用二分查找在 B 中找 A[3] = 40。在 B[5]中找到。
(5) 用二分查找在 B 中找 A[4] = 49。没找到。
(6) ……

想想 BUD。搜索是瓶颈。整个过程有多余或者重复性工作吗？

搜索 A[3] = 40 不需要搜索整个 B。在 B[1]中已找到 35，所以 40 不可能在 35 前面。

每次二分查找都应该从上次终止点的左边开始。

实际上，根本不需要二分查找，大可直接借助线性搜索。只要在 B 中的线性搜索每次都从上次终止的左边出发，就知道将要用线性时间进行搜索。

(1) 在 B 中线性搜索 A[0] = 13，开始于 B[0] = 17，结束于 B[0] = 17。未找到。

(2) 在 B 中线性搜索 A[1] = 27，开始于 B[0] = 17，结束于 B[1] = 35。未找到。

(3) 在 B 中线性搜索 A[2] = 35，开始于 B[1] = 35，结束于 B[1] = 35。找到。

(4) 在 B 中线性搜索 A[3] = 40，开始于 B[2] = 39，结束于 B[3] = 40。找到。

(5) 在 B 中线性搜索 A[4] = 49，开始于 B[3] = 40，结束于 B[4] = 55。找到。

(6) ……

以上算法与合并排序数组如出一辙。该算法的运行时间为 $O(N)$，空间为 $O(1)$。

现在同时达到了 BCR 和最小的空间占用，这已经是极限了。

这是另一个使用 BCR 的方式。如果达到了 BCR 并且其他空间为 $O(1)$，那么不论是大 O 时间还是空间都已经无法优化。

BCR 不是一个真正的算法概念，也无法在算法教材中找到其身影。但我个人觉得其大有用处，不管是在我自己解题时，还是在指导别人解题时。

如果很难掌握它，先确保你已经理解了大 O 时间的概念。你要做到运用自如。一旦你掌握了，弄懂 BCR 不过是小菜一碟。

3.6 处理错误答案

流传最广、危害最大的谣言就是，求职者必须答对每个问题。

首先，面试的回答不应该简单分为"对"或"不对"。当我评价一个人在面试中的表现时，从不会想"他答对了多少题"。评价不是非黑即白，相反，评价应该基于最终解法有多理想，解题花了多长时间，需要多少提示，代码有多干净。这些才是关键。

其次，评价面试表现时，要和**其他的候选人做对比**。例如，如果你优化一个问题需要 15 分钟，别人解决一个更容易的问题只需要 5 分钟，那么他就比你表现好吗？也许是，也许不是。如果给你一个显而易见的问题，面试官可能会希望你干净利落地给出最优解法。但是如果是难题，那么犯些错也是在意料之中的。

最后，许多或者绝大多数的问题都不简单，就算一个出类拔萃的求职者也很难立刻给出最优算法。通常来说，对于我提出的一些问题，厉害的求职者也要 20 到 30 分钟才能解出。

我在谷歌评估过成千上万份求职者的信息，也只看到过一个求职者完美无缺地通过了面试。其他人，包括收到录用通知的人，都或多或少犯过错。

3.7 做过的面试题

如果你曾见过某个面试题，要提前说明。面试官问你这些问题是为了评估你解决问题的能力。如果你已经知道某个题的答案了，他们就无法准确无误地评估你的水平了。

此外，如果你对自己见过这道题讳莫如深，面试官还可能会发现你为人不诚实。反过来说，如果你坦白了这一点，就会给面试官留下诚实的好印象。

3.8 面试的"完美"语言

很多公司的面试官并不在乎你用什么语言。相比之下,他们更在乎你解决问题的能力。

不过,也有些公司比较关注某种语言,乐于看到你是如何得心应手地使用该语言编写代码的。

如果你可以任意选择语言的话,就选最为得心应手的。

话虽如此,如果你擅长几种语言,就将以下几点牢记于心。

1. 流行度

这一点不强求。但是若面试官知道你所使用的语言,可能是最为理想的。从这点上讲,越流行的语言可能越合适。

2. 语言可读性

即使面试官不知道你所用的语言,他们也希望能对该语言有个大致了解。一些语言的可读性天生就优于其他语言,因为它们与其他语言有相似之处。

举个例子,Java 很容易理解,即使没有用过它的人也能看懂。绝大多数人都用过与 Java 语法类似的语言,比如 C 和 C++。

然而,像 Scala 和 Objective C 这样的语言,其语法就大不相同了。

3. 潜在问题

使用某些语言会带来潜在的问题。例如,使用 C++ 就意味着除了代码中常见的 bug,还存在内存管理和指针的问题。

4. 冗长

有些语言更为冗长烦琐。Java 就是一个例子,与 Python 相比,该语言极为烦琐。通过比较以下代码就一目了然了。

Python:

```
1   dict = {"left": 1, "right": 2, "top": 3, "bottom": 4};
```

Java:

```
1   HashMap<String, Integer> dict = new HashMap<String, Integer>().
2   dict.put("left", 1);
3   dict.put("right", 2);
4   dict.put("top", 3);
5   dict.put("bottom", 4);
```

可以通过缩写使 Java 更为简洁。比如一个求职者可以在白板上这样写:

```
1   HM<S, I> dict = new HM<S, I>().
2   dict.put("left", 1);
3   ...      "right", 2
4   ...      "top", 3
5   ...      "bottom", 4
```

你需要解释这些缩写,但绝大多数面试官并不在意。

5. 易用性

有些语言使用起来更为容易。例如,使用 Python 可以轻而易举地让一个函数返回多个值。但是如果使用 Java,就还需要一个新的类。语言的易用性可能对解决某些问题大有裨益。

与上述类似,可以通过缩写或者实际上不存在的假设方法让语言更易使用。例如,如果一种语言提供了矩阵转置的方法而另一种语言未提供，也并不一定要选第一种语言（如果面试题需要那个函数的话），可以假设另一种语言也有类似的方法。

3.9　好代码的标准

到目前为止，你可能知道雇主想看到你写出一手"漂亮的、干净的"代码。但具体的标准是什么呢？在面试中又如何体现呢？

一般来讲，好代码应符合以下标准。

- **正确**：对于预期输入和非预期输入都能正确运行。
- **高效**：代码在时间与空间上应尽可能高效，"高效"不单单指渐近线（大 O）的高效，还指实际、现实生活中的高效，也就是说，计算大 O 时会放弃的常量，在现实生活中可能至关重要。
- **简洁**：能用 10 行代码解决的问题就不要用 100 行，开发者应竭尽全力干净利落地编写代码。
- **可读性**：其他开发者要能看懂你的代码，能理解代码的功能以及实现方法。易读的代码在必要时有注释，但其实现方法一目了然。这意味着，包含一组复杂的比特位移动，不一定就是好代码。
- **可维护性**：代码应能合理适应产品在生命周期中的变化，对初始和后来开发者而言，都应易于维护。

追求这些需要掌握好平衡。比如，有时牺牲一定的效率来提高可维护性就是明智之举，反之亦然。在面试中写代码时应该考虑到这些。以下内容更为具体地阐述了好代码的标准。

- 多多使用数据结构

假设让你写一个函数，把两个单独的数学表达式相加，形如 $Ax^a + Bx^b + \cdots$（其中系数和指数可以为任意正实数或负实数），即该表达式是由一系列项组成，每个项都是一个常数乘以一个指数。面试官还补充说，不希望你解析字符串，但你可以使用任何数据结构。

这有几种不同的实现方式。

一个糟糕透顶的实现方式是把表达式放在一个 double 的数组中，第 k 个元素对应表达式中 x^k 项的系数。这个数据结构的问题在于，不支持指数为负数或非整数的表达式，还要求 1000 个元素大小的数组来存储表达式 x^{1000}。

```
1   int[] sum(double[] expr1, double[] expr2) {
2     ...
3   }
```

稍差的方案是用两个数组分别保存系数和指数。用这种方法，表达式的每一项都有序保存，但能"匹配"。第 i 项就表示为 coefficients[i]*x^{exponents[i]}。

对于这种实现方式，如果 coefficients[p] = k 并且 exponents[p] = m，那么第 p 项就是 kx^m。虽然这样没有了上一种方式的限制，但仍然显得杂乱无章。一个表达式却需要使用两个数组。如果两个数组长度不同，表达式可能有"未定义"的值。不仅如此，返回也让人不胜其烦，因为要返回两个数组。

```
1   ??? sum(double[] coeffs1, double[] expon1, double[] coeffs2, double[] expon2) {
2     ...
3   }
```

一个优雅的实现方式就是为这个问题中的表达式设计数据结构。

```
1   class ExprTerm {
2     double coefficient;
3     double exponent;
4   }
5
6   ExprTerm[] sum(ExprTerm[] expr1, ExprTerm[] expr2) {
7     ...
8   }
```

有些人可能认为甚至声称，这是"过度优化"。不管是不是，上面的代码体现了你在思考如何设计代码，而不是以最快速度将一些数据东拼西凑。

- 适当复用代码

假设让你写一个函数来检查是否一个二进制的值（以字符串表示）等于用字符串表示的一个十六进制数。

解决该问题的一种简单方法就是复用代码。

```
1   boolean compareBinToHex(String binary, String hex) {
2     int n1 = convertFromBase(binary, 2);
3     int n2 = convertFromBase(hex, 16);
4     if (n1 < 0 || n2 < 0) {
5       return false;
6     }
7     return n1 == n2;
8   }
9
10  int convertFromBase(String number, int base) {
11    if (base < 2 || (base > 10 && base != 16)) return -1;
12    int value = 0;
13    for (int i = number.length() - 1; i >= 0; i--) {
14      int digit = digitToValue(number.charAt(i));
15      if (digit < 0 || digit >= base) {
16        return -1;
17      }
18      int exp = number.length() - 1 - i;
19      value += digit * Math.pow(base, exp);
20    }
21    return value;
22  }
23
24  int digitToValue(char c) { ... }
```

可以单独实现二进制转换和十六进制转换的代码，但这只会让代码难写且难以维护。不如写一个 convertFromBase 方法和 digitToValue 方法，然后复用代码。

- 模块化

编写模块化的代码时要把独立代码块放到各自的方法中，这有助于提高代码的可维护性、可读性和可测试性。

想象你正在写一个交换数组中最小数和最大数的代码，可以用如下方法完成。

```
1   void swapMinMax(int[] array) {
2     int minIndex = 0;
3     for (int i = 1; i < array.length; i++) {
4       if (array[i] < array[minIndex]) {
5         minIndex = i;
6       }
```

```
7     }
8
9     int maxIndex = 0;
10    for (int i = 1; i < array.length; i++) {
11      if (array[i] > array[maxIndex]) {
12        maxIndex = i;
13      }
14    }
15
16    int temp = array[minIndex];
17    array[minIndex] = array[maxIndex];
18    array[maxIndex] = temp;
19  }
```

或者你也可以把相对独立的代码块封装成方法，这样写出的代码更为模块化。

```
1   void swapMinMaxBetter(int[] array) {
2     int minIndex = getMinIndex(array);
3     int maxIndex = getMaxIndex(array);
4     swap(array, minIndex, maxIndex);
5   }
6
7   int getMinIndex(int[] array) { ... }
8   int getMaxIndex(int[] array) { ... }
9   void swap(int[] array, int m, int n) { ... }
```

模块化的好处是易于测试，因为每个组件都可以单独测试。面试官想在面试中看到你能展示这些技能。

● 灵活性和通用性

你的面试官要求你写代码来检查一个典型的井字棋是否有个赢家，并不意味着你**必须**要假定是一个 3×3 的棋盘。为什么不把代码写得更为通用一些，实现成 $N \times N$ 的棋盘呢？

把代码写得灵活、通用，也许意味着可以通过用变量替换硬编码值或者使用模板、泛型来解决问题。如果可以的话，应该把代码写得更为通用。

当然，凡事无绝对。如果一个解决方案对于一般情况而言显得太过复杂，并且不合时宜，那么实现简单预期的情况可能更好。

● 错误检查

一个谨慎的程序员是不会对输入做任何假设的，而是会通过 ASSERT 和 if 语句验证输入。一个例子就是之前把数字从 i 进制（比如二进制或十六进制）表示转换成一个整数。

```
1   int convertFromBase(String number, int base) {
2     if (base < 2 || (base > 10 && base != 16)) return -1;
3     int value = 0;
4     for (int i = number.length() - 1; i >= 0; i--) {
5       int digit = digitToValue(number.charAt(i));
6       if (digit < 0 || digit >= base) {
7         return -1;
8       }
9       int exp = number.length() - 1 - i;
10      value += digit * Math.pow(base, exp);
11    }
12    return value;
13  }
```

在第 2 行，检查进制数是否有效（假设进制大于 10 时，除了 16 以外，没有标准的字符串表示）。在第 6 行，又做了另一个错误检查以确保每个数字都在允许范围内。

像这样的检查在生产代码中至关重要，在面试中也一样。

不过，写这样的错误检查会很枯燥无味，还会浪费宝贵的面试时间。关键是，要向面试官指出你**会**写错误检查。如果错误检查不是一个简单的 if 语句能解决的，最好给错误检查留有空间，告诉面试官等完成其余代码后还会返回来写错误检查。

面试题有时会让人不得要领，但这只是面试官的测试手段。直面挑战还是知难而退？不畏艰险，奋勇向前，这一点至关重要。总而言之，切记面试不是一蹴而就的。遇到拦路虎本就在意料之中。

而你表现出解决难题的满腔热情，则是一个加分项。

第二部分　技术面试题目中的基础知识

第 4 章

大 O

这个概念很重要，所以我们将花整整一章来学习。

表示时间的大 O 符号，是用来描述算法效率的语言和度量单位。不彻底理解这个概念，开发算法就格外艰难。它不仅会影响你做出清晰的判断，还会让你无法评价算法的优劣。

请务必掌握这个概念。

想象以下场景：你想把硬盘上的文件发送给你的朋友，但是他远在异国他乡。你想尽快把文件送到，该怎么办？

绝大多数人第一个想到的就是 E-mail、FTP 或者其他电子传输方式。这听起来很合理，但并不完全正确。对于稍小的文件来说，这么做没问题。因为如果把它送到机场，飞一个航班再送到你朋友的手上，可能要花上 5 到 10 个小时。但如果文件超大会怎样呢？通过飞机这样的物理运输可能会更快吗？的确如此。通过网络传输 1 TB 的文件，一天都传不完。通过飞机运送可能更快些。如果你很着急（不计代价），很可能会那样做。假如没有航班，不得不驾车去送，会怎样呢？对于一个超大的文件，即使开车去也比网络传输快。

4.1　时间复杂度

时间复杂度也就是渐进运行时间或者大 O 时间。数据传输时间在算法上的表示如下。

- 电子传输：$O(s)$，s 是文件的大小。它表示传输文件的时间与文件的大小成线性增长（这是比较简明的说法，便于理解）。
- 飞机传输：$O(1)$ 是相对文件大小而言。尽管文件变大，但它把文件送到你朋友那儿所用的时间不变。传输时间是个常量。

不管常量多大，线性增长的起点有多低，线性增长最终肯定会超过常量的值。

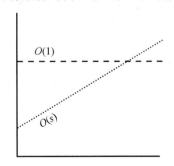

还有很多表示运行时间的算法，最常见的有 $O(\log N)$、$O(N \log N)$、$O(N)$、$O(N^2)$ 和 $O(2^N)$。但运行时间并不是固定的，远不止这些。

运行时间可以有很多变量。例如，粉刷一个宽 w 米、高 h 米的篱笆的时间可以表示为 $O(wh)$。假如刷了 p 层，就是 $O(whp)$。

1. 大 O、大 θ 和大 Ω

如果上学时你没接触过大 O，可以选择跳过这小节。它可能会让你更困惑。下面的内容可以统一读者对大 O 的理解，消除歧义。

学术界用大 O、大 θ（theta）和大 Ω（omega）来描述运行时间。

- O（big O）：学术界用大 O 描述时间的上界。一个打印数组所有值的算法，可以描述为 $O(N)$，但也可以描述为 $O(N^2)$、$O(N^3)$、$O(2^N)$ 或者其他大 O 时间。这个算法运行时间至少和上述任意大 O 一样快。因为上面的那些大 O 是它运行时间的上界。这有点像小于等于的关系。比如，Bob 年龄为 X（假设没有人能活到 130 岁以上），就可以说 $X \leq 130$。但是说 $X \leq 1000$，或者 $X \leq 1\,000\,000$ 也是正确的。从逻辑上讲它是对的（尽管没什么用）。同样地，像打印数组所有值这样简单的算法可以是 $O(N)$、$O(N^3)$ 或者任何大于 $O(N)$ 的运行时间。
- Ω（big omega）：在学术界，Ω 描述时间的下界。上述简单算法可以描述为 $\Omega(N)$、$\Omega(\log N)$ 和 $\Omega(1)$。毕竟，没有比上述运行时间**更快**的算法了。
- θ（big theta）：学术界用 θ 同时表示 O 和 Ω，即如果一个算法同时是 $O(N)$ 和 $\Omega(N)$，它才是 $\theta(N)$，θ 代表的是确界。

在工作和面试中，人们似乎已经把 θ 和 O 融合了。工业界中大 O 更像是学术界的 θ，从这个意义上讲，把上述简单算法描述为 $O(N^2)$ 就不对了。在工业界，更精确的描述应为 $O(N)$。

在本书中，将按照工业界的方式使用大 O，即总是提供关于运行时间最精确的描述。

2. 最优、最坏和期望情况

实际上，有 3 种不同方式描述运行时间。

以快排为例分别看看 3 种情况。快排随机选择一个中点，通过数组值交换把小于中点的元素放到大于中点的元素前面（这个过程是一个不完全排序）。然后使用相似的流程递归地排序中点左右两边的部分。

- **最优情况**。如果所有元素相等，快排平均仅扫一次数组，也就是 $O(N)$（其实这取决于具体实现，但不管哪种实现，在排序数组上都很快）。
- **最坏情况**。如果运气差，找到的中点总是数据最大的元素，会怎么样？（实际上，这很可能发生。如果中点是子数组第一个元素，并且该数组倒序排列，就会遇到这种情况。）这种情况下，递归不会把数组分为两半再继续递归下去。它每次仅把子数组缩小一个元素，快排时间复杂度也就退化成了 $O(N^2)$。
- **期望情况**。最优情况与最差情况通常不会发生。当然，有时中点可能会很低或很高，但不会一直如此。所以，可以认为时间复杂度是 $O(N \log N)$。

我们很少讨论最优情况的时间复杂度，因为它没什么用。毕竟，基本上可以把任何算法给特定的输入，然后就可以得出 $O(1)$ 的最优时间。

甚至绝大多数算法的最坏情况和期望情况相同。但是毕竟还有例外，所以需要分别描述这两种运行时间。

3. 最优、最坏、期望情况与大 O、大 θ、大 Ω 有什么关系

求职者很容易混淆这些概念（可能因为每种里面都有高、低、准确的含义），但其实这两种概念没有特别的关系。

最优、最坏和期望情况是用来描述给定输入或场景中的大 O（或者学术界的大 θ）时间。

大 O、大 Ω 和大 θ 分别描述了运行时间的上界、下界和确界。

4.2 空间复杂度

时间并不是算法唯一要关心的东西，还得关心内存数量或空间大小。

空间复杂度和时间复杂度在概念上有些相像。如果要创建大小为 n 的数组，需要的空间为 $O(n)$。若是创建 $n \times n$ 的二维数组，需要的空间为 $O(n^2)$。

在递归中，栈空间也要算在内。比如，下面的代码运行时间为 $O(n)$，空间也为 $O(n)$。

```
1   int sum(int n) { /* Ex 1.*/
2     if (n <= 0) {
3       return 0;
4     }
5     return n + sum(n-1);
6   }
```

每次调用都会增加调用栈。

```
1   sum(4)
2    -> sum(3)
3      -> sum(2)
4        -> sum(1)
5          -> sum(0)
```

这些调用中的每一个都会被添加到调用栈中并占用实际的内存。

然而，并不是调用 n 次就意味着需要 $O(n)$ 的空间。思考下面的函数，它把 0 到 n 之间相邻的每对数相加。

```
1   int pairSumSequence(int n) { /* Ex 2.*/
2     int sum = 0;
3     for (int i = 0; i < n; i++) {
4       sum += pairSum(i, i + 1);
5     }
6     return sum;
7   }
8
9   int pairSum(int a, int b) {
10    return a + b;
11  }
```

pairSum 方法大概调用 n 次。但调用不是同时发生，所以仅需 $O(1)$ 的空间。

4.3 删除常量

特定输入中，$O(N)$ 很有可能会比 $O(1)$ 代码还要快。大 O 仅仅描述了增长的趋势。

因此，常量不算在运行时间中。例如某个 $O(2N)$ 的算法实际上是 $O(N)$。

许多人反对这样做。他们看到代码中有两个非嵌套 for 循环就认为它是 $O(2N)$，以为那样更精确。其实不然。

思考以下代码：

Min and Max 1
```
1  int min = Integer.MAX_VALUE;
2  int max = Integer.MIN_VALUE;
3  for (int x : array) {
4    if (x < min) min = x;
5    if (x > max) max = x;
6  }
```

Min and Max 2
```
1  int min = Integer.MAX_VALUE;
2  int max = Integer.MIN_VALUE;
3  for (int x : array) {
4    if (x < min) min = x;
5  }
6  for (int x : array) {
7    if (x > max) max = x;
8  }
```

上面代码哪一个更快？第一个有一个 for 循环，而第二个有两个。但是，第一个的 for 循环里有两行代码，比第二个多了一行。

如果你打算数指令的个数，就得从汇编层考虑，并把乘法比加法需要更多指令考虑进去，另外还要考虑编译器会如何优化某些地方和各种其他的细节。

这会变得错综复杂，最好避开这条路。大 O 更多地表现了运行时间的规模。我们只需知道这一点：$O(N)$ 并不总是比 $O(N^2)$ 快。

4.4　丢弃不重要的项

像 $O(N^2 + N)$ 这样的表达式你会怎么处理？尽管第二个 N 不完全是常量，但是它无关紧要。

上文我们提过会舍弃常量，因此，$O(N^2 + N^2)$ 会变成 $O(N^2)$。毕竟假如不在乎 N^2 的话，又为什么要在乎被替换的 N 呢？

应该舍弃无关紧要的项。

- $O(N^2 + N)$ 变成 $O(N^2)$。
- $O(N + \log N)$ 变成 $O(N)$。
- $O(5 \times 2^N + 1000N^{100})$ 变成 $O(2^N)$。

尽管如此，有时还是需要用和的形式表示运行时间。例如，$O(B^2) + A$ 就是最简化的形式了（除去 A、B 特殊的几个值）。下面这幅图描述了几个常见大 O 的增长速率。

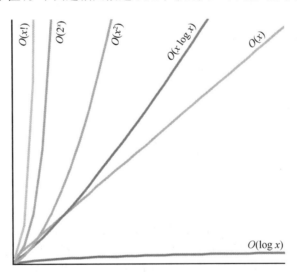

可以看到，$O(x^2)$ 比 $O(x)$ 糟糕很多，但它比 $O(2^x)$ 或者 $O(x!)$ 强太多了。还有很多比 $O(x!)$ 更糟糕的，比如 $O(x^x)$ 或者 $O(2^x x!)$。

4.5 多项式算法：加与乘

假设你的算法有两步，如何区分加与乘呢？
这是求职者常见的一个疑惑点。

Add the Runtimes: O(A + B)
```
1  for (int a : arrA) {
2    print(a);
3  }
4
5  for (int b : arrB) {
6    print(b);
7  }
```

Multiply the Runtimes: O(A*B)
```
1  for (int a : arrA) {
2    for (int b : arrB) {
3      print(a + "," + b);
4    }
5  }
```

左边的例子中，先遍历 A 数组然后遍历 B 数组，所以总数量为 $O(A + B)$。
右边的例子中，每个 A 数组中的元素都遍历 B 数组，因此总数量为 $O(A \times B)$。
换言之：
- 如果你的算法是"做这个，结束之后做那个"的形式，就是加；
- 如果你的算法是"对这个的每个元素做那个"的形式，就是乘。

经常有人因为这个搞砸面试，要格外小心。

4.6 分摊时间

ArrayList 或者动态数组，会允许你灵活改变大小。ArrayList 不会溢出，因为它会随着你的插入而扩容[①]。

ArrayList 底层使用数组实现。当元素个数达到数组容量限制时，ArrayList 会创建一个双倍容量的数组，然后把元素复制到新数组里。

那么如何描述插入的运行时间呢？这个问题有点棘手。

数组可能满了，如果数组包含 N 个元素，插入一个新元素的运行时间为 $O(N)$。因此，不得不创建一个 $2N$ 容量的数组，并把旧值复制过去。这时插入的运行时间为 $O(N)$。

然而，也可以认为上述情况不会经常发生。绝大多数的插入就是 $O(1)$。

需要一个兼顾两者的概念，也就是分摊时间。是的，它描述了最坏情况会偶尔出现。一旦最坏情况发生了，就会有很长一段时间不再发生，也就是所说的时间成本的"分摊"。

既然如此，分摊时间怎么计算呢？

假设数组大小为 2 的幂数，当插入一个元素时数组会扩容两倍。所以，当元素是 X 时，以 1, 2, 4, 8, 16, …, X 的数组大小成倍扩容。每次加倍操作需要复制 1, 2, 4, 8, 16, …, X 个元素。

$1 + 2 + 4 + 8 + 16 + \cdots + X$ 的和是多少呢？如果从左往右算，就是从 1 开始一直乘以 2，直到等于 X；如果从右往左算，就是从 X 一直除以 2，直到等于 1。

那么，$X + X/2 + X/4 + X/8 + \cdots + 1$ 的和等于多少呢？约等于 $2X$。

因此，X 次插入需要 $O(2X)$ 的时间，即每次插入的分摊时间为 $O(1)$。

[①] 这里只是说自动扩容，不代表永远不会溢出。——译者注

4.7 log N 运行时间

一种很常见的运行时间是 $O(\log N)$。它是从哪儿冒出来的？

让我们以二分查找为例。假设一个排序数组长度为 N，目标值为 x。首先比较 x 与中值，如果 x 等于中值，直接返回。如果 x 小于中值，搜索数组的左边。如果 x 大于中值，搜索数组的右边。

```
search 9 within {1, 5, 8, 9, 11, 13, 15, 19, 21}
    compare 9 to 11 -> smaller.
    search 9 within {1, 5, 8, 9}
        compare 9 to 8 -> bigger
        search 9 within {9}
            compare 9 to 9
            return
```

开始时有 N 个元素的排序数组需要搜索。经过一次搜索之后，还剩下 $N/2$ 个元素。再一次，只剩下 $N/4$ 个元素。直到找到目标值或者待搜索的元素个数为 1 时才停止搜索。

总的运行时间是从 N（N 每次减半）到 1 一共搜索了多少次。

```
N = 16
N = 8        /* 除以 2 */
N = 4        /* 除以 2 */
N = 2        /* 除以 2 */
N = 1        /* 除以 2 */
```

可以倒着看（从 16 到 1 变成从 1 到 16）。从 1 开始每次乘以 2，多少次能得到 N？

```
N = 1
N = 2        /* 乘以 2 */
N = 4        /* 乘以 2 */
N = 8        /* 乘以 2 */
N = 16       /* 乘以 2 */
```

也就是 $2^k = N$ 中的 k，它的值是多少？它恰好符合 log 的语义。

$2^4 = 16 \rightarrow \log_2 16 = 4$

$\log_2 N = k \rightarrow 2^k = N$

这是一个很好的推导方法。下次你看到一个类似的问题，元素个数也是每次减半，它的运行时间很可能是 $O(\log N)$。

同理，在平衡二叉搜索树中查找一个元素也是 $O(\log N)$。每次比较，非左即右。每边都有一半的节点，也就是说每次都把问题规模缩小一半。

4.8 递归的运行时间

这个问题向来棘手。下面代码的运行时间是多少？

```
1   int f(int n) {
2     if (n <= 1) {
3       return 1;
4     }
5     return f(n - 1) + f(n - 1);
6   }
```

不知何故，很多人一看到两次调用，就不假思索地认为运行时间为 $O(N^2)$。其实一点都不对。

相比于臆想，不如通过模拟代码执行来推断出它的运行时间。假设调用 $f(4)$，它调用 $f(3)$ 两次，每个 $f(3)$ 都会调用 $f(2)$ 两次，以此类推直到 $f(1)$。

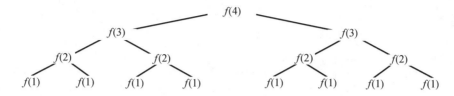

总共调用次数是多少呢？（不要数！）

如上图所示，树的高度为 N，每个节点有两个子节点。因此每一层节点数都是上一层节点数的两倍。下表展示了每层的节点数。

层	节点数	公式化表示	简单表示
0	1		2^0
1	2	$2 \times$ 上一层节点数 $= 2$	2^1
2	4	$2 \times$ 上一层节点数 $= 2 \times 2^1 = 2^2$	2^2
3	8	$2 \times$ 上一层节点数 $= 2 \times 2^2 = 2^3$	2^3
4	16	$2 \times$ 上一层节点数 $= 2 \times 2^3 = 2^4$	2^4

因此，节点数为 $2^0 + 2^1 + 2^2 + 2^3 + 2^4 + \cdots + 2^N = 2^{N+1}$。

尽量记住这个模式。当一个多次调用自己的递归函数出现时，它的运行时间往往是 $O(\text{分支数}^{\text{数的深度}})$，分支数是每次调用自己的次数。所以，上面例子中运行时间是 $O(2^N)$。

你可能还记得，log 的底数对大 O 来说并不重要，因为底数不同只代表常量系数不同。然而，这并不适用于指数。指数的基数很重要。比较 2^n 和 8^n，如果你展开 8^n，得到 2^{3n} 等于 $2^{2n} \times 2^n$。正如你所见，8^n 比 2^n 多了一个因子 2^{2n}。这并不是一个常量系数。

这个例子的空间复杂度为 $O(N)$。尽管树节点总数为 $O(2^N)$，但同一时刻只有 $O(N)$ 个节点存在。简而言之，只需要占用 $O(N)$ 的内存就可以了。

4.9　例题分析

大 O 一开始可能很难理解，然而一旦理解了，它就变得相当容易了。因为它会以同样的模式反复出现，掌握这个模式以后，剩下的你可以轻易推导出来。

我们的练习会先易后难，循序渐进。

例题 1

下面代码的运行时间是多少？

```
1   void foo(int[] array) {
2     int sum = 0;
3     int product = 1;
4     for (int i = 0; i < array.length; i++) {
5       sum += array[i];
6     }
7     for (int i = 0; i < array.length; i++) {
8       product *= array[i];
9     }
```

```
10      System.out.println(sum + ", " + product);
11    }
```

它的运行时间是 $O(N)$。事实上遍历两次数组对 $O(N)$ 来说无关紧要。

例题 2

下面代码的运行时间是多少？

```
1   void printPairs(int[] array) {
2     for (int i = 0; i < array.length; i++) {
3       for (int j = 0; j < array.length; j++) {
4         System.out.println(array[i] + "," + array[j]);
5       }
6     }
7   }
```

内部 for 循环迭代 $O(N)$ 次，它被调用了 N 次。因此，运行时间为 $O(N^2)$。

另一种方法是检查代码的"意义"是什么。它想打印数组所有的对（双元素序列）。共有 $O(N^2)$ 对，运行时间为 $O(N^2)$。

例题 3

这与上面的例子非常相似，但现在内部 for 循环变成从 i+1 开始。

```
1   void printUnorderedPairs(int[] array) {
2     for (int i = 0; i < array.length; i++) {
3       for (int j = i + 1; j < array.length; j++) {
4         System.out.println(array[i] + "," + array[j]);
5       }
6     }
7   }
```

可以通过几种方式推导运行时间。

for 循环是非常经典的模式。了解并深入理解它的运行时间非常必要。不能只是记住常见的运行时间，更重要的是要深入理解它们。

- **迭代次数**

第一次通过 j 时走了 $N-1$ 步，第二次走了 $N-2$ 步，然后走了 $N-3$ 步，以此类推。因此，总步数为：$(N-1)+(N-2)+(N-3)+\cdots+2+1 = 1+2+3+\cdots+N-1 = 1$ 到 $N-1$ 的和。它的值是 $N(N+1)/2$（参考第 13 章），因此运行时间为 $O(N^2)$。

- **代码意义**

或者，可以通过思考代码的"意义"来计算运行时间。它迭代了每一对 (i, j)，并且 j 比 i 大。共 N^2 对。可以粗略地认为其中一半 $i<j$，另一半 $i>j$。代码遍历对，因此它相当于 $O(N^2)$。

- **想象它**

下面是 $N=8$ 时迭代 (i, j) 的对：

```
(0, 1) (0, 2) (0, 3) (0, 4) (0, 5) (0, 6) (0, 7)
       (1, 2) (1, 3) (1, 4) (1, 5) (1, 6) (1, 7)
              (2, 3) (2, 4) (2, 5) (2, 6) (2, 7)
                     (3, 4) (3, 5) (3, 6) (3, 7)
                            (4, 5) (4, 6) (4, 7)
                                   (5, 6) (5, 7)
                                          (6, 7)
```

看起来有点像 $N \times N$ 矩阵的一半，大小粗略估计为 $N^2/2$。运行时间也就是 $O(N^2)$。

● 平均工作时间

知道外圈循环是 N 次。那内部循环做了多少工作？它在不同迭代中有所不同，但可以考虑平均值。

1, 2, 3, 4, 5, 6, 7, 8, 9, 10 的平均值是多少？按理说，平均值应该在中间，所以大约是 5（当然可以给出一个更精确的值，但对计算大 O 无益）。

那么 1, 2, 3, ⋯, N 的平均值呢？这个序列的平均值是 N/2。

内部循环平均值是 N/2，运行次数是 N，所以总的工作时间是 $O(N^2)$。

例题 4

这个例子和上面的很像，但这次是两个不同的数组。

```
1   void printUnorderedPairs(int[] arrayA, int[] arrayB) {
2     for (int i = 0; i < arrayA.length; i++) {
3       for (int j = 0; j < arrayB.length; j++) {
4         if (arrayA[i] < arrayB[j]) {
5           System.out.println(arrayA[i] + "," + arrayB[j]);
6         }
7       }
8     }
9   }
```

可以分开看。内部 for 循环中的 if 语句是一系列常量时间的语句，因此它的运行时间是 $O(1)$。

由此得到：

```
1   void printUnorderedPairs(int[] arrayA, int[] arrayB) {
2     for (int i = 0; i < arrayA.length; i++) {
3       for (int j = 0; j < arrayB.length; j++) {
4         /* O(1) 工作 */
5       }
6     }
7   }
```

对于数组 A 中的每一个元素，内部 for 循环都要遍历 b 次，b = 数组 B 的长度。如果 a = 数组 A 的长度，那么运行时间是 $O(ab)$。

也许你会说 $O(N^2)$，一会儿就会发现自己弄错了。并不是 $O(N^2)$，因为有两种不同的输入，与两个变量都相关。这是极其常见的错误。

例题 5

下面这段有点奇怪的代码如何呢？

```
1   void printUnorderedPairs(int[] arrayA, int[] arrayB) {
2     for (int i = 0; i < arrayA.length; i++) {
3       for (int j = 0; j < arrayB.length; j++) {
4         for (int k = 0; k < 100000; k++) {
5           System.out.println(arrayA[i] + "," + arrayB[j]);
6         }
7       }
8     }
9   }
```

和上例没实质变化，100 000 的系数虽然很大，却仍然是一个常量，所以运行时间为 $O(ab)$。

例题 6

下面是一段反转数组的代码，它的运行时间是多少？

```
1  void reverse(int[] array) {
2    for (int i = 0; i < array.length / 2; i++) {
3      int other = array.length - i - 1;
4      int temp = array[i];
5      array[i] = array[other];
6      array[other] = temp;
7    }
8  }
```

这个算法运行时间是 $O(N)$。事实上，仅仅遍历数组的一半对大 O 时间没有任何影响。

例题 7

以下哪个等于 $O(N)$？为什么？

- $O(N + P)$，其中 $P < N/2$。
- $O(2N)$。
- $O(N + \log N)$。
- $O(N + M)$。

让我们逐个过一遍。

- 如果 $P < N/2$，可知 N 占主要部分，所以可以丢弃 $O(P)$。
- $O(2N)$ 等于 $O(N)$，因为要舍弃常量。
- $O(N)$ 大于 $O(\log N)$，所以可以丢弃 $O(\log N)$。
- N 和 M 没有建立关系，所以保留两个变量。

因此，除最后一个以外，其他都等于 $O(N)$。

例题 8

假设有个算法，它遍历字符串数组，取出每个字符串并对其排序，最后排序整个数组。那么运行时间是多少呢？

很多求职者会这样推理：排序一个字符串需要 $O(N \log N)$，得排序 N 个，所以是 $O(NN \log N)$。此外，还得排序整个数组，需要另外的 $O(N \log N)$。因此，总的运行时间是 $O(N^2 \log N + N + \log N)$，也就是 $O(N^2 \log N)$。

非常遗憾，一点儿都不对。你知道错在哪儿了吗？

问题在于，N 在两种不同的情况下都被使用。在第一种情况下，N 是字符串的长度。在另一种情况下，它又被当作了数组的长度。

在面试中，你可以避免这个错误，要么不使用变量 N，要么只在没有歧义的情况下使用它。

事实上，这里甚至不用 a、b，也不用 m、n。因为很容易忘记哪个是哪个，弄混它们。而且，$O(a^2)$ 和 $O(a \times b)$ 完全不同。

让我们定义新的术语，使用更加合乎逻辑的名称。

假设 s 代表字符串的最大长度。

假设 a 代表数组的长度。

现在可以逐步地解决这个问题。

- 排序每个字符串是 $O(s \log s)$。
- 要排序每一个字符串（一共 a 个字符串），所以是 $O(a \times s \log s)$。
- 现在对所有的字符串排序。因为一共有 a 个字符串，所以你可能会说需要的时间为 $O(a \log a)$。这正是大多数求职者所说的。但你还应该考虑到需要比较字符串。每个字符串比较需要 $O(s)$。有 $O(a \log a)$ 次比较，因此，这将占用 $O(a \times s \log a)$ 的时间。

如果你把这两部分加起来，就得到了 $O(a \times s(\log a + \log s))$。

这就是最精简的表达式了。

例题 9

下面这段简单的代码把平衡二叉搜索树上所有节点的值相加。它的运行时间是多少呢？

```
1    int sum(Node node) {
2      if (node == null) {
3        return 0;
4      }
5      return sum(node.left) + node.value + sum(node.right);
6    }
```

仅仅是二叉搜索树并不意味着是 log 的时间。

可以从以下两方面来看。

- 意义

最简单明了的方式是思考它的意义。代码访问树中的每个节点仅一次，并且每次"访问"（不包括递归调用）都做了常量时间的工作。

因此，运行时间与节点数呈线性关系。如果有 N 个节点，那么运行时间就是 $O(N)$。

- 递归模式

递归函数有多个分支时如何计算运行时间？让我们在这里试试这种方法。

带有多个分支的递归函数的运行时间通常是 $O(branches^{depth})$。每个调用有两个分支，因此，称之为 $O(2^{深度})$。

在这一点上，很多人可能会认为事情不太对，因为这是一个指数级的算法要么是逻辑上有些缺陷，要么是无意中创造了一个指数级的算法。

第二种说法是正确的。确实有一个指数级的算法。但它并不像人们想的那样糟糕。考虑一下它的指数对应何种变量。

深度是多少呢？这是一个平衡二叉搜索树。因此，如果总节点是 N，那么深度大概是 $\log N$。由上面的公式，得到 $O(2^{\log N})$。

回想下 $\log_2$ 的含义：

$$2^P = Q \rightarrow \log_2 Q = P$$

$2^{\log N}$ 是多少呢？涉及 2 和 log 之间的关系，应该可以简化一下。

让 $P = 2^{\log N}$。由 $\log_2$ 的定义，可以把它写成 $\log_2 P = \log_2 N$，也就是说 $P = N$。

$$\text{让 } P = 2^{\log N}$$
$$\rightarrow \log_2 P = \log_2 N$$
$$\rightarrow P = N$$
$$\rightarrow 2^{\log N} = N$$

因此，代码的运行时间是 $O(N)$，N 是节点的个数。

例题 10

下面的方法通过检查一个数能否被小于它的数整除，来判断它是否是一个素数[①]。只需要算到 n 的平方根就可以，因为如果 n 可以被大于它的平方根的数整除，那么它也可以被小于它的平方根的数整除。

---

① 1 除外。——译者注

例如，33能被11整除（它比33的平方根大），11对应的是3（3 × 11 = 33）。素数33已经被3淘汰了。

下列函数的时间复杂度是多少？

```
1  boolean isPrime(int n) {
2    for (int x = 2; x * x <= n; x++) {
3      if (n % x == 0) {
4        return false;
5      }
6    }
7    return true;
8  }
```

很多人把这个问题弄错了。如果你细心一些，其实很容易。

for 循环里面的工作是常量。因此，只需知道 for 循环在最坏情况下经历了多少次迭代。

for 循环从 2 开始，当 $x \times x = n$ 时终止。或者换种说法，当 $x = \sqrt{n}$（当 x 等于 n 的平方根）时停止。

这个 for 循环实际上是以下这样的：

```
1  boolean isPrime(int n) {
2    for (int x = 2; x <= sqrt(n); x++) {
3      if (n % x == 0) {
4        return false;
5      }
6    }
7    return true;
8  }
```

它运行了 $O(\sqrt{n})$ 的时间。

例题 11

下面的代码计算 $n!$（n 的阶乘）。它的时间复杂度是多少？

```
1  int factorial(int n) {
2    if (n < 0) {
3      return -1;
4    } else if (n == 0) {
5      return 1;
6    } else {
7      return n * factorial(n - 1);
8    }
9  }
```

这就是一个从 n 到 $n-1$ 到 $n-2$ 一直到 1 的直接递归。它的运行时间是 $O(n)$。

例题 12

下面的代码计算字符串的所有排列。

```
1   void permutation(String str) {
2     permutation(str, "");
3   }
4
5   void permutation(String str, String prefix) {
6     if (str.length() == 0) {
7       System.out.println(prefix);
8     } else {
9       for (int i = 0; i < str.length(); i++) {
10        String rem = str.substring(0, i) + str.substring(i + 1);
11        permutation(rem, prefix + str.charAt(i));
```

```
12      }
13    }
14  }
```

这是一个非常棘手的问题。可以考虑从 permutation 函数调用的次数和调用的时间着手。我们的目标是尽可能地达到上界。

- **permutation 函数的基线条件被调用了多少次？**

  如果要生成一个排列，就需要为每个"槽"选择字符。假设有 7 个字符的字符串。在第一个槽，有 7 种选择。一旦选择某个字符，下一个槽就剩 6 种选择（注意这是**前面 7 种选择**中的 6 种）。然后是下一个槽的 5 种选择，等等。

  因此，可选的总数是 $7 \times 6 \times 5 \times 4 \times 3 \times 2 \times 1$，也可以表示为 7!（7 的阶乘）。

  这告诉我们有 $n!$ 种排列。因此，满足基线条件的 permutation 被调用了 $n!$ 次（当前缀是完全排列时）。

- **permutation 函数在基线条件之前被调用了多少次？**

  但还需要考虑第 9~12 行被调用了多少次。在脑海中想象一个代表着所有调用的巨大调用树。如上可知，它有 $n!$ 个叶节点。每个叶节点连接在长度为 n 的路径上。因此，知道这棵树最多有 $n \times n!$ 个节点（函数调用）。

- **每个函数调用需要多长时间？**

  执行第 7 行需要 $O(n)$ 的时间，因为需要打印每个字符。

  由于字符串拼接，第 10 行和第 11 行共需要 $O(n)$ 的时间。观察 rem、prefix、str.charAt(i) 的长度之和，可以发现始终是 n。

  调用树中每个节点对应 $O(n)$ 的工作。

- **总运行时间是多少？**

  因为调用 permutation $O(n \times n!)$ 次（取上界），每次时间是 $O(n)$，所以总运行时间不会超过 $O(n^2 \times n!)$。

  通过更复杂的数学运算，可以得出更精确的运行时间方程（虽然不一定是个很好的封闭型表达式），但这已经超出了正常面试的范畴。

例题 13

下面的代码计算斐波那契数列第 n 个值。

```
1  int fib(int n) {
2    if (n <= 0) return 0;
3    else if (n == 1) return 1;
4    return fib(n - 1) + fib(n - 2);
5  }
```

可以使用之前为递归创建的模式：$O(\text{branches}^{\text{depth}})$。

每个调用有两个分支，深度是 N，因此运行时间是 $O(2^N)$。

通过一些非常复杂的数学计算，实际上可以得到一个更加精确的运行时间。时间的确是指数级的，但它实际上更接近 $O(1.6^N)$。它不是正好等于 $O(2^N)$ 的原因在于，每个调用栈的底部有时只有一个调用。事实上，很多节点都在底部（很多树都是如此），因此，单次调用和双次调用实际上差别巨大。然而，说出 $O(2^N)$ 已经足以满足面试的要求。如果能发现它实际上小于 $O(2^N)$，你将会获得额外加分。

通俗地讲，你如果看到一个算法有多个递归调用，就可以认为它的运行时间是指数级的。

例题 14

下面的代码打印了所有从 0 到 n 的斐波那契数列。时间复杂度是多少？

```
1   void allFib(int n) {
2     for (int i = 0; i < n; i++) {
3       System.out.println(i + ": " + fib(i));
4     }
5   }
6
7   int fib(int n) {
8     if (n <= 0) return 0;
9     else if (n == 1) return 1;
10    return fib(n - 1) + fib(n - 2);
11  }
```

很多人一看到 fib(n) 被调用了 n 次，并且 fib(n) 运行需要 $O(2^N)$，就认为它是 $O(n2^N)$。现在下结论还为时过早。你能找出逻辑上的错误吗？

错在 n 是可变的。fib(n) 确实会花费 $O(2^N)$ 的时间，但重要的是 n 的值是多少。

相反地，让我们逐个过一遍每个调用。

fib(1) -> 2^1 steps
fib(2) -> 2^2 steps
fib(3) -> 2^3 steps
fib(4) -> 2^4 steps
...
fib(n) -> 2^n steps

因此，总工作量是：

$2^1 + 2^2 + 2^3 + 2^4 + ... + 2^n$

这是 2^{n+1}。因此，计算前 n 个斐波那契数列（使用这个糟糕的算法）的运行时间仍然是 $O(2^n)$。

例题 15

下面的代码打印了所有从 0 到 n 的斐波那契数列。不同的是，这次把之前计算的值（比如缓存）存在一个整数数组里。如果已经被计算过，就返回这个缓存。这样的运行时间是多少？

```
1   void allFib(int n) {
2     int[] memo = new int[n + 1];
3     for (int i = 0; i < n; i++) {
4       System.out.println(i + ": " + fib(i, memo));
5     }
6   }
7
8   int fib(int n, int[] memo) {
9     if (n <= 0) return 0;
10    else if (n == 1) return 1;
11    else if (memo[n] > 0) return memo[n];
12
13    memo[n] = fib(n - 1, memo) + fib(n - 2, memo);
14    return memo[n];
15  }
```

让我们看看这个算法做了什么。

fib(0) -> return 0
fib(1) -> return 1
fib(2)

```
        fib(1) -> return 1
        fib(0) -> return 0
        store 1 at memo[2]
    fib(3)
        fib(2) -> lookup memo[2] -> return 1
        fib(1) -> return 1
        store 2 at memo[3]
    fib(4)
        fib(3) -> lookup memo[3] -> return 2
        fib(2) -> lookup memo[2] -> return 1
        store 3 at memo[4]
    fib(5)
        fib(4) -> lookup memo[4] -> return 3
        fib(3) -> lookup memo[3] -> return 2
        store 5 at memo[5]
...
```

在每次对 fib(i) 的调用中，已经计算并存储过 fib(i-1) 和 fib(i-2) 的值。只需要查找这些值，计算它们的和，存储新的结果，然后返回。这个过程需要常数时间。

做了 N 次常数时间的工作，因而运行时间是 $O(n)$。

这种称为制表的技术，常用于指数级的递归算法的优化。

例题 16

下面的函数递归地打印了从 1 到 n 中 2 的幂数。例如，如果 n 等于 4，它将打印 1、2、4。它的运行时间是多少？

```
1    int powersOf2(int n) {
2        if (n < 1) {
3            return 0;
4        } else if (n == 1) {
5            System.out.println(1);
6            return 1;
7        } else {
8            int prev = powersOf2(n / 2);
9            int curr = prev * 2;
10           System.out.println(curr);
11           return curr;
12       }
13   }
```

有好几种方法可以计算运行时间。

让我们过一遍 powersOf2(50)。

```
powersOf2(50)
    -> powersOf2(25)
        -> powersOf2(12)
            -> powersOf2(6)
                -> powersOf2(3)
                    -> powersOf2(1)
                        -> print & return 1
                    print & return 2
                print & return 4
            print & return 8
        print & return 16
    print & return 32
```

很显然运行时间就是 50（或者 n）除以 2 的次数，一直除到开始处理基线条件（1）。从 n 到 1 的次数是 $O(\log n)$。

我们也可以通过思考代码应做什么来探讨运行时间。它应该是计算从 1 到 n 中 2 的幂数。

每次调用 powersOf2 的结果是输出一个确定的数字并返回（排除递归调用的情况）。所以算法最后输出 13 个值，那么 powersOf2 就被调用了 13 次。

在本例中，知道它打印 1 到 n 中所有 2 的幂数。因此，函数被调用的次数（相当于它的运行时间）应当等于 1 到 n 中 2 的幂数的个数。

1 到 n 中有 log N 个 2 的幂数，因此，运行时间是 $O(\log n)$。

处理运行时间最终的方式是思考 n 变大时运行时间的变化。这也正是大 O 的意义所在。

如果 N 从 P 增加到 P+1，调用 powersOf2 的次数可能根本不会变。什么时候调用 powersOf2 的次数会增加？n 每增加一倍，它就会增加一次。

所以，每次 n 加倍，调用 powersOf2 的次数就增加 1。因此，调动 powersOf2 的次数等于你把 1 加倍到 n 的次数，也就是 x，x 满足 $2^x = n$。

x 是多少？它的值是 log n。这正是 x = log n 的意义所在。

因此，运行时间是 $O(\log n)$。

附加问题

(1) 下面的代码计算 a 和 b 的乘积。运行时间是多少？

```
int product(int a, int b) {
    int sum = 0;
    for (int i = 0; i < b; i++) {
        sum += a;
    }
    return sum;
}
```

(2) 下面的代码计算 a^b。运行时间是多少？

```
int power(int a, int b) {
    if (b < 0) {
        return 0; // 错误
    } else if (b == 0) {
        return 1;
    } else {
        return a * power(a, b - 1);
    }
}
```

(3) 下面的代码计算 a % b。运行时间是多少？

```
int mod(int a, int b) {
    if (b <= 0) {
        return -1;
    }
    int div = a / b;
    return a - div * b;
}
```

(4) 下面的代码计算整数除法。运行时间是多少（假设 a 和 b 都是正数）？

```
int div(int a, int b) {
    int count = 0;
    int sum = b;
    while (sum <= a) {
        sum += b;
        count++;
```

```
        }
        return count;
    }
```

(5) 下面的代码计算一个数字的整数平方根。如果不是一个完美平方根（没有整数平方根），就会返回–1。它是通过反复猜测得到整数平方根的。比如，如果 *n* 是 100，它第一次猜 50。高了？就尝试低一点的——1 到 50 的一半。它的运行时间是多少？

```
int sqrt(int n) {
    return sqrt_helper(n, 1, n);
}

int sqrt_helper(int n, int min, int max) {
    if (max < min) return -1; // 没有平方根

    int guess = (min + max) / 2;
    if (guess * guess == n) { // 找到它了!
        return guess;
    } else if (guess * guess < n) { //太低了
        return sqrt_helper(n, guess + 1, max); // 试试大的数
    } else { // 太高了
        return sqrt_helper(n, min, guess - 1); // 试试小的数
    }
}
```

(6) 下面的代码计算一个数字的整数平方根。如果不是一个完美的平方根（没有整数平方根），就会返回–1。它尝试越来越大的数字直到找到正确的值（除非太高）。它的运行时间是多少？

```
int sqrt(int n) {
    for (int guess = 1; guess * guess <= n; guess++) {
        if (guess * guess == n) {
            return guess;
        }
    }
    return -1;
}
```

(7) 如果一棵二叉搜索树不平衡，它寻找一个节点（在最坏情况下）需要多长时间？

(8) 如果你在一棵二叉树中查找某个值，但它不是一棵二叉搜索树。它的时间复杂度是多少？

(9) appendToNew 方法通过创建一个更长的新数组并返回它来向数组添加一个值。你使用 appendToNew 方法创建了一个 copyArray 函数，它反复地调用 appendToNew。此时复制数组需要多长时间？

```
int[] copyArray(int[] array) {
    int[] copy = new int[0];
    for (int value : array) {
        copy = appendToNew(copy, value);
    }
    return copy;
}

int[] appendToNew(int[] array, int value) {
    // 复制所有元素到一个新数组
    int[] bigger = new int[array.length + 1];
    for (int i = 0; i < array.length; i++) {
        bigger[i] = array[i];
    }
```

```
        // 添加新元素
        bigger[bigger.length - 1] = value;
        return bigger;
    }
```

(10) 下面的代码把一个数字中每位数字相加。它的大 O 时间是多少？

```
int sumDigits(int n) {
    int sum = 0;
    while (n > 0) {
        sum += n % 10;
        n /= 10;
    }
    return sum;
}
```

(11) 下面的代码打印所有长度为 k 的字符串，要求字符有序。它先生成所有长度为 k 的字符串，然后检查它是否有序。它的运行时间是多少？

```
int numChars = 26;

void printSortedStrings(int remaining) {
    printSortedStrings(remaining, "");
}

void printSortedStrings(int remaining, String prefix) {
    if (remaining == 0) {
        if (isInOrder(prefix)) {
            System.out.println(prefix);
        }
    } else {
        for (int i = 0; i < numChars; i++) {
            char c = ithLetter(i);
            printSortedStrings(remaining - 1, prefix + c);
        }
    }
}

boolean isInOrder(String s) {
    for (int i = 1; i < s.length(); i++) {
        int prev = ithLetter(s.charAt(i - 1));
        int curr = ithLetter(s.charAt(i));
        if (prev > curr) {
            return false;
        }
    }
    return true;
}

char ithLetter(int i) {
    return (char) (((int) 'a') + i);
}
```

(12) 以下代码计算两个数组的交集（相同元素的个数）。假设两个数组没有重复。它先排序一个数组（数组 b），接着通过迭代检查（通过二分查找）另一个数组的值是否在 b 中来计算交集。它的运行时间是多少？

```
int intersection(int[] a, int[] b) {
    mergesort(b);
    int intersect = 0;
```

```
    for (int x : a) {
        if (binarySearch(b, x) >= 0) {
            intersect++;
        }
    }

    return intersect;
}
```

答案

(1) $O(b)$。for 循环仅仅是遍历 b。

(2) $O(b)$。递归代码迭代 b 次,因为它在每一级减去一个。

(3) $O(1)$。它做的工作是常数时间。

(4) $O(a/b)$。变量 count 最终会等于 a/b。while 循环遍历了 count 次。因此,它遍历了 a/b 次。

(5) $O(\log n)$。这个算法本质上通过一个二分查找去寻找平方根。因此,运行时间是 $O(\log n)$。

(6) $O(\sqrt{n})$。这就是个简单的循环,当 guess × guess > n(或者换个说法,当 guess > sqrt(n))时停止。

(7) $O(n)$,n 是树的节点数。寻找一个元素的最大时间取决于树的深度。这个树可能是笔直向下的一列,深度为 n。

(8) $O(n)$。节点上没有任何排序的属性,只好搜索完全部节点。

(9) $O(n^2)$,n 是数组中元素的个数。第一次调用 appendToNew 复制 1 次。第二次调用复制 2 次。第三次调用复制 3 次。以此类推。总时间是 1 到 n 的和,即 $O(n^2)$。

(10) $O(\log n)$。运行时间是数字的位数。一个有 d 位的数字,值最大为 10^d。如果 $n = 10^d$,那么 $d = \log n$。因此,运行时间是 $O(\log n)$。

(11) $O(kc^k)$,k 是字符串的长度,c 是字母表中字母的个数。生成每个字符串需要 $O(c^k)$ 的时间。然后,需要检查它们每一个是否都排序了,这需要 $O(k)$ 的时间。

(12) $O(b \log b + a \log b)$。首先,排序数组 b,这将花 $O(b \log b)$ 的时间。接着,对 a 的每个元素用 $O(\log b)$ 的时间做二分查找。第二部分会花 $O(a \log b)$ 的时间。

第 5 章
数组与字符串

想必本书读者都很熟悉什么是数组和字符串,因此这里不再赘述。我们会把重心放在与这些数据结构相关的一些常见技巧和问题上。

请注意,数组问题与字符串问题往往是相通的。换句话说,书中提到的数组问题也可能以字符串的形式出现,反之亦然。

5.1 散列表

散列表是一种通过将键(key)映射为值(value)从而实现快速查找的数据结构。实现散列表的方法有很多种。本章将介绍一种简单、常见的实现方式。

我们使用一个链表构成的数组与一个散列函数来实现散列表。当插入键(字符串或几乎其他所有数据类型)和值时,我们按照如下方法操作。

首先,计算键的散列值。键的散列值通常为 `int` 或者 `long` 型。请注意,不同的两个键可以有相同的散列值,因为键的数量是无穷的,而 `int` 型的总数是有限的。

之后,将散列值映射为数组的索引。可以使用类似于 `hash(key) % array_length` 的方式完成这一步骤,不同的两个散列值则会被映射到相同的数组索引。

此数组索引处存储的元素是一系列由键和值为元素组成的链表。请将映射到此索引的键和值存储在这里。由于存在冲突,我们必须使用链表:有可能对于相同的散列值有不同的键,也有可能不同的散列值被映射到了同一个索引。

通过键来获取值则需重复此过程。首先通过键计算散列值,再通过散列值计算索引。之后,查找链表来获取该键所对应的值。

如果冲突发生很多次,最坏情况下的时间复杂度是 $O(N)$,其中 N 是键的数量。但是,我们通常假设一个不错的实现方式会将冲突数量保持在最低水平,在此情况下,时间复杂度是 $O(1)$。

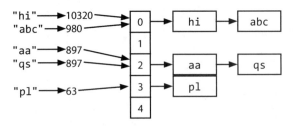

另一种方法是通过平衡二叉搜索树来实现散列表。该方法的查找时间复杂度是 $O(\log N)$。该方法的好处是用到的空间可能更少,因为我们不再需要分配一个大数组。还可以按照键的顺序进行迭代访问,在某些时候这样做很有用。

5.2 ArrayList 与可变长度数组

在一部分语言中，数组（这种情况下通常会被称作链表）可以自动改变长度。数组或者链表会随着新加入元素而增加长度。而在另一部分语言中，比如 Java，数组的长度是固定的。创建数组时，长度即被确定了。

当你需要类似于数组、同时提供动态长度的数据结构时，经常会用到 ArrayList。ArrayList 是一种按需动态调整大小的数组，数据访问时间复杂度为 $O(1)$。一种典型的实现方法是在数组存满时将其扩容两倍。每次扩容用时 $O(n)$，不过这种操作频次极少，因此均摊下来访问时间仍为 $O(1)$。

```
1   ArrayList<String> merge(String[] words, String[] more) {
2     ArrayList<String> sentence = new ArrayList<String>();
3     for (String w : words) sentence.add(w);
4     for (String w : more) sentence.add(w);
5     return sentence;
6   }
```

这是面试中的一个基础数据结构。无论使用何种编程语言，都要确保能够熟练运用动态数组（链表）。请注意，数据结构的名称和长度调整系数（Java 当中为 2）在不同语言当中会有所不同。

为什么均摊访问时间复杂度是 $O(1)$？

假设你有一个长度为 N 的数组，可以倒推一下在扩容时需要复制多少元素。请注意观察当我们将数组元素个数增加到 K 时，数组之前的大小为其一半。所以需要复制 $K/2$ 个元素。

最终扩容：复制 $N/2$ 个元素

之前的扩容：复制 $N/4$ 个元素

之前的扩容：复制 $N/8$ 个元素

之前的扩容：复制 $N/16$ 个元素

……

第二次扩容：复制 2 个元素

第一次扩容：复制 1 个元素

因此，插入 N 个元素总共大约需要复制 $N/2+N/4+N/8+\cdots+2+1$ 次，总计刚好小于 N 次。

> 如果你不了解级数求和，请设想：假如距离商店 1 千米，你先走 0.5 千米，再走 0.25 千米，继续走 0.125 千米，以此类推。你走的路永远不会超过 1 千米（尽管会非常接近）。

因此，插入 N 个元素的时间复杂度为 $O(N)$。平均下来每次插入操作的时间复杂度为 $O(1)$，尽管某些插入操作在最坏情况下需要 $O(N)$ 的时间复杂度。

5.3 StringBuilder

假设你要将一组字符串拼接起来，如下所示。这段代码会运行多长时间？为简单起见，假设所有字符串等长（皆为 x），一共有 n 个字符串。

```
1   String joinWords(String[] words) {
2     String sentence = "";
3     for (String w : words) {
4       sentence = sentence + w;
```

```
5     }
6     return sentence;
7 }
```

每次拼接都会新建一个字符串，包含原有两个字符串的全部字符。第一次迭代要复制 x 个字符，第二次迭代要复制 $2x$ 个字符，第三次要复制 $3x$ 个，以此类推。综上所述，这段代码的时间复杂度为 $O(x + 2x + \cdots + nx)$，可简化为 $O(xn^2)$。

为什么是 $O(xn^2)$？因为 $1 + 2 + \cdots + n$ 等于 $n(n+1)/2$，即 $O(n^2)$。

StringBuilder 可以避免上面的问题。它会直接创建一个足以容纳所有字符串的可变长度数组，等到拼接完成才将这些字符串转成一个字符串。

```
1 String joinWords(String[] words) {
2     StringBuilder sentence = new StringBuilder();
3     for (String w : words) {
4         sentence.append(w);
5     }
6     return sentence.toString();
7 }
```

不妨试着自己实现一下 StringBuilder、HashTable 和 ArrayList，这对你掌握字符串、数组和常见数据结构将大有裨益。

第 6 章

链　　表

链表是一种用于表示一系列节点的数据结构。在单向链表中，每个节点指向链表中的下一个节点。而在双向链表中，每个节点同时具备指向前一个节点和后一个节点的指针。

下图描述了一个双向链表。

与数组不同的是，无法在常数时间复杂度内访问链表的一个特定索引。这意味着如果要访问链表中的第 K 个元素，需要迭代访问 K 个元素。

链表的好处在于你可以在常数时间复杂度内加入和删除元素。这对于某些特定的程序大有用处。

6.1 创建链表

下面的代码实现了一个非常基本的单向链表。

```
1   class Node {
2     Node next = null;
3     int data;
4
5     public Node(int d) {
6       data = d;
7     }
8
9     void appendToTail(int d) {
10      Node end = new Node(d);
11      Node n = this;
12      while (n.next != null) {
13        n = n.next;
14      }
15      n.next = end;
16    }
17  }
```

此实现中没有 LinkedList 数据结构，而是通过链表头节点 Node 的引用来访问链表。当你用这种方法实现链表时，需要小心。如果多个对象需要引用链表，而链表头节点变了，该怎么办？一些对象或许仍然指向旧的头节点。

可以选择实现一个 LinkedList 类来封装 Node 类。该类只包括一个成员变量：头节点 Node。这样做可以在很大程度上解决上述问题。

切记：在面试中遇到链表题时，务必弄清楚它到底是单向链表还是双向链表。

6.2 删除单向链表中的节点

删除单向链表中的节点非常简单。给定一个节点 n，先找到其前趋节点 prev，并将 prev.next 设置为 n.next。如果这是双向链表，还要更新 n.next，将 n.next.prev 置为 n.prev。当然，必须注意以下两点：检查空指针；必要时更新表头（head）或表尾（tail）指针。

此外，如果采用 C、C++或其他要求开发人员自行管理内存的语言，还应考虑要不要释放删除节点的内存。

```
1   Node deleteNode(Node head, int d) {
2     Node n = head;
3   
4     if (n.data == d) {
5       return head.next; /* 移动头指针 */
6     }
7   
8     while (n.next != null) {
9       if (n.next.data == d) {
10        n.next = n.next.next;
11        return head; /* 头指针未改变 */
12      }
13      n = n.next;
14    }
15    return head;
16  }
```

6.3 "快行指针"技巧

在处理链表问题时，"快行指针"（或称第二个指针）是一种很常见的技巧。"快行指针"指的是同时用两个指针来迭代访问链表，只不过其中一个比另一个超前一些。"快"指针往往先行几步，或与"慢"指针相差固定的步数。

举个例子，假定有一个链表 a_1->a_2->...->a_n->b_1->b_2->...->b_n，你想将其重新排列成 a_1->b_1->a_2->b_2->...->a_n->b_n。另外，你不知道该链表的长度（但确定其长度为偶数）。

你可以用两个指针，其中 p1（快指针）每次都向前移动两步，而同时 p2 只移动一步。当 p1 到达链表末尾时，p2 刚好位于链表中间位置。然后，再让 p1 与 p2 一步步从尾向头反向移动，并将 p2 指向的节点插入到 p1 所指节点后面。

6.4 递归问题

许多链表问题都要用到递归。解决链表问题碰壁时，不妨试试递归法能否奏效。这里暂时不会深入探讨递归，后面会有专门章节予以讲解。

当然，还需注意递归算法至少要 $O(n)$ 的空间复杂度，其中 n 为递归调用的层数。实际上，所有递归算法都可以转换成迭代法，只是后者实现起来可能要复杂得多。

第 7 章

栈与队列

熟练掌握数据结构的基本原理,栈与队列问题处理起来要容易得多。当然,有些问题也可能相当棘手。部分问题不过是对基本数据结构略作调整,其他问题则要难得多。

7.1 实现一个栈

栈这种数据结构正如其名:存放数据之处。在某些特定的问题中,栈比数组更加合适。栈采用后进先出(LIFO)的顺序。换言之,像一堆盘子那样,最后入栈的元素最先出栈。栈有如下基本操作。

- pop():移除栈顶元素。
- push(item):在栈顶加入一个元素。
- peek():返回栈顶元素。
- isEmpty():当且仅当栈为空时返回 true。

与数组不同的是,栈无法在常数时间复杂度内访问第 *i* 个元素。但是,因为栈不需要在添加和删除操作时移动元素,所以可以在常数时间复杂度内完成此类操作。

下面给出了栈的简单实现代码。注意,如果只从链表的一端添加和删除元素,栈也可以用链表实现。

```
1   public class MyStack<T> {
2     private static class StackNode<T> {
3       private T data;
4       private StackNode<T> next;
5
6       public StackNode(T data) {
7         this.data = data;
8       }
9     }
10
11    private StackNode<T> top;
12
13    public T pop() {
14      if (top == null) throw new EmptyStackException();
15      T item = top.data;
16      top = top.next;
17      return item;
18    }
19
20    public void push(T item) {
21      StackNode<T> t = new StackNode<T>(item);
22      t.next = top;
23      top = t;
24    }
```

```
25
26    public T peek() {
27      if (top == null) throw new EmptyStackException();
28      return top.data;
29    }
30
31    public boolean isEmpty() {
32      return top == null;
33    }
34  }
```

对于某些递归算法,栈通常大有用处。有时,你需要在递归时把临时数据加入到栈中,在回溯时(例如,在递归判断失败时)再删除该数据。栈是实现这类算法的一种直观方法。

当使用迭代法实现递归算法时,栈也可派上用场。这是一个很好的练习项目。选择一个简单的递归算法并用迭代法实现该算法。

7.2 实现一个队列

队列采用先进先出(FIFO)的顺序。就像一支排队购票的队伍那样,最早入列的元素也是最先出列的。

队列有如下基本操作。

- add():在队列尾部加入一个元素。
- remove():移除队列第一个元素。
- peek():返回队列顶部元素。
- isEmpty():当且仅当队列为空时返回 true。

队列也可以用链表实现。事实上,只要元素是从链表的相反的两端添加和删除的,链表和队列本质上就是一样的。

```
1   public class MyQueue<T> {
2     private static class QueueNode<T> {
3       private T data;
4       private QueueNode<T> next;
5
6       public QueueNode(T data) {
7         this.data = data;
8       }
9     }
10
11    private QueueNode<T> first;
12    private QueueNode<T> last;
13
14    public void add(T item) {
15      QueueNode<T> t = new QueueNode<T>(item);
16      if (last != null) {
17        last.next = t;
18      }
19      last = t;
20      if (first == null) {
21        first = last;
22      }
23    }
24
25    public T remove() {
26      if (first == null) throw new NoSuchElementException();
```

```
27      T data = first.data;
28      first = first.next;
29      if (first == null) {
30        last = null;
31      }
32      return data;
33    }
34
35    public T peek() {
36      if (first == null) throw new NoSuchElementException();
37      return first.data;
38    }
39
40    public boolean isEmpty() {
41      return first == null;
42    }
43  }
```

更新队列当中第一个和最后一个节点很容易出错，请务必再三确认。

队列常用于广度优先搜索或缓存的实现中。

例如，在广度优先搜索中，我们使用队列来存储需要被处理的节点。每处理一个节点时，就把其相邻节点加入到队列的尾端。这使得我们可以按照发现节点的顺序处理各个节点。

第 8 章
树 与 图

许多求职者会觉得树与图的问题是最难对付的。检索这两种数据结构比数组或链表等线性数据结构要复杂得多。此外，在最坏情况和平均情况下，检索用时可能千差万别，对于任意算法，都要从这两方面进行评估。能够游刃有余地从无到有实现树或图，这是求职者必不可少的一种技能。

由于大部分人相较于图更熟悉树（树也简单一点），我们会先讨论树。因为树实际上是图的一种，所以这在某种程度上打乱了顺序。

> 注意：本节中使用的部分术语与其他教科书和材料相比稍有不同。如果你习惯于不同的定义也没有关系，只要确保你和面试官达成共识就好。

8.1 树的类型

通过递归描述来理解树是一个不错的方法。树是由节点构成的数据结构。
- 每棵树都有一个根节点。事实上，在图论中这并不必要，但是在编程中，特别是在编程面试中，我们通常这么做。
- 根节点有 0 个或多个子节点。
- 每个子节点有 0 个或多个子节点，以此类推。

树不应包括环路。节点可以有序或无序排列，可以包含任何类型的值，同时也可以包括或不包括指向父节点的指针。

节点 Node 的一个简单实现如下：

```
1   class Node {
2       public String name;
3       public Node[] children;
4   }
```

你也可以使用一个名为 Tree 的类来封装该节点。在面试中，我们通常不使用 Tree 类。如果这会让你的代码更为简单或更为完善，可以使用该 Tree 类，尽管其很少能起到这样的作用。

```
1   class Tree {
2       public Node root;
3   }
```

树与图的问题充斥着模糊的细节和错误的假设。请务必注意以下的问题，并在必要时对此了然于胸。

8.1.1 树与二叉树

二叉树是指每个节点至多只有两个子节点的树。并不是所有的树都是二叉树。例如，下图所示就不是一棵二叉树,你可称其为三叉树。

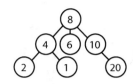

有时候你可能会得到一棵不是二叉树的树。例如,假设使用树来表示一些电话号码。在这种情况下,你可以使用一个 10 叉树,其中每个节点至多有 10 个子节点(每个节点代表一位数字)。

没有子节点的节点称为"叶节点"。

8.1.2 二叉树与二叉搜索树

二叉搜索树是二叉树的一种,该树的所有节点均需满足如下属性:全部左子孙节点 ≤ n < 全部右子孙节点。

> 二叉搜索树对于"相等"的定义可能会略有不同。根据一些定义,该类树不能有重复的值。在其他方面,重复的值将在右侧或者可以在任一侧。所有这些都是有效的定义,但你应该向面试官澄清该问题。

请注意:对于所有节点的子孙节点而言,该不等式都必须成立,其不仅仅局限于直接子节点。如图所示,左图为二叉搜索树,右图为非二叉搜索树,因为 12 在 8 的左边。

碰到二叉树问题时,许多求职者会假定面试官问的是二叉搜索树。此时务必问清楚二叉树是否为二叉搜索树。二叉搜索树应满足如下条件:对于任意节点,其左子孙节点小于或等于当前节点,而后者又小于所有右子孙节点。

8.1.3 平衡与不平衡

许多树是平衡的,但并非全都如此。树是否平衡要找面试官确认。请注意:平衡一棵树并不表示左子树和右子树的大小完全相同。

思考此类问题的一个方法是,"平衡"树实际上多半意味着"不是非常不平衡"的树。它的平衡性足以确保执行的 insert 和 find 操作在 $O(\log n)$ 的时间复杂度内完成,但其并不一定是严格意义上的平衡树。

平衡树的两种常见类型是红黑树和 AVL 树。

8.1.4 完全二叉树

完全二叉树是二叉树的一种,其中除了最后一层外,树的每层都被完全填充。而树的最后一层,其节点是从左到右填充的。

8.1.5 满二叉树

满二叉树是二叉树的一种，其中每个节点都有零个或两个子节点，也就是说，不存在只有一个子节点的节点。

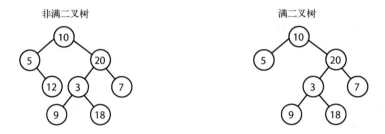

8.1.6 完美二叉树

完美二叉树既是完全二叉树，又是满二叉树。所有叶节点都处于同一层，而此层包含最大的节点数。

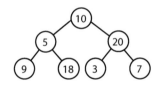

请注意：完美二叉树在面试和现实生活中都极为罕见，因为一棵树必须正好有 2^k-1 个节点才能满足这个条件（其中 k 是树的层数）。在面试中，不要事先假定一棵二叉树是完美的。

8.2 二叉树的遍历

面试之前，对实现中序、后序和前序遍历，你要做到轻车熟路，其中在面试中最常见的是中序遍历。

- 中序遍历

中序遍历是指先访问（通常也会打印）左子树，然后访问当前节点，最后访问右子树。

```
1    void inOrderTraversal(TreeNode node) {
2        if (node != null) {
3            inOrderTraversal(node.left);
4            visit(node);
5            inOrderTraversal(node.right);
6        }
7    }
```

当在二叉搜索树上执行遍历时，它以升序访问节点，因此命名为"中序遍历"。

● 前序遍历

前序遍历先访问当前节点，再访问其子节点，因此命名为"前序遍历"。

```
1   void preOrderTraversal(TreeNode node) {
2     if (node != null) {
3       visit(node);
4       preOrderTraversal(node.left);
5       preOrderTraversal(node.right);
6     }
7   }
```

前序遍历中，根节点永远第一个被访问。

● 后序遍历

后序遍历于访问子节点之后访问当前节点，因此命名为"后序遍历"。

```
1   void postOrderTraversal(TreeNode node) {
2     if (node != null) {
3       postOrderTraversal(node.left);
4       postOrderTraversal(node.right);
5       visit(node);
6     }
7   }
```

后序遍历中，根节点永远最后一个被访问。

8.3 二叉堆（小顶堆与大顶堆）

本书只讨论小顶堆。大顶堆实际上是一样的，只是其元素是降序排列而不是升序排列的。

一个小顶堆是一棵**完全二叉树**（也就是说，除了底层最右边的元素，树的每层都被填满了），其中每个节点都小于其子节点。因此，根是树中的最小元素。

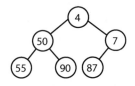

在最小堆中有两个关键操作：insert 和 extract_min。

● 插入操作

当我们向一个最小堆插入元素时，总是从底部开始。从最右边的节点开始插入操作以保持树的完整性。

然后，通过与其祖先节点进行交换来"修复"树，直到找到新元素的适当位置。我们基本上是在向上传递最小的元素。

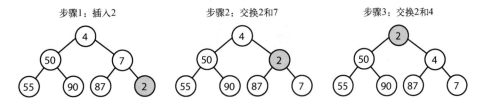

此操作时间复杂度为 $O(\log n)$，其中 n 是堆中节点的个数。

● 提取最小元素

找到小顶堆的最小元素是小菜一碟：它总是在顶部。颇为棘手的是如何删除该元素（其实也不是那么棘手）。

首先，删除最小元素并将其与堆中的最后一个元素（位于最底层、最右边的元素）进行交换。然后，向下传递这个元素，不断使其与自身子节点之一进行交换，直到小顶堆的属性得以恢复。

是和左边的子节点还是右边的子节点进行交换取决于它们的值。左右元素之间没有固定的顺序，但是为了保持小顶堆的元素有序，你需要选择两者中较小的元素。

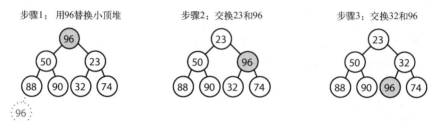

该算法的时间复杂度同样为 $O(\log n)$。

8.4 单词查找树（前序树）

单词查找树（有时被称为前序树）是一种有趣的数据结构。该数据结构多次出现在面试题目中，却在算法教科书中鲜有涉及。

单词查找树是 n 叉树的一种变体，其中每个节点都存储字符。整棵树的每条路径自上而下表示一个单词。

*节点（有时被称为"空节点"）时常被用于指代完整的单词。

例如，如果*节点出现在 MANY 单词之下，那么 MANY 则为一个完整的单词。MA 路径的出现表示有部分单词是以 MA 开头的。

*节点在实际实现当中通常被表示为一种特殊的子节点（比如 TerminatingTrieNode 节点，它继承于 TrieNode 节点）。或者我们也可以在父节点中使用一个布尔变量 terminates 来表示单词结束。

单词查找树的节点可以有 1 至 ALPHABET_SIZE + 1 个子节点（如果使用布尔变量而不是*节点，则可能有 0 至 ALPHABET_SIZE 个子节点）。

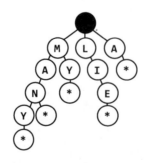

通常情况下，单词查找树用于存储整个（英文）语言以便于快速前缀查找。虽然散列表可以快速查找字符串是否是有效的单词，但是它不能识别字符串是否是任何有效单词的前缀。单词查找树则可以很快做到这一点。

到底有多快呢？单词查找树可以在 $O(K)$ 的时间复杂度内检查一个字符串是否是有效前缀，其中 K 是该字符串的长度。这实际上与散列表有着相同的运行时间复杂度。虽然我们经常认为散列表查询的时间复杂度为 $O(1)$，但这并不完全正确。散列表必须读取输入中的所有字符，在单词查找的情况下，其需要 $O(K)$ 的时间复杂度。

许多涉及一组有效单词的问题都可以使用单词查找树进行优化。在通过树进行重复性前缀搜索的情况下（例如，查找 M，然后是 MA、MAN、MANY），我们可以通过传递树中当前节点的引用加以实现。只需检查 Y 是否是 MAN 的子节点，而不需要每次都从根节点开始。

8.5 图

树实际上是图的一种，但并不是所有的图都是树。简单地说，树是没有环路的连通图。简单说来，图是节点与节点之间边的集合。

- 图可以分为有向图（如下图）或无向图。有向图的边可以类比为单行道，而无向图的边可以类比为双向车道。
- 图可以包括多个相互隔离的子图。如果任意一对节点都存在一条路径，那么该图被称为连通图。
- 图也可以包括（或不包括）环路。无环图（acyclic graph）是指没有环路的图。

你可以将图直观地画成如下样子。

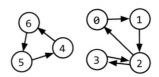

在编程的过程中，有两种常见方法表示图。

8.5.1 邻接链表法

这是表示图的最常见的方法。每个顶点（或节点）存储一列相邻的顶点。在无向图中，边 (a, b) 会被存储两遍：在 a 的邻接顶点中存储一遍，在 b 的邻接顶点中存储一遍。

图的节点类的实现方法和树的节点类基本一致。

```
1  class Graph {
2    public Node[] nodes;
3  }
4
5  class Node {
6    public String name;
7    public Node[] children;
8  }
```

不同于树，我们需要使用图类 Graph，这是因为我们不一定能够从某一单一节点到达图中所有节点。

使用其他的类来表示图并非必需。由链表（或数组，动态数组）组成的数组（或散列表）也可以存储邻接链表。上图可以表示为：

```
0: 1
1: 2
2: 0, 3
3: 2
4: 6
5: 4
6: 5
```

这样的表示方式更紧凑，但是不够整洁。除非别无他法，我们更倾向于使用节点类。

8.5.2 邻接矩阵法

邻接矩阵是 $N \times N$ 的布尔型矩阵（N 是节点的数量），其中 matrix[i][j] 的值为 true，表示从节点 i 到节点 j 存在一条边。你同样可以使用整数矩阵，同时使用 0 和 1 表示边是否存在。

在无向图中，邻接矩阵是对称的。在有向图中，邻接矩阵并不一定对称。

	0	1	2	3
0	0	1	0	0
1	0	0	1	0
2	1	0	0	0
3	0	0	1	0

可以使用于邻接链表的算法（广度搜索等）同样可以应用于邻接矩阵，但是其效率会有所降低。在邻接链表表示法中，你可以方便地迭代一个节点的相邻节点。在邻接矩阵表示法中，你需要迭代所有节点以便于找出某个节点的所有相邻节点。

8.6 图的搜索

两种常见的图搜索算法分别是深度优先搜索（depth-first search，DFS）和广度优先搜索（breadth-first search，BFS）。

在深度优先搜索中，我们以根节点（或者任意节点）为起始点，完整地搜索一个分支后，再搜索另一个分支，也就是说，我们先向深度方向搜索（因此命名为**深度优先搜索**），再向广度方向搜索。

在广度优先搜索中，我们以根节点（或者任意节点）为起始点，先搜索其相邻节点再搜索相邻节点的子节点，也就是说，我们先向广度方向搜索（因此命名为**广度优先搜索**），再向深度方向搜索。

请参见下图关于图的深度优先搜索与广度优先搜索的描述（假设相邻节点按照数字顺序进行迭代）。

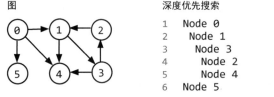

值得注意的是，BFS 和 DFS 通常用于不同的场景。如要访问图中所有节点，或者访问最少的节点直至找到想找的节点，DFS 一般最为简单。

但是，如果我们想找到两个节点中的最短路径（或任意路径），BFS 一般说来更加适宜。想象如下场景：将整个世界的朋友关系用图表示，并找出 Ash 和 Vanessa 之间的一条路径。

在深度优先搜索中，可以选择如下路径：Ash -> Brian -> Carleton -> Davis -> Eric -> Farah -> Gayle -> Harry -> Isabella -> John -> Kari...此路径与所求路径相差甚远。我们可能搜索了世界上大部分的朋友关系，但是都没有意识到，Vanessa 实际上是 Ash 的朋友。我们最终会找到该路径，但是或许会耗时许久。此方法也无法找出最短路径。

在广度优先搜索中，可以尽可能地离 Ash 近一些。我们或许需要迭代很多 Ash 的朋友，但是除非必须，我们不会搜索距离 Ash 更远的朋友。如果 Vanessa 是 Ash 的朋友，或者是他朋友的朋友，我们会相对快速地发现这个事实。

8.6.1 深度优先搜索

在 DFS 中，我们会先访问节点 a，然后遍历访问 a 的每个相邻节点。在访问 a 的相邻节点 b 时，我们会在继续访问 a 的其他相邻节点之前先访问 b 的所有相邻节点，也就是说，在继续搜索 a 的其他子节点之前，我们会先穷尽搜索 b 的子节点。

注意，前序和树遍历的其他形式都是一种 DFS。主要区别在于，对图实现该算法时，我们必须先检查该节点是否已访问。如果不这么做，就可能陷入无限循环。

下面是实现 DFS 的伪代码。

```
1   void search(Node root) {
2     if (root == null) return;
3     visit(root);
4     root.visited = true;
5     for each (Node n in root.adjacent) {
6       if (n.visited == false) {
7         search(n);
8       }
9     }
10  }
```

8.6.2 广度优先搜索

BFS 相对不太直观，除非求职者之前熟悉其实现方式，否则大部分人在实现该方法时会觉得无从下手。他们面临的主要障碍在于错误地认为 BFS 是通过递归实现的。其实不然，它是通过队列实现的。

在 BFS 中，我们会在搜索 a 的相邻节点之前先访问节点 a 的所有相邻节点。你可以将其想象为从 a 开始按层搜索。用到队列的迭代法往往最为有效。

```
1   void search(Node root) {
2     Queue queue = new Queue();
3     root.marked = true;
4     queue.enqueue(root); // 加入队尾
5
6     while (!queue.isEmpty()) {
7       Node r = queue.dequeue(); // 从队列头部删除
8       visit(r);
9       foreach (Node n in r.adjacent) {
10        if (n.marked == false) {
11          n.marked = true;
12          queue.enqueue(n);
```

```
13       }
14    }
15  }
16 }
```

当面试官要求你实现 BFS 时，关键在于谨记队列的使用。用了队列，这个算法的其余部分自然也就成型了。

8.6.3 双向搜索

双向搜索用于查找起始节点和目的节点间的最短路径。它本质上是从起始节点和目的节点同时开始的两个广度优先搜索。当两个搜索相遇时，我们即找到了一条路径。

广度优先搜索
从 s 开始单向搜索，直到四层后与 t 相遇。

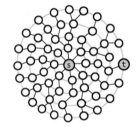

双向搜索
一种搜索从 s 开始，另一种搜索从 t 开始，直到各自搜索两层后相遇。

为了了解为什么这样更快，可以想象这样一个图：其中每个节点最多有 k 个相邻节点，且从节点 s 到节点 t 的最短路径长度为 d。

- 在传统的广度优先搜索中，在搜索的第一层我们需要搜索至多 k 个节点。在第二层，对于第一层 k 个节点中的每个节点，我们需要搜索至多 k 个节点。所以，至此为止我们需要总计搜索 k^2 个节点。我们需要进行 d 次该操作，所以会搜索 $O(k^d)$ 个节点。
- 在双向搜索中，我们会有两个相遇于约 $d/2$ 层处（最短路径的中点）的搜索。从 s 点和 t 点开始的搜索分别访问了大约 $k^{d/2}$ 个节点。总计大约 $2k^{d/2}$ 或 $O(k^{d/2})$ 个节点。

两者似乎差别不大，然而并非如此，实际上差别巨大。请回想一下如下公式：$(k^{d/2}) \times (k^{d/2}) = k^d$。双向搜索事实上快了 $k^{d/2}$ 倍。

换句话说：如果我们的系统只支持在广度优先搜索中查找"朋友的朋友"这样的路径，现在则可以支持"朋友的朋友的朋友的朋友"这样的路径。我们可以支持长度为原来两倍的路径。

第 9 章

位 操 作

位操作可用于解决各种各样的问题。有时候，有的问题会明确要求用位操作来解决，而在其他情况下，位操作也是优化代码的实用技巧。写代码要熟悉位操作，同时也要熟练掌握位操作的手工运算。处理位操作问题时，务必小心翼翼，不经意间就会犯下各种小错。

9.1 手工位操作

如果你对位操作感到生疏，请尝试下列练习。第三列中的运算可以手动求解，也可以用"技巧"解决。为了简单起见，假设所有数都是 4 位数。

如果你感到困惑不解，请先按照十进制数进行运算。之后，你可以将相同的方法运用在二进制数上。请记住，^表示异或操作（XOR），~表示取反操作或否定操作（NOT）。

0110 + 0010	0011 * 0101	0110 + 0110
0011 + 0010	0011 * 0011	0100 * 0011
0110 - 0011	1101 >> 2	1101 ^ (~1101)
1000 - 0110	1101 ^ 0101	1011 & (~0 << 2)

答案：第 1 行 (1000, 1111, 1100)；第 2 行 (0101, 1001, 1100)；第 3 行 (0011, 0011, 1111)；第 4 行 (0010, 1000, 1000)。

第三列问题的解决技巧如下。

- 0110 + 0110 相当于 0110 × 2，也就是将 0110 左移 1 位。
- 0100 等于 4，一个数与 4 相乘，相当于将这个数左移 2 位。于是，将 0011 左移 2 位得到 1100。
- 逐个比特分解这一操作。一个比特与对它取反的值做异或操作，结果总是 1。因此，a^(~a) 的结果是一串 1。
- ~0 的值就是一串 1，所以~0 << 2 的结果为一串 1 后面跟 2 个 0。将这个值与另外一个值进行"位与"操作，相当于将该值的最后 2 位清零。

如果你没能立刻领会这些技巧，请按照逻辑关系进行思考。

9.2 位操作原理与技巧

下列表达式在位操作中很实用。不要一味死记硬背，而应思考这些等式何以成立。在下面的示例中，"1s"和"0s"分别表示一串 1 和一串 0。

```
x ^ 0s = x        x & 0s = 0        x | 0s = x
x ^ 1s = ~x       x & 1s = x        x | 1s = 1s
x ^ x = 0         x & x = x         x | x = x
```

要理解这些表达式的含义,你必须记住所有操作是按位进行的,某一位的运算结果不会影响其余位,也就是说,只要上述语句对某一位成立,则同样适用于一串位。

9.3 二进制补码与负数

计算机通常以二进制补码的表示形式存储整数。正数表示自身,而负数表示其绝对值的二进制补码(其符号位为 1,表示负值)。N 位数(N 是数字的位数,**不包括**符号位)的二进制补码是相对于 2^N 的数字的补码。

以 4 位整数 –3 为例。如果它是一个 4 位数,我们使用 1 个数位表示符号,3 个数位表示值。我们需要相对于 2^3(即 8)的补码。在相对于 8 的情况下,3(–3 的绝对值)的补码是 5。5 用二进制表示为 101。因此,二进制中的 –3 表示为 4 位数则为 1101,其中第一位是符号位。

换句话说,–K(K 的负值)作为 N 位数的二进制表达式为 concat(1, 2***N-1*** - K)。

另一种处理这种情况的方法是,可以反转正数表达中的每个数位,然后再加 1。3 表示为二进制数是 011。反转所有数位得到 100,加 1 后得到 101,然后加上符号位(1)可以得到 1101。

在 4 位整数中,该过程可以表示如下。

正	值	负	值
7	<u>0</u> 111	-1	<u>1</u> 111
6	<u>0</u> 110	-2	<u>1</u> 110
5	<u>0</u> 101	-3	<u>1</u> 101
4	<u>0</u> 100	-4	<u>1</u> 100
3	<u>0</u> 011	-5	<u>1</u> 011
2	<u>0</u> 010	-6	<u>1</u> 010
1	<u>0</u> 001	-7	<u>1</u> 001
0	<u>0</u> 000		

请注意,左侧与右侧整数的绝对值相加总等于 2^3。同时,除了符号位以外,左侧与右侧的二进制值总是相等。为什么是这样呢?

9.4 算术右移与逻辑右移

有两种类型的右移操作符。算术右移基本上等同于将数除以 2。逻辑右移则和我们亲眼看到的移动数位的操作一致。最好可以通过负数进行描述。

在逻辑右移中,我们移动数位,并将 0 置于最高有效位。该操作用 >>> 操作符表示。在 8 位整数(符号位是最高有效位)的情况下,该过程如下图所示,其中,符号位用灰色背景表示。

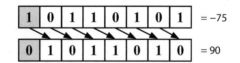

在算术右移中,我们将值移动到右边,并使用符号位值填充新的数位。这大致相当于将数除以 2。该操作用 >> 操作符表示。

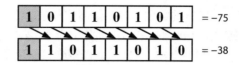

对于参数 x = -93 242 以及 count= 40?，你认为下面的函数该如何操作？

```
1   int repeatedArithmeticShift(int x, int count) {
2     for (int i = 0; i < count; i++) {
3       x >>= 1; // 算数位移 1 位
4     }
5     return x;
6   }
7
8   int repeatedLogicalShift(int x, int count) {
9     for (int i = 0; i < count; i++) {
10      x >>>= 1; // 逻辑位移 1 位
11    }
12    return x;
13  }
```

通过逻辑移位，我们最终会得到 0，因为我们不断地将数位 0 移入最高位。

通过算术移位，我们最终会得到-1，因为我们不断地将数位 1 移入最高位。一串 1 构成的（有符号）整数表示-1。

9.5 常见位操作：获取与设置数位

了解以下操作至关重要，但不要一味死记硬背，死记硬背会导致犯一些无法修复的错误。相反地，只需理解**如何实现**这些方法即可，从而确保在实现的过程中只是犯一些小错误。

- 获取数位

该方法将 1 左移 *i* 位，得到形如 00 010 000 的值。接着，对这个值与 num 执行"位与"操作（AND），从而将 *i* 位之外的所有位清零。最后，检查该结果是否为 0。不为 0 说明 *i* 位为 1，否则，*i* 位为 0。

```
1   boolean getBit(int num, int i) {
2     return ((num & (1 << i)) != 0);
3   }
```

- 设置数位

setBit 先将 1 左移 *i* 位，得到形如 00 010 000 的值。接着，对这个值和 num 执行"位或"操作（OR），这样只会改变 *i* 位的数值。该掩码 *i* 位除外的位均为 0，故而不会影响 num 的其余位。

```
1   int setBit(int num, int i) {
2     return num | (1 << i);
3   }
```

- 清零数位

该方法与 setBit 刚好相反。首先，将数字 00 010 000 取反进而得到类似于 11 101 111 的数字。接着，对该数字和 num 执行"位与"操作（AND）。这样只会清零 num 的第 *i* 位，其余位则保持不变。

```
1   int clearBit(int num, int i) {
2     int mask = ~(1 << i);
3     return num & mask;
4   }
```

如果要清零最高位至第 i 位所有的数位（包括最高位和第 i 位），需要创建一个第 i 位为 1（$1<<i$）的掩码。然后，将其减 1 并得到一串第一部分全为 0，第二部分全为 1 的数字。之后我们将目标数字与该掩码执行"位与"操作（AND），即得到只保留了最后 i 位的数字。

```
1    int clearBitsMSBthroughI(int num, int i) {
2        int mask = (1 << i) - 1;
3        return num & mask;
4    }
```

如果要清零第 i 位至第 0 位的所有的数位（包括第 i 位和第 0 位），使用一串 1 构成的数字（即 -1）并将其左移 $i+1$ 位，如此便得到一串第一部分全为 1，第二部分全为 0 的数字。

```
1    int clearBitsIthrough0(int num, int i) {
2        int mask = (-1 << (i + 1));
3        return num & mask;
4    }
```

● 更新数位

将第 i 位的值设置为 v，首先，用诸如 11 101 111 的掩码将 num 的第 i 位清零。然后，将待写入值 v 左移 i 位，得到一个 i 位为 v 但其余位都为 0 的数。最后，对之前取得的两个结果执行"位或"操作，v 为 1 则将 num 的 i 位更新为 1，否则该位仍为 0。

```
1    int updateBit(int num, int i, boolean bitIs1) {
2        int value = bitIs1 ? 1 : 0;
3        int mask = ~(1 << i);
4        return (num & mask) | (value << i);
5    }
```

第 10 章
数学与逻辑题

所谓的逻辑题（或智力题）当属最有争议的面试题之一，很多公司甚至明文规定面试中不得出现智力题。尽管如此，你还是会时不时地碰到此类题。为什么会这样呢？因为人们对于智力题尚无明确的定义。

不过，好在哪怕你碰到了这类问题，一般来说它们也不会太难。你不需要做脑筋急转弯，并且几乎总有办法通过逻辑推理得出答案。很多智力题还涉及数学或计算机科学的基础知识，同时几乎所有题目的解决方案都可以通过逻辑推理得出。

下面，我们会列举一些应对智力题的常见方法和基础知识。

10.1 素数

大家应该都知道，每一个正整数都可以分解成素数的乘积。例如：

$$84 = 2^2 \times 3^1 \times 5^0 \times 7^1 \times 11^0 \times 13^0 \times 17^0 \times \cdots$$

注意其中不少素数的指数为 0。

- 整除

上面的素数定理指出，要想以 x 整除 y（写作 $x|y$，或 $\mod(y, x) = 0$），x 的素因子分解式的所有素数必须出现在 y 的素因子分解式中。具体如下：

令 $x = 2^{j0} \times 3^{j1} \times 5^{j2} \times 7^{j3} \times 11^{j4} \times \cdots$

令 $y = 2^{k0} \times 3^{k1} \times 5^{k2} \times 7^{k3} \times 11^{k4} \times \cdots$

若 $x|y$，则 $ji \leq ki$ 对所有 i 都成立。

实际上，x 和 y 的最大公约数为：

$$\gcd(x, y) = 2^{\min(j0, k0)} \times 3^{\min(j1, k1)} \times 5^{\min(j2, k2)} \times \cdots$$

x 和 y 的最小公倍数为：

$$\text{lcm}(x, y) = 2^{\max(j0, k0)} \times 3^{\max(j1, k1)} \times 5^{\max(j2, k2)} \times \cdots$$

下面先做一个趣味练习，想一想将 gcd 与 lcm 相乘，其结果是什么？

$$\begin{aligned}
\gcd \times \text{lcm} &= 2^{\min(j0, k0)} \times 2^{\max(j0, k0)} \times 3^{\min(j1, k1)} \times 3^{\max(j1, k1)} \times \cdots \\
&= 2^{\min(j0, k0) + \max(j0, k0)} \times 3^{\min(j1, k1) + \max(j1, k1)} \times \cdots \\
&= 2^{j0 + k0} \times 3^{j1 + k1} \times \cdots \\
&= 2^{j0} \times 2^{k0} \times 3^{j1} \times 3^{k1} \times \cdots \\
&= xy
\end{aligned}$$

- 素性检查

这个问题很常见，有必要特别说明一下。最原始的做法是从 2 到 $n-1$ 进行迭代，每次迭代都检查能否整除。

```
1   boolean primeNaive(int n) {
2     if (n < 2) {
3       return false;
4     }
5     for (int i = 2; i < n; i++) {
6       if (n % i == 0) {
7         return false;
8       }
9     }
10    return true;
11  }
```

下面有一处很小但重要的改动：只需迭代至 n 的平方根即可。

```
1   boolean primeSlightlyBetter(int n) {
2     if (n < 2) {
3       return false;
4     }
5     int sqrt = (int) Math.sqrt(n);
6     for (int i = 2; i <= sqrt; i++) {
7       if (n % i == 0) return false;
8     }
9     return true;
10  }
```

使用 $\sqrt{n}$ 在此处键入公式就够了，因为每个可以整除 n 的数 a，都有个补数 b，且 $a \times b = n$。若 $a > \sqrt{n}$，则 $b < \sqrt{n}$（因为 $(\sqrt{n})^2 = n$）。因此，就不需要用 a 去检查 n 的素性了，因为已经用 b 检查过了。

当然，在现实中，我们**真正要做的**只是检查 n 能否被素数整除。这时埃拉托斯特尼筛法就派上用场了。

● **生成素数序列：埃拉托斯特尼筛法**

埃拉托斯特尼筛法能够非常高效地生成素数序列，其原理是剔除所有可被素数整除的非素数。

一开始列出到 max 为止的所有数字。首先，划掉所有可被 2 整除的数（2 保留），然后，找到下一个素数（也即下一个不会被划掉的数），并划掉所有可被它整除的数，划掉所有可被 2、3、5、7、11 等素数整除的数，最终可得到 2 到 max 之间的素数序列。

下面是埃拉托斯特尼筛法的实现代码。

```
1   boolean[] sieveOfEratosthenes(int max) {
2     boolean[] flags = new boolean[max + 1];
3     int count = 0;
4
5     init(flags); // 除了 0 和 1 外，所有标识都设置为 true
6     int prime = 2;
7
8     while (prime <= Math.sqrt(max)) {
9       /* 删除剩余的 prime 的倍数 */
10      crossOff(flags, prime);
11
12      /* 找到下一个标识为 true 的数 */
13      prime = getNextPrime(flags, prime);
14    }
15
16    return flags;
17  }
18
19  void crossOff(boolean[] flags, int prime) {
```

```
20      /* 删除剩余的 prime 的倍数。我们可以从 prime*prime 开始，
21       * 这是因为如果存在一个数 k*prime（其中 k < prime），
22       * 那么该数应该已经在前面的迭代中被删除 */
23      for (int i = prime * prime; i < flags.length; i += prime) {
24        flags[i] = false;
25      }
26    }
27
28    int getNextPrime(boolean[] flags, int prime) {
29      int next = prime + 1;
30      while (next < flags.length && !flags[next]) {
31        next++;
32      }
33      return next;
34    }
```

当然，在上面的代码中，还有一些地方可以优化，比如，可以只将奇数放进数组，所需空间即可减半。

10.2 概率

概率会很复杂，还好其是基于若干基本定理，而这些定理可以逻辑推导得出。

下面用韦恩图来表示两个事件 A 和事件 B。两个圆圈的区域分别代表事件发生的概率，重叠区域代表事件 A 与事件 B 都发生的概率（{A 与 B 都发生}）。

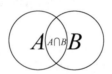

- A 与 B 都发生的概率

假设你朝上面的韦恩图扔飞镖，命中 A 和 B 重叠区域的概率有多大？如果你知道命中 A 的概率，还知道 A 区域那一块也在 B 区域中的百分比（即命中 A 的同时也在 B 区域中的概率），即可用下面的算式计算命中概率：

$$P(A 与 B 都发生) = P(在 A 发生的情况下，B 发生) \times P(A 发生)$$

举个例子，假设要在 1 到 10（含 1 和 10）之间挑选一个数，挑中一个偶数且这个数在 1 到 5 之间的概率有多大？挑中的数在 1 到 5 之间的概率为 50%，而在 1 到 5 之间的数为偶数的概率为 40%。因此，两者同时发生的概率为：

$$\begin{aligned}
P(x\ 为偶数且\ x &\leq 5) \\
&= P(x\ 为偶数，在\ x \leq 5\ 的情况下) \times P(x \leq 5) \\
&= (2/5) \times (1/2) \\
&= 1/5
\end{aligned}$$

请注意，由于 $P(A 与 B 都发生) = P(在 A 发生的情况下，B 发生) \times P(A 发生) = P(在 B 发生的情况下，A 发生) \times P(B 发生)$，你可以反过来这样表示在 B 发生的情况下，A 发生的概率：

$$P(在 B 发生的情况下，A 发生) = P(在 A 发生的情况下，B 发生) \times P(A 发生) / P(B 发生)$$

此公式称为贝叶斯定理。

- **A 或 B 发生的概率**

现在，我们又想知道飞镖命中 A 或 B 的概率有多大。如果知道单独命中 A 或 B 的概率，以及命中两者重叠区域的概率，那么可以用下面的算式表示命中概率：

$$P(A 或 B 发生) = P(A 发生) + P(B 发生) - P(A 与 B 都发生)$$

这也合乎逻辑。只是简单地把两个区域加起来，重叠区域就会被计入两次。要减掉一次重叠区域，再次用韦恩图表示如下。

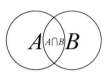

举个例子，假定我们要在 1 到 10（含 1 和 10）之间挑选一个数，挑中的数为偶数**或**这个数在 1 到 5 之间的概率有多大？显然，挑中一个偶数的概率为 50%，挑中的数在 1 到 5 之间的概率为 50%。两者同时发生的概率为 20%，因此前面提到的概率为：

$$P(x 为偶数或 x \leqslant 5)$$
$$= P(x 为偶数) + P(x \leqslant 5) - P(x 为偶数且 x \leqslant 5)$$
$$= (1/2) + (1/2) - (1/5)$$
$$= 4/5$$

掌握上述原理后，理解独立事件和互斥事件的特殊规则就要容易多了。

- **独立**

若 A 与 B 相互独立（即一个事件的发生推不出另一个事件的发生），那么 $P(A 与 B 都发生) = P(A) P(B)$。这条规则直接推导自 $P(在 A 发生的情况下，B 发生) = P(B)$，因为 A 跟 B 没关系。

- **互斥**

若 A 与 B 互斥（即若一个事件发生，则另一个事件就不可能发生），则 $P(A 或 B 发生) = P(A) + P(B)$。这是因为 $P(A 与 B 都发生) = 0$，所以删除了之前 $P(A 或 B 发生)$算式中的 $P(A 与 B 都发生)$的一项。

奇怪的是，许多人会混淆独立和互斥的概念。其实两者**完全**不同。实际上，两个事件不可能同时是独立的又是互斥的（只要两者概率都大于 0）。为什么呢？因为互斥意味着一个事件发生了，另一个事件就不可能发生。而独立是指一个事件的发生跟另一个事件的发生**毫无关系**。因此，只要两个事件发生的概率不为 0，就不可能既互斥又独立。

若一个或两个事件的概率为 0（也就是不可能发生），那么这两个事件同时既独立又互斥。这很容易直接应用独立和互斥的定义（等式）证明出来。

10.3 总结规律和模式

遇到智力题时，切忌惊慌。就像算法题一样，面试官只不过想看看你会如何处理难题，其实并不期待你立即给出正确答案。只管大声说出解题思路，让面试官了解你的应对之道。

很多情况下，你会发现，把解题过程中发现的"规律"或"模式"写下来大有裨益。并且，你确实应该这么做，这有助于加深记忆。下面会举例说明这种方法。

给定两根绳子，每根绳子燃烧殆尽正好要用 1 小时。怎样用这两根绳子准确计量 15 分钟？注意这些绳子密度不均匀，因此烧掉半截绳子不一定正好要用 30 分钟。

技巧：先别急着往下看，不妨试着自己解决此问题。一定要看下面的提示信息的话，也请一段一段慢慢看。后续段落会逐步揭晓答案。

从题目可知，计量 1 小时不成问题。当然也可以计量 2 小时，先点燃一根绳子，等它燃烧殆尽，再点燃第二根。由此我们总结出第一条规律。

规律 1：给定两根绳子，燃烧殆尽各需 x 分钟和 y 分钟，我们可以计时 $x + y$ 分钟。

那么还有其他烧绳子的花样吗？当然有啦，我们可能会认为从中间（或绳子两头以外的任意位置）点燃绳子没什么用。火苗会向绳子两头蔓延，多久才会燃烧殆尽，我们对此一无所知。话说回来，我们可以同时点燃绳子两头，30 分钟后火焰便会在绳子某个位置汇合。

规律 2：给定一根需要 x 分钟烧完的绳子，我们可以计时 $x/2$ 分钟。

由此可知，用一根绳子可以计时 30 分钟。这就意味着我们可以在燃烧第二根绳子时减去这 30 分钟，也就是点燃第一根绳子两头的同时，只点燃第二根绳子的一头。

规律 3：烧完绳子 1 用时 x 分钟，烧完绳子 2 用时 y 分钟，则可以用第二根绳子计时 $(y - x)$ 分钟或 $(y - x/2)$ 分钟。

综合以上规律，不难得出：既然可以用绳子 2 计时 30 分钟，再适时点燃绳子 2 的另一头（见规律 2），则 15 分钟后绳子 2 便会燃烧殆尽。

将上面的做法从头至尾整理如下。

(1) 点燃绳子 1 两头的同时，点燃绳子 2 的一头。
(2) 当绳子 1 从两头烧至中间某个位置时，正好过去 30 分钟。而绳子 2 还可以再烧 30 分钟。
(3) 此时，点燃绳子 2 的另一头。
(4) 15 分钟后，绳子 2 将全部烧完。

从中可以看出，只要一步步归纳规律，并在此基础上进行总结，智力题便可迎刃而解。

第 11 章
面向对象设计

面向对象设计问题要求求职者设计出类和方法，以实现技术问题或描述真实生活中的对象。这类问题至少会让面试官了解你的编程风格。

这些问题并不那么着重于设计模式，而是意在考查你是否懂得如何打造优雅、容易维护的面向对象代码。若在这类问题上表现不佳，面试可能会亮起红灯。

11.1 如何解答

对于面向对象设计问题，其要设计的对象多种多样：可能是真实世界的东西，也可能是某个技术任务。不论对象如何，都能以类似的途径解决。以下解题思路对解决很多问题大有裨益。

- 处理不明确的地方

面向对象设计（OOD）问题往往会故意放些烟幕弹，意在检验你是武断臆测，还是提出问题以厘清问题。毕竟，开发人员要是没弄清楚自己要开发什么，就直接挽起袖子开始编码，只会浪费公司的财力物力，还可能造成更严重的后果。

碰到面向对象设计问题时，你应该先问清楚**谁**是使用者以及他们**将**如何使用。对某些问题，你甚至还要问清楚"6W"，即谁（who）、什么（what）、哪里（where）、何时（when）、为什么（why）、如何（how）。

举个例子，假设面试官让你描述咖啡机的面向对象设计。这个问题看似简单明了，其实不然。

这台咖啡机可能是一款工业型机器，设计用来放在大餐厅里，每小时要服务几百位顾客，还要能制作 10 种不同口味的咖啡。或者可能是给老年人设计的简易咖啡机，只要能制作简单的黑咖啡就行。这些用例将大大影响你的设计。

- 定义核心对象

了解我们要设计的东西后，接下来就该思考系统的"核心对象"了。比如，假设要为一家餐馆进行面向对象设计。那么，核心对象可能包括餐桌（`Table`）、顾客（`Guest`）、宴席（`Party`）、订单（`Order`）、餐点（`Meal`）、员工（`Employee`）、服务员（`Server`）和领班（`Host`）。

- 分析对象关系

定义出核心对象之后，接下来要分析这些对象之间的关系。其中，哪些对象是其他对象的数据成员？哪个对象继承自别的对象？对象之间是多对多的关系，还是一对多的关系？

比如，在处理餐馆问题时，我们可能会想到以下设计。

☐ 宴席有很多顾客。

- 服务员和领班都继承自员工。
- 每一张餐桌对应一个宴席，但每个宴席可能拥有多张餐桌。
- 每家餐馆有一个领班。

分析对象关系务必谨慎，因为我们经常会做出错误假设。比如，哪怕是一张餐桌也可能涉及多个宴席（在热门餐馆里，"拼桌"很常见）。进行设计时，你应该跟面试官探讨一下如何让你的设计做到一物多用。

● 研究对象的动作

到这一步，你的面向对象设计应该初具雏形了。接下来，该想想对象可执行的关键动作以及对象之间的关系。你可能会发现自己遗漏了某些对象，这时就需要补全并更新设计。

例如，一个宴席对象（由一群顾客组成）走进了餐馆，一位顾客找领班要求一张餐桌。领班开始查看预订（Reservation），若找到记录，便将宴席对象领到餐桌前。否则，宴席对象就要排在列表末尾。等到其他宴席对象离开后，有餐桌空出来，就可以分配给列表中的宴席对象。

11.2 设计模式

面试官想要考查的是你的能力而非知识，因此，大部分面试都不会考设计模式。不过，单例设计（singleton）和工厂方法（factory method）设计模式常见于面试，所以，接下来我们会作简单介绍。

设计模式数不胜数，限于篇幅，没办法在本书中一一探讨。你可以挑本专门讨论这个主题的书来研读，这对提高你的软件工程技能会大有裨益。

请不要误入歧途——总想着找到某一问题的"正确"设计模式。你需要创建适合于该问题的设计。有时，这样的设计或许是已经存在的模式，但很多情况下并不是。

11.2.1 单例设计模式

单例设计模式确保一个类只有一个实例，并且只能通过类内部方法访问此实例。当你有个"全局"对象，并且只会有一个这种实例时，该模式可大展拳脚。比如，在实现餐馆时，我们可能想让它只有一个餐馆实例。

```
1   public class Restaurant {
2     private static Restaurant _instance = null;
3     protected Restaurant() { ... }
4     public static Restaurant getInstance() {
5       if (_instance == null) {
6         _instance = new Restaurant();
7       }
8       return _instance;
9     }
10  }
```

需要说明的是，很多人不喜欢使用单例设计模式，甚至称其为"反模式"。原因之一是该模式会干扰单元测试。

11.2.2 工厂方法设计模式

工厂方法提供接口以创建某个类的实例，由子类决定实例化哪个类。实现时，你可以将创建器（creator）类设计为抽象类型，不给工厂方法提供具体实现方法；或者创建器类为实体类，为工厂方法提供具体实现方法。在这种情况下，工厂方法需要传入参数，代表该实例化哪个类。

```
1   public class CardGame {
2     public static CardGame createCardGame(GameType type) {
3       if (type == GameType.Poker) {
4         return new PokerGame();
5       } else if (type == GameType.BlackJack) {
6         return new BlackJackGame();
7       }
8       return null;
9     }
10  }
```

第 12 章
递归与动态规划

尽管递归问题花样繁多，但题型大都类似。一个问题属不属于递归问题，就看它是否能分解为子问题。

当你听到问题的开头是这样的："设计一个算法，计算第 n 个……""列出前 n 个……""实现一个方法，计算所有……"等，那么这基本上就是递归问题。

熟能生巧，练习得越多，就越容易辨认出递归问题。

12.1 解题思路

根据递归的定义，递归的解就是基于子问题的解构建的。通常只要在 $f(n-1)$ 的解中加入、移除某些东西或者稍作修改就能算出 $f(n)$。而在其他情况下，你可能要分别计算每个部分的解，然后合并成最后结果。

将问题分解为子问题的方式多种多样，其中最常用的三种就是自底向上、自上而下和数据分割。

- **自底向上的递归**

自底向上的递归往往最为直观。我们从解决问题的简单情况开始，比如，列表中只有一个元素时。然后再解决有 2 个元素、3 个元素的情况，以此类推。关键在于，如何**基于**上一种情况的答案（或者前面所有情况）得出后一种情况的解。

- **自上而下的递归**

自上而下的递归比较抽象，可能会较为复杂。但有时这是思考某些问题的最佳方式。

遇到这类问题时，试着把变量为 N 的情况分解成子问题的解。

但要注意分解的子问题间是否有重叠。

- **数据分割的递归**

除了自底向上和自上而下，有时还需要将数据集分成两半。

例如，用数据分割的递归法实现二分查找。在一个排序的数组中寻找某个元素时，我们首先弄清数组的哪一半包含该元素，然后在这一半中递归寻找该元素。

归并排序也是一个"数据分割"的递归。我们排序数组的每一半，之后将其合并。

12.2 递归与迭代

递归算法极其耗空间。每次递归调用都会在栈中增加一层新的方法，简而言之，如果递归深度为 n，那么最少占用 $O(n)$ 的空间。

鉴于此，用迭代实现递归算法往往更好。**所有的**递归都可以用迭代实现，只不过有时会让代码超级复杂。所以有了递归算法之后，不要急于实现。先问问自己用迭代实现难不难，也可以和面试官讨论该如何权衡。

12.3 动态规划及记忆法

人们对于动态规划问题的恐惧有些小题大做了，根本没必要对此提心吊胆。实际上，一旦掌握了其中窍门，那些问题对你而言不过是小菜一碟。

通常来说，动态规划就是使用递归算法发现重叠子问题（也就是重复的调用）。然后你可以缓存结果以备不时之需。

除此之外，你还可以研究递归调用的模式，实现其中重复的部分。这里仍然可以"缓存"中间结果。

> 术语提示：有些人把自上而下的动态规划称为"记忆模式"，他们认为只有自底向上的才可称为"动态规划"。本书不作这样的区分，两者都可称为动态规划。

动态规划的一个简单例子就是计算第 n 个斐波那契数。一种处理这类问题的好方法就是实现一个常规的递归解法，并增加缓存。

斐波那契数列

让我们遍历一种解法，计算第 n 个斐波那契数。

● 递归

我们先用递归实现。感觉很容易，对吧？

```
1   int fibonacci(int i) {
2       if (i == 0) return 0;
3       if (i == 1) return 1;
4       return fibonacci(i - 1) + fibonacci(i - 2);
5   }
```

上述代码的运行时间是多少？仔细想一想。

如果你想说 $O(n)$ 或者 $O(n^2)$（这么想的大有人在），再好好想一想。深入思考下代码执行路径是什么样子。对于此问题及很多其他递归问题而言，把代码执行路径画成一棵树（也叫递归树）会让人更易理解。

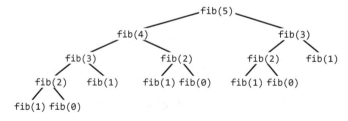

可以观察到，叶节点全都是 `fib(1)` 和 `fib(0)`，也就是动态规划中的基线条件。

树中节点的总数代表运行时间，因为每个节点在递归调用之外的工作只占用 $O(1)$ 的时间。因此，运行时间也等于调用的次数。

> 记住这个技巧，总会派上用场的。画递归调用树可以很好地用来计算递归算法运行时间。

这棵树有多少节点？在到基线条件（叶节点）之前，每个节点分叉 2 次，即有 2 个孩子节点。

从根节点开始，每个节点都有 2 个孩子节点，每个孩子节点又有 2 个孩子节点（所以在第 3 层有 4 个节点），以此类推。如果树的深度为 n，那么大概有 $O(2^n)$ 个节点，也就是说运行时间大约为 $O(2^n)$。

实际上，要比 $O(2^n)$ 略好一些。仔细观察就能发现，右子树总是比左子树小（除了叶节点和其父节点）。如果左右子树大小相同，运行时间就是 $O(2^n)$。但显然不是，真实的运行时间接近 $O(1.6^n)$。不过说其运行时间是 $O(2^n)$ 严格来讲也不算错，因为 $O(2^n)$ 描述了运行时间的上界。无论如何，运行时间仍是指数级的。

如果在一台计算机上实现该算法，随着 n 的增大，运行秒数会呈指数级增长，如下图所示。

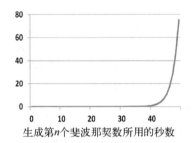

生成第 n 个斐波那契数所用的秒数

我们应该找到一种优化方法。

● 自上而下的动态规划（记忆法）

回头看看这棵递归树。你看到重复节点了吗？

重复节点非常多。其中 fib(3) 出现了 2 次，fib(2) 甚至出现了 3 次。为什么每次计算都要重新开始呢？

实际上调用 fib(n) 时，调用次数不该超过 $O(n)$。原因很简单，在调用 fib(n) 时所有可能的值一共也就 $O(n)$ 个。我们只需缓存每次计算 fib(i) 的结果，以备后续使用。

这也是称其为记忆法的原因所在。

只要对上面的函数稍作修改，就可以将时间复杂度优化为 $O(n)$。具体做法就是将每次调用 fibonacci(i) 的结果"缓存"起来。

```
1   int fibonacci(int n) {
2     return fibonacci(n, new int[n + 1]);
3   }
4
5   int fibonacci(int i, int[] memo) {
6     if (i == 0 || i == 1) return i;
7
8     if (memo[i] == 0) {
9       memo[i] = fibonacci(i - 1, memo) + fibonacci(i - 2, memo);
10    }
11    return memo[i];
12  }
```

在一般计算机上，之前的递归函数生成第 50 个斐波那契数用时可能超过 1 分钟，而使用动态规划方法生成第 10 000 个斐波那契数用时甚至不到几毫秒。当然，若用上面这段代码，int 变量不久就会溢出。

现在这棵递归树应该长下面这样（黑框代表调用时立即就能返回）。

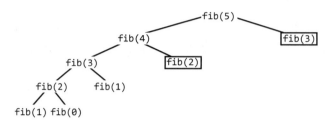

现在树上有多少节点？可以观察到树中节点是笔直朝下延伸的，直到深度大约为 n。这条线上的节点都只有一个另外的孩子节点，树的总节点数大约为 $2n$。运行时间就是 $O(n)$。

通常可以把这棵树想象成下面这样。

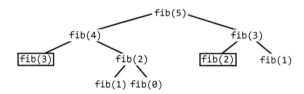

虽然递归实际调用链不长这样，但是扩展下一个节点得到一棵更宽的树比向下扩展得到更深的树更重要（这就像广度优先先于深度优先）。这样可以更容易地计算出树的节点数。你唯一要做的就是对延伸的节点和缓存结果的节点做相应的改变。当你在计算动态规划的运行时间的问题上束手无策时，不妨试试该方法。

● 自底向上的动态规划

我们也可以采用自底向上的动态规划来实现。还是用递归记忆法来做，只不过这次顺序相反。

首先可以从已知的基线条件中得知 fib(1) 和 fib(0) 的值，然后利用它们计算 fib(2) 的值，接着可以根据已知值计算 fib(3)、fib(4) 的值，以此类推。

```
1   int fibonacci(int n) {
2     if (n == 0) return 0;
3     else if (n == 1) return 1;
4
5     int[] memo = new int[n];
6     memo[0] = 0;
7     memo[1] = 1;
8     for (int i = 2; i < n; i++) {
9       memo[i] = memo[i - 1] + memo[i - 2];
10    }
11    return memo[n - 1] + memo[n - 2];
12  }
```

如果你仔细思考就会发现，memo[i] 只在计算 memo[i+1] 和 memo[i+2] 时才用到。因此，我们可以用几个变量来替换 memo 这个数组。

```
1   int fibonacci(int n) {
2     if (n == 0) return 0;
3     int a = 0;
4     int b = 1;
5     for (int i = 2; i < n; i++) {
6       int c = a + b;
7       a = b;
```

```
8        b = c;
9    }
10   return a + b;
11 }
```

这本质上是将来自于最后两个斐波那契数值的结果存储进 a 和 b。每次迭代，计算下个值 (c = a + b)，之后将(b, c = a + b)移动到(a, b)。

对于这样一个简单的问题，解释这么多看似有些多余，但真正理解这个过程会产生一法通则百法通的效果，解决复杂困难的问题也会变得轻而易举。

第 13 章

系统设计与可扩展性

可扩展性面试题看似吓人,其实这类问题算得上是最简单的。它们不会暗藏什么"陷阱",不会耍什么花招,也不需要花哨或者不常见的算法。之所以能唬住很多面试者是因为他们认为解决某些题需要一些不为人知的技巧。

其实不然,设计此类题目只是为了了解你的实践能力。如果上级要求你设计某个系统,你会怎么做呢?

这也是我们要像下面这样做的原因。像在工作时那样去做,问明问题,与面试官讨论,权衡利弊。

下面我们将会讲解一些关键概念,但切记不要死记硬背。虽然理解系统设计的一些组件对你来说大有裨益,但你参与的过程更为重要。请牢记:解决方案虽有好坏之分,却没有绝对完美的。

13.1 处理问题

- **交流**。提出系统设计题的一个重要目的是评估你的沟通能力。所以要和面试官保持沟通,疑惑时多多请教。另外,不要拘泥于原有思路,保持开放心态。
- **大处着眼**。不要直接跳到开发算法或者过于关注某一环节。
- **使用白板**。使用白板可以帮助面试官跟上你的设计思路。从面试一开始就使用白板,并在上面画出设想图。
- **正视面试官的疑惑点**。在面试中,面试官很可能直接跳到令其困惑的点上。不要不予理睬,而要认真考虑面试官提出的疑虑,并验证是否如此。若果真如此,在坦然承认的同时,迅速给出解决办法。
- **慎重假设**。不正确的假设会导致系统大相径庭。比如,如果你的系统是对数据进行分析和统计,那么最关键的问题就是数据处理是否实时。
- **清晰表明假设**。如果你做了一些假设,最好和面试官说清楚。这样做不仅可以在假设错误时得到面试官的告诫,还能展示出你对这些假设有着清晰的认知。
- **必要时可以估计**。有时你可能缺少一些数据。比如,你正在设计网络爬虫,可能需要预估存储所有链接需要多少空间,这时可以从已知数据着手。
- **主导**。在面试中,你作为求职者应该起到主导作用。当然,这不是让你忽略面试官,相反,要与面试官保持沟通。然而,你应主导问题:提出问题,讨论利弊,深入沟通,做出优化。

从某种意义上来说,过程远比结果更重要。

13.2 循环渐进的设计

如果你的上司让你设计一个短域名系统，你会说"好"，然后把自己锁在办公室中开始设计吗？当然不是，在此之前你可能需要弄清楚一大堆问题，做到心中有数后再着手设计。在面试中，你也应该这样做。

- 审题

你无法设计一个你不知道干什么的系统。审题至关重要，不仅在于确保你设计的系统正中面试官下怀，还在于这可能是面试官考查的重中之重。

如果问到的是类似于"设计短域名"之类的题目，你需要弄清楚到底要实现什么。用户是否可以自定义短域名？或者短域名是自动生成的？你需要追踪每次点击的信息吗？短域名需要一直保存，还是有失效时间？

以上问题在设计之前必须了然于胸。

最好列出主要特性或用例。例如，对于短域名，可表示如下。
- ❏ 把一个链接缩小成短链接。
- ❏ 分析链接。
- ❏ 检索短链接对应的原始链接。
- ❏ 用户账户及链接管理。

- 作合理假设

必要时可作些假设，但要确保其合情合理。比如，假设系统每天只需处理 100 个用户的请求或者假设可用内存无限大，这些显然都是不合理的。

不过假设每天新增链接不超过 100 万个就比较合理。作出此假设能帮助你计算系统需要存储多少数据。

作出某些假设可能需要你具有"产品意识"（这不是什么坏事）。例如，数据最多延迟 10 分钟可以接受吗？这得视情况而定。如果输入链接到投入使用用时 10 分钟，这就涉及交易阻断的问题。人们通常想让这些链接立刻投入使用，数据统计晚 10 分钟却无关紧要。要多和你的面试官谈谈此类假设。

- 画出主要组件

离开椅子，走向白板，直接在白板上画出主要组件的结构图。你可能有一个前端服务器（或者一组服务器）从后台的数据存储中提取数据，还可能有另一组服务器从网上爬取数据，再有一组服务器负责处理和分析数据。只要把你心中的系统画出来就好。

从头到尾过一遍你的系统。一个用户生成了一个新的链接，然后会发生什么呢？

这个过程会让你忽略重要的可扩展性问题，使你专注于简易明了的解题方法。不要担心，重要的问题会在下一步着手解决。

- 确定主要问题

有了基础设计以后，就该把目光投向关键问题了。这个系统的瓶颈或者主要挑战是什么？

例如，如果你正在设计一个短域名系统，可能需要考虑到，一些链接很少被访问而另一些访问量却突然达到峰值的情况。在链接被贴在新闻网站或者一些流行论坛时，可能会发生这种情况。你不必每次都去访问数据库。

面试官可能会给你一些相关指导。如果有，尽管用到系统设计中去吧。

- 针对主要问题重新设计

一旦确定了系统的关键问题，就可以有针对性地开始调整系统设计了。这种调整有大有小：或者需要重新设计，或者只需要稍作调整（比如使用缓存）。

随着设计的变化，记得白板上的系统图也需要随之更新。

直视你所设计的系统的局限性。面试官可能会意识到这一点，所以向面试官表明你也意识到了这一点至关重要。

13.3 逐步构建的方法：循序渐进

大多数情况下，面试官不会要求你设计一个完整的系统，只会要求你设计一种特性或一个算法，并考虑其可扩展性，也可能要求你为一个较为广泛的设计问题所包含的核心部分设计算法。

这时可以尝试下面这几个步骤。

- 步骤 1：提出问题

和前面的方法一样，把问题问清楚，做到了然于胸。面试官可能会有意或无意地遗漏一些细节。况且，如果你连问题本身都一知半解的话，何谈解决问题呢？

- 步骤 2：大胆假设

假设一台计算机就能装下全部数据，且存储上没有任何限制，你会如何解决问题呢？由此得出的答案，可以为你最终解决问题提供基本思路。

- 步骤 3：切合实际

现在，让我们回到问题本身。一台计算机究竟能装下多少数据？拆分这些数据会产生什么问题？通常，我们要考虑的是，如何合理拆分数据以及一台计算机该如何识别去哪里查找不同的数据片段。

- 步骤 4：解决问题

最后，想一想该如何处理步骤 3 发现的问题。请记住，这些解决方案应能彻底消除这些问题，或至少能改善一下状况。通常情况下，你可以继续使用（经过一定修改后）步骤 2 描述的方法，但偶尔也需要改弦易张，从根本上改变该解决方案。

请注意，迭代法通常大有用处，也就是说，等你解决好步骤 3 发现的问题后，可能又会冒出新问题，这时你就要着手处理这些新问题了。

你的目的不是重新设计公司耗资数百万美元搭建的复杂系统，而是证明你有分析和解决问题的能力。检验自己的解法，四处挑错并予以修正，是个向面试官展现实力的不错方法。

13.4 关键概念

尽管系统设计题的真实目的不是测试你知识的多少，但了解其中一些关键概念仍然对你有所助益。

本书只给出关于这些概念的简单概述。这些概念复杂又深奥，如果你想继续深入，推荐你去网上找找资源。

- 水平扩展与垂直扩展

通常有以下两种系统扩展方式。

- 垂直扩展通常意味着增加特定节点的资源。例如，为了提高负载，你可能需要增加服务器的内存。
- 水平扩展通常意味着增加节点数。例如，增加一台机器也就减少了每台机器的负载。

垂直扩展比水平扩展来得容易些，但限制很大。毕竟，内存和硬盘不可以无限制地增加。

- **负载均衡**

一个可扩展的网站通常把前端请求发送到后端负载均衡服务器上。这样一来，系统就可以均衡分发请求，避免单个服务因负载过高挂掉，也可以避免因单个服务宕机导致整个系统瘫痪。当然了，前提是你得把这些服务器放在同一网络下，部署相同的代码，访问相同的数据。

- **数据库反规范化和非关系型数据库**

随着系统日益庞杂，数据库连接（join，不区分内外）也会变得越来越慢。因此，你通常会选择避开它。

数据库反规范化就是一个很好的办法。反规范化意味着通过存储重复信息来加速阅读。例如，想象一个用来存储项目和任务的数据库（一个项目有多个任务）。如果你想获取项目名称和任务信息，与其连接这些表，不如把项目名称存储在任务表里（项目表里也有一份）。

或者你可以切换到非关系型数据库。非关系型数据库不支持连接，可能存储的数据的组织形式也有所不同。通常，其可扩展性要好一些。

- **数据库分区（分片）**

数据分片就是把数据切分，存储在多个机器中，但你有办法知道哪个数据存储在哪台机器上。

几种常用分区方式如下。

- **垂直分区**。这是按照特性分区的。举个例子，如果你想建个社交网络，其中与个人简介相关的表在一个区，信息相关的表在另一个区，等等。其缺点在于，如果其中某个表过大，你可能需要重新分区（比如使用一个新的分区方案）。
- **基于键值（或散列）的分区**。其使用数据的某些部分（比如 ID）进行分区。一种最简单的实现方式是，分配 N 个服务器并把数据放入 key 对 n 取模后的那台服务器。这样做的问题在于，服务器的数量实际上是固定的，并且每添加一台服务器都要把所有数据重新分配一遍，成本过高了。
- **基于目录的分区**。这种模式下，你需要维护一个查找表，用于检索数据所在的位置。这样一来增加其他机器就变得相对容易些，但两大弊端也随之而来：一是查找表可能单点故障；二是持续访问查找表会影响性能。

实际上，许多架构在演进的过程中都用了不止一种分区方案。

- **缓存**

基于内存的缓存访问速度极快。它本质上是个键值对，通常处于应用程序与数据访问层中间。

当有请求进来时，应用程序首先访问缓存。如果缓存没命中，才会去数据访问层寻找数据（这里说的数据，也有可能不存储在数据访问层）。

除了直接缓存查询及对应的结果以外，你还可以缓存特定的对象（比如渲染过的网站的一部分或者最近访问的博客文章列表）。

- **异步处理与队列**

慢操作最好异步处理，否则，用户可能会束手无策，一直等到处理结束。

有时，我们可以提前处理（即预处理）。例如，我们有一个工作队列，其任务是更新网站的某些部分。如果我们正在运行着一个论坛，它可能有个任务是重新渲染页面，列出最受欢迎的帖子及评论数。新的列表可能会稍有延迟，不过还好。使用工作队列异步处理，总比只是因为有人添加了新的评论导致页面缓存失效，就要用户等待网站重新加载，要好得多。

还有一些情况下，我们会告诉用户等待一会儿，待处理完再通知用户。你以前可能在有些网站上遇到过此类情况。或许你启用了网站的某些功能，网站会提示你等待几分钟再来导入数据，待处理完后会通知你。

- 网络指标

下面是一些关于网络的重要指标。

- **带宽**。带宽是单位时间内传输的最大数据量，通常表示为字节每秒（或者千兆字节每秒）。
- **吞吐量**。带宽描述的是单位时间内可传输的最大数据量，而吞吐量则是实际传输的数据量。
- **延迟**。网络延迟表示数据从一端到另一端需要的时间，也就是从发送方发送信息（即使信息非常小）到接收方接收信息之间的延迟。

假设你有一个传送带，可以在工厂内传输物品，那么延迟就是把物品从一边传到另一边所需的时间，吞吐量则指传送带每秒送达物品的数量。

- 加宽传送带不会改变延迟，但会改变吞吐量和带宽。你可以一次从传送带上得到更多的物品，因此，单位时间内可以传输更多。
- 缩短传送带会减少延迟，因为物品运输时间变短了；但不会改变带宽或者吞吐量，因为单位时间内传送的物品数目不变。
- 传送带提速会同时改变三者，不仅能缩短物品穿越工厂的时间，也能在单位时间内传送更多物品。
- 带宽是在最佳情况下单位时间内能运送物品的最大数量，而吞吐量是在机器可能运转不畅时实际传输物品的时间。

延迟经常为人所忽视，但在某些场合不容小觑。假如你在玩某些在线游戏，延迟将是一大拦路虎。如果不能对对手的动作做出快速应对，一般的在线体育游戏怎么玩？再者说，不像吞吐量那样可以通过压缩数据来提速，你通常对延迟无能无力。

- MapReduce

一提到 MapReduce，人们常挂在嘴边的就是谷歌，事实上，MapReduce 的使用范围更为广泛，其主要用于处理大量数据。

顾名思义，使用 MapReduce 需要写一个映射（map）步骤和一个归约（reduce）步骤，除此之外的工作，系统会帮你处理。

- 映射操作会处理数据，得出键值对（key-value）。
- 归约是用一个 key 和对应的若干个 value 按某种特征"归约"，产生一个新的键值对。这步的结果还可反馈到归约程序中作进一步减化。

MapReduce 让我们可以并行进行大量数据的处理，并在处理大量数据的同时确保可扩展性良好。

13.5 系统设计要考虑的因素

除了要学习前面的概念以外，在设计系统时还要考虑以下问题。

- **故障**。从理论上讲，系统的任何部分都有可能出现故障。你要未雨绸缪，为大多数故障甚至所有故障提出解决方案。
- **可用性与可靠性**。可用性是系统正常运行时间百分比的函数，而可靠性是系统在一定时间内正常运行概率的函数。
- **读多写少与写多读少**。一个应用程序是读多还是写多会使设计截然不同。如果是写多读少，可以考虑排队写入（但要考虑到可能出现的故障）。如果是读多写少，可能需要缓存，此外，也可能因此改变其他的设计决策。
- **安全性**。当然，安全隐患对一个系统来说是致命的。想一想一个系统可能会遇到的安全隐患类型，提前想好应对之策，做到未雨绸缪。

这里只是让你简单了解一下系统潜在的问题。记住在面试中要阐明设计的利弊。

13.6 实例演示

没有哪个系统是完美无缺的（尽管绝大多数情况下运作良好）。系统总是利弊权衡的产物。基于不同的假设，两个人给出的系统设计可能会是同样精彩绝伦但又截然不同的。你的目标应该是，理解用例，仔细审题，作出合理的假设，根据假设给出一个可靠的设计，然后阐明设计的利弊。不要心存幻想，一味追求完美的系统。

给定数百万份文件，如何找出所有包含某一组词的文件？这些词出现的顺序不定，但必须是完整的单词，也就是说，book 与 bookkeeper 不能混为一谈。

在着手解决问题之前，我们需要考虑 findWords 程序是只用一次，还是要反复调用。假设需要多次调用 findWords 程序来扫描这些文件，那么，我们能不厌其烦地作预处理。

- 步骤 1

首先要忘记我们有数以百万计的文件，假装只有几十个文件。在这种情况下，如何实现 findWords 呢？（提示：不要急着看答案，先试着自己解解看。）

一种方法是预处理每个文件，并创建一个散列表的索引。这个散列表会将词映射到含有这个词的一组文件。

```
"books" -> {doc2, doc3, doc6, doc8}
"many"  -> {doc1, doc3, doc7, doc8, doc9}
```

若要查找"many books"，只需对"books"和"many"的值进行交集运算，于是得到结果 {doc3, doc8}。

- 步骤 2

现在，回到最初的问题。若有数百万份文件，会有什么问题？首先，我们可能需要将文件分散到多台机器上。此外，我们还要考虑很多因素，比如要查找的单词数量，在文件中重复出现的次数等，一台机器可能放不下完整的散列表。假设我们就要按这些限制因素进行设计。

文件分散到多台机器上会引出以下几个很关键的问题。

- 如何划分该散列表？我们可以按关键字划分，例如，某台机器上存放包含某个单词的全部文件，或者可以按文件来划分，这样一台机器上只会存放对应某个关键字的部分文件而非全部。
- 一旦决定了如何划分数据，我们可能需要在一台机器上对文件进行处理，并将结果推送到其他机器上。这个过程会是什么样呢？（注意：若按文件划分散列表，可能就不需要这一步。）

❑ 我们需要找到一种方法获知哪台机器拥有哪些数据。这个查找表会是什么样的？又该存储在什么地方？

这只是 3 个主要问题，可能还会有很多其他问题。

● 步骤 3

我们会找出这些问题的解决方案，其中一种解法是按字母顺序划分不同的关键字，这样一来，每台机器便可以处理一串词。例如，从 "after" 直到 "apple"。

我们可以实现一种简单的算法，按字母顺序遍历所有关键字，并尽可能多地将数据存储在一台机器上。当这台机器的空间被占满之后，便转到下一台机器。

这种方法的优点是查找表会比较小而且简单（因为它只需包含一系列指定的值），每台机器可存储一份查找表的副本。然而，不足之处在于，新增文件或单词时，我们可能需要不计代价地来改变关键字的位置。

为了找到匹配某一组字符串的所有文件，我们会先对这一组字符串进行排序，然后给每一台机器发送与字符对应的查找请求。例如，若待查字符串为 "after builds boat amaze banana"，1 号机器就会接收到查找{"after", "amaze"}的请求。

1 号机器开始查找包含 "after" 与 "amaze" 的文件，并对这些文件执行交集运算。3 号机器则处理{"banana", "boat", "builds"}这几个关键字，同样也会对文件进行交集运算。

最后，发送请求的机器再对 1 号机器及 3 号机器返回的结果取交集。下图描述了整个过程。

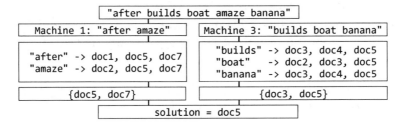

第 14 章 排序与查找

掌握常见的排序与查找算法大有裨益，因为很多排序与查找问题实际上只是将大家熟悉的算法稍作修改而已。因此，处理这类问题的诀窍在于，逐一考虑各种不同的排序算法，看看哪一种较为合适。

举个例子，假设你被问到如下问题：给定一个含有 Person 对象且超大型数组，请按年龄的升序对数组元素进行排序。

根据题目，有以下两点值得注意。

- 数组很大，所以效率至关重要。
- 根据年龄排序，所以这些数值的范围较小。

检查各种排序算法，可能会注意到"桶排序"（或称基数排序）尤其适用于这个问题。事实上，我们所用的桶数目并不多（一个年龄对应一个），最终执行时间为 $O(n)$。

14.1 常见的排序算法

学习（或复习）常见的排序算法可以很好地提升自身水平。下面介绍的 5 种算法中，归并排序（merge sort）、快速排序（quick sort）和桶排序（bucket sort）是面试中最常用的 3 种类型。

1. 冒泡排序|执行时间：平均情况与最差情况为 $O(n^2)$，存储空间为 $O(1)$

冒泡排序（bubble sort）是先从数组第一个元素开始，依次比较相邻两个数，若前者比后者大，就将两者交换位置，然后处理下一对，以此类推，不断扫描数组，直到完成排序。这个过程中，最小的元素像气泡一样升到列表最前面，冒泡排序因此而得名。

2. 选择排序|执行时间：平均情况与最差情况为 $O(n^2)$，存储空间为 $O(1)$

选择排序（selection sort）有点"小儿科"：简单而低效。我们会线性逐一扫描数组元素，从中挑出最小的元素，将它移到最前面（也就是与最前面的元素交换）。然后，再次线性扫描数组，找到第二个最小的元素，并移到前面。如此反复，直到全部元素各归其位。

3. 归并排序|执行时间：平均情况与最差情况为 $O(n \log (n))$，存储空间视情况而定

归并排序是将数组分成两半，这两半分别排序后，再归并在一起。排序某一半时，继续沿用同样的排序算法，最终，你将归并两个只含一个元素的数组。这个算法的重点在于"归并"。

在下面的代码中，merge 方法会将目标数组的所有元素复制到临时数组 helper 中，并记下数组左、右两半的起始位置（helperLeft 和 helperRight）。然后，迭代访问 helper 数组，将左右两半中较小的元素复制到目标数组中。最后，再将余下所有元素复制到目标数组。

```
1   void mergesort(int[] array) {
2       int[] helper = new int[array.length];
3       mergesort(array, helper, 0, array.length - 1);
4   }
```

```
 5
 6    void mergesort(int[] array, int[] helper, int low, int high) {
 7      if (low < high) {
 8        int middle = (low + high) / 2;
 9        mergesort(array, helper, low, middle); // 排序左半部分
10        mergesort(array, helper, middle + 1, high); // 排序右半部分
11        merge(array, helper, low, middle, high); // 归并
12      }
13    }
14
15    void merge(int[] array, int[] helper, int low, int middle, int high) {
16      /* 将数组左右两半复制到 helper 数组中 */
17      for (int i = low; i <= high; i++) {
18        helper[i] = array[i];
19      }
20
21      int helperLeft = low;
22      int helperRight = middle + 1;
23      int current = low;
24
25      /* 迭代访问 helper 数组。比较左、右两半的元素,
26       * 并将较小的元素复制到原先的数组中 */
27      while (helperLeft <= middle && helperRight <= high) {
28        if (helper[helperLeft] <= helper[helperRight]) {
29          array[current] = helper[helperLeft];
30          helperLeft++;
31        } else { // 如果右边元素小于左边元素
32          array[current] = helper[helperRight];
33          helperRight++;
34        }
35        current++;
36      }
37
38      /* 将数组左半部分剩余元素复制到目标数组中*/
39      int remaining = middle - helperLeft;
40      for (int i = 0; i <= remaining; i++) {
41        array[current + i] = helper[helperLeft + i];
42      }
43    }
```

你可能会发现,上述代码只是将 helper 数组左半部分剩余元素复制到目标数组中。为什么不复制右半部分的呢?那是因为这部分元素早已在目标数组中,无须复制。

下面以数组[1, 4, 5 || 2, 8, 9](符号"||"表示分界点)为例进行说明。在合并左右两部分的元素之前,helper 数组与目标数组末尾都是[8, 9]。将 4 个元素(1、4、5 和 2)复制到目标数组时,[8, 9]仍在原处。所以,也就不需要复制这两个元素了。

归并排序的空间复杂度是 $O(n)$,因为归并时用到了辅助数组。

4. 快速排序|执行时间:平均情况为 $O(n \log(n))$,最差情况为 $O(n^2)$,存储空间:$O(\log(n))$

快速排序指随机挑选一个元素,对数组进行分割,以将所有比它小的元素排在比它大的元素前面。这里的分割经由一系列元素交换的动作完成。

如果我们根据某元素再对数组(及其子数组)进行分割,并反复执行,最后数组就会变得有序。然而,因为无法确保分割元素就是数组的中位数(或接近中位数),快速排序效率可能极低,这也解释了为什么最差情况下时间复杂度为 $O(n^2)$。

```
 1    void quickSort(int[] arr, int left, int right) {
 2      int index = partition(arr, left, right);
```

```
 3      if (left < index - 1) { // 排序左半部分
 4        quickSort(arr, left, index - 1);
 5      }
 6      if (index < right) { // 排序右半部分
 7        quickSort(arr, index, right);
 8      }
 9    }
10
11    int partition(int[] arr, int left, int right) {
12      int pivot = arr[(left + right) / 2]; // 挑出一个基准点
13      while (left <= right) {
14        // 找出左边中应被放到右边的元素
15        while (arr[left] < pivot) left++;
16
17        // 找出右边中应被放到左边的元素
18        while (arr[right] > pivot) right--;
19
20        // 交换元素，同时调整左右索引值
21        if (left <= right) {
22          swap(arr, left, right); // 交换元素
23          left++;
24          right--;
25        }
26      }
27      return left;
28    }
```

5. 基数排序|执行时间：$O(kn)$

基数排序是一种对整数（或其他一些数据类型）进行排序的算法，其充分利用了整数的位数有限这一事实。使用基数排序时，我们会迭代访问数字的每一位，按各个位对这些数字分组。比如说，假设有一个整数数组，我们可以先按个位对这些数字进行分组，于是，个位为 0 的数字就会分在同一组。然后，再按十位进行分组，如此反复执行同样的过程，逐级按更高位进行排序，直到最后整个数组变为有序数组。

其他比较算法在平均情况下执行时间不会优于 $O(n \log(n))$，相比之下，基数排序的执行时间为 $O(kn)$，其中 n 为元素个数，k 为数字的位数。

14.2 查找算法

一提到查找算法，我们一般都会想到二分查找。这个算法确实至关重要，值得研习。

在二分查找中，要在有序数组里查找元素 x，我们会先取数组中间元素与 x 作比较。若 x 小于中间元素，则搜索数组的左半部分。若 x 大于中间元素，则搜索数组的右半部分。然后，重复这个过程，将左半部分和右半部分视作子数组继续搜索。我们再次取这个子数组的中间元素与 x 作比较，然后搜索其左半部分或右半部分。我们会重复这一过程，直至找到 x 或子数组大小为 0。

从概念上看似乎通俗易懂，但要做到运用自如比你想象的要困难得多。研读以下代码时，请注意哪里要加 1，哪里要减 1。

```
1    int binarySearch(int[] a, int x) {
2      int low = 0;
3      int high = a.length - 1;
4      int mid;
5
```

```
6    while (low <= high) {
7      mid = (low + high) / 2;
8      if (a[mid] < x) {
9        low = mid + 1;
10     } else if (a[mid] > x) {
11       high = mid - 1;
12     } else {
13       return mid;
14     }
15   }
16   return -1; // 错误
17 }
18
19 int binarySearchRecursive(int[] a, int x, int low, int high) {
20   if (low > high) return -1; // 错误
21
22   int mid = (low + high) / 2;
23   if (a[mid] < x) {
24     return binarySearchRecursive(a, x, mid + 1, high);
25   } else if (a[mid] > x) {
26     return binarySearchRecursive(a, x, low, mid - 1);
27   } else {
28     return mid;
29   }
30 }
```

除了二分查找，还有很多种查找数据结构的方法，总之，我们不要拘泥于二分查找。比如，你可以利用二叉树或使用散列表来查找某节点。尽情开拓思路吧！

第 15 章

数 据 库

如果你提到了解数据库,面试官可能会问些这方面的问题。本章将回顾一些关键概念,并简述如何解决这些问题。阅读本节时,对于语法上的细微差异,不必大惊小怪。SQL 的版本和变体很多,下面这些 SQL 与你之前接触过的可能稍有不同。本书的 SQL 示例已在微软 SQL Server 经过测试。

15.1 SQL 语法及各类变体

显式连接(explicit join)和隐式连接(implicit join)的语法显示如下。这两条语句的作用一样,至于选用哪条全看个人喜好。为保持前后一致,我们将一直使用显式连接。

显式连接	隐式连接
1 SELECT CourseName, TeacherName	1 SELECT CourseName, TeacherName
2 FROM Courses INNER JOIN Teachers	2 FROM Courses, Teachers
3 ON Courses.TeacherID = Teachers.TeacherID	3 WHERE Courses.TeacherID = Teachers.TeacherID

15.2 规范化数据库和反规范化数据库

规范化数据库的设计目标是将冗余降到最低,反规范化数据库则是为了优化读取时间。

在传统的规范化数据库中,若有诸如 Courses 和 Teachers 的数据,Courses 可能含有 TeacherID 列,这是指向 Teacher 的外键(foreign key)。这么做的好处之一是,关于教师的信息(姓名、住址等)在数据库中只有一份。而缺点是,大量常用的查询需要执行连接操作,代价巨大。

反之,我们可以存储冗余数据,使数据库反规范化。例如,若能预计到这类查询会频繁执行,可以将教师姓名存到 Courses 表中。反规范化通常用于构建高扩展性系统。

15.3 SQL 语句

下面以前面提到的数据库为例,复习一下基本的 SQL 语法。这个数据库的简单结构如下,其中*表示主键。

```
Courses: CourseID*, CourseName, TeacherID
Teachers: TeacherID*, TeacherName
Students: StudentID*, StudentName
StudentCourses: CourseID*, StudentID*
```

根据上面这些信息,实现下列查询。

● 查询 1：学生选课情况

实现一个查询，列出所有学生以及每个学生选修了几门课程。

首先，我们或许可以试着这么写：

```
1   /* 错误的代码 */
2   SELECT Students.StudentName, count(*)
3   FROM Students INNER JOIN StudentCourses
4   ON Students.StudentID = StudentCourses.StudentID
5   GROUP BY Students.StudentID
```

上述查询存在以下 3 个问题。

- 排除一门课都没选的学生，因为 StudentCourses 只包括已经选课的学生。将 INNER JOIN 改为 LEFT JOIN（左连接）。
- 即使改为 LEFT JOIN，上面的查询还是不大对。执行 count(*) 操作将会返回 StudentID 组里的几项。一门课都没选的学生在对应的组里仍有一项。这里需要将 count(*)改为计数每个组里 CourseID 的数量，即 count(StudentCourses.CourseID)。
- 上面的查询已按 Students.StudentID 分组，但每个组仍有多个 StudentNames。数据库该怎么判断应返回哪个 StudentName？当然，它们的值可能都一样，但数据库并不知道这点。这里需要运用**聚合**（aggregate）函数，比如 first(Students.StudentName)。

修正上述问题后，得到如下查询：

```
1   /* 解法 1：用另一个查询包裹起来 */
2   SELECT StudentName, Students.StudentID, Cnt
3   FROM (
4     SELECT  Students.StudentID, count(StudentCourses.CourseID) as [Cnt]
5     FROM Students LEFT JOIN StudentCourses
6     ON Students.StudentID = StudentCourses.StudentID
7     GROUP BY Students.StudentID
8   ) T INNER JOIN Students on T.studentID = Students.StudentID
```

看到这段代码，有人可能会问，为什么不直接在第 3 行里选出学生姓名，这样就不需要第 3 行到第 6 行的另一个查询了。这么做的话，就会得到如下（错误的）解法：

```
1   /* 错误的代码 */
2   SELECT StudentName, Students.StudentID, count(StudentCourses.CourseID) as [Cnt]
3   FROM Students LEFT JOIN StudentCourses
4   ON Students.StudentID = StudentCourses.StudentID
5   GROUP BY Students.StudentID
```

答案是不能这么改，至少是不能一成不变地照上面那样改，只能选择聚合函数或 GROUP BY 子句里的值。

另外，可以使用下面的任意一条语句解决上述问题。

```
1   /* 解法 2：在 GROUP BY 子句中加入 StudentName */
2   SELECT StudentName, Students.StudentID, count(StudentCourses.CourseID) as [Cnt]
3   FROM Students LEFT JOIN StudentCourses
4   ON Students.StudentID = StudentCourses.StudentID
5   GROUP BY Students.StudentID, Students.StudentName
```

或

```
1   /* 解法 3：使用聚合函数 */
2   SELECT  max(StudentName) as [StudentName], Students.StudentID,
3           count(StudentCourses.CourseID) as [Count]
4   FROM Students LEFT JOIN StudentCourses
5   ON Students.StudentID = StudentCourses.StudentID
6   GROUP BY Students.StudentID
```

- 查询 2：教师班级规模

实现一个查询，取得一份包含所有教师的列表以及每位教师教授学生的人数。如果一位教师给某个学生教授两门课程，那么，这个学生就要计入两次。根据教师教授的学生人数，将结果列表按降序进行排序。

下面逐步构造这个查询。首先，取得一份 TeacherID 列表，以及与各个 TeacherID 相关联的学生数量。这跟前一个查询大同小异。

```
1  SELECT TeacherID, count(StudentCourses.CourseID) AS [Number]
2  FROM Courses INNER JOIN StudentCourses
3  ON Courses.CourseID = StudentCourses.CourseID
4  GROUP BY Courses.TeacherID
```

请注意，这里的 INNER JOIN 不会选取那些不教课的教师。我们会在下面的查询中进行处理，将之与包含所有教师的列表相连接。

```
1  SELECT TeacherName, isnull(StudentSize.Number, 0)
2  FROM Teachers LEFT JOIN
3    (SELECT TeacherID, count(StudentCourses.CourseID) AS [Number]
4     FROM Courses INNER JOIN StudentCourses
5     ON Courses.CourseID = StudentCourses.CourseID
6     GROUP BY Courses.TeacherID) StudentSize
7  ON Teachers.TeacherID = StudentSize.TeacherID
8  ORDER BY StudentSize.Number DESC
```

请注意，上面的查询是如何在 SELECT 语句中处理 NULL 值的，即将 NULL 值转换为 0。

15.4 小型数据库设计

另外，面试官或许会让你设计一个数据库。下面会逐步剖析一种设计方法。你可能会发现该方法与面向对象设计方法存在相似之处。

- 处理不明确之处

不管是有意还是无意，面试官提出的数据库问题往往存在不明确之处。开始设计之前，务必对自己要设计什么了然于胸。

设想一下，要求你设计一套系统，供公寓租赁中介使用。你需要弄清楚这家中介有多栋楼还是只有一栋，而且还应该跟面试官讨论系统的通用性要做到什么程度。比如，某人租用同一栋楼里的两套公寓的情况极为少见，但这是否意味着你用不着处理这种情况？不管是不是，有些非常罕见的情况最好做变通处理（比如，在数据库中，重复存储承租人的联系信息）。

- 定义核心对象

接下来，就需要关注系统的核心对象了。一般来说，每个核心对象都可呈现在一张表上。在这个例子中，核心对象可能包括财产（Property）、大楼（Building）、公寓（Apartment）、承租人（Tenant）和管理员（Manager）。

- 分析表之间的关系

勾勒出核心对象后，这些表的大体轮廓也就显而易见了。这些表之间有何关联呢？它们的关系是多对多，还是一对多？

若 Buildings 和 Apartments 有一对多的关系（一幢 Building 会有很多 Apartments），那么，也许可以表示如下。

Apartments	
ApartmentID	int
ApartmentAddress	varchar(100)
BuildingID	int

Buildings	
BuildingID	int
BuildingName	varchar(100)
BuildingAddress	varchar(500)

注意，Apartments 表通过 BuildingID 列链接回 Buildings。

若允许承租人租用多套公寓，那么，可能就要实现多对多关系，如下所示。

TenantApartments	
TenantID	int
ApartmentID	int

Apartments	
ApartmentID	int
ApartmentAddress	varchar(500)
BuildingID	int

Tenants	
TenantID	int
TenantName	varchar(100)
TenantAddress	varchar(500)

TenantApartments 表存储 Tenants 和 Apartments 之间的关系。

- 研究该有什么操作动作

最后，要填充细节。想想常见的操作动作，弄清楚如何存入和取回相关数据，还需处理租赁条款、腾空房间、租金付款等。每个动作都需要新的表和列。

15.5 大型数据库设计

设计一个大型且可扩展的数据库时，连接（在以上例子也用到了）通常较为缓慢。因此，你必须**反规范化**数据。好好想一想该如何使用数据，可能需要在多个表中复制数据。

第 16 章
C 和 C++

好的面试官不会要求你用自己不懂的语言来编写代码。一般来说,如果面试官要求你用 C++ 写代码,那么应该是你在简历上提到了 C++。要是没能记住所有 API 也不用担心,大部分面试官(虽不是全部)并不会那么在意这一点。不过,我们仍建议你学会基本的 C++ 语法,这样才能轻松应对这些问题。

16.1 类和继承

虽然 C++ 的类与其他语言的类有些特征相似,不过,还是有必要回顾一下相关部分语法。下面的代码演示了怎样利用继承实现一个基本的类。

```cpp
1   #include <iostream>
2   using namespace std;
3
4   #define NAME_SIZE 50 // 定义一个宏
5
6   class Person {
7     int id; // 所有成员默认为私有(private)
8     char name[NAME_SIZE];
9
10  public:
11    void aboutMe() {
12      cout << "I am a person.";
13    }
14  };
15
16  class Student : public Person {
17    public:
18      void aboutMe() {
19        cout << "I am a student.";
20      }
21  };
22
23  int main() {
24    Student * p = new Student();
25    p->aboutMe(); // 打印 "I am a student."
26    delete p; // 注意!务必释放之前分配的内存
27    return 0;
28  }
```

在 C++ 中,所有数据成员和方法均默认为私有(private),可用关键字 public 修改其属性。

16.2 构造函数和析构函数

对象创建时,会自动调用类的构造函数。如果没有定义构造函数,编译器会自动生成一个默认构造函数(default constructor)。另外,我们也可以定义自己的构造函数。

一种初始化基元类型的简单方法如下：

```
1  Person(int a) {
2    id = a;
3  }
```

这个类的数据成员也可以这样初始化：

```
1  Person(int a) : id(a) {
2    ...
3  }
```

在创建真正的对象创建，且在构造函数余下部分代码调用前，数据成员 id 就会被赋值。在常量数据成员赋值（只能赋一次值）时，这种写法就能派上用场了。

析构函数会在对象删除时执行清理工作。对象销毁时，会自动调用析构函数。我们不会显式调用析构函数，因此它不能带参数。

```
1  ~Person() {
2    delete obj; // 释放之前这个类里分配的内存
3  }
```

16.3 虚函数

在前面的例子中，我们将 p 定义为 Student 类型指针变量：

```
1  Student * p = new Student();
2  p->aboutMe();
```

像下面这样，把 p 定义为 Person * 又会怎么样？

```
1  Person * p = new Student();
2  p->aboutMe();
```

这么改的话，执行时会打印"I am a person"。这是因为函数 aboutMe 是在编译期决定的，也即所谓的**静态绑定**（static binding）机制。

若要确保调用的是 Student 的 aboutMe 函数实现，可以将 Person 类的 aboutMe 定义为 virtual：

```
1   class Person {
2     ...
3     virtual void aboutMe() {
4       cout << "I am a person.";
5     }
6   };
7
8   class Student : public Person {
9     public:
10      void aboutMe() {
11        cout << "I am a student.";
12      }
13  };
```

当我们无法（或不想）实现父类的某个方法时，虚函数也许能派上用场。例如，设想一下，我们想让 Student 和 Teacher 继承自 Person，以便实现一个共同的方法，如 addCourse(string s)。不过，对 Person 调用 addCourse 方法无关紧要，因为要看对象到底是 Student 还是 Teacher，才能确定该调用哪个方法的具体实现。

在这种情况下，我们可能想将 Person 类的 addCourse 定义为虚函数，至于函数实现则留给子类。

```
1   class Person {
2     int id; // 所有成员默认为私有
3     char name[NAME_SIZE];
4    public:
5     virtual void aboutMe() {
6       cout << "I am a person." << endl;
7     }
8     virtual bool addCourse(string s) = 0;
9   };
10
11  class Student : public Person {
12   public:
13    void aboutMe() {
14      cout << "I am a student. " << endl;
15    }
16
17    bool addCourse(string s) {
18      cout << "Added course " << s << " to student." << endl;
19      return true;
20    }
21  };
22
23  int main() {
24    Person * p = new Student();
25    p->aboutMe(); // 打印"I am a student. "
26    p->addCourse("History");
27    delete p;
28  }
```

注意，将 addCourse 定义为纯虚函数，Person 就成了一个抽象类，不能实例化。

16.4 虚析构函数

有了虚函数，自然就会引出"虚析构函数"这一概念。假设我们想要实现 Person 和 Student 的析构函数，可能会不假思索地写出类似如下的代码：

```
1   class Person {
2    public:
3     ~Person() {
4       cout << "Deleting a person." << endl;
5     }
6   };
7
8   class Student : public Person {
9    public:
10    ~Student() {
11      cout << "Deleting a student." << endl;
12    }
13  };
14
15  int main() {
16    Person * p = new Student();
17    delete p; // 打印"Deleting a person."
18  }
```

跟之前的例子一样，由于指针 p 指向 Person，对象销毁时自然会调用 Person 类的析构函数。这样就会有问题，因为 Student 对象的内存可能得不到释放。

要解决这个问题，只需将 Person 的析构函数定义为虚析构函数。

```
1   class Person {
2     public:
3       virtual ~Person() {
4         cout << "Deleting a person." << endl;
5       }
6   };
7
8   class Student : public Person {
9     public:
10      ~Student() {
11        cout << "Deleting a student." << endl;
12      }
13  };
14
15  int main() {
16    Person * p = new Student();
17    delete p;
18  }
```

编译执行上面的代码，打印输出如下：

```
Deleting a student.
Deleting a person.
```

16.5 默认值

函数可以指定默认值。注意，所有默认参数必须放在函数声明的右边，因为没有其他途径来指定参数是怎么排列的。

```
1   int func(int a, int b = 3) {
2     x = a;
3     y = b;
4     return a + b;
5   }
6
7   w = func(4);
8   z = func(4, 5);
```

16.6 操作符重载

有了操作符重载（operator overloading），原本不支持+等操作符的对象，就可以用上这些操作符了。举个例子，要想把两个书架并作一个，我们可以这样重载+操作符：

```
1   BookShelf BookShelf::operator+(BookShelf &other) { ... }
```

16.7 指针和引用

指针存有变量的地址，可直接作用于变量的所有操作，都可以作用在指针上，比如访问和修改变量。

两个指针可以彼此相等，修改其中一个指针指向的值，另一个指针指向的值也会随之改变。实际上，这两个指针指向同一地址。

```
1   int * p = new int;
2   *p = 7;
3   int * q = p;
```

```
4    *p = 8;
5    cout << *q; // 打印 8
```

注意，指针的大小随计算机操作系统的不同而变化：在 32 位计算机上为 32 位，在 64 位计算机上则为 64 位。请谨记这一区别，面试官常常会要求求职者准确地回答某个数据结构到底要占用多少空间。

● 引用

引用是既有对象的另一个名字（别名），引用本身并不占用内存。例如：

```
1    int a = 5;
2    int & b = a;
3    b = 7;
4    cout << a; // 打印 7
```

在上面第 2 行代码中，b 是 a 的引用，修改 b，a 也随之改变。

创建引用时，必须指定引用指向的内存位置。当然，也可以创建一个独立的引用，如下所示：

```
1    /* 分配内存，存储 12，b 作为引用
2     * 声明指向这块内存 */
3    const int & b = 12;
```

跟指针不同，引用不能为空，也不能重新赋值，指向另一块内存。

● 指针算术运算

我们经常会看到开发人员对指针执行加法操作，示例如下：

```
1    int * p = new int[2];
2    p[0] = 0;
3    p[1] = 1;
4    p++;
5    cout << *p; // 输出 1
```

执行 p++ 会跳过 sizeof(int) 个字节，因此，上面的代码会输出 1。如果 p 换作其他类型，p++ 就会跳过一定数目（等于该数据结构的大小）的字节。

16.8　模板

模板是一种代码重用方式，不同的数据类型可以套用同一个类的代码。比如说，我们可能有列表类的数据结构，希望可以放进不同类型的数据。下面的代码通过 ShiftedList 类实现这一需求。

```
1    template <class T>class ShiftedList {
2      T* array;
3      int offset, size;
4    public:
5      ShiftedList(int sz) : offset(0), size(sz) {
6        array = new T[size];
7      }
8
9      ~ShiftedList() {
10       delete [] array;
11     }
12
13     void shiftBy(int n) {
14       offset = (offset + n) % size;
15     }
16
```

```cpp
17    T getAt(int i) {
18      return array[convertIndex(i)];
19    }
20
21    void setAt(T item, int i) {
22      array[convertIndex(i)] = item;
23    }
24
25  private:
26    int convertIndex(int i) {
27      int index = (i - offset) % size;
28      while (index < 0) index += size;
29      return index;
30    }
31  };
```

第 17 章

Java

虽然与 Java 相关的问题在本书随处可见,但本章探讨的是 Java 及其语法方面的问题。这类问题通常不会出现在大公司的面试里,因为这些公司偏重于测试求职者的资质而非知识,也有时间和资源就特定语言对求职者进行培训。不过,若在其他公司的面试中,这类棘手的问题就极为常见。

17.1 如何处理

既然这些问题考查的是你掌握知识的多少,讨论这类问题的解法似乎有点儿可笑。毕竟,所谓的解法不就是要知道正确答案吗?

既是,也不是。当然,掌握这些问题最好能对 Java 了若指掌。不过,若在处理问题时仍一筹莫展,不妨试试下面的方法。

- 根据情况创建实例,问问自己该如何推演。
- 问问自己,换作其他语言,该怎么处理这种情况。
- 如果你是语言设计者,该怎么设计?各种设计选择都会造成什么影响?

相比不假思索地答出问题,如果你能推导出答案,同样会给面试官留下深刻的印象。不要试图蒙混过关。你可以直接告诉面试官:"我不确定能否想起答案,不过让我试试能不能搞定。假设我们拿到这段代码……"

17.2 重载与重写

重载(overloading)是指两种方法的名称相同,但参数类型或个数不同。

```
1   public double computeArea(Circle c) { ... }
2   public double computeArea(Square s) { ... }
```

重写(overriding)是指某种方法与父类的方法拥有相同的名称和函数签名。

```
1   public abstract class Shape {
2     public void printMe() {
3       System.out.println("I am a shape.");
4     }
5     public abstract double computeArea();
6   }
7   
8   public class Circle extends Shape {
9     private double rad = 5;
10    public void printMe() {
11      System.out.println("I am a circle.");
12    }
13    
```

```
14    public double computeArea() {
15      return rad * rad * 3.15;
16    }
17  }
18
19  public class Ambiguous extends Shape {
20    private double area = 10;
21    public double computeArea() {
22      return area;
23    }
24  }
25
26  public class IntroductionOverriding {
27    public static void main(String[] args) {
28      Shape[] shapes = new Shape[2];
29      Circle circle = new Circle();
30      Ambiguous ambiguous = new Ambiguous();
31
32      shapes[0] = circle;
33      shapes[1] = ambiguous;
34
35      for (Shape s : shapes) {
36        s.printMe();
37        System.out.println(s.computeArea());
38      }
39    }
40  }
```

这段代码的输出如下：

```
1   I am a circle.
2   78.75
3   I am a shape.
4   10.0
```

由此可见，`Circle` 重写了 `printMe()`，但 `Ambiguous` 并未重写该方法。

17.3 集合框架

Java 的集合框架（collection framework）至关重要，本书许多章节都有所涉及。下面介绍几个最常用的。

`ArrayList`：`ArrayList` 是一种可动态调整大小的数组，随着元素的插入，数组会适时扩容。

```
1  ArrayList<String> myArr = new ArrayList<String>();
2  myArr.add("one");
3  myArr.add("two");
4  System.out.println(myArr.get(0)); /* 打印<one> */
```

`Vector`：`Vector` 与 `ArrayList` 类似，只不过前者是同步的（synchronized）。两者语法也相差无几。

```
1  Vector<String> myVect = new Vector<String>();
2  myVect.add("one");
3  myVect.add("two");
4  System.out.println(myVect.get(0));
```

`LinkedList`：这里说的 `LinkedList` 当然是 Java 内建的 `LinkedList` 类。`LinkedList` 在面试中很少出现，不过值得学习研究，因为使用时会引出一些迭代器的语法。

```
1   LinkedList<String> myLinkedList = new LinkedList<String>();
2   myLinkedList.add("two");
3   myLinkedList.addFirst("one");
4   Iterator<String> iter = myLinkedList.iterator();
5   while (iter.hasNext()) {
6     System.out.println(iter.next());
7   }
```

HashMap：HashMap 集合广泛用于各种场合，不论是在面试中，还是在实际开发中。下面展示了 HashMap 的部分语法。

```
1   HashMap<String, String> map = new HashMap<String, String>();
2   map.put("one", "uno");
3   map.put("two", "dos");
4   System.out.println(map.get("one"));
```

面试之前，确保自己对上述语法了如指掌，就能在关键时刻派上用场。

第 18 章

线程与锁

在面试中,很少有公司会让求职者以线程实现算法(除非你打算加入的团队特别看重这方面的技能)。不过,不管是什么公司,面试官常常会考查你对线程特别是对死锁的了解程度。

本节将简要介绍这个主题。

18.1 Java 线程

在 Java 中,每个线程的创建和控制都是由 `java.lang.Thread` 类的独特对象实现的。一个独立的应用运行时,会自动创建一个用户线程,执行 `main()` 方法。这个线程叫作主线程。

在 Java 中,实现线程有以下两种方式:

❑ 通过实现 `java.lang.Runnable` 接口;
❑ 通过扩展 `java.lang.Thread` 类。

下面将分别介绍这两种方式。

● 实现 Runnable 接口

Runnable 接口的结构非常简单。

```
1   public interface Runnable {
2       void run();
3   }
```

要用这个接口创建和使用线程,步骤如下。

(1) 创建一个实现 Runnable 接口的类,该类的对象是一个 Runnable 对象。

(2) 创建一个 Thread 类型的对象,并将 Runnable 对象作为参数传入 Thread 构造函数。于是,这个 Thread 对象包含一个实现 run() 方法的 Runnable 对象。

(3) 调用上一步创建的 Thread 对象的 start() 方法。

示例如下。

```
1   public class RunnableThreadExample implements Runnable {
2       public int count = 0;
3
4       public void run() {
5           System.out.println("RunnableThread starting.");
6           try {
7               while (count < 5) {
8                   Thread.sleep(500);
9                   count++;
10              }
11          } catch (InterruptedException exc) {
12              System.out.println("RunnableThread interrupted.");
13          }
```

```
14      System.out.println("RunnableThread terminating.");
15    }
16  }
17
18  public static void main(String[] args) {
19    RunnableThreadExample instance = new RunnableThreadExample();
20    Thread thread = new Thread(instance);
21    thread.start();
22
23    /* 等到上面的线程数到 5（时间有点长） */
24    while (instance.count != 5) {
25      try {
26        Thread.sleep(250);
27      } catch (InterruptedException exc) {
28        exc.printStackTrace();
29      }
30    }
31  }
```

从上面的代码可以看出，我们真正需要做的是让类实现 run()方法（第 4 行）。然后，另一种方法就是，将这个类的实例传入 new Thread(obj)（第 19~20 行），并调用那个线程的 start()（第 21 行）。

- 扩展 Thread 类

创建线程还有一种方式，就是通过扩展 Thread 类实现。使用这种方式，基本上就意味着要重写 run()方法，并且在子类的构造函数里，还需要显式调用这个线程的构造函数。

下面是使用这种方式的示例代码。

```
1   public class ThreadExample extends Thread {
2     int count = 0;
3
4     public void run() {
5       System.out.println("Thread starting.");
6       try {
7         while (count < 5) {
8           Thread.sleep(500);
9           System.out.println("In Thread, count is " + count);
10          count++;
11        }
12      } catch (InterruptedException exc) {
13        System.out.println("Thread interrupted.");
14      }
15      System.out.println("Thread terminating.");
16    }
17  }
18
19  public class ExampleB {
20    public static void main(String args[]) {
21      ThreadExample instance = new ThreadExample();
22      instance.start();
23
24      while (instance.count != 5) {
25        try {
26          Thread.sleep(250);
27        } catch (InterruptedException exc) {
28          exc.printStackTrace();
29        }
```

```
30    }
31   }
32 }
```

这段代码跟之前的做法非常相似。两者的区别在于，此处既然是扩展 Thread 类而非只是实现一个接口，可以在这个类的实例中调用 start()。

- 扩展 Thread 类与实现 Runnable 接口

在创建线程时，相比扩展 Thread 类，实现 Runnable 接口可能更好，理由如下。
- Java 不支持多重继承。因此，扩展 Thread 类也就代表这个子类不能扩展其他类，而实现 Runnable 接口的类还能扩展另一个类。
- 类可能只要求可执行，因此，继承整个 Thread 类，代价过大。

18.2 同步和锁

给定一个进程内的所有线程，都共享同一存储空间，这样有好有坏。这些线程就可以共享数据，这将大有助益。不过，在两个线程同时修改某一资源时，也会造成一些问题。Java 提供了同步机制，以控制对共享资源的访问。

关键字 synchronized 和 lock 是实现代码同步的基础。

- 同步方法

最常见的做法是，使用关键字 synchronized 对共享资源的访问加以限制。该关键字可以用在方法和代码块上，限制多个线程，使之不能同时执行**同一个对象**的代码。

要搞清楚最后一点，请看以下代码。

```
1  public class MyClass extends Thread {
2    private String name;
3    private MyObject myObj;
4
5    public MyClass(MyObject obj, String n) {
6      name = n;
7      myObj = obj;
8    }
9
10   public void run() {
11     myObj.foo(name);
12   }
13 }
14
15 public class MyObject {
16   public synchronized void foo(String name) {
17     try {
18       System.out.println("Thread " + name + ".foo(): starting");
19       Thread.sleep(3000);
20       System.out.println("Thread " + name + ".foo(): ending");
21     } catch (InterruptedException exc) {
22       System.out.println("Thread " + name + ": interrupted.");
23     }
24   }
25 }
```

若有两个 MyClass 实例，能否同时调用 foo？这要看情况，若它们共用一个 MyObject 实例，则答案是不可以。但是，若两个实例持有不同的引用，那么就可以。

```
1   /* 不同的引用——两个线程都能调用 MyObject.foo() */
2   MyObject obj1 = new MyObject();
3   MyObject obj2 = new MyObject();
4   MyClass thread1 = new MyClass(obj1, "1");
5   MyClass thread2 = new MyClass(obj2, "2");
6   thread1.start();
7   thread2.start()
8
9   /* 相同的 obj 引用。只有一个线程可以调用 foo,另一个线程必须等待 */
10  MyObject obj = new MyObject();
11  MyClass thread1 = new MyClass(obj, "1");
12  MyClass thread2 = new MyClass(obj, "2");
13  thread1.start()
14  thread2.start()
```

静态方法会以**类锁**(class lock)进行同步。上面两个线程无法同时执行同一个类的同步静态方法,即使其中一个线程调用 foo 而另一个线程调用 bar 也不行。

```
1   public class MyClass extends Thread {
2     ...
3     public void run() {
4       if (name.equals("1")) MyObject.foo(name);
5       else if (name.equals("2")) MyObject.bar(name);
6     }
7   }
8
9   public class MyObject {
10    public static synchronized void foo(String name) { /* 同之前的 foo 实现 */ }
11    public static synchronized void bar(String name) { /* 同上面的 foo 方法 */ }
12  }
```

执行这段代码,打印输出如下:

```
Thread 1.foo(): starting
Thread 1.foo(): ending
Thread 2.bar(): starting
Thread 2.bar(): ending
```

● 同步块

同样,也可以同步代码块,其操作与同步方法大同小异。

```
1   public class MyClass extends Thread {
2     ...
3     public void run() {
4       myObj.foo(name);
5     }
6   }
7   public class MyObject {
8     public void foo(String name) {
9       synchronized(this) {
10        ...
11      }
12    }
13  }
```

和同步方法一样,每个 MyObject 实例只有一个线程可以执行同步块中的代码。这就意味着,若 thread1 和 thread2 持有同一个 MyObject 实例,那么,每次只有一个线程允许执行那个代码块。

- 锁

若要实现更细粒度的控制，可以使用锁（lock）。锁（或监视器）用于对共享资源的同步访问，方法是将锁与共享资源关联在一起。线程必须先取得与资源关联的锁，才能访问共享资源。在任意时间点，最多只有一个线程能拿到锁，因此，只有一个线程可以访问共享资源。

锁的常见用法是，从多个地方访问同一资源时，**同一时刻**只有一个线程才能访问，示例如下。

```
1   public class LockedATM {
2     private Lock lock;
3     private int balance = 100;
4
5     public LockedATM() {
6       lock = new ReentrantLock();
7     }
8
9     public int withdraw(int value) {
10      lock.lock();
11      int temp = balance;
12      try {
13        Thread.sleep(100);
14        temp = temp - value;
15        Thread.sleep(100);
16        balance = temp;
17      } catch (InterruptedException e) {    }
18      lock.unlock();
19      return temp;
20    }
21
22    public int deposit(int value) {
23      lock.lock();
24      int temp = balance;
25      try {
26        Thread.sleep(100);
27        temp = temp + value;
28        Thread.sleep(300);
29        balance = temp;
30      } catch (InterruptedException e) {    }
31      lock.unlock();
32      return temp;
33    }
34  }
```

当然，上述代码做了特别处理，有意降低了 withdraw 和 deposit 的执行速度，以便说明可能会出现的问题。在实际开发中，我们不必写这种代码，但它反映的是真实情况。使用锁有助于保护共享资源，使其免遭意外篡改。

18.3 死锁及死锁的预防

死锁（deadlock）是这样一种情形：第一个线程在等待第二个线程持有的某个对象锁，而第二个线程又在等待第一个线程持有的对象锁（或是由两个以上线程形成的类似情形）。由于每个线程都在等其他线程释放锁，以致每个线程都会一直这么等下去。于是，这些线程就陷入了所谓的死锁。

死锁的出现必须同时满足以下4个条件。

- **互斥**：某一时刻只有一个进程能访问某一资源。或者，更准确地说，对某一资源的访问有限制；若资源数量有限，也可能出现死锁。
- **持有并等待**：已持有某一资源的进程不必释放当前拥有的资源，就能要求更多的资源。
- **没有抢占**：一个进程不能强制另一个进程释放资源。
- **循环等待**：两个或两个以上的进程形成循环链，每个进程都在等待循环链中另一进程持有的资源。

若要预防死锁，只需避免上述任一条件，但这很棘手，因为其中有些条件很难满足。比如，想要避免第一个条件就很困难，因为许多资源同一时刻只能被一个进程使用（如打印机）。大部分预防死锁的算法都把重心放在避免第四个条件，即循环等待。

第 19 章

测　　试

在念叨着"我又不是测试员"准备跳过本章之前，请三思。对于软件工程师来说，测试是项很重要的工作，因此，在面试中你很可能会碰到测试问题。当然，如果你刚好要应聘测试职位（或软件测试工程师），那就更应该好好研读这部分内容了。

测试问题一般分为以下 4 类：测试现实生活中的事物（比如一支笔）；测试一套软件；编写代码测试一个函数；调试解决已知问题。针对每一类题型，我们都会给出相应的解法。

请记住：处理这些问题时，切勿假设使用者会做到运用自如，而是做好应对用户误用乱用软件的准备。

19.1　面试官想考查什么

表面上看，测试问题主要考查你能否想到周全完备的测试用例。这在一定程度上也是对的，求职者确实需要想出一系列合理的测试用例。

但除此之外，面试官还想考查以下几个方面。

- **全局观**。你是否真的了解软件是怎么回事？你能否正确区分测试用例的优先顺序？比如说，假设问你该如何测试电子商务系统。若能确保产品图片显示位置正确，当然也不错，但最重要的是，支付流程做到万无一失，货品能顺利地进入发货流程，顾客绝对不能被重复扣款。
- **懂整合**。你是否了解软件的工作原理？该如何将它们整合成更大的软件生态系统？假设要测试电子表格（spreadsheet），你自然会想到测试文档的打开、存储及编辑功能。但实际上，电子表格也是大型软件生态系统的一个重要组成部分。所以，你还需将它与 email、各种插件和其他模块整合在一起进行测试。
- **会组织**。你在处理问题时是有条不紊，还是毫无章法？一些求职者在要求给出照相机的测试用例时，只会一股脑儿地说出一些杂乱无章的想法，优秀的求职者却能将测试功能分为几类，比如拍照、照片管理、设置，等等。在创建测试用例时，这种结构化处理方法还有助于你将工作做得更周全。
- **可操作**。你制定的测试计划是否合理并行之有效？比如，如果用户反馈软件会在打开某张图片时崩溃，你却只是要求他们重新安装软件，这显然太不实际了。你的测试计划必须切实可行，便于公司操作落实。

倘若能在面试中充分展现以上能力，那么你无疑就是所有测试团队梦寐以求的那个人。

19.2　测试现实生活中的事物

当问到该如何测试一支笔时，有些求职者会感到莫名其妙。毕竟，要测试的不应该是软件吗？没错，但这些关于"现实生活"的问题其实屡见不鲜。我们先来看看下面这个例子吧！

比如有这么一个问题：如何测试一枚回形针？

- 步骤 1（使用者是哪些人，做什么用）

你需要跟面试官讨论一下谁会使用这个产品以及做什么用。答案可能出乎你的意料，比如，回答案可能是"老师，把纸张夹在一起"或"艺术家，为了弯成动物的造型"，又或者两者皆要考虑。这个问题的答案将决定你如何处理后续问题。

- 步骤 2（有哪些用例）

列出回形针的一系列用例，这将对解决问题大有裨益。在这个例子中，用例可能是将纸张固定在一起且不得破坏纸张。

若是其他问题可能会涉及多个用例。比如，某产品要能够发送和接收内容或有擦写和删除功能，等等。

- 步骤 3（有哪些使用限制）

使用限制可能是，回形针一次可以夹最多 30 张纸时不会造成永久性损害（比如弯掉），夹 30 到 50 张纸时则会发生轻微变形。

同时，使用限制也要考虑环境因素。比如，回形针可否在酷热（约 32℃ 到 43℃）环境下使用？在极寒环境下呢？

- 步骤 4（压力条件与失效条件是什么）

没有一件产品是万无一失的，所以，在测试中，还必须分析失效条件。跟面试官探讨时，最好问一下在什么情况下产品失效是可接受的（甚至是必要的）以及什么样才算是失效。

举个例子，要你测试一台洗衣机，你可能会认为洗衣机至少要能洗 30 件 T 恤衫或裤子。一次放进 30 到 45 件衣服可能会导致轻微失效，因为衣物洗得不够干净。若超过 45 件衣物，出现极端失效或许可以接受。不过，这里所谓的极端失效应该是指洗衣机根本不该进水，**绝对不应该让水溢出来或引发火灾**。

- 步骤 5（如何执行测试）

有些情况下，讨论执行测试的个中细节可能必不可少。比如，若要确保一把椅子能正常使用 5 年，你恐怕不会把它放在家里等上 5 年再来看结果。相反地，你需要定义何谓"正常"使用情况，比如，每年会在椅子上坐多少次？扶手怎么样？然后，除了做一些手动测试，你可能还会想到找台机器自动执行某些功能测试。

19.3 测试一套软件

测试软件与测试现实生活的事物大同小异。主要差别在于软件测试往往更强调执行测试的细节。

请注意，软件测试主要涉及如下两个方面。

- ❑ **手动测试与自动化测试**。理想情况下，我们当然希望能够自动化所有的测试工作，不过这不太现实。有些东西还是手动测试来的更好，因为某些功能对计算机而言过于定性化，很难有效检查。此外，计算机只能机械地识别明确告知过的情况，而人类就不一样了，通过观察就可能发现亟待验证的新问题。因此，在测试过程中，无论是人工还是计算机，两者都不可或缺。

- **黑盒测试与白盒测试**。两者的区别反映了我们对软件内部机制的掌控程度。在黑盒测试中，我们只关心软件的表象，并且仅测试其功能。而在白盒测试中，我们会了解程序的内部机制，还可以分别对每一个函数进行测试。我们也可以自动执行部分黑盒测试，只不过难度要大得多。

下面介绍一种测试方法。

- 步骤 1（要做黑盒测试还是白盒测试）

尽管我们通常会拖到测试后期才会考虑这个问题，但我喜欢早点做出选择。不妨跟面试官确认一下，要做黑盒测试还是白盒测试，或是两者都要。

- 步骤 2（使用者是哪些人？做什么用）

一般来说，软件都会有一个或多个目标用户，因此，设计各个功能时都会考虑用户需求。比如，若要你测试一款家长用来监控网页浏览器的软件，那么你的目标用户既包括家长（实施监控过滤哪些网站）又包括孩子（有些网站被过滤了）。用户也可能包括"访客"（也就是既不实施也不受监控的使用者）。

- 步骤 3（有哪些用例）

在监控过滤软件中，家长的用例包括安装软件，更新过滤网站清单，移除过滤网站以及供他们自己使用的不受限制的网络。对孩子而言，用例包括访问合法内容及"非法"内容。

切记：不可凭空想象来决定各种用例，而要与面试官交流讨论后再确定。

- 步骤 4（有哪些使用限制）

大致定义好用例后，我们还需弄清其确切的意思。"网络被过滤屏蔽"具体指什么？只过滤屏蔽"非法"网页还是屏蔽整个网站？是否要求该软件具备"学习"能力从而识别不良内容抑或只是根据白名单或黑名单进行过滤？若要求具备学习能力并自动识别不良内容，允许多大的误报漏报率？

- 步骤 5（压力条件和失效条件为何）

软件的失效是不可避免的，那么软件失效应该是什么样的？显然，就算软件失效了也不能导致计算机宕机。在本例中，失效可能是软件未能屏蔽本该屏蔽的网站或是屏蔽了本来允许访问的网站。对于后一种情况，你或许应该与面试官讨论一下，是不是要让家长输入密码，允许访问该网站。

- 步骤 6（有哪些测试用例？如何执行测试）

这时，手动测试和自动测试的不同之处，以及黑盒测试和白盒测试的不同之处就该派上用场了。

在步骤 3 和步骤 4 中，我们初步拟定了软件的用例，这里会进一步加以定义，并讨论该如何执行测试。具体需要测试哪些情况？其中哪些步骤可以自动化？哪些又需要人工介入？

请记住：在有些测试中，虽然自动化可以助你一臂之力，但也存在重大缺陷。一般来说，在测试过程中，手动测试还是必不可少的。

对着上面的清单一步步解决问题时，请不要一想到什么就脱口而出。这会显得毫无章法，必然会让你遗漏某些重要环节。相反，请在组织自己的解题思路时做到有条有理：先将测试工作分割为几个主要模块，然后逐一展开分析。这样，不仅可以给出一份更完整的测试用例清单，而且也能证明你做事有条不紊。

19.4 测试一个函数

基本上,测试函数是一种最简单的测试,与面试官的交流相对也会比较简短、清晰,因为测试一个函数通常不外乎就是验证输入与输出。

话说回来,千万不要小觑与面试官的交流。对于任意假设,特别是关系到如何处理特殊情况,你都应深究到底。

假设要你编写代码,测试对整数数组排序的函数 sort(int[] array),可参考下面的解决步骤。

- 步骤 1(定义测试用例)

一般来说,你应该想到以下几种测试用例。

- 正常情况。输入正常数组时,该函数是否能生成正确的输出?务必想一想其中可能存在的问题。比如,排序通常涉及某种分割处理,因此,要想到数组元素个数为奇数时,由于无法均分数组,算法可能无法处理。所以,测试用例必须涵盖元素个数为偶数与奇数的两种数组。
- 极端情况。传入空数组会出现什么问题?或传入一个很小的数组(只有一个元素)?此外,传入大型数组又会如何呢?
- 空指针和"非法"输入。若函数接收到非法输入该怎么处理?这值得花时间好好考虑一番。比如,你在测试生成第 n 项斐波那契数的函数,那么,在测试用例中,自然要考虑到 n 为负数的情况。
- 奇怪的输入。传入一个有序数组会怎么样?或者传入一个反向排序的数组呢?

只有充分了解函数功能,才能想到这些测试用例。如果你对各种限制条件一知半解的话,最好先向面试官问个清楚。

- 步骤 2(定义预期结果)

通常,预期结果显而易见,即正确的输出。然而,在某些情况下,你可能还要验证其他情况。比如,如果 sort 函数返回的是一个已排序的新数组,那么你可能还要验证一下原先的数组是否保持原样。

- 步骤 3(编写测试代码)

有了测试用例并定义好预期结果后,编写代码实现这些测试用例也就水到渠成了。代码大致如下:

```
1   void testAddThreeSorted() {
2       MyList list = new MyList();
3       list.addThreeSorted(3, 1, 2); // 按顺序添加 3 个元素
4       assertEquals(list.getElement(0), 1);
5       assertEquals(list.getElement(1), 2);
6       assertEquals(list.getElement(2), 3);
7   }
```

19.5 调试与故障排除

测试问题的最后一种是,阐述下你会如何调试或排除已知故障。碰到这种问题,很多求职者都会支支吾吾,处理不当,给出诸如"重装软件"等不切实际的答案。其实,就像其他问题一样,还是有章可循的,也可以有条不紊地处理。

下面通过一个例子加以说明。假设你是谷歌 Chrome 浏览器团队的一员，收到一份关于 Chrome 启动时会崩溃的 bug 报告，你会怎么处理？

重新安装浏览器或许就能解决该用户的问题，但是，若其他用户碰到同样问题该怎么办？你的目的是搞清楚**究竟**出了什么问题，以便开发人员修复缺陷。

- 步骤 1（理清状况）

首先，你应该多提问题，尽量了解当时的情况。
- 用户碰到这个问题有多久了？
- 该浏览器的版本号？在什么操作系统下运行？
- 该问题经常发生吗？出问题的频率有多高？什么时候会发生？
- 有无提交错误报告？

- 步骤 2（分解问题）

了解了问题发生时的具体状况，接下来，着手将问题分解为可测模块。在这个例子中，可以设想出以下操作步骤。

(1) 转到 Windows 的"开始"菜单。
(2) 点击 Chrome 图标。
(3) 浏览器启动。
(4) 浏览器载入参数设置。
(5) 浏览器发送 HTTP 请求载入首页。
(6) 浏览器收到 HTTP 回应。
(7) 浏览器解析网页。
(8) 浏览器显示网页内容。

在上述过程中的某一点有地方出错致使浏览器崩溃。优秀的测试人员会逐一排查每个步骤，诊断定位问题所在。

- 步骤 3（创建特定的、可控的测试）

以上各个测试模块都应该有实际的指令动作，也就是你要求用户执行的或是你自己可以做的操作步骤（从而在你自己的机器上予以重现）。在真实世界中，你面对的是一般客户，不可能给他们做不到或不愿做的操作指令。

第三部分 经典题型 轻松拿捏

第 20 章
数组与字符串

20.1 判定字符是否唯一

实现一个算法,确定一个字符串的所有字符是否全都不同。假使不允许使用额外的数据结构,又该如何处理?

题目解法

首先,与面试官确认字符串是 ASCII 字符串还是 Unicode 字符串。为了简单起见,这里假定字符集为 ASCII。

第一种解法是构建一个布尔值的数组,索引值 i 对应的标记指示该字符串是否含有字母表第 i 个字符。若这个字符第二次出现,则立即返回 false。

如果字符串的长度超过了字母表中不同字符的个数,可立即返回 false。因为无法构造超过设定字母表的字符串,这里以 128 个字符的字符表为例。

下面是这个算法的实现代码。

```
1   boolean isUniqueChars(String str) {
2     if (str.length() > 128) return false;
3
4     boolean[] char_set = new boolean[128];
5     for (int i = 0; i < str.length(); i++) {
6       int val = str.charAt(i);
7       if (char_set[val]) { // 在字符串中已找到该字符
8         return false;
9       }
10      char_set[val] = true;
11    }
12    return true;
13  }
```

这段代码的时间复杂度为 $O(n)$,其中 n 为字符串长度。空间复杂度为 $O(1)$。你也可以认为时间复杂度是 $O(1)$,因为 for 循环的迭代永远不会超过 128 次。如果不想假设字符集是恒定的,也可以认为空间复杂度是 $O(c)$,时间复杂度是 $O(\min(c, n))$ 或者 $O(c)$,其中 c 是字符集的大小。

使用位向量(bit vector),可以将空间占用减少 1/8。下面的代码假定字符串只含有小写字母 a 到 z。这样一来只需使用一个 int 型变量。

```
1  boolean isUniqueChars(String str) {
2    int checker = 0;
3    for (int i = 0; i < str.length(); i++) {
4      int val = str.charAt(i) - 'a';
5      if ((checker & (1 << val)) > 0) {
6        return false;
7      }
8      checker |= (1 << val);
9    }
10   return true;
11 }
```

如果不能使用其他数据结构，我们可以执行以下操作。

(1) 将字符串中的每一个字符与其余字符进行比较。这种方法的时间复杂度为 $O(n^2)$，空间复杂度为 $O(1)$。

(2) 若允许修改输入字符串，可以在 $O(n \log(n))$ 的时间复杂度内对字符串进行排序，然后线性检查其中有无相邻字符完全相同的情况。不过很多排序算法会占用额外的空间。

20.2 URL 化

编写一种方法，将字符串中的空格全部替换为 %20。假定该字符串尾部有足够的空间存放新增字符，并且知道字符串的"真实"长度。用 Java 实现的话，请使用字符数组实现，以便直接在数组上操作。

示例：

　　输入："Mr John Smith   ", 13

　　输出："Mr%20John%20Smith"

题目解法

处理字符串操作问题时，常见做法是从字符串尾部开始编辑，从后往前反向操作。因为字符串尾部有额外的缓冲可以直接修改，不必担心会覆写原有数据。

该算法会进行两次扫描。第一次扫描先数出字符串中有多少空格，以算出最终的字符串长度。第二次扫描开始反向编辑字符串。若检测到空格，就将 %20 复制到下一个位置；若不是空格，就复制原先的字符。

下面是这个算法的实现代码。

```
1  void replaceSpaces(char[] str, int trueLength) {
2    int spaceCount = 0, index, i = 0;
3    for (i = 0; i < trueLength; i++) {
4      if (str[i] == ' ') {
5        spaceCount++;
6      }
7    }
8    index = trueLength + spaceCount * 2;
9    if (trueLength < str.length) str[trueLength] = '\0'; // 数组结束
10   for (i = trueLength - 1; i >= 0; i--) {
11     if (str[i] == ' ') {
12       str[index - 1] = '0';
13       str[index - 2] = '2';
14       str[index - 3] = '%';
15       index = index - 3;
16     } else {
17       str[index - 1] = str[i];
```

```
18            index--;
19        }
20    }
21 }
```

因为 Java 字符串是不可变的（immutable），所以我们选用字符数组，这样就只需要扫描一次。

20.3 回文串排列

给定一个字符串，编写一个函数判定其是否为某个回文串的排列之一。回文串是指正反两个方向读都一致的单词或短语。排列是指字母的重新排列。回文串不一定是字典当中的单词。

示例：
    输入：Tact Coa
    输出：True（排列有"taco cat"，"atco cta"，等等）

题目解法

回文串是从正、反两个方向读都一致的字符串。是否可以重写为一个正反两个方向读都一致的字符串是判断回文串排列的关键。

大多数的字符，必须出现偶数次，才能使其中一半构成字符串的前半部分，另一半构成字符串的后半部分。最多只能有一个中间的字符出现奇数次。

例如，我们知道 tactcoapapa 是一个回文排列，因为该字符串有 2 个 t、4 个 a、2 个 c、2 个 p 以及 1 个 o，其中 o 将会成为潜在的回文串的中间字符。

解法 1

使用哈希表统计每个字符出现的次数。然后，遍历散列表以便确定出现奇数次的字符不超过一个。

```
1  boolean isPermutationOfPalindrome(String phrase) {
2      int[] table = buildCharFrequencyTable(phrase);
3      return checkMaxOneOdd(table);
4  }
5
6  /* 检查最多一个字符的数目为奇数 */
7  boolean checkMaxOneOdd(int[] table) {
8      boolean foundOdd = false;
9      for (int count : table) {
10         if (count % 2 == 1) {
11             if (foundOdd) {
12                 return false;
13             }
14             foundOdd = true;
15         }
16     }
17     return true;
18 }
19
20 /* 将每个字符对应为一个数字。a -> 0, b -> 1, c -> 2,等等。
21  * 不用区分大小写。非字母对应为-1 */
22 int getCharNumber(Character c) {
23     int a = Character.getNumericValue('a');
24     int z = Character.getNumericValue('z');
25     int val = Character.getNumericValue(c);
26     if (a <= val && val <= z) {
```

```
27      return val - a;
28    }
29    return -1;
30  }
31
32  /* 对字符出现的次数计数 */
33  int[] buildCharFrequencyTable(String phrase) {
34    int[] table = new int[Character.getNumericValue('z') -
35                          Character.getNumericValue('a') + 1];
36    for (char c : phrase.toCharArray()) {
37      int x = getCharNumber(c);
38      if (x != -1) {
39        table[x]++;
40      }
41    }
42    return table;
43  }
```

该算法用时为 $O(N)$，其中 N 为字符串的长度。

解法 2

因为任何算法都要遍历整个字符串，所以对时间复杂度进行优化时，只需在遍历的同时检查是否有字符只出现了奇数次即可。

```
1   boolean isPermutationOfPalindrome(String phrase) {
2     int countOdd = 0;
3     int[] table = new int[Character.getNumericValue('z') -
4                            Character.getNumericValue('a') + 1];
5     for (char c : phrase.toCharArray()) {
6       int x = getCharNumber(c);
7       if (x != -1) {
8         table[x]++;
9         if (table[x] % 2 == 1) {
10          countOdd++;
11        } else {
12          countOdd--;
13        }
14      }
15    }
16    return countOdd <= 1;
17  }
```

解法 3

相比字符出现的个数。重要的是，字符出现是偶数次还是奇数次。

因此，可以在本题中使用一个整数数值（或者位向量）。每当看到一个字符，就将其映射到 0 与 26 之间的一个数值（此处假设所有字符都是英语字母），然后切换该数值对应的比特位。在遍历结束后，需要检查是否最多只有一个比特位被置为 1。

判断整数数值中没有比特位为 1，只需将整数数值与 0 进行比较。判断整数数值中是否刚好有一个比特位为 1 即可。

一种方法是有一个整数数值 00 010 000。我们可以通过重复的移位操作判断是否只有一个比特位为 1。另一种方法是，如果将该数字减 1，则会得到 00 001 111。可以发现，这两个数字之间比特位没有重叠（而对于 00 101 000，将其减 1 会得到 00 100 111，比特位发生了重叠）。因此，判断一个数是否刚好有一个比特位为 1，可以通过将其减 1 的结果与该数本身进行与操作，如果其结果为 0，则比特位中 1 刚好出现一次。

```
00010000 - 1 = 00001111
00010000 & 00001111 = 0
```

从而得出最终的解法。

```
1   boolean isPermutationOfPalindrome(String phrase) {
2     int bitVector = createBitVector(phrase);
3     return bitVector == 0 || checkExactlyOneBitSet(bitVector);
4   }
5
6   /* 创建一个字符串对应的字节数组。对于每个值为 i 的字符，翻转第 i 位字节 */
7   int createBitVector(String phrase) {
8     int bitVector = 0;
9     for (char c : phrase.toCharArray()) {
10      int x = getCharNumber(c);
11      bitVector = toggle(bitVector, x);
12    }
13    return bitVector;
14  }
15
16  /* 翻转整数中第 i 位字节 */
17  int toggle(int bitVector, int index) {
18    if (index < 0) return bitVector;
19
20    int mask = 1 << index;
21    if ((bitVector & mask) == 0) {
22      bitVector |= mask;
23    } else {
24      bitVector &= ~mask;
25    }
26    return bitVector;
27  }
28
29  /* 检测只有 1 个比特位被设置，将整数减 1，并将其与原数值做 AND 操作 */
30  boolean checkExactlyOneBitSet(int bitVector) {
31    return (bitVector & (bitVector - 1)) == 0;
32  }
```

和其他解法一样，该解法的时间复杂度也是 $O(N)$。

但需要注意，通过构造给定字符所有的可能排列，来判断其是否是回文串的方法，不适用于超过 10~15 个字符的字符串。

20.4 字符串压缩

利用字符重复出现的次数，编写一种方法，实现基本的字符串压缩功能。比如，字符串 aabcccccaaa 会变为 a2b1c5a3。若"压缩"后的字符串没有变短，则返回原先的字符串。你可以假设字符串中只包含大小写英文字母（a 至 z）。

题目解法一

我们会迭代访问字符串，将字符复制至新字符串，并数出重复字符。在遍历过程中的每一步，只需检查当前字符与下一个字符是否一致。如果不一致，则将压缩后的版本写入到结果中。

```
1   String compressBad(String str) {
2     String compressedString = "";
3     int countConsecutive = 0;
4     for (int i = 0; i < str.length(); i++) {
5       countConsecutive++;
6
```

```
  7      /* 如果下一个字符与当前字符不同，那么将当前字符添加到结果尾部 */
  8      if (i + 1 >= str.length() || str.charAt(i) != str.charAt(i + 1)) {
  9        compressedString += "" + str.charAt(i) + countConsecutive;
 10        countConsecutive = 0;
 11      }
 12    }
 13    return compressedString.length() < str.length() ? compressedString : str;
 14  }
```

这段代码的执行时间为 $O(p + k^2)$，其中 p 为原始字符串长度，k 为字符序列的数量。比如，若字符串为 aabccdeeaa，则总计有 6 个字符序列。执行速度慢的原因是字符串拼接操作的时间复杂度为 $O(n^2)$。

可以使用 StringBuilder 优化部分性能。

```
  1  String compress(String str) {
  2    StringBuilder compressed = new StringBuilder();
  3    int countConsecutive = 0;
  4    for (int i = 0; i < str.length(); i++) {
  5      countConsecutive++;
  6
  7      /* 如果下一个字符与当前字符不同，那么将当前字符添加到结果尾部 */
  8      if (i + 1 >= str.length() || str.charAt(i) != str.charAt(i + 1)) {
  9        compressed.append(str.charAt(i));
 10        compressed.append(countConsecutive);
 11        countConsecutive = 0;
 12      }
 13    }
 14    return compressed.length() < str.length() ? compressed.toString() : str;
 15  }
```

题目解法二

提前检查原字符串与压缩字符串的长度。在没有很多重复字符的情况下，可避免构造一个最终不会被使用的字符串。缺点是需要对所有字符进行循环，加了近乎重复的代码。

```
  1  String compress(String str) {
  2    /* 检查最终长度。如果其较长，则返回输入字符串 */
  3    int finalLength = countCompression(str);
  4    if (finalLength >= str.length()) return str;
  5
  6    StringBuilder compressed = new StringBuilder(finalLength); // 初始空间
  7    int countConsecutive = 0;
  8    for (int i = 0; i < str.length(); i++) {
  9      countConsecutive++;
 10
 11      /* 如果下一个字符与当前字符不同，那么将当前字符添加到结果尾部 */
 12      if (i + 1 >= str.length() || str.charAt(i) != str.charAt(i + 1)) {
 13        compressed.append(str.charAt(i));
 14        compressed.append(countConsecutive);
 15        countConsecutive = 0;
 16      }
 17    }
 18    return compressed.toString();
 19  }
 20
 21  int countCompression(String str) {
 22    int compressedLength = 0;
 23    int countConsecutive = 0;
 24    for (int i = 0; i < str.length(); i++) {
 25      countConsecutive++;
```

```
26
27      /* 如果下一个字符与当前字符不同,那么增加其长度 */
28      if (i + 1 >= str.length() || str.charAt(i) != str.charAt(i + 1)) {
29        compressedLength += 1 + String.valueOf(countConsecutive).length();
30        countConsecutive = 0;
31      }
32    }
33    return compressedLength;
34  }
```

将 StringBuilder 提前初始化为所需的容量,可避免其最终容量有可能达到所需容量的两倍。

第 21 章

链 表

21.1 返回倒数第 k 个节点

实现一种算法，找出单向链表中倒数第 k 个节点。

题目解法

下面会以递归和非递归的方式解决这个问题。递归法简洁但效率低，以此题为例，递归解法的代码量只有迭代解法的一半，但要占用 $O(n)$ 的空间，其中 n 为链表中节点个数。

注意，在下面的解法中，k 定义如下：传入 $k=1$ 将返回最后一个节点，$k=2$ 返回倒数第二个节点，以此类推。当然，也可以将 k 定义为 $k=0$ 返回最后一个节点。

解法 1

若链表长度已知，那么，倒数第 k 个节点就是第 (length - k) 个节点。直接迭代访问链表就能找到这个节点。

解法 2（递归法）

这个算法会递归访问整个链表，当抵达链表末端时，会回传一个设置为 0 的计数器。之后的每次调用都会将这个计数器加 1。当计数器等于 k 时，表示我们访问的是链表倒数第 k 个元素。

实现代码简洁明了，前提是我们要有办法通过栈"回传"一个整数值。如果无法用一般的返回语句回传一个节点和一个计数器时，该怎么办？

- 方法一（不返回该元素）

如面试官认可，可只打印倒数第 k 个节点的值。然后，直接通过返回值传回计数器值。

```
1   int printKthToLast(LinkedListNode head, int k) {
2     if (head == null) {
3       return 0;
4     }
5     int index = printKthToLast(head.next, k) + 1;
6     if (index == k) {
7       System.out.println(k + "th to last node is " + head.data);
8     }
9     return index;
10  }
```

- 方法二（使用 C++）

使用 C++，并通过引用传值。这样就可以返回节点值，也能通过传递指针更新计数器。

```
1   node* nthToLast(node* head, int k, int& i) {
2     if (head == NULL) {
3       return NULL;
```

```
4    }
5    node* nd = nthToLast(head->next, k, i);
6    i = i + 1;
7    if (i == k) {
8      return head;
9    }
10   return nd;
11 }
12
13 node* nthToLast(node* head, int k) {
14   int i = 0;
15   return nthToLast(head, k, i);
16 }
```

● 方法三（创建包裹类）

用一个简单的类（或一个单元素数组）包裹计数器值，就可以模仿如何通过引用传递。

```
1  class Index {
2    public int value = 0;
3  }
4
5  LinkedListNode kthToLast(LinkedListNode head, int k) {
6    Index idx = new Index();
7    return kthToLast(head, k, idx);
8  }
9
10 LinkedListNode kthToLast(LinkedListNode head, int k, Index idx) {
11   if (head == null) {
12     return null;
13   }
14   LinkedListNode node = kthToLast(head.next, k, idx);
15   idx.value = idx.value + 1;
16   if (idx.value == k) {
17     return head;
18   }
19   return node;
20 }
```

因为有递归调用，这些递归解法都需要占用 $O(n)$ 的空间。

解法 3（迭代法）

这个方法效率高，但不直观。使用两个指针 p1 和 p2，并将它们指向链表中相距 k 个节点的两个节点。具体做法是，先将 p2 指向链表头节点，然后将 p1 向前移动 k 个节点，然后，以相同的速度移动这两个指针，p1 会在移动 LENGTH - k 步后抵达链表尾节点，p2 会指向链表第 LENGTH - k 个节点，或者说倒数第 k 个节点。

代码如下：

```
1  LinkedListNode nthToLast(LinkedListNode head, int k) {
2    LinkedListNode p1 = head;
3    LinkedListNode p2 = head;
4
5    /* 将 p1 向前移动 k 个节点 */
6    for (int i = 0; i < k; i++) {
7      if (p1 == null) return null; // 超出边界
8      p1 = p1.next;
9    }
10
11   /* 以相同的速度移动这两个指针，p1 抵达链表尾节点时，P2 会到达右边节点 */
12   while (p1 != null) {
```

```
13         p1 = p1.next;
14         p2 = p2.next;
15     }
16     return p2;
17 }
```

这个算法的时间复杂度为 $O(n)$，空间复杂度为 $O(1)$。

21.2 链表求和

给定两个用链表表示的整数，每个节点包含一个数位。这些数位是反向存放的，也就是个位排在链表首部。编写函数对这两个整数求和，并用链表形式返回结果。

示例：

输入：(7-> 1 -> 6) + (5 -> 9 -> 2)，即 617 + 295

输出：2 -> 1 -> 9，即 912

进阶：假设这些数位是正向存放的，请再做一遍。

示例：

输入：(6 -> 1 -> 7) + (2 -> 9 -> 5)，即 617 + 295

输出：9 -> 1 -> 2，即 912

题目解法

以加法为例，比如：

```
  6 1 7
+ 2 9 5
```

首先，7 加 5 得到 12，其中，2 为结果 12 的个位，1 则为十位相加时的进位。然后，将 1、1 和 9 相加，得到 11。十位数字为 1，另一个 1 则成为下一步运算的进位。最后，将 1、6 和 2 相加得到 9。因此，这两个整数求和的结果为 912。

可以用递归法模拟这个过程，将两个节点的值逐一相加，如有进位则转入下一个节点。下面以两个链表为例进行说明。

```
  7 -> 1 -> 6
+ 5 -> 9 -> 2
```

步骤如下。

(1) 首先，将 7 和 5 相加，结果为 12，于是 2 成为结果链表的第一个节点，并将 1 进位给下一次求和运算。

链表：2 -> ?

(2) 然后，将 1、9 和上面的进位相加，结果为 11，于是 1 成为结果链表的第二个元素，另一个 1 则进位给下一个求和运算。

链表：2 -> 1 -> ?

(3) 最后，将 6、2 和上面的进位相加，得到 9，同时也成为结果链表的最后一个元素。

链表：2 -> 1 -> 9

下面是该算法的实现代码。

```
1 LinkedListNode addLists(LinkedListNode l1, LinkedListNode l2, int carry) {
2     if (l1 == null && l2 == null && carry == 0) {
3         return null;
4     }
```

```
5
6    LinkedListNode result = new LinkedListNode();
7    int value = carry;
8    if (l1 != null) {
9      value += l1.data;
10   }
11   if (l2 != null) {
12     value += l2.data;
13   }
14
15   result.data = value % 10; /* 数字的第二个数位 */
16
17   /* 递归 */
18   if (l1 != null || l2 != null) {
19     LinkedListNode more = addLists(l1 == null ? null : l1.next,
20                                    l2 == null ? null : l2.next,
21                                    value >= 10 ? 1 : 0);
22     result.setNext(more);
23   }
24   return result;
25 }
```

实现时，需处理好一个链表比另一个链表节点少的情况，以防空指针异常。

进阶

处理方法与之前相同（递归，进位处理），但在实现时稍微复杂一些。

一个链表比另一个链表短的情况是无法直接处理的，需要先比较两个链表的长度，然后用 0 填充较短的链表。例如，假设要对(1 -> 2 -> 3 -> 4)与(5 -> 6 -> 7)求和。务必注意，5 应该与 2 而不是 1 配对。所以，我们可以先比较两个链表的长度并用 0 填充较短的链表。

在前一个问题中，相加的结果不断追加到链表尾部（也即向前传递）。这就意味着递归调用会传入进位，而且会返回结果（随后追加至链表尾部）。不过，这里的结果要加到首部（也即向后传递）。跟前一个问题一样，递归调用必须返回结果和进位。可以通过创建一个 PartialSum 包裹类来解决这一点。

下面是该算法的实现代码。

```
1  class PartialSum {
2    public LinkedListNode sum = null;
3    public int carry = 0;
4  }
5
6  LinkedListNode addLists(LinkedListNode l1, LinkedListNode l2) {
7    int len1 = length(l1);
8    int len2 = length(l2);
9
10   /* 将较短的链表填充 0。参见上述第(1)点 */
11   if (len1 < len2) {
12     l1 = padList(l1, len2 - len1);
13   } else {
14     l2 = padList(l2, len1 - len2);
15   }
16
17   /* 链表相加 */
18   PartialSum sum = addListsHelper(l1, l2);
19
20   /* 如果有进位，那么将其插入到链表首部，否则直接返回链表 */
21   if (sum.carry == 0) {
```

```
22      return sum.sum;
23    } else {
24      LinkedListNode result = insertBefore(sum.sum, sum.carry);
25      return result;
26    }
27  }
28
29  PartialSum addListsHelper(LinkedListNode l1, LinkedListNode l2) {
30    if (l1 == null && l2 == null) {
31      PartialSum sum = new PartialSum();
32      return sum;
33    }
34    /* 递归地对较小数位相加 */
35    PartialSum sum = addListsHelper(l1.next, l2.next);
36
37    /* 将进位相加 */
38    int val = sum.carry + l1.data + l2.data;
39
40    /* 加入当前数位的和 */
41    LinkedListNode full_result = insertBefore(sum.sum, val % 10);
42
43    /* 返回当前和与进位 */
44    sum.sum = full_result;
45    sum.carry = val / 10;
46    return sum;
47  }
48
49  /* 将链表填充 0 */
50  LinkedListNode padList(LinkedListNode l, int padding) {
51    LinkedListNode head = l;
52    for (int i = 0; i < padding; i++) {
53      head = insertBefore(head, 0);
54    }
55    return head;
56  }
57
58  /* 在链表首部插入节点 */
59  LinkedListNode insertBefore(LinkedListNode list, int data) {
60    LinkedListNode node = new LinkedListNode(data);
61    if (list != null) {
62      node.next = list;
63    }
64    return node;
65  }
```

注意，上面的代码已将 insertBefore()、padList() 和 length()（未列出）单列为独立方法。这样代码更清晰且更易读。

21.3 链表相交

给定两个（单向）链表，判定它们是否相交并返回交点。请注意相交的定义基于节点的引用，而不是基于节点的值。换句话说，如果一个链表的第 k 个节点与另一个链表的第 j 个节点是同一节点（引用完全相同），则这两个链表相交。

题目解法

让我们通过图示来更好地描述两个相交的链表。

下图是两个相交的链表。

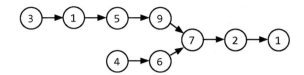

下图是两个不相交的链表。

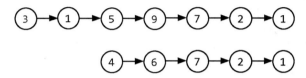

1. 判定链表相交

如何判定两个链表是否相交？方法一，定义一个哈希表，并将所有的节点都加入到该哈希表当中。需要注意，应该将链表中的节点的引用加入散列表，而不是节点的值。

方法二，因为两个相交的链表总是拥有一个共同的尾节点，所以只需遍历两个链表并比较两个链表的最后一个节点即可。

2. 寻找交点

我们可以从后向前遍历两个链表，两个链表的"分离"处即为交点。单向链表无法从后向前进行遍历。

如果两个链表的长度相等，你可以同时遍历两个链表。当两个链表的当前节点相同时，该节点即为相交节点。

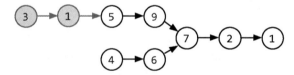

若两个链表长度不同，则只需要"移除"或"忽略"较长链表超出的部分（图中为灰色节点）。

实现方法是在遍历节点到达尾部的同时可知链表的长度（用于在第一步判断两个链表是否有交点）。从长度的差中，可以得知需要移除多少节点。

3. 归纳总结

现在我们得到了一个由多个步骤组成的方案，如下所示。

(1) 遍历每个链表以获得链表的长度与尾节点。

(2) 比较尾节点。如果尾节点不同（按节点的引用比较，而不是按节点值进行比较），立刻返回。两个链表无交点。

(3) 使用两个指针分别指向两个链表的头部。

(4) 将较长链表的指针向前移动，移动的步数为两个链表长度的差值。

(5) 现在同时遍历两个链表，直到两个指针指向的节点相同。

该算法的实现如下。

```
1  LinkedListNode findIntersection(LinkedListNode list1, LinkedListNode list2) {
2      if (list1 == null || list2 == null) return null;
```

```java
3
4    /* 获取尾部和尺寸 */
5    Result result1 = getTailAndSize(list1);
6    Result result2 = getTailAndSize(list2);
7
8    /* 如果尾部节点不同，则没有交点 */
9    if (result1.tail != result2.tail) {
10     return null;
11   }
12
13   /* 将指针设置到每个链表头部 */
14   LinkedListNode shorter = result1.size < result2.size ? list1 : list2;
15   LinkedListNode longer = result1.size < result2.size ? list2 : list1;
16
17   /* 将指向较长链表的指针向前移动，移动的步数为两链表的长度差 */
18   longer = getKthNode(longer, Math.abs(result1.size - result2.size));
19
20   /* 同时移动两个指针，直到遇到相同元素 */
21   while (shorter != longer) {
22     shorter = shorter.next;
23     longer = longer.next;
24   }
25
26   /* 返回二者之一即可 */
27   return longer;
28 }
29
30 class Result {
31   public LinkedListNode tail;
32   public int size;
33   public Result(LinkedListNode tail, int size) {
34     this.tail = tail;
35     this.size = size;
36   }
37 }
38
39 Result getTailAndSize(LinkedListNode list) {
40   if (list == null) return null;
41
42   int size = 1;
43   LinkedListNode current = list;
44   while (current.next != null) {
45     size++;
46     current = current.next;
47   }
48   return new Result(current, size);
49 }
50
51 LinkedListNode getKthNode(LinkedListNode head, int k) {
52   LinkedListNode current = head;
53   while (k > 0 && current != null) {
54     current = current.next;
55     k--;
56   }
57   return current;
58 }
```

该算法的运行时间为 $O(A+B)$，其中 A 和 B 是两个链表的长度。该算法额外占用 $O(1)$ 的空间。

21.4 环路检测

给定一个有环链表，实现一个算法返回环路的开头节点。

有环链表的定义：在链表中某个节点的 `next` 元素指向在它前面出现过的节点，则表明该链表存在环路。

示例：

  输入：A -> B -> C -> D -> E -> C（C 节点出现了两次）
  输出：C

题目解法

下面我们将运用模式匹配法来解决这个问题。

第 1 部分：检测链表是否存在环路

检测链表是否存在环路，可使用 FastRunner/SlowRunner 法。FastRunner 一次移动两步，而 SlowRunner 一次移动一步。这就好比两辆赛车以不同的速度绕着同一条赛道前进，最终必然会碰到一起。

假设 FastRunner 真的越过了 SlowRunner，且 SlowRunner 处于位置 i，FastRunner 处于位置 i+1。那么，在前一步，SlowRunner 就处于位置 i-1，FastRunner 处于位置((i+1)-2)或 i-1，也就是说，两者碰在一起了。

第 2 部分：什么时候碰在一起

假定这个链表有一部分不存在环路，长度为 k。

若运用第 1 部分的算法，FastRunner 和 SlowRunner 什么时候会碰在一起呢？

已知 SlowRunner 每走 p 步，FastRunner 就会走 2p 步。因此，当 SlowRunner 走了 k 步进入环路部分时，FastRunner 已走了总共 2k 步，进入环路部分已走 2k-k 步或 k 步。由于 k 可能比环路长度大得多，实际上应该将其写作 mod(k, LOOP_SIZE)步，并用 K 表示。

对于之后的每一步，FastRunner 和 SlowRunner 之间不是走远一步就是更近一步，具体要看观察的角度，因为两者处于圆圈中，A 以远离 B 的方向走出 q 步的同时，也是向 B 靠近了 q 步。综上所述，我们得出以下几点结论。

❏ SlowRunner 处于环路中的 0 步位置。
❏ FastRunner 处于环路中的 K 步位置。
❏ SlowRunner 落后于 FastRunner，相距 K 步。
❏ FastRunner 落后于 SlowRunner，相距 LOOP_SIZE - K 步。
❏ 每过一个单位时间，FastRunner 就会更接近 SlowRunner 一步。

两个节点何时相遇？若 FastRunner 落后于 SlowRunner，相距 LOOP_SIZE - K 步，并且每经过一个单位时间，FastRunner 就走近 SlowRunner 一步，那么，两者将在 LOOP_SIZE - K 步之后相遇。此时，两者与环路起始处相距 K 步，我们将这个位置称为 CollisionSpot。

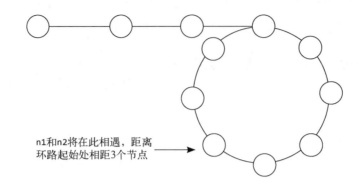

n1和n2将在此相遇，距离环路起始处相距3个节点

第 3 部分：如何找到环路起始处

现在我们知道 CollisionSpot 与环路起始处相距 K 个节点。由于 K = mod(k, LOOP_SIZE)（或者换句话说，k = K + M * LOOP_SIZE，其中 M 为任意整数），所以 CollisionSpot 与环路起始处相距 k 个节点。例如，若有个环路长度为 5 个节点，有个节点 N 处于距离环路起始处 2 个节点的地方，所以这个节点处于距离环路起始处 7 个、12 个甚至 397 个节点。

至此，CollisionSpot 和 LinkedListHead 与环路起始处均相距 k 个节点。

若用一个指针指向 CollisionSpot，用另一个指针指向 LinkedListHead，两者与 LoopStart 均相距 k 个节点。以同样的速度移动，这两个指针会再次碰在一起，这次是在 k 步之后，两个指针都指向 LoopStart，这时只需返回该节点即可。

第 4 部分：将全部整合在一起

FastPointer 的移动速度是 SlowPointer 的两倍。当 SlowPointer 走了 k 个节点进入环路时，FastPointer 已进入链表环路 k 个节点，也就是说 FastPointer 和 SlowPointer 相距 LOOP_SIZE - k 个节点。

接下来，若 SlowPointer 每走一个节点，FastPointer 就走两个节点，每走一次，两者的距离就会更近一个节点。因此，在走了 LOOP_SIZE - k 步后，它们就会碰在一起。这时两者距离环路起始处有 k 个节点。

链表首部与环路起始处也相距 k 个节点。因此，若其中一个指针保持不变，另一个指针指向链表首部，则两个指针就会在环路起始处相会。

根据第 1、2、3 部分，就能直接导出下面的算法。

- 创建两个指针：FastPointer 和 SlowPointer。
- SlowPointer 每走一步，FastPointer 就走两步。
- 两者碰在一起时，将 SlowPointer 指向 LinkedListHead，FastPointer 则保持不变。
- 以相同速度移动 SlowPointer 和 FastPointer，一次一步，然后返回新的碰撞处。

下面是该算法的实现代码。

```
1   LinkedListNode FindBeginning(LinkedListNode head) {
2     LinkedListNode slow = head;
3     LinkedListNode fast = head;
4
5     /* 找到相汇处。LOOP_SIZE - k 步后会进入链表 */
6     while (fast != null && fast.next != null) {
7       slow = slow.next;
8       fast = fast.next.next;
9       if (slow == fast) { // 碰在一起
10        break;
11      }
```

```
12      }
13
14      /* 错误检查——若无相汇处,则无环路 */
15      if (fast == null || fast.next == null) {
16        return null;
17      }
18
19      /* 缓慢移动至头节点。在相汇处加速。两者均距离起始处 k 步。
20       * 若两者以相同速度移动,则必然在环路起始处相遇 */
21      slow = head;
22      while (slow != fast) {
23        slow = slow.next;
24        fast = fast.next;
25      }
26
27      /* 两者均指向环路起始处 */
28      return fast;
29    }
```

第 22 章

栈与队列

22.1 三合一

描述如何只用一个数组来实现三个栈。

题目解法

一种做法是每个栈分配固定的空间,缺点是空间使用不匀衡,导致有的栈空置,有的栈不够。另一种做法是弹性处理栈的空间分配,缺点是复杂度会大大增加。

解法 1(固定分割)

将整个数组划分为三等份,并将每个栈的增长范围限制在各自的空间里。记号"["表示包含端点,"("表示不包含端点。

- 栈 1,使用[0, n/3)。
- 栈 2,使用[n/3, 2n/3)。
- 栈 3,使用[2n/3, n)。

下面是该解法的实现代码。

```
1   class FixedMultiStack {
2     private int numberOfStacks = 3;
3     private int stackCapacity;
4     private int[] values;
5     private int[] sizes;
6
7     public FixedMultiStack(int stackSize) {
8       stackCapacity = stackSize;
9       values = new int[stackSize * numberOfStacks];
10      sizes = new int[numberOfStacks];
11    }
12
13    /* 将值压栈 */
14    public void push(int stackNum, int value) throws FullStackException {
15      /* 检查有空间容纳下一个元素 */
16      if (isFull(stackNum)) {
17        throw new FullStackException();
18      }
19
20      /* 对栈顶指针加 1 并更新顶部的值 */
21      sizes[stackNum]++;
22      values[indexOfTop(stackNum)] = value;
23    }
24
25    /* 出栈 */
26    public int pop(int stackNum) {
```

```
27        if (isEmpty(stackNum)) {
28          throw new EmptyStackException();
29        }
30
31        int topIndex = indexOfTop(stackNum);
32        int value = values[topIndex]; // 获取顶部元素
33        values[topIndex] = 0; // 清零
34        sizes[stackNum]--; // 缩减大小
35        return value;
36      }
37
38      /* 返回顶部元素 */
39      public int peek(int stackNum) {
40        if (isEmpty(stackNum)) {
41          throw new EmptyStackException();
42        }
43        return values[indexOfTop(stackNum)];
44      }
45
46      /* 检查栈是否为空 */
47      public boolean isEmpty(int stackNum) {
48        return sizes[stackNum] == 0;
49      }
50
51      /* 检查栈是否已满 */
52      public boolean isFull(int stackNum) {
53        return sizes[stackNum] == stackCapacity;
54      }
55
56      /* 返回栈顶元素的索引 */
57      private int indexOfTop(int stackNum) {
58        int offset = stackNum * stackCapacity;
59        int size = sizes[stackNum];
60        return offset + size - 1;
61      }
62    }
```

解法 2（弹性分割）

第二种做法是允许栈块的大小灵活可变。当一个栈的元素个数超出其初始容量时，就将这个栈扩容至许可的容量，必要时还要搬移元素。

此外，我们会将数组设计成环状的，最后一个栈可能从数组末尾处开始，环绕到数组起始处。

请注意，因比常规解法复杂，所以面试中你可以试着提供伪码，或其中某几部分的代码。但不建议你完整实现这个解法，工作量有点大。

```
1   public class MultiStack {
2     /* StackInfo 是一个简单的类，容纳每个栈的数据集，并不容纳栈中的实际元素。
3      * 可用多个单一变量实现，但是那将使代码十分混乱，而且并没有什么益处 */
4     private class StackInfo {
5       public int start, size, capacity;
6       public StackInfo(int start, int capacity) {
7         this.start = start;
8         this.capacity = capacity;
9       }
10
11      /* 检查索引是否在界限内。栈可以从数组头部重新开始 */
12      public boolean isWithinStackCapacity(int index) {
13        /* 如果超出界限，则返回 false */
```

```
14        if (index < 0 || index >= values.length) {
15          return false;
16        }
17
18        /* 如果首尾相接，则调整索引 */
19        int contiguousIndex = index < start ? index + values.length : index;
20        int end = start + capacity;
21        return start <= contiguousIndex && contiguousIndex < end;
22      }
23
24      public int lastCapacityIndex() {
25        return adjustIndex(start + capacity - 1);
26      }
27
28      public int lastElementIndex() {
29        return adjustIndex(start + size - 1);
30      }
31
32      public boolean isFull() { return size == capacity; }
33      public boolean isEmpty() { return size == 0; }
34    }
35
36    private StackInfo[] info;
37    private int[] values;
38
39    public MultiStack(int numberOfStacks, int defaultSize) {
40      /* 对所有栈创建元数据 */
41      info = new StackInfo[numberOfStacks];
42      for (int i = 0; i < numberOfStacks; i++) {
43        info[i] = new StackInfo(defaultSize * i, defaultSize);
44      }
45      values = new int[numberOfStacks * defaultSize];
46    }
47
48    /* 将 value 入栈，如有必要则对栈进行移动、扩展。若所有栈均已满，则抛出异常 */
49    public void push(int stackNum, int value) throws FullStackException {
50      if (allStacksAreFull()) {
51        throw new FullStackException();
52      }
53
54      /* 如果栈已满，则进行扩展 */
55      StackInfo stack = info[stackNum];
56      if (stack.isFull()) {
57        expand(stackNum);
58      }
59
60      /* 找到数组中顶部元素的索引，对栈的指针加 1 */
61      stack.size++;
62      values[stack.lastElementIndex()] = value;
63    }
64
65    /* 从栈中移除元素 */
66    public int pop(int stackNum) throws Exception {
67      StackInfo stack = info[stackNum];
68      if (stack.isEmpty()) {
69        throw new EmptyStackException();
70      }
71
72      /* 移除最后元素 */
73      int value = values[stack.lastElementIndex()];
74      values[stack.lastElementIndex()] = 0; // 清空元素
```

```java
75      stack.size--; // 缩减大小
76      return value;
77    }
78
79    /* 获取顶部元素 */
80    public int peek(int stackNum) {
81      StackInfo stack = info[stackNum];
82      return values[stack.lastElementIndex()];
83    }
84    /* 将栈中元素移动一位。如果仍有空间,那么我们会最终将栈的尺寸缩减一个元素。
85     * 如果没有空间,我们则还需要移动下一个栈 */
86    private void shift(int stackNum) {
87      System.out.println("/// Shifting " + stackNum);
88      StackInfo stack = info[stackNum];
89
90      /* 如果当前栈已满,那么我们需要移动下一个栈,此栈则可以声明被释放的索引 */
91      if (stack.size >= stack.capacity) {
92        int nextStack = (stackNum + 1) % info.length;
93        shift(nextStack);
94        stack.capacity++; // 声明下一个栈释放的索引
95      }
96
97      /* 将所有元素移动一位 */
98      int index = stack.lastCapacityIndex();
99      while (stack.isWithinStackCapacity(index)) {
100       values[index] = values[previousIndex(index)];
101       index = previousIndex(index);
102     }
103
104     /* 调整栈的数据 */
105     values[stack.start] = 0; // 清空
106     stack.start = nextIndex(stack.start); // 移动起始元素
107     stack.capacity--; // 缩减尺寸
108   }
109
110   /* 对其他栈移位以扩展栈 */
111   private void expand(int stackNum) {
112     shift((stackNum + 1) % info.length);
113     info[stackNum].capacity++;
114   }
115
116   /* 返回栈中元素的个数 */
117   public int numberOfElements() {
118     int size = 0;
119     for (StackInfo sd : info) {
120       size += sd.size;
121     }
122     return size;
123   }
124
125   /* 如果所有的栈都已满,则返回 true */
126   public boolean allStacksAreFull() {
127     return numberOfElements() == values.length;
128   }
129
130   /* 调整索引使其位于 0 至 lenght-1 之中 */
131   private int adjustIndex(int index) {
132     /* Java 的求余运算会返回负数。例如,(-11 % 5) 会返回-1,而不是 4。
133      * 我们起始此处需要 4(因为需要使数组首尾相接)*/
134     int max = values.length;
135     return ((index % max) + max) % max;
```

```
136    }
137
138    /* 获取此索引的后一个索引，调整其值使得首尾相接 */
139    private int nextIndex(int index) {
140      return adjustIndex(index + 1);
141    }
142
143    /* 获取此索引的前一个索引，调整其值使得首尾相接 */
144    private int previousIndex(int index) {
145      return adjustIndex(index - 1);
146    }
147 }
```

遇到类似的问题，应力求编写的代码清晰、可维护，这至关重要。你应该引入其他的类（比如这里使用了 StackInfo），并将大块代码独立为单独的方法。当然，这个建议同样适用于真正的软件开发。

22.2 化栈为队

实现一个 MyQueue 类，该类用两个栈来实现一个队列。

题目解法

队列和栈的主要区别在于元素进出顺序（先进先出和后进先出）。我们可以修改 peek() 和 pop()，以相反顺序执行操作。我们可以利用第二个栈反转元素的次序（对 s1 执行 pop 方法，将元素通过 push 方法插入 s2）。在这种实现中，每当执行 peek() 和 pop() 操作时，就要将 s1 的所有元素弹出，压入 s2 中，然后执行 peek/pop 操作，再将所有元素压入 s1。缺点是若连续执行两次 pop/peek 操作，那么，所有元素都要移来移去，重复移动毫无必要。

我们也可以延迟元素的移动，即让元素一直留在 s2 中，只有必须反转元素次序时才移动元素。这样做，stackNewest 顶端为最新元素，而 stackOldest 顶端则为最旧元素。在将一个元素移出队列时，我们希望先移除最旧元素，因此先将元素从 stackOldest 移出队列。若 stackOldest 为空，则将 stackNewest 中的所有元素以相反的顺序转移到 stackOldest 中。如要插入元素，就将其压入 stackNewest，因为最新元素位于它的顶端。

下面是该算法的实现代码。

```
1  public class MyQueue<T> {
2    Stack<T> stackNewest, stackOldest;
3
4    public MyQueue() {
5      stackNewest = new Stack<T>();
6      stackOldest = new Stack<T>();
7    }
8
9    public int size() {
10     return stackNewest.size() + stackOldest.size();
11   }
12
13   public void add(T value) {
14     /* 对 stackNewest 压栈，其顶部元素总是最新的 */
15     stackNewest.push(value);
16   }
17
18   /* 将 stackNewest 的元素移动到 stackOldest。
19    * 一般此操作可以让我们对 stackOldest 进行后续操作 */
```

```
20    private void shiftStacks() {
21      if (stackOldest.isEmpty()) {
22        while (!stackNewest.isEmpty()) {
23          stackOldest.push(stackNewest.pop());
24        }
25      }
26    }
27
28    public T peek() {
29      shiftStacks(); // 确保 stackOldest 有当前元素
30      return stackOldest.peek(); // 获取最久的元素
31    }
32
33    public T remove() {
34      shiftStacks(); // 确保 stackOldest 有当前元素
35      return stackOldest.pop(); // 对最久元素出栈
36    }
37  }
```

22.3 栈排序

编写程序，对栈进行排序，使最大元素位于栈顶。最多只能使用一个其他的临时栈存放数据，但不得将元素复制到别的数据结构（如数组）中。该栈支持如下操作：push、pop、peek 和 isEmpty。

题目解法

初步的排序算法需要两个额外的栈，不符合题目要求。

这里我们假设有如下两个栈，其中 s2 是"排序的"，s1 则是未排序的。若要对 s1 排序，可以从 s1 逐一弹出元素，然后按顺序插入 s2 中。

s1	s2
	12
5	8
10	3
7	1

从 s1 中弹出 5 时，我们需要在 s2 中找个合适的位置插入这个数。在这个例子中，正确位置是在 s2 元素 3 之上。怎样才能将 5 插入那个位置呢？我们可以先从 s1 中弹出 5，将其存放在临时变量中。然后，将 12 和 8 移至 s1（从 s2 中弹出这两个数，并将它们压入 s1 中），然后将 5 压入 s2。

第1步

s1	s2
	12
	8
10	3
7	1

tmp = 5

->

第2步

s1	s2
8	
12	
10	3
7	1

tmp = 5

->

第3步

s1	s2
8	
12	5
10	3
7	1

tmp = --

注意，8 和 12 仍在 s1 中。对于这两个数，我们可以像处理 5 那样重复相关步骤，每次弹出 s1 栈顶元素，将其放入 s2 中的合适位置。也可以将 8 和 12 直接从 s2 移至 s1，因为这两个数都比 5 大，这些元素的"正确位置"就是放在 5 之上。我们不需要打乱 s2 的其他元素，当 tmp 为 8 或 12 时，下面代码中的第二个 while 循环不会执行。

```
1   void sort(Stack<Integer> s) {
2     Stack<Integer> r = new Stack<Integer>();
3     while(!s.isEmpty()) {
4       /* 把 s 中的每个元素有序地插入到 r 中 */
5       int tmp = s.pop();
6       while(!r.isEmpty() && r.peek() > tmp) {
7         s.push(r.pop());
8       }
9       r.push(tmp);
10    }
11
12    /* 将 r 中元素复制回 s */
13    while (!r.isEmpty()) {
14      s.push(r.pop());
15    }
16  }
```

这个算法的时间复杂度为 $O(N^2)$，空间复杂度为 $O(N)$。

如果允许使用的栈数量不限，可以实现修改版的 quicksort 或 mergesort。

对于 mergesort 解法，可以再创建两个栈，并将这个栈分为两部分。我们会递归排序每个栈，然后将它们归并到一起并排好序，放回原来的栈中。注意，该解法要求每层递归都创建两个额外的栈。

对于 quicksort 解法，我们会创建两个额外的栈，并根据基准元素（pivot element）将这个栈分为两个栈。这两个栈会进行递归排序，然后归并在一起，放回原来的栈中。与上一个解法一样，每层递归都会创建两个额外的栈。

第 23 章

树 与 图

23.1 特定深度节点链表

给定一棵二叉树，设计一个算法，创建含有某一深度上所有节点的链表（比如，若一棵树的深度为 *D*，则会创建出 *D* 个链表）。

题目解法

可用任意方式遍历整棵树，只需记住节点位于哪一层即可。

我们将前序遍历算法稍作修改，把 level + 1 传入下一个递归调用。下面是使用深度优先搜索的实现代码。

```
1   void createLevelLinkedList(TreeNode root, ArrayList<LinkedList<TreeNode>> lists,
2                              int level) {
3     if (root == null) return; // 基础情况
4
5     LinkedList<TreeNode> list = null;
6     if (lists.size() == level) { // 链表中不包含层数
7       list = new LinkedList<TreeNode>();
8       /* 每一层都按顺序遍历。如果我们第一次访问第 i 层，那么一定已经访问了第 0 至 i-1 层，
9        *  因此可以放心地将层数加入到尾部 */
10      lists.add(list);
11    } else {
12      list = lists.get(level);
13    }
14    list.add(root);
15    createLevelLinkedList(root.left, lists, level + 1);
16    createLevelLinkedList(root.right, lists, level + 1);
17  }
18
19  ArrayList<LinkedList<TreeNode>> createLevelLinkedList(TreeNode root) {
20    ArrayList<LinkedList<TreeNode>> lists = new ArrayList<LinkedList<TreeNode>>();
21    createLevelLinkedList(root, lists, 0);
22    return lists;
23  }
```

另一种做法是对广度优先搜索稍加修改，即从根节点开始迭代，然后第 2 层，第 3 层，以此类推。

处于第 *i* 层时，则表明已访问过第 *i* − 1 层的所有节点，要得到 *i* 层的节点，只需直接查看 *i* − 1 层节点的所有子节点即可。

下面是该算法的实现代码。

```
1   ArrayList<LinkedList<TreeNode>> createLevelLinkedList(TreeNode root) {
2     ArrayList<LinkedList<TreeNode>> result = new ArrayList<LinkedList<TreeNode>>();
3     /* 访问根节点 */
```

```
4    LinkedList<TreeNode> current = new LinkedList<TreeNode>();
5    if (root != null) {
6      current.add(root);
7    }
8
9    while (current.size() > 0) {
10     result.add(current); // 加入前一层
11     LinkedList<TreeNode> parents = current; // 前往下一层
12     current = new LinkedList<TreeNode>();
13     for (TreeNode parent : parents) {
14       /* 访问子节点 */
15       if (parent.left != null) {
16         current.add(parent.left);
17       }
18       if (parent.right != null) {
19         current.add(parent.right);
20       }
21     }
22   }
23   return result;
24 }
```

两者的时间复杂度皆为 $O(N)$，空间效率一致，因为两种解法都要返回 $O(N)$ 的数据。

23.2 后继者

设计一个算法，找出二叉搜索树中指定节点的"下一个"节点（也即中序后继）。可以假定每个节点都含有指向父节点的连接。

题目解法

回想一下中序遍历，它会先遍历左子树，然后是当前节点，接着是右子树。

假定我们有一个假想的节点。已知访问顺序为左子树，当前节点，然后是右子树。显然，下一个节点应该位于右边。如果中序遍历右子树，它应该是右子树最左边的节点。但是，若这个节点 n 没有右子树，那就表示已遍访这个 n 的子树。我们必须回到它的父节点，记作 q。

若 n 在 q 的左边，那么，下一个应该访问的节点就是 q（中序遍历，`left -> current -> right`）。

若 n 在 q 的右边，则表示已遍历 q 的子树。我们需要从 q 往上访问，直至找到**还未完全遍历过的节点 x**。

寻找节点 x 的伪代码大致如下。

```
1  Node inorderSucc(Node n) {
2    if (n has a right subtree) {
3      return leftmost child of right subtree
4    } else {
5      while (n is a right child of n.parent) {
6        n = n.parent; // 向上移动
7      }
8      return n.parent; // 父节点尚未遍历
9    }
10 }
```

如果我们已位于树的最右边（中序遍历的最末端都没有发现左节点），就不会再有中序后继，此时该返回 null。

下面是该算法的实现代码（已正确处理节点为空的情况）。

```
1   TreeNode inorderSucc(TreeNode n) {
2     if (n == null) return null;
3
4     /* 找到右子树，返回右子树的最左节点 */
5     if (n.right != null) {
6       return leftMostChild(n.right);
7     } else {
8       TreeNode q = n;
9       TreeNode x = q.parent;
10      // 向上移动，直至当前位于左子树时停止
11      while (x != null && x.left != q) {
12        q = x;
13        x = x.parent;
14      }
15      return x;
16    }
17  }
18
19  TreeNode leftMostChild(TreeNode n) {
20    if (n == null) {
21      return null;
22    }
23    while (n.left != null) {
24      n = n.left;
25    }
26    return n;
27  }
```

用伪代码勾勒大纲，仔细描绘各种不同的情况，是处理复杂算法问题一种有效方法。

23.3 编译顺序

给你一系列项目（projects）和一系列依赖关系（依赖关系 dependencies 为一个链表，其中每个元素为两个项目的编组，且第二个项目依赖于第一个项目）。所有项目的依赖项必须在该项目被编译前编译。请找出可以使得所有项目顺利编译的顺序。如果没有有效的编译顺序，返回错误。

示例：

输入：

projects: a, b, c, d, e, f
dependencies: (a, d), (f, b), (b, d), (f, a), (d, c)

输出：f, e, a, b, d, c

题目解法

一种行之有效的办法是将所有信息表示为一个图。请注意图中箭头的方向。下图中，从 d 指向 g 的箭头表示 d 必须在 g 之前进行编译。你也可以把该题的信息按照相反的方向表示，但你需要一致并清楚地说明你的意思。让我们先画一个样例。

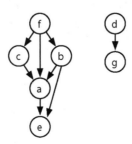

我所画的图并非题目描述中的依赖关系。画图时，我思考了以下几个方面。
- 我希望能随机地标注节点。如果我没有这样做，而是将 a 放在顶部，把 b 和 c 作为 a 的子节点，之后列出 d 和 e，那么图示可能会有误导性。字母的顺序有可能会与编译顺序刚好一致。
- 我希望该图由多个部分/组件构成，因为连通图（connected graph）是一种特殊的图。
- 我希望该图中存在这样两个节点，虽然它们直接相连，但是其中一个节点不能在另一个节点完成之后立刻开始。例如，f 和 a 相连，但是 a 不能在 f 结束之后立刻开始（因为 b 和 c 必须在 f 结束之后 a 开始之前进行）。
- 我希望该图相对较大，因为我需要找到解决问题的模式。
- 我希望该图包含具有多个依赖关系的节点。

至此，便有了一个很好的例子，让我们开始讨论相关的算法。

解法 1

那些没有入边（incoming edge）的节点可以立即进行编译，因为它们不依赖于任何其他项目。让我们将所有这类节点加入到编译序列中。在前面的例子中，我们的编译序列为 f, d（或者 d, f）。

完成这一步之后，由于 d 和 f 已经被编译，因此那些依赖于 d 和 f 的节点便不再互相关联了。我们可以通过移除 d 和 f 的出边（outgoing edge）来反映新的状态。

此时编译序列为：f, d

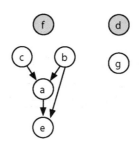

因为 c、b 和 g 三个节点没有入边，所以我们直接编译这三个节点并移除他们的出边。

此时编译序列为：f, d, c, b, g

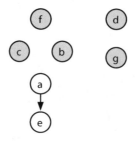

接下来我们编译项目 a 并移除其出边。这样就只剩下 e 了。我们继续对其进行编译，并得到完整的编译序列。

此时编译序列为：f, d, c, b, g, a, e

该算法的逻辑如下。
(1) 首先加入了没有入边的节点。这类节点法没有依赖项（即入边），编辑时不会出问题。
(2) 从根节点中移除了所有的出边。保障了当根节点编译之后，即使有别的项目依赖于根节点也不会出问题。

（3）在这之后，找到此时没有入边的节点。使用和第一步、第二步中相同的逻辑，可以对这些节点进行编译。至此，可以重复相同的步骤：找到没有依赖项的项目，将其加入编译序列，移除这些项目的出边，再次重复该步骤。

（4）如果存在剩余的节点且其都包含依赖项（入边），说明该系统无法进行编译。应该返回错误。

算法实现和上述方案大同小异。

初始化部分如下。

（1）创建一个图，其中每个节点为一个项目，每个节点的出边指向依赖于该节点的项目。换句话说，如果 A 有一个指向 B 的边（A->B），它表示 B 依赖于 A，因此 A 必须在 B 之前编译。每个节点同样要保存入边的数量。

（2）初始化一个 buildOrder 数组。当确定了一个项目的编译顺序时，将该项目加入到数组中。同时不断地对数组进行循环迭代，使用 toBeProcessed 指针指向下一个要被处理的节点。

（3）找到所有入边数目为 0 的节点并把这些节点加入到 buildOrder 数组中。将 toBeProcessed 指针指向数组的起始位置。

重复下列过程，直至 toBeProcessed 指向 buildOrder 数组的尾部。

（1）读取 toBeProcessed 指向的节点。

❏ 如果节点为 null，则所有剩余的节点都有依赖项，即我们发现了一个循环依赖。

（2）对于该节点的每个子节点 child：

❏ 对 child.dependencies（入边的数目）减 1；

❏ 如果 child.dependencies 为 0，则将 child 加入 buildOrder 当中。

（3）将 toBeProcessed 加 1。

下列代码实现了该算法。

```
1   /* 寻找正确的编译顺序 */
2   Project[] findBuildOrder(String[] projects, String[][] dependencies) {
3     Graph graph = buildGraph(projects, dependencies);
4     return orderProjects(graph.getNodes());
5   }
6
7   /* 构造图，如果 b 依赖于 a，则将边 (a, b) 加入到图中。假设编译顺序中已经列出了一组项目。
8    * dependencies 中的每个项目 (a, b) 表示 b 依赖于 a 且 a 必须在 b 之前编译 */
9   Graph buildGraph(String[] projects, String[][] dependencies) {
10    Graph graph = new Graph();
11    for (String project : projects) {
12      graph.createNode(project);
13    }
14
15    for (String[] dependency : dependencies) {
16      String first = dependency[0];
17      String second = dependency[1];
18      graph.addEdge(first, second);
19    }
20
21    return graph;
22  }
23
24  /* 给出一组项目的正确编译顺序 */
25  Project[] orderProjects(ArrayList<Project> projects) {
```

```java
26    Project[] order = new Project[projects.size()];
27
28    /* 将根节点首先加入到编译顺序中 */
29    int endOfList = addNonDependent(order, projects, 0);
30
31    int toBeProcessed = 0;
32    while (toBeProcessed < order.length) {
33      Project current = order[toBeProcessed];
34
35      /* 发现循环依赖,因为没有依赖项为零的项目 */
36      if (current == null) {
37        return null;
38      }
39
40      /* 将自己从依赖项中移除 */
41      ArrayList<Project> children = current.getChildren();
42      for (Project child : children) {
43        child.decrementDependencies();
44      }
45
46      /* 加入不被依赖的子节点 */
47      endOfList = addNonDependent(order, children, endOfList);
48      toBeProcessed++;
49    }
50
51    return order;
52  }
53
54  /* 该函数用于从 offset 索引处插入依赖项为 0 的项目 */
55  int addNonDependent(Project[] order, ArrayList<Project> projects, int offset) {
56    for (Project project : projects) {
57      if (project.getNumberDependencies() == 0) {
58        order[offset] = project;
59        offset++;
60      }
61    }
62    return offset;
63  }
64
65  public class Graph {
66    private ArrayList<Project> nodes = new ArrayList<Project>();
67    private HashMap<String, Project> map = new HashMap<String, Project>();
68
69    public Project getOrCreateNode(String name) {
70      if (!map.containsKey(name)) {
71        Project node = new Project(name);
72        nodes.add(node);
73        map.put(name, node);
74      }
75
76      return map.get(name);
77    }
78
79    public void addEdge(String startName, String endName) {
80      Project start = getOrCreateNode(startName);
81      Project end = getOrCreateNode(endName);
82      start.addNeighbor(end);
83    }
84
85    public ArrayList<Project> getNodes() { return nodes; }
```

```
 86     }
 87
 88     public class Project {
 89       private ArrayList<Project> children = new ArrayList<Project>();
 90       private HashMap<String, Project> map = new HashMap<String, Project>();
 91       private String name;
 92       private int dependencies = 0;
 93
 94       public Project(String n) { name = n; }
 95
 96       public void addNeighbor(Project node) {
 97         if (!map.containsKey(node.getName())) {
 98           children.add(node);
 99           map.put(node.getName(), node);
100           node.incrementDependencies();
101         }
102       }
103
104       public void incrementDependencies() { dependencies++; }
105       public void decrementDependencies() { dependencies--; }
106
107       public String getName() { return name; }
108       public ArrayList<Project> getChildren() { return children; }
109       public int getNumberDependencies() { return dependencies; }
110     }
```

该解法用时为 $O(P + D)$，其中 P 是项目的数量，D 是依赖关系的数量。

解法 2

我们可以通过深度优先搜索来找出编译的路径。

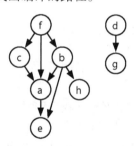

假设我们选取任意一个节点（比如 b）并从其开始进行深度优先搜索。到达一条路径终点且不能再向深入方向搜索时（比如发生在 h 和 e 处），这些终点即为最后需要编译的项目，且没有任何项目依赖于这些项目。

```
DFS(b)                              // 步骤 1
    DFS(h)                          // 步骤 2
        build order = ..., h        // 步骤 3
    DFS(a)                          // 步骤 4
        DFS(e)                      // 步骤 5
            build order = ..., e, h // 步骤 6
        ...                         // 步骤 7+
    ...
```

已知在编译序列中，a 的子节点需要出现在 a 之后。因此，当 a 的子节点搜索返回之后（a 的子节点已经被加入到编译序列之中），需要将 a 加入到编译序列的前端。

一旦从 a 返回并完成 b 的其他子节点的深度优先搜索，需要出现在 b 之后的所有项目便已经被加入到编译序列当中。我们只需将 b 加入到序列前部。

```
DFS(b)                                  // 步骤 1
    DFS(h)                              // 步骤 2
        build order = ..., h            // 步骤 3
    DFS(a)                              // 步骤 4
        DFS(e)                          // 步骤 5
            build order = ..., e, h     // 步骤 6
        build order = ..., a, e, h      // 步骤 7
    DFS(e) -> return                    // 步骤 8
    build order = ..., b, a, e, h       // 步骤 9
```

让我们将这些节点也标注为已经被编译，以免其他节点编译它们。

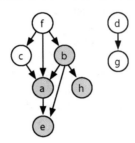

之后再从任意更靠前的节点开始，对其进行深度优先搜索，并在搜索完成之后将该节点加入到编译队列的头部。

```
DFS(d)
    DFS(g)
        build order = ..., g, b, a, e, h
    build order = ..., d, g, b, a, e, h

DFS(f)
    DFS(c)
        build order = ..., c, d, g, b, a, e, h
    build order = f, c, d, g, b, a, e, h
```

在此类算法中，应该考虑到图中有循环的例子。如果编译序列中存在循环，则不可能进行编译。

进行深度优先搜索时，如果发现了循环，我们需要一个信号用来表示"我仍然在处理该节点，如果此节点再次出现，程序则遇到了问题"。

我们需要在刚开始进行深度优先搜索时，将每个节点标识为**部分处理（partial）**或者**正在访问（is visiting）**状态。如果发现一个节点的状态是 partial，那么可以推断程序遇到了问题。当完成该节点的深度优先搜索时，需要更新节点的状态。

同时需要另一种状态用于表示"已经处理了该节点或已经编译了该节点"。这样，就不会重新编译一个已经编译过的节点。因此，节点的状态需要有三个选项：**完成（COMPLETE）**、**部分处理（PARTIAL）**和**未处理（BLANK）**。

下面的代码实现了该算法。

```
1   Stack<Project> findBuildOrder(String[] projects, String[][] dependencies) {
2       Graph graph = buildGraph(projects, dependencies);
3       return orderProjects(graph.getNodes());
4   }
5
6   Stack<Project> orderProjects(ArrayList<Project> projects) {
7       Stack<Project> stack = new Stack<Project>();
8       for (Project project : projects) {
9           if (project.getState() == Project.State.BLANK) {
```

```
10        if (!doDFS(project, stack)) {
11          return null;
12        }
13      }
14    }
15    return stack;
16  }
17
18  boolean doDFS(Project project, Stack<Project> stack) {
19    if (project.getState() == Project.State.PARTIAL) {
20      return false; // 循环
21    }
22
23    if (project.getState() == Project.State.BLANK) {
24      project.setState(Project.State.PARTIAL);
25      ArrayList<Project> children = project.getChildren();
26      for (Project child : children) {
27        if (!doDFS(child, stack)) {
28          return false;
29        }
30      }
31      project.setState(Project.State.COMPLETE);
32      stack.push(project);
33    }
34    return true;
35  }
36
37  /* 同前 */
38  Graph buildGraph(String[] projects, String[][] dependencies) {...}
39  public class Graph {}
40
41  /* 本质上与前一解法相同。加入了状态信息,移除了依赖项的计数 */
42  public class Project {
43    public enum State {COMPLETE, PARTIAL, BLANK};
44    private State state = State.BLANK;
45    public State getState() { return state; }
46    public void setState(State st) { state = st; }
47    /* 为保持简略,省略了重复的代码 */
48  }
```

和前面的算法一样,该解法用时为 $O(P+D)$,其中 P 是项目的数量,D 是依赖关系的数量。

此题被称为**拓扑排序**:将一个图中的顶点进行线性排列,使得对于每一条边(a, b),a 都出现在 b 之前。

23.4 首个共同祖先

设计并实现一个算法,找出二叉树中某两个节点的第一个共同祖先。不得将其他的节点存储在另外的数据结构中。注意:这不一定是二叉搜索树。

题目解法

下面假定我们要找出节点 p 和 q 的共同祖先。在此先要确认,这棵树的节点是否包含指向父节点的连接。

解法1(包含指向父节点的连接)

如果每个节点都包含指向父节点的连接,我们就可以向上追踪 p 和 q 的路径,直至两者相交,即寻找两个链表的交叉点。此题中的"链表"是从每个节点至根节点的路径。

```
1   TreeNode commonAncestor(TreeNode p, TreeNode q) {
2     int delta = depth(p) - depth(q); // 获取深度的不同值
3     TreeNode first = delta > 0 ? q : p; // 获取较浅的节点
4     TreeNode second = delta > 0 ? p : q; // 获取较深的节点
5     second = goUpBy(second, Math.abs(delta)); // 将较深的节点上移
6
7     /* 寻找路径相交点 */
8     while (first != second && first != null && second != null) {
9       first = first.parent;
10      second = second.parent;
11    }
12    return first == null || second == null ? null : first;
13  }
14
15  TreeNode goUpBy(TreeNode node, int delta) {
16    while (delta > 0 && node != null) {
17      node = node.parent;
18      delta--;
19    }
20    return node;
21  }
22
23  int depth(TreeNode node) {
24    int depth = 0;
25    while (node != null) {
26      node = node.parent;
27      depth++;
28    }
29    return depth;
30  }
```

该解法用时为 $O(d)$，其中 d 是较深的节点的深度。

解法 2（包含指向父节点的连接，最坏情况下有更快的运行时间）

与前面的解法相似，可以从 p 节点开始向上跟踪其路径，并检查路径中的每一个节点是否为 q 的祖先节点。我们发现的第一个 q 的祖先节点即为共同祖先（已知路径中的每一个节点都是 p 的祖先节点），并不需要检查全部子树。当从节点 x 移向其父节点 y 时，x 的所有后代节点均已经做过检查。因此，只需要检查"新出现"的节点，即 x 的兄弟节点。

例如，我们在查找节点 p = 7 和 q = 17 的首个共同祖先。当到达 p.parent，也就是编号为 5 的节点时，即发现了以节点 3 为根的子树。因此，只需要在该子树中查找节点 q。下一步，我们移向节点 10，并发现了以 15 为根的子树。我们在该子树中查找节点 17。

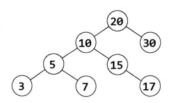

为了实现该算法，我们可以从 p 开始向上遍历，在遍历过程中保存父节点变量 parent 和兄弟节点变量 sibling（sibling 节点一定是 parent 节点的一个子节点，表示新发现的子树）。每次迭代过程中，sibling 被置为旧的 parent 节点中 sibling 的值，parent 被置为 parent.parent。

```
1   TreeNode commonAncestor(TreeNode root, TreeNode p, TreeNode q) {
2     /* 检查两个节点是否不在树中，或者是否一个节点是另一个节点的祖先 */
3     if (!covers(root, p) || !covers(root, q)) {
```

```
4      return null;
5    } else if (covers(p, q)) {
6      return p;
7    } else if (covers(q, p)) {
8      return q;
9    }
10
11   /* 向上遍历，直至找到包含 q 的节点 */
12   TreeNode sibling = getSibling(p);
13   TreeNode parent = p.parent;
14   while (!covers(sibling, q)) {
15     sibling = getSibling(parent);
16     parent = parent.parent;
17   }
18   return parent;
19 }
20
21 boolean covers(TreeNode root, TreeNode p) {
22   if (root == null) return false;
23   if (root == p) return true;
24   return covers(root.left, p) || covers(root.right, p);
25 }
26
27 TreeNode getSibling(TreeNode node) {
28   if (node == null || node.parent == null) {
29     return null;
30   }
31
32   TreeNode parent = node.parent;
33   return parent.left == node ? parent.right : parent.left;
34 }
```

该算法用时为 $O(t)$，其中 t 是首个共同祖先的子树的大小。在最坏情况下，即为 $O(n)$，其中 n 为树中全部节点的个数。

解法 3（不包含指向父节点的连接）

顺着一条 p 和 q 都在同一边的链查找，若 p 和 q 都在某节点的左边，就到左子树中查找共同祖先，右边同理。要是 p 和 q 不在同一边，那就表示已经找到第一个共同祖先。

这种做法的实现代码如下。

```
1  TreeNode commonAncestor(TreeNode root, TreeNode p, TreeNode q) {
2    /* 错误检查——一个节点不在树中 */
3    if (!covers(root, p) || !covers(root, q)) {
4      return null;
5    }
6    return ancestorHelper(root, p, q);
7  }
8
9  TreeNode ancestorHelper(TreeNode root, TreeNode p, TreeNode q) {
10   if (root == null || root == p || root == q) {
11     return root;
12   }
13
14   boolean pIsOnLeft = covers(root.left, p);
15   boolean qIsOnLeft = covers(root.left, q);
16   if (pIsOnLeft != qIsOnLeft) { // 两个节点位于不同的两边
17     return root;
18   }
```

```
19      TreeNode childSide = pIsOnLeft ? root.left : root.right;
20      return ancestorHelper(childSide, p, q);
21    }
22
23    boolean covers(TreeNode root, TreeNode p) {
24      if (root == null) return false;
25      if (root == p) return true;
26      return covers(root.left, p) || covers(root.right, p);
27    }
```

这个算法在平衡树上的运行时间为 $O(n)$。因为第一次调用时，covers 会在 $2n$ 个节点上调用（左边 n 个节点，右边 n 个节点）。接着，该算法会访问左子树或右子树，此时 covers 会在 $2n/2$ 个节点上调用，然后是 $2n/4$，以此类推。最终的运行时间为 $O(n)$。

解法 4

尽管解法 3 在运行时间上已经做到最优，但还是可以看出部分操作效率低。特别是，covers 会搜索 root 下的所有节点以查找 p 和 q，包括每棵子树中的节点（root.left 和 root.right）。这样每棵子树都会被反复搜索。

其实只需搜索一遍整棵树，就能找到 p 和 q。再向上在栈里找到先前的节点。基本逻辑与上一种解法相同。

使用函数 commonAncestor(TreeNode root, TreeNode p, TreeNode q) 递归访问整棵树，其返回值如下。

❏ 返回 p，若 root 的子树含有 p（而非 q）。
❏ 返回 q，若 root 的子树含有 q（而非 p）。
❏ 返回 null，若 p 和 q 都不在 root 的子树中。
❏ 否则，返回 p 和 q 的共同祖先。

在最后一种情况下，当 commonAncestor(n.left, p, q) 和 commonAncestor(n.right, p, q) 都返回非空的值时（即 p 和 q 位于不同的子树中），则 n 即为共同祖先。

下面的代码提供了初步的解法，不过其中有个 bug，试着找找看。

```
1   /* 下方的代码有个 bug */
2   TreeNode commonAncestor(TreeNode root, TreeNode p, TreeNode q) {
3     if (root == null) return null;
4     if (root == p && root == q) return root;
5
6     TreeNode x = commonAncestor(root.left, p, q);
7     if (x != null && x != p && x != q) { // 已经找到祖先
8       return x;
9     }
10
11    TreeNode y = commonAncestor(root.right, p, q);
12    if (y != null && y != p && y != q) { // 已经找到祖先
13      return y;
14    }
15
16    if (x != null && y != null) { // 在不同子树中找到 p 和 q
17      return root; // 共同祖先
18    } else if (root == p || root == q) {
19      return root;
20    } else {
21      return x == null ? y : x; /* 返回非空的值 */
22    }
23  }
```

假如有个节点不在这棵树中，这段代码就会出问题。例如，请看下面这棵树。

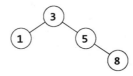

假设我们调用 commonAncestor(node 3, node 5, node 7)。当然，节点 7 并不存在，而这正是问题的源头。调用序列如下。

```
1  commonAncestor(node 3, node 5, node 7)         // --> 5
2    calls commonAncestor(node 1, node 5, node 7) // --> null
3    calls commonAncestor(node 5, node 5, node 7) // --> 5
4      calls commonAncestor(node 8, node 5, node 7) // --> null
```

对右子树调用 commonAncestor 时，前面的代码会返回节点 5，问题在于查找 p 和 q 的共同祖先时，调用函数无法区分下面两种情况。

- 情况 1：p 是 q 的子节点（或相反，q 是 p 的子节点）。
- 情况 2：p 在这棵树中，而 q 不在这棵树中（或者相反）。

不论哪种情况，commonAncestor 都将返回 p。对于情况 1，这是正确的返回值，而对于情况 2，返回值应该为 null。

我们需要设法区分这两种情况，做法是返回两个值：节点自身以及指示这个节点是否确为共同祖先的标记。

```
1   class Result {
2     public TreeNode node;
3     public boolean isAncestor;
4     public Result(TreeNode n, boolean isAnc) {
5       node = n;
6       isAncestor = isAnc;
7     }
8   }
9
10  TreeNode commonAncestor(TreeNode root, TreeNode p, TreeNode q) {
11    Result r = commonAncestorHelper(root, p, q);
12    if (r.isAncestor) {
13      return r.node;
14    }
15    return null;
16  }
17
18  Result commonAncHelper(TreeNode root, TreeNode p, TreeNode q) {
19    if (root == null) return new Result(null, false);
20
21    if (root == p && root == q) {
22      return new Result(root, true);
23    }
24
25    Result rx = commonAncHelper(root.left, p, q);
26    if (rx.isAncestor) { // 找到共同祖先
27      return rx;
28    }
29
30    Result ry = commonAncHelper(root.right, p, q);
31    if (ry.isAncestor) { // 找到共同祖先
32      return ry;
33    }
```

```
34
35      if (rx.node != null && ry.node != null) {
36        return new Result(root, true); // 此节点为共同祖先
37      } else if (root == p || root == q) {
38        /* 如果我们已经位于 p 或者 q，同时发现一个节点位于子树中，
39         * 那么该节点为祖先节点且标识应为 true */
40        boolean isAncestor = rx.node != null || ry.node != null;
41        return new Result(root, isAncestor);
42      } else {
43        return new Result(rx.node!=null ? rx.node : ry.node, false);
44      }
45    }
```

另一种避免 bug 的做法是先搜遍整棵树，以确保两个节点都在树中。

23.5　二叉搜索树序列

从左向右遍历一个数组，通过不断将其中的元素插入树中可以逐步地生成一棵二叉搜索树。给定一个由不同节点组成的二叉树，输出所有可能生成此树的数组。

示例：

输入：

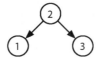

输出：{2, 1, 3}, {2, 3, 1}

题目解法

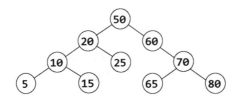

首先要考虑到二叉搜索树中各个元素的顺序。对于一个节点，其左边的所有节点必须小于右边的所有节点。当找到没有节点的位置时，可以插入新的节点。

这也就是说，我们的数组中第一个元素必须为 50，只有这样才能编译上面的这棵树。而如果首个元素是其他值，则根节点会变为该值。

关于节点的插入顺序，节点 50 被插入之后，所有小于 50 的节点都会被转至根节点的左子树，而所有大于 50 的节点都会被转至根节点右子树。节点 60 或者节点 20 都可以被先插入到树中，顺序无关紧要。

顺着递归法的思路，若有一个名为 `arraySet20` 的由数组构成的集合，其中任意数组可以用于构造上述以节点 20 为根的子树；同时有一个名为 `arraySet60` 的由数组构成的集合，其中任意数组可以用于构造上述以节点 60 为根的子树。如何通过这两个数组获得该题目的解呢？

在 `arraySet20` 和 `arraySet60` 中各自任取一个数组，并在前端加上节点 50 即构成一个解。将两个集合中的所有数组相互"编织"在一起即可获得全部的解。这里"编织"是指以所有可能的方式将两个数组合并在一起，同时保证数组中的元素保持其在原数组中的相对位置。

```
       数组 1: {1, 2}
       数组 2: {3, 4}
"编织"结果: {1, 2, 3, 4}, {1, 3, 2, 4}, {1, 3, 4, 2},
          {3, 1, 2, 4}, {3, 1, 4, 2}, {3, 4, 1, 2}
```

只要原数组集合中没有重复的元素，"编织"操作就不会造成重复的解。

最后需要说明的是如何进行编织操作。让我们来思考一下如何递归地对{1, 2, 3}和{4, 5, 6}进行编织操作。其子问题是什么？

❑ 将 1 添加到{2, 3}和{4, 5, 6}的编织结果的前端。
❑ 将 4 添加到{1, 2, 3}和{5, 6}的编织结果的前端。

为了实现该编织算法，我们使用链表来存储待编织的每个数组，以便增加和删除元素。在递归调用时，同样将前缀（prefix）元素传递至递归函数中。当 first 和 second 为空时，我们将其余部分加入 prefix 中并存储结果。

该算法工作方式如下。

```
weave(first, second, prefix):
    weave({1, 2}, {3, 4}, {})
        weave({2}, {3, 4}, {1})
            weave({}, {3, 4}, {1, 2})
                {1, 2, 3, 4}
            weave({2}, {4}, {1, 3})
                weave({}, {4}, {1, 3, 2})
                    {1, 3, 2, 4}
                weave({2}, {}, {1, 3, 4})
                    {1, 3, 4, 2}
        weave({1, 2}, {4}, {3})
            weave({2}, {4}, {3, 1})
                weave({}, {4}, {3, 1, 2})
                    {3, 1, 2, 4}
                weave({2}, {}, {3, 1, 4})
                    {3, 1, 4, 2}
            weave({1, 2}, {}, {3, 4})
                {3, 4, 1, 2}
```

现在让我们来思考一下如何实现移除操作，比如说从{1, 2}之中删除 1 并继续递归调用。更改链表时需要十分谨慎，因为后续的递归调用（例如 weave({1, 2}, {4}, {3})）当中或许仍然需要节点 1 被保存在{1, 2}中。

对链表进行复制，以便于在递归调用时只修改复制的版本。如果对链表直接修改，后续递归调用时需要对修改进行回溯。

我们选择后者来实现这一算法。由于在整个递归调用过程中一直都使用了 first、second 和 prefix 的引用，因此我们需要在保存完整结果之前，对 prefix 进行复制操作。

```
1   ArrayList<LinkedList<Integer>> allSequences(TreeNode node) {
2     ArrayList<LinkedList<Integer>> result = new ArrayList<LinkedList<Integer>>();
3
4     if (node == null) {
5       result.add(new LinkedList<Integer>());
6       return result;
7     }
8
9     LinkedList<Integer> prefix = new LinkedList<Integer>();
10    prefix.add(node.data);
11
12    /* 对左右子树递归 */
13    ArrayList<LinkedList<Integer>> leftSeq = allSequences(node.left);
14    ArrayList<LinkedList<Integer>> rightSeq = allSequences(node.right);
```

```java
15
16    /* 从每个链表的左右两端交替计算 */
17    for (LinkedList<Integer> left : leftSeq) {
18      for (LinkedList<Integer> right : rightSeq) {
19        ArrayList<LinkedList<Integer>> weaved =
20          new ArrayList<LinkedList<Integer>>();
21        weaveLists(left, right, weaved, prefix);
22        result.addAll(weaved);
23      }
24    }
25    return result;
26  }
27
28  /* 以所有可能的方式对链表同时交替计算。该算法从一个链表的头部移除元素、递归,
29   * 并对另一个链表做相同的操作 */
30  void weaveLists(LinkedList<Integer> first, LinkedList<Integer> second,
31      ArrayList<LinkedList<Integer>> results, LinkedList<Integer> prefix) {
32    /* 一个链表已空。将剩余部分加入到（复制后的）prefix 中并存储结果 */
33    if (first.size() == 0 || second.size() == 0) {
34      LinkedList<Integer> result = (LinkedList<Integer>) prefix.clone();
35      result.addAll(first);
36      result.addAll(second);
37      results.add(result);
38      return;
39    }
40
41    /* 将 first 的头部加入到 prefix 后进行递归。移除头部元素会破坏 first,
42     * 因此我们需要在后续操作时将元素放回 */
43    int headFirst = first.removeFirst();
44    prefix.addLast(headFirst);
45    weaveLists(first, second, results, prefix);
46    prefix.removeLast();
47    first.addFirst(headFirst);
48
49    /* 对 second 做相同操作,破坏链表并恢复 */
50    int headSecond = second.removeFirst();
51    prefix.addLast(headSecond);
52    weaveLists(first, second, results, prefix);
53    prefix.removeLast();
54    second.addFirst(headSecond);
55  }
```

这道题目需要设计和实现两个不同的递归算法,使用多算法联合处理时建议逐一进行处理,以保障每个算法逻辑清晰,避免同时思考多个算法。

23.6 检查子树

你有两棵非常大的二叉树:T1,有几百万个节点;T2,有几百个节点。设计一个算法,判断 T2 是否为 T1 的子树。

如果 T1 有这么一个节点 n,其子树与 T2 一模一样,则 T2 为 T1 的子树,也就是说,从节点 n 处把树砍断,得到的树与 T2 完全相同。

题目解法

此类问题建议先用少量数据进行方法推导。

解法 1

在较小、较简单的问题中,我们可以考虑对两棵树的遍历结果进行比较。如果 T2 是 T1 的

一棵子树，那么 T2 的遍历结果应该是 T1 的遍历结果的一个子串。那反过来一样吗？如果一样，用中序遍历还是前序遍历呢？前序遍历。

因为两棵有相同节点的二叉搜索树，既使结构不同，中序遍历结果往往是相同的，所以不适用。

在前序遍历中，已知一些确定的性质，比如前序遍历结果中的第一个元素总是根节点，而左子树和右子树会在根节点之后出现。

但不同结构的两棵树仍有可能有相同的前序遍历结果。我们可以将空节点标记为一个特殊字符，比如 X（假设二叉树只包含整数节点）。左边的树的遍历结果是{3, 4, X}，而右边的树的遍历结果是{3, X, 4}。只要在遍历结果中标记了空节点的存在，一棵树的前序遍历结果就是唯一的，换言之，如果两棵树有着相同的前序遍历结果，那么就可以确定这两棵树的结构和节点的值都是相同的。

为了理解该结论，让我们从前序遍历结果中重新构造一棵树（遍历结果中标记了空节点）。例如，1, 2, 4, X, X, X, 3, X, X。

该树的根节点为 1，其后的节点 2 为根节点的左子节点。节点 2 的左子节点一定为节点 4，节点 4 则一定包含两个空节点（因为遍历结果中其后为两个 X）。节点 4 已经构造完毕，所以我们可以移回其父节点，即节点 2。节点 2 的右子节点是 X（即空节点）。节点 1 的左子树至此构造完毕，我们可以开始构造 1 的右子树。将节点 3 置于节点 1 的右子树处，而该节点的子节点都为空节点。至此，该树的构造过程全部完成。

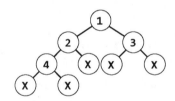

整个构造过程是确定不变的，构造其他的树也遵照此过程。前序遍历的结果总是从根节点开始，之后的构造流程完全取决于遍历的结果。因此，如果两棵树的前序遍历结果相同，那么这两棵树即为相同的树。

现在，让我们回到子树问题上来。如果 T2 的前序遍历结果是 T1 的前序遍历结果的子串，那么 T2 的根元素一定存在于 T1 之中。如果从此元素开始，对 T1 进行前序遍历，将会得到和 T2 前序遍历相同的结果。因此，T2 是 T1 的子树。

实现该算法非常简单，只需要构造并比较两棵树的前序遍历结果即可。

```
1   boolean containsTree(TreeNode t1, TreeNode t2) {
2       StringBuilder string1 = new StringBuilder();
3       StringBuilder string2 = new StringBuilder();
4
5       getOrderString(t1, string1);
6       getOrderString(t2, string2);
7
8       return string1.indexOf(string2.toString()) != -1;
9   }
```

```
10
11  void getOrderString(TreeNode node, StringBuilder sb) {
12    if (node == null) {
13      sb.append("X");                    // 加入 null 节点标识
14      return;
15    }
16    sb.append(node.data + " ");          // 加入根节点
17    getOrderString(node.left, sb);       // 加入左节点
18    getOrderString(node.right, sb);      // 加入右节点
19  }
```

该解法用时为 $O(n+m)$，占用的空间也为 $O(n+m)$。其中 n 和 m 分别是 T1 和 T2 中节点的数目。

解法 2

另一种解法是搜遍较大的那棵树 T1。每当 T1 的某个节点与 T2 的根节点匹配时，就调用 `treeMatch`。`treeMatch` 方法会比较两棵子树，检查两者是否相同。

分析运行时间有点儿复杂，答案可能是 $O(nm)$，其中 n 为 T1 的节点数，m 为 T2 的节点数。

如果我们不对 T2 的每个节点调用 `treeMatch`，而是调用 k 次，其中 k 为 T2 根节点在 T1 中出现的次数，运行时间会接近 $O(n+km)$。

其实，即使这样，运行时间也有所夸大。即使根节点相同，一旦发现 T1 和 T2 有节点不同，我们就会退出 `treeMatch`。因此，每次调用 `treeMatch`，也不见得都会查看 m 个节点。

下面是该算法的实现代码。

```
1   boolean containsTree(TreeNode t1, TreeNode t2) {
2     if (t2 == null) return true; // 空树均为子树
3     return subTree(t1, t2);
4   }
5
6   boolean subTree(TreeNode r1, TreeNode r2) {
7     if (r1 == null) {
8       return false; // 较大的树为空树且尚未找到子树
9     } else if (r1.data == r2.data && matchTree(r1, r2)) {
10      return true;
11    }
12    return subTree(r1.left, r2) || subTree(r1.right, r2);
13  }
14
15  boolean matchTree(TreeNode r1, TreeNode r2) {
16    if (r1 == null && r2 == null) {
17      return true; // 子树无更多节点
18    } else if (r1 == null || r2 == null) {
19      return false; // 其中一个树为空树，因此不匹配
20    } else if (r1.data != r2.data) {
21      return false; // 值不匹配
22    } else {
23      return matchTree(r1.left, r2.left) && matchTree(r1.right, r2.right);
24    }
25  }
```

解法选择上，下面是几点注意事项。

- 简单解法会占用 $O(n+m)$ 的内存，另一种解法则占用 $O(\log(n)+\log(m))$ 的内存。记住：要求可扩展性时，内存使用多寡关系重大。
- 简单解法的时间复杂度为 $O(n+m)$，另一种解法在最差情况下的执行时间为 $O(nm)$。话说回来，只看最差情况的时间复杂度会有误导性，我们需要进一步观察。

❑ 如前所述，比较准确的运行时间为 $O(n + km)$，其中 k 为 T2 根节点在 T1 中出现的次数。假设 T1 和 T2 的节点数据为 0 和 p 之间的随机数，则 k 值大约为 n/p，因为 T1 有 n 个节点，每个节点有 $1/p$ 的概率与 T2 根节点相同，因此，T1 中大约有 n/p 个节点等于 T2 根节点（T2.root）。举个例子，假设 $p = 1000$，$n = 1\,000\,000$ 且 $m = 100$。我们需要检查的节点数量大约为 1 100 000（1 100 000 = 1 000 000 + 100 × 1 000 000 / 1000）。

总体来说，在空间使用上，另一种解法显然较好，在时间复杂度上，也可能比简单解法更优。但最终选择取决你的平衡策略，可以和你的面试官适当讨论。

23.7 随机节点

你现在要从头开始实现一个二叉树类，该类除了插入（insert）、查找（find）和删除（delete）方法外，需要实现 getRandomNode() 方法用于返回树中的任意节点。该方法应该以相同的概率选择任意的节点。设计并实现 getRandomNode 方法并解释如何实现其他方法。

题目解法

让我们画个图为例。

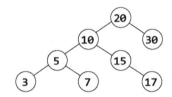

题目并不是简单地说："请设计一个算法，从二叉树中返回一个随机节点。"此题要求我们从零开始实现一个类。我们或许需要访问数据结构中的部分内部元素。

解法 1（可行但运行较慢）

将树中的节点全部复制到一个数组中，并随机返回数组中的一个元素。该算法用时为 $O(N)$，占用的空间为 $O(N)$，其中 N 是树中节点的数目。这个方法过于简单且不完全扣题。

解法 2（可行但运行较慢）

维护一个数组，使其任意时刻都列出树中的所有节点。但问题是，当我们从树中删除一个节点时，需要将该节点从数组中同时删除。该操作花费的时间为 $O(N)$。

解法 3（可行但运行较慢）

我们可以将所有节点从 1 至 N 进行编号，编号的顺序按照二叉搜索树的顺序进行（即按照中序遍历的顺序）。调用 getRandomNode 方法，生成一个处于 1 至 N 之间的索引。如果编号顺序是正确的，则可以通过二叉搜索树搜索到该索引。

同样每当插入或者删除一个节点时，所有的标号可能都需要进行更新，该过程花费的时间为 $O(N)$。

解法 4（不可行但运行较快）

如果我们自己创建一个类，就可以知道树的深度。

我们可以首先选取一个随机的深度值。然后，随机选取左子树或右子树进行遍历，直到达到选取的深度值为止。但是，该方法并不能保证所有节点被选择的概率是相等的。

因为对于一棵树，每层的节点数目并不一定相等。在拥有较少节点的一层中，每个节点被选择的可能性则更高。而且随机选择的子树并不一定能够达到目标深度。进一步处理还会导致节点被返回的概率更不相等。

解法 5（不可行但运行较快）

对一棵树进行随机遍历。对于遍历过程中的每个节点，做如下操作。
- 在 1/3 的概率下，返回当前节点。
- 在 1/3 的概率下，对左子树继续进行遍历。
- 在 1/3 的概率下，对右子树继续进行遍历。

同样该方法并不能保证每个节点被返回的概率是相等的。根节点被选中的概率为 1/3，这相当于左子树中每个节点被选中的概率的总和。

解法 6（可行且运行较快）

与其继续思考新的方法，不如看看是否可以修正一下前述方法中的问题。为此，我们需要**深入地**剖析每种方法出现问题的根源。

让我们来分析一下解法 5。它不可行的原因在于所有节点被返回的概率是不一致的。我们需要在不改变基本算法的前提下修正该问题。

从根节点开始进行分析。因为我们有 N 个节点，所以返回根节点的概率应该为 $1/N$，因为每个节点被返回的概率应该相等。概率的总和应为 1（100%）。

向左遍历和向右遍历的概率并不相等。即使题目中的树是一棵平衡树，左子树和右子树的节点数目也不一定相等。如果左子树的节点多于右子树，那么我们继续遍历左子树的概率应该更高一些。需要从左子树选取节点的概率应该等于左子树中每个节点被选中概率的和。因为每个节点被选中的概率必定为 $1/N$，所以需要从左子树选取节点的概率必定为左子树的节点数目乘以 $1/N$。这也同样是对左子树继续进行遍历的概率。以此类推，对右子树继续进行遍历的概率为右子树的节点数目乘以 $1/N$。这样每个节点就需要知道其左子树的节点数目和右子树的节点数目。结合需要从零开始构建一个类的前提，只需在节点中保存一个 size 变量，并在插入操作时将 size 加 1，在删除操作时将 size 减 1，就可同时保存节点的数量信息。

```
1   class TreeNode {
2     private int data;
3     public TreeNode left;
4     public TreeNode right;
5     private int size = 0;
6
7     public TreeNode(int d) {
8       data = d;
9       size = 1;
10    }
11
12    public TreeNode getRandomNode() {
13      int leftSize = left == null ? 0 : left.size();
14      Random random = new Random();
15      int index = random.nextInt(size);
16      if (index < leftSize) {
17        return left.getRandomNode();
18      } else if (index == leftSize) {
19        return this;
20      } else {
21        return right.getRandomNode();
```

```
22      }
23    }
24
25    public void insertInOrder(int d) {
26      if (d <= data) {
27        if (left == null) {
28          left = new TreeNode(d);
29        } else {
30          left.insertInOrder(d);
31        }
32      } else {
33        if (right == null) {
34          right = new TreeNode(d);
35        } else {
36          right.insertInOrder(d);
37        }
38      }
39      size++;
40    }
41
42    public int size() { return size; }
43    public int data() { return data; }
44
45    public TreeNode find(int d) {
46      if (d == data) {
47        return this;
48      } else if (d <= data) {
49        return left != null ? left.find(d) : null;
50      } else if (d > data) {
51        return right != null ? right.find(d) : null;
52      }
53      return null;
54    }
55  }
```

对于一棵平衡树,该算法花费的时间为 $O(\log N)$,其中 N 是节点的数目。

解法 7(可行且运行较快)
生成随机数会是一项大工程。

方式一,设想一下我们对下面的树调用 getRandomNode 方法。在此,假设需要对左子树进行遍历。

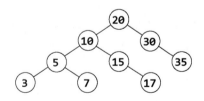

之所以对左子树进行遍历,是因为我们生成了一个 0 至 5(含 0 和 5)之间的随机数。当对左子树进行遍历时,我们再次选取了一个 0 至 5 之间的随机数。如果向右遍历怎么办?有一个 7 至 8(含 7 和 8)之间的随机数,但是我们需要的是 0 至 1(含 0 和 1)之间的数字。从该数字中减去(左子树的节点数目+1)即可。

方式二,选取的随机数代表了需要返回的节点为 i,之后通过中序遍历的方法找出节点 i 的位置。从 i 中减去左子树的节点数目+1,这样相当于对右子树进行遍历时,我们在中序遍历的结果中跳过了左子树的节点数目+1个节点。

```
1   class Tree {
2     TreeNode root = null;
3   
4     public int size() { return root == null ? 0 : root.size(); }
5   
6     public TreeNode getRandomNode() {
7       if (root == null) return null;
8   
9       Random random = new Random();
10      int i = random.nextInt(size());
11      return root.getIthNode(i);
12    }
13  
14    public void insertInOrder(int value) {
15      if (root == null) {
16        root = new TreeNode(value);
17      } else {
18        root.insertInOrder(value);
19      }
20    }
21  }
22  
23  class TreeNode {
24    /* 构造函数和变量不变 */
25  
26    public TreeNode getIthNode(int i) {
27      int leftSize = left == null ? 0 : left.size();
28      if (i < leftSize) {
29        return left.getIthNode(i);
30      } else if (i == leftSize) {
31        return this;
32      } else {
33        /* 跳过 leftSize + 1 个节点,因此此处减去该值 */
34        return right.getIthNode(i - (leftSize + 1));
35      }
36    }
37  
38    public void insertInOrder(int d) { /* 同上 */ }
39    public int size() { return size; }
40    public TreeNode find(int d) { /* 同上 */ }
41  }
```

同样对于一棵平衡树,该算法花费的时间为 $O(\log N)$。运行时间描述为 $O(D)$,其中 D 为树的最大深度。这里无论是否是一棵平衡树,$O(D)$ 都是对运行时间的准确描述。

23.8 求和路径

给定一棵二叉树,要求每个节点都含有一个整数数值(该值或正或负)。请设计一个算法,打印节点数值总和等于某个给定值的所有路径。路径不一定非得从二叉树的根节点或叶节点开始或结束,但方向只能从父节点指向子节点。

题目解法

以和为 8 为例,依此画出二叉树,并有意使该树包含多条能够得到此值的路径。

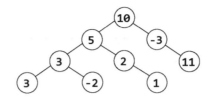

解法 1（蛮力法）

首先遍历每个节点查看所有可能的路径。用递归法尝试每个节点所有向下的路径，并跟踪路径的和。每当得到目标和，将发现的路径数目加一。

```
1   int countPathsWithSum(TreeNode root, int targetSum) {
2     if (root == null) return 0;
3
4     /* 对从 root 开始，符合目标和的路径进行计数 */
5     int pathsFromRoot = countPathsWithSumFromNode(root, targetSum, 0);
6
7     /* 尝试左节点和右节点 */
8     int pathsOnLeft = countPathsWithSum(root.left, targetSum);
9     int pathsOnRight = countPathsWithSum(root.right, targetSum);
10
11    return pathsFromRoot + pathsOnLeft + pathsOnRight;
12  }
13
14  /* 返回从该节点开始，符合目标和的路径的条数 */
15  int countPathsWithSumFromNode(TreeNode node, int targetSum, int currentSum) {
16    if (node == null) return 0;
17
18    currentSum += node.data;
19
20    int totalPaths = 0;
21    if (currentSum == targetSum) { // 找到一条从 root 开始的路径
22      totalPaths++;
23    }
24
25    totalPaths += countPathsWithSumFromNode(node.left, targetSum, currentSum);
26    totalPaths += countPathsWithSumFromNode(node.right, targetSum, currentSum);
27    return totalPaths;
28  }
```

算法的时间复杂度分析方法如下。

方法一，例如深度为 d 的节点，会被其上方的 d 个节点使用（通过 countPathsWithSumFromNode 方法）。对于一棵平衡树，d 一般不会超过 $\log N$。所以对于包含 N 个节点的树，countPathsWithSumFromNode 方法将被调用 $O(N \log N)$ 次。运行时间即为 $O(N \log N)$。

方法二，在根节点处，遍历其下方的 $N - 1$ 个节点（通过 countPathsWithSumFromNode 方法进行遍历）。在第二层时（第二层共计两个节点），遍历其下方 $N-3$ 个节点。在第三层时（第三层共计 4 个节点，其上方有总计 3 个节点），遍历其下方 $N-7$ 个节点。以此类推，总计需完成的计算量为：

(N - 1) + (N - 3) + (N - 7) + (N - 15) + (N - 31) + ... + (N - N)

简化表达式需要注意每个括号内的第一项为 N，第二项为 2 的指数减一。表达式中括号项的总数为树的深度，即 $O(\log N)$。括号中的第二项忽略其"减一"的部分。我们可以得到：

```
O(N * [括号项的总数] - [从 2¹ 至 2ᴺ 的和])
O(N log N - N)
```

O(N log N)

如果你不熟悉如何计算"从 2^1 至 2^N 的和",可以将表达式想象为二进制数的和:

```
  0001
+ 0010
+ 0100
+ 1000
= 1111
```

所以,对于一棵平衡树,该算法的运行时间为 $O(N \log N)$。对于不平衡的树,运行时间会长很多。以一条直线形状的树为例。在根节点处,需要遍历 $N - 1$ 个节点。下一层(该层只有一个节点),需要遍历 $N - 2$ 个节点。第三层,需要遍历 $N - 3$ 个节点。以此类推。最终算法的时间复杂度会达到从 1 至 N 的和,即 $O(N^2)$。

解法 2(优化算法)

在一个算法中,我们可能进行了很多重复计算。比如像 10 -> 5 -> 3 -> -2 这样的路径,我们对其(或者其中的一部分)就进行重复遍历。在处于节点 10 时,首次对该路径进行遍历;在处于节点 5 时,第一次重复了该遍历过程(遍历节点 5、3 以及 -2);在处于节点 3 时再次重复了该过程;在处于节点 -2 时第三次重复。但其实我们只是希望能够对该过程进行复用。

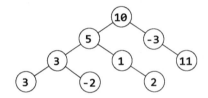

让我们将一条路径分离出来,并将其表示为一个数组。比如说,我们有一个假设的路径:
10 -> 5 -> 1 -> 2 -> -1 -> -1 -> 7 -> 1 -> 2

下一步找出该数组中,有多少连续的子序列相加等于目标和(targetSum),对于每一元素 y,我们要尝试找到符合下面描述的 x 的个数。

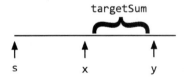

假设数组中的每个元素都知道路径的行程和(runningSum,即从 s 至该元素路径的和),那么我们只需要使用 runningSum$_x$ = runningSum$_y$ - targetSum。这个等式找出满足此公式的 x 的值即可。

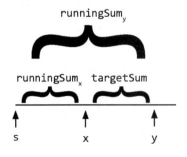

因为只需要统计路径的条数，所以可以使用散列表进行计算。在对数组进行迭代时，需要构建一个散列表，使其键为 runningSum，其值为 runningSum 出现的次数。之后，对于每一个元素 y，在散列表中以 runningSum$_y$ - targetSum 为键进行查找。散列表返回的值则表示为终止于元素 y，且路径总和为 targetSum 的路径的数量。

例如：

```
index:  0    1    2    3    4     5     6    7    8
value:  10-> 5 -> 1 -> 2 -> -1 -> -1 -> 7 -> 1 -> 2
sum:    10   15   16   18   17    16    23   24   26
```

runningSum$_7$ 的值为 24。如果 targetSum 的值是 8，则需要在散列表中查找键 16。该键返回的值为 2（表示从索引 2 开始和索引 5 开始的路径）。如上所示，索引 3 至索引 7 与索引 6 至索引 7 两条路径的和为 8。

至此，对于一个数组，已经有了一个完善的算法。在树的问题中，可以使用相似的方法。

使用深度优先查找对树进行遍历。在访问每个节点时，执行以下操作。

(1) 跟踪 runningSum 的值。使该变量成为函数的一个参数，并对其增加 node.value。

(2) 在散列表中查找 runningSum - targetSum。从散列表获得的值为路径的总数。将变量 totalPaths 的值设置为该值。

(3) 如果 runningSum == targetSum，则发现了另外一条从根节点开始的路径。此时将变量 totalPaths 加 1。

(4) 将 runningSum 加入到散列表中（如果 runningSum 已经存在，则将增加其值）。

(5) 对左子树和右子树进行递归，计算和为 targetSum 的路径的条数。

(6) 在对左子树和右子树的递归调用结束后，减少散列表中 runningSum 对应的值。这是算法中进行回溯的过程，它恢复了上述步骤对散列表的修改，让其他节点不受影响。

该算法实现代码。

```
1   int countPathsWithSum(TreeNode root, int targetSum) {
2     return countPathsWithSum(root, targetSum, 0, new HashMap<Integer, Integer>());
3   }
4
5   int countPathsWithSum(TreeNode node, int targetSum, int runningSum,
6                         HashMap<Integer, Integer> pathCount) {
7     if (node == null) return 0; // 基础情况
8
9     /* 对终止于该节点，符合目标和的路径进行计数 */
10    runningSum += node.data;
11    int sum = runningSum - targetSum;
12    int totalPaths = pathCount.getOrDefault(sum, 0);
13
14    /* 如果 runningSum 等于 targetSum，则发现一条从 root 开始的新路径。加上这条路径 */
15    if (runningSum == targetSum) {
16      totalPaths++;
17    }
18
19    /* 对 pathCount 加 1，递归，对 pathCount 减 1 */
20    incrementHashTable(pathCount, runningSum, 1); // 对 pathCount 加 1
21    totalPaths += countPathsWithSum(node.left, targetSum, runningSum, pathCount);
22    totalPaths += countPathsWithSum(node.right, targetSum, runningSum, pathCount);
23    incrementHashTable(pathCount, runningSum, -1); // 对 pathCount 减 1
24
25    return totalPaths;
26  }
```

```
27
28   void incrementHashTable(HashMap<Integer, Integer> hashTable, int key, int delta) {
29     int newCount = hashTable.getOrDefault(key, 0) + delta;
30     if (newCount == 0) { // 等值为 0 时删除此键以减少空间使用
31       hashTable.remove(key);
32     } else {
33       hashTable.put(key, newCount);
34     }
35   }
```

算法的运行时间为 $O(N)$，其中 N 是树中节点的个数。之所以得出 $O(N)$ 的结论，是因为我们只对每个节点进行一次访问，并在每个节点处只完成 $O(1)$ 的计算工作。对于一棵平衡树而言，由于使用了散列表，所以空间复杂度为 $O(\log N)$。对于非平衡树，空间复杂度可以增长至 $O(N)$。

第 24 章

位 操 作

24.1 插入

给定两个 32 位的整数 N 与 M，以及表示比特位置的 i 与 j。编写一种方法，将 M 插入 N，使得 M 从 N 的第 j 位开始，到第 i 位结束。假定从 j 位到 i 位足以容纳 M，也即若 M = 10 011，那么 j 和 i 之间至少可容纳 5 个位。例如，不可能出现 j = 3 和 i = 2 的情况，因为第 3 位和第 2 位之间放不下 M。

示例：
输入：N = 10000000000, M = 10011, i = 2, j = 6
输出：N = 10001001100

题目解法

解决这个问题可分为三步。
(1) 将 N 中从 j 到 i 之间的位清零。
(2) 对 M 执行移位操作，与 j 和 i 之间的位对齐。
(3) 合并 M 与 N。

步骤(1)将 N 中的那些位清零。可以利用掩码来清零。除 j 到 i 之间的位为 0 外，这个掩码的其余位均为 1。我们先创建掩码的左半部分，然后是右半部分，最终得到整个掩码。

```
1    int updateBits(int n, int m, int i, int j) {
2        /* 将 N 中从 i 到 j 之间的位清零。例如：i=2, j=4，结果应为 11100011。
3         * 为简便见，此例题中我们使用 8 位 */
4        int allOnes = ~0; // 与一串 1 相等
5
6        // j 之前是 1, 之后是 0。left = 11100000
7        int left = allOnes << (j + 1);
8
9        // i 之后是 1。right = 00000011
10       int right = ((1 << i) - 1);
11
12       // i 和 j 之间是 0，其余是 1。mask = 11100011
13       int mask = left | right;
14
15       /* 从 j 到 i 之间的位清零，之后输入 m */
16       int n_cleared = n & mask; // 从 j 到 i 之间的位清零
17       int m_shifted = m << i; // 将 m 移入正确位置
18
19       return n_cleared | m_shifted; // 或运算。成功！
20   }
```

解决这类问题（包括许多位操作问题）时，务必切实充分地对代码进行测试。避免差一错误。

24.2 二进制数转字符串

给定一个介于 0 和 1 之间的实数（如 0.72），类型为 double，打印它的二进制表达式。如果该数字无法精确地用 32 位以内的二进制表示，则打印"ERROR"。

题目解法

这里分别用 x_2 和 x_{10} 来表示 x 是二进制还是十进制。

首先，非整数的数字用二进制表示时，与十进制数相仿。二进制数 0.101_2 表示如下。

$$0.101_2 = 1\times 1/2^1 + 0\times 1/2^2 + 1\times 1/2^3$$

为了打印小数部分，可以将这个数乘以 2，检查 $2n$ 是否大于或等于 1。这相当于"移动"小数部分，表示如下。

$$\begin{aligned}r &= 2_{10}\times n \\ &= 2_{10}\times 0.101_2 \\ &= 1\times 1/2^0 + 0\times 1/2^1 + 1\times 1/2^2 \\ &= 1.01_2\end{aligned}$$

若 $r \geq 1$，可知 n 的小数点后面正好有个 1。不断重复上述步骤，可以检查每个数位。

```
1   String printBinary(double num) {
2     if (num >= 1 || num <= 0) {
3       return "ERROR";
4     }
5
6     StringBuilder binary = new StringBuilder();
7     binary.append(".");
8     while (num > 0) {
9       /* 对长度设限：32 个字符 */
10      if (binary.length() >= 32) {
11        return "ERROR";
12      }
13
14      double r = num * 2;
15      if (r >= 1) {
16        binary.append(1);
17        num = r - 1;
18      } else {
19        binary.append(0);
20        num = r;
21      }
22    }
23    return binary.toString();
24  }
```

上面的方法是将数字乘以 2，然后与 1 进行比较，还可以将这个数与 0.5 比较，然后与 0.25 比较，以此类推。下面的代码演示了这一方法。

```
1   String printBinary2(double num) {
2     if (num >= 1 || num <= 0) {
3       return "ERROR";
```

```
4      }
5
6      StringBuilder binary = new StringBuilder();
7      double frac = 0.5;
8      binary.append(".");
9      while (num > 0) {
10       /* 对长度设限：32 个字符 */
11       if (binary.length() > 32) {
12         return "ERROR";
13       }
14       if (num >= frac) {
15         binary.append(1);
16         num -= frac;
17       } else {
18         binary.append(0);
19       }
20       frac /= 2;
21     }
22     return binary.toString();
23   }
```

两种方法都需尽量详细的测试。

24.3 下一个数

给定一个正整数，找出与其二进制表达式中 1 的个数相同且大小最接近的那两个数（一个略大，一个略小）。

题目解法

这个问题可以使用蛮力法、位操作以及巧妙运用算术来解决。但要注意，算术法是建立在位操作的解法之上的。

该题中使用的术语或许会造成一些误解。我们可以将 getNext 称为较大的数，将 getPrev 称为较小的数。

解法 1（蛮力法）

直接使用蛮力法最简单，即在 n 的二进制表示中，数出 1 的个数，然后增加或减小，直至找到与 1 的个数相同的数字。

下面先从 getNext 的代码开始，然后是 getPrev。

解法 2（位操作法，取最后一个较大的数）

以数字 13 948 为例，二进制表示如下。

1	1	0	1	1	0	0	1	1	1	1	1	0	0
13	12	11	10	9	8	7	6	5	4	3	2	1	0

我们想让这个数大一点（但又不会太大），同时 1 的个数保持不变。

现在给定一个数 n 和两个位的位置 i 和 j，假设将位 i 从 1 翻转为 0，位 j 从 0 翻转成 1。你会发现，若 $i>j$，n 就会减小；若 $i<j$，n 则会变大。

继而得到以下几点。

(1) 若将某个 0 翻转成 1，就必须将某个 1 翻转为 0。
(2) 进行位翻转时，如果 0 变 1 的位处于 1 变 0 的位的左边，这个数字就会变大。

(3) 如果不想这个数太大，必须翻转最右边的 0，且它的右边必须还有个 1。

我们要翻转最右边但非拖尾的 0。用上面的例子来说，拖尾 0 位于第 0 到第 1 个位置。因此，最右边但不是拖尾的 0 处在位置 7。我们把这个位置记作 p。

- 步骤 1：翻转最右边非拖尾的 0

1	1	0	1	1	0	1	1	1	1	1	1	0	0
13	12	11	10	9	8	7	6	5	4	3	2	1	0

将位置 7 翻转后，n 就会变大。但是，现在 n 中的 1 多了一个，0 少了一个。我们还需尽量缩小数值，同时记得满足要求。缩小数值时，可以重新排列位 p 右方的那些位，其中，0 放到左边，1 放到右边。在重新排列的过程中，还要将其中一个 1 改为 0。

有种相对简单的做法是，数出 p 右方有几个 1，将位置 0 到位置 p 的所有位清零，然后回填 c1-1 个 1。假设 c1 为 p 右方 1 的个数，c0 为 p 右方 0 的个数。下面举例说明这些操作。

- 步骤 2：将 p 右方的所有位清零，由步骤 1 可知，c0 = 2，c1 = 5，p = 7

1	1	0	1	1	0	1	0	0	0	0	0	0	0
13	12	11	10	9	8	7	6	5	4	3	2	1	0

为了将这些位清零，需要创建一个掩码，前面是一连串的 1，后面跟着 p 个 0，做法如下。

```
a = 1 << p;      // 除位 p 为 1 外，其余位均为 0
b = a - 1;       // 前面全为 0，后面跟 p 个 1
mask = ~b;       // 前面全为 1，后面跟 p 个 0
n = n & mask;    // 将右边 p 个位清零
```

或者可简化为：

n &= ~((1 << p) - 1)。

- 步骤 3：回填 c1 - 1 个 1

1	1	0	1	1	0	1	0	0	0	1	1	1	1
13	12	11	10	9	8	7	6	5	4	3	2	1	0

要在 p 右边插入 c1 - 1 个 1，做法如下。

```
a = 1 << (c1 - 1);  // 位 c1 - 1 为 1，其余位均为 0
b = a - 1;          // 位 0 到位 c1 - 1 的位为 1，其余位均为 0
n = n | b;          // 在位 0 到位 c1 - 1 处插入 1
```

或者可简化为：

n |= (1 << (c1 - 1)) - 1;

这样我们得到大于 n 的数字中，1 的个数与 n 的相同的最小数字。代码实现如下所示。

```
1   int getNext(int n) {
2     /* 计算 c0 和 c1 */
3     int c = n;
4     int c0 = 0;
5     int c1 = 0;
6     while (((c & 1) == 0) && (c != 0)) {
7       c0++;
8       c >>= 1;
9     }
10
11    while ((c & 1) == 1) {
```

```
12      c1++;
13      c >>= 1;
14    }
15
16    /* 错误：如果 n == 11..1100...00，那么不存在更大的数有相同位数的 1 */
17    if (c0 + c1 == 31 || c0 + c1 == 0) {
18      return -1;
19    }
20
21    int p = c0 + c1; // 最右边非拖尾 0 的位置
22
23    n |= (1 << p); // 翻转最右边非拖尾 0
24    n &= ~((1 << p) - 1); // 清除所有 p 的右侧位
25    n |= (1 << (c1 - 1)) - 1; // 在右侧插入(c1-1) 个 1
26    return n;
27 }
```

解法 3（获取前一个较小的数）

getPrev 的实现方法与 getNext 极为相似。

(1) 计算 c0 和 c1。注意 c1 是拖尾 1 的个数，而 c0 为紧邻拖尾 1 的左方一连串 0 的个数。
(2) 将最右边、非拖尾 1 变为 0，其位置为 p = c1 + c0。
(3) 将位 p 右边的所有位清零。
(4) 在紧邻位置 p 的右方，插入 c1 + 1 个 1。

注意，步骤(2)将位 p 清零，而步骤(3)将位 0 到位 p - 1 清零，可以将这两步合并。下面举例说明各个步骤。

- 步骤 1：初始数字，p = 7, c1 = 2, c0 = 5

1	0	0	1	1	1	1	0	0	0	0	0	1	1
13	12	11	10	9	8	7	6	5	4	3	2	1	0

- 步骤 2 和步骤 3：将位 0 到位 p 清零

1	0	0	1	1	1	0	0	0	0	0	0	0	0
13	12	11	10	9	8	7	6	5	4	3	2	1	0

具体做法如下所示。

```
int a = ~0;              // 所有位置 1
int b = a << (p + 1);    // 位 p 左侧的所有位为 1，后跟 p+1 个 0
n &= b;                  // 将位 0 到位 p 清零
```

- 步骤 4：在紧邻位置 p 的右方，插入 c1 + 1 个 1

1	0	0	1	1	1	0	1	1	1	0	0	0	0
13	12	11	10	9	8	7	6	5	4	3	2	1	0

注意，p = c1 + c0，因此(c1 + 1)个 1 的后面会跟(c0 - 1)个 0。

```
int a = 1 << (c1 + 1); // 位(c1+1)为 1，其余位均为 0
int b = a - 1;         // 前面为 0，后面跟 c1 + 1 个 1
int c = b << (c0 - 1); // c1 + 1 个 1，后面跟 c0 - 1 个 0
n |= c;
```

代码实现如下所示。

```
1   int getPrev(int n) {
2     int temp = n;
3     int c0 = 0;
4     int c1 = 0;
5     while (temp & 1 == 1) {
6       c1++;
7       temp >>= 1;
8     }
9
10    if (temp == 0) return -1;
11
12    while (((temp & 1) == 0) && (temp != 0)) {
13      c0++;
14      temp >>= 1;
15    }
16
17    int p = c0 + c1; // 最右侧非拖尾 1 的位置
18    n &= ((~0) << (p + 1)); // 从位置 p 开始清零
19
20    int mask = (1 << (c1 + 1)) - 1; // 包括 c1+1 个 1 的序列
21    n |= mask << (c0 - 1);
22
23    return n;
24  }
```

解法 4（获取后一个数）

如果 c0 是拖尾 0 的个数，c1 是拖尾 0 左方全为 1 的位的个数，而且 p = c0 + c1，于是就可以将前面的解法表述如下。

(1) 将位 p 置 1。
(2) 将位 0 到位 p 清零。
(3) 将位 0 到位 c1 - 1 置 1。

快速完成步骤(1)和步骤(2)，即将拖尾 0 置为 1（得到 p 个拖尾 1），然后再加 1。加 1 后，所有拖尾 1 都会翻转，最终位 p 变为 1，后面跟 p 个 0。我们可以用算术方法完成这些步骤。

n += 2^{c0} - 1;   // 将拖尾 0 置 1, 得到 p 个拖尾 1
n += 1;   // 先将 p 个 1 清零，然后位 p 改为 1

接着，用算术方法执行步骤(3)，如下：

n += $2^{c1 - 1}$ - 1; // 将拖尾的 c1 - 1 个 0 置为 1

上面的数学运算可简化为：

next = n + (2^{c0} - 1) + 1 + ($2^{c1 - 1}$ - 1)
     = n + 2^{c0} + $2^{c1 - 1}$ - 1

此解法只需一两个位操作，代码写起来更简单。

```
1   int getNextArith(int n) {
2     /* 跟之前一样，计算 c0 和 c1 */
3     return n + (1 << c0) + (1 << (c1 - 1)) - 1;
4   }
```

解法 5（获取前一个数）

如果 c1 是拖尾 1 的个数，c0 是拖尾 1 右方全为 0 的位的个数，则 p = c0 + c1，前面的 getPrev 可以重新表述如下。

(1) 将位 p 清零。
(2) 将位 p 右边的所有位置 1。
(3) 将位 0 到位 c0 - 1 清零。

上述步骤用算术方法实现如下。为简化起见，这里假定 n = 10000011，故 c1 = 2 且 c0 = 5。

```
n -= 2^c1 - 1;          // 清除拖尾 1, n 变为 10000000
n -= 1;                 // 翻转拖尾 0, n 变为 01111111
n -= 2^(c0 - 1) - 1;    // 翻转最右边(c0 - 1)个 1, n 变为 01110000
```

由此导出：

$$\text{next} = n - (2^{c_1} - 1) - 1 - (2^{c_0 - 1} - 1)$$
$$= n - 2^{c_1} - 2^{c_0 - 1} + 1$$

实现起来很简单。

```
1  int getPrevArith(int n) {
2      /* 跟之前一样，计算 c0 和 c1 */
3      return n - (1 << c1) - (1 << (c0 - 1)) + 1;
4  }
```

面试中一般不会让你写出上面所有解法。

24.4 配对交换

编写程序，交换某个整数的奇数位和偶数位，尽量使用较少的指令（也就是说，位 0 与位 1 交换，位 2 与位 3 交换，以此类推）。

题目解法

先操作奇数位，然后再操作偶数位。将数字 *n* 的奇数位左移或右移 1 位的办法是，用 10101010（即 0xAA）作为掩码，提取奇数位，并将它们右移 1 位，移到偶数位的位置。对于偶数位，可以施以同样的操作。最后，将两次操作的结果合并成一个值。这种做法共需 5 条指令，实现代码如下。

```
1  int swapOddEvenBits(int x) {
2      return ( ((x & 0xaaaaaaaa) >>> 1) | ((x & 0x55555555) << 1) );
3  }
```

之所以使用了逻辑右移而不是算术右移是因为我们希望符号位被 0 填充。上述 Java 代码实现的是 32 位整数。如欲处理 64 位整数，那就需要修改掩码。不过，处理方法还是一样的。

第 25 章
数学与逻辑题

25.1 较重的药丸

有 20 瓶药丸,其中 19 瓶装有 1.0 克的药丸,余下 1 瓶装有 1.1 克的药丸。给你一台称重精准的天平,只能用一次天平时,怎么找出比较重的那瓶药丸?

题目解法

有时候,严格的限制条件反倒能提供解题的线索。在这个问题中,限制条件是天平只能用一次,即必须一次从 19 瓶中拿出药丸进行称重,否则无法区分称过与没称过的瓶子。

首先假设只有 2 瓶药丸,其中一瓶的药丸比较重。每瓶取出一粒药丸,称得重量为 2.1 克,但不知道多出来的 0.1 克来自哪一瓶。我们必须设法区分这些药瓶。如果从药瓶#1 取出一粒药丸,从药瓶#2 取出两粒药丸,称得的重量是多少?如果药瓶#1 的药丸较重,则称得重量为 3.1 克。如果药瓶#2 的药丸较重,则称得重量为 3.2 克。这就是这个问题的解题窍门。

当从每个药瓶取出不同数量的药丸称重时,我们会有个"预期"重量。借由预期重量和实测重量之间的差别,能得出哪一瓶药丸比较重。基于之前两瓶药丸的解法,可得到完整解法,即从药瓶#1 取出一粒药丸,从药瓶#2 取出两粒,从药瓶#3 取出三粒,以此类推。如果每粒药丸均重 1 克,则称得总重量为 210 克($1 + 2 + \cdots + 20 = 20 \times 21 / 2 = 210$),"多出来的"重量必定来自每粒多 0.1 克的药丸。

药瓶的编号可由下式得出:

$$\frac{\text{weight} - 210\,\text{grams}}{0.1\,\text{grams}}$$

因此,若这堆药丸称得重量为 211.3 克,则药瓶#13 装有较重的药丸。

25.2 篮球问题

有个篮球框,下面两种玩法可任选一种。
玩法 1:一次出手机会,投篮命中得分。
玩法 2:三次出手机会,必须投中两次。
如果 p 是某次投篮命中的概率,为了确保赢得游戏,应如何根据 p 值选择玩法 1 或玩法 2?

题目解法

运用概率论直接比较赢得各种玩法的概率。

1. 赢得玩法 1 的概率

根据定义,赢得玩法 1 的概率为 p。

2. 赢得玩法 2 的概率

令 $s(k, n)$ 为 n 次投篮准确投中 k 次的概率，赢得玩法 2 的概率是三投两中或三投三中的概率，也就是：

$$P(获胜) = s(2, 3) + s(3, 3)$$

三投三中的概率为：

$$s(3, 3) = p^3$$

三投两中的概率为：

P(第 1、2 次投中，第 3 次未投中)
  $+ P$(第 1、3 次投中，第 2 次未投中)
  $+ P$(第 1 次未投中，第 2、3 次投中)
$= p \times p \times (1 - p) + p \times (1 - p) \times p + (1 - p) \times p \times p$
$= 3(1 - p)p^2$

两者概率相加，可以得到：

$= p^3 + 3(1 - p)p^2$
$= p^3 + 3p^2 - 3p^3$
$= 3p^2 - 2p^3$

3. 该选择哪种玩法

若 P（玩法 1）$> P$（玩法 2），则应该选择玩法 1。

$p > 3p^2 - 2p^3$
$1 > 3p - 2p^2$
$2p^2 - 3p + 1 > 0$
$(2p - 1)(p - 1) > 0$

左边两项必须同为正数或同为负数。显然，$p < 1$，故 $p - 1 < 0$，也即这两项必须同为负数。

$2p - 1 < 0$
$2p < 1$
$p < 0.5$

综上所述，若 $0 < p < 0.5$，则应该选择玩法 1。若 $0.5 < p < 1$，则应该选择玩法 2。若 $p = 0$、0.5 或 1，则 P（玩法 1）$= P$（玩法 2），选哪种玩法都行，因为赢的概率相等。

25.3 大灾难

在大灾难后的新世界，出生率问题严重。因此，各国规定所有家庭都必须有一个女孩，否则将面临巨额罚款。如果所有的家庭都遵守这个政策——所有家庭在得到一个女孩之前不断生育，生了女孩之后立即停止生育——那么新一代的性别比例是多少（假设每次怀孕后生男生女的概率是相等的）？通过逻辑推理解决这个问题，然后使用计算机进行模拟。

题目解法

如果每个家庭都遵守该政策，那么每个家庭都会先生育 0 至多个男孩，再生育一个女孩。用 G 表示女孩，B 表示男孩，那么孩子出生的序列可由以下任意一种序列表示，即 G，BG，BBG，BBBG，以此类推。可以通过多种方法解决该类问题。

解法 1（数学方法）

我们可以计算出每种生育序列的概率。

- $P(G) = 1/2$。换句话说，50%的家庭会首先生育一个女孩，其他家庭则会生育更多的孩子。
- $P(BG) = 1/4$。对于那些可以生育第二个孩子的家庭（占总家庭数的 50%），其中 50%会生育一个女孩。
- $P(BBG) = 1/8$。对于那些可以生育第三个孩子的家庭（占总家庭数的 25%），其中 50%会生育一个女孩。
- 以此类推。

我们知道每个家庭都有且只有一个女孩。那么每个家庭平均生育多少个男孩？我们可以计算生育男孩数量的期望值，而该期望值可以通过计算每种生育序列的概率与序列中男孩的数量的乘积得出。

序 列	男孩数量	概 率	男孩数量×概率
G	0	1/2	0
BG	1	1/4	1/4
BBG	2	1/8	2/8
BBBG	3	1/16	3/16
BBBBG	4	1/32	4/32
BBBBBG	5	1/64	5/64
BBBBBBG	6	1/128	6/128

期望值可以通过计算级数"i 除以 2^i"的求和公式得到，其中 i 的范围为 0 至无穷大，公式如下。

$$\sum_{i=0}^{\infty} \frac{i}{2^{i+1}}$$

对其估值，让我们将其通分为分母是 $128(2^6)$ 的分数。

$1/4 = 32/128 \qquad 4/32 = 16/128$
$2/8 = 32/128 \qquad 5/64 = 10/128$
$3/16 = 24/128 \qquad 6/128 = 6/128$

$$\frac{32+32+24+16+10+6}{128} = \frac{120}{128}$$

结果接近于 128/128（即 1）。该估值方法并不是严格意义上的数学推导，但可以帮助理解下面的逻辑方法。

解法 2（逻辑方法）

如果上面方法得出的和为 1，那么这就意味着性别比例是平衡的。每个家庭刚好生育一个女孩，平均生育一个男孩。因此该生育政策是无效的吗？

该生育政策设计之初是为了生育更多的女孩，原因在于该政策确保了每个家庭都能够生育女孩。但是，每个家庭都有可能生育多个男孩。这会对冲掉"生育一个女孩"政策的影响。

另一个方法是，我们可以将所有家庭的生育序列表示为一个巨大的字符串。如果家庭 1 的生育序列为 BG，家庭 2 的生育序列为 BBG，家庭 3 的生育序列为 G，我们可以将所有家庭的生育序列记作 BGBBGG。但我们真正关心的是总人口的性别比例。只要有一个孩子出生，我们即可将其性别 B 或者 G 加入到字符串的尾部。如果生育男孩和女孩的可能性是一样的，那么下一个字符为 G 的可能性即为 50%。因此，大体上一半的字符串会是 G 字符，另一半会是 B 字符，也就是说性别比例是平衡的。一半新出生的婴儿是男孩，一半新出生的婴儿是女孩。遵守任何关于"在某一时刻停止生育"的政策不会改变生物学上的这一事实。因此，性别比例是 50%的男孩和 50%的女孩。

解法 3（算法模拟）

此题简单的算法实现如下。

```
1   double runNFamilies(int n) {
2     int boys = 0;
3     int girls = 0;
4     for (int i = 0; i < n; i++) {
5       int[] genders = runOneFamily();
6       girls += genders[0];
7       boys += genders[1];
8     }
9     return girls / (double) (boys + girls);
10  }
11
12  int[] runOneFamily() {
13    Random random = new Random();
14    int boys = 0;
15    int girls = 0;
16    while (girls == 0) { // 直至女孩出现
17      if (random.nextBoolean()) { // 女孩
18        girls += 1;
19      } else { // 男孩
20        boys += 1;
21      }
22    }
23    int[] genders = {girls, boys};
24    return genders;
25  }
```

当 n 很大时，运行此程序的结果会非常接近于 0.5。

25.4 扔鸡蛋问题

有栋建筑物高 100 层，若将鸡蛋从第 N 层或更高的楼层扔下来，鸡蛋就会破碎；若从第 N 层以下的楼层扔下来则不会破碎。给你两个鸡蛋，请找出 N，并要求最差情况下扔鸡蛋的次数为最少。

题目解法

无论怎么扔鸡蛋 1（Egg 1），鸡蛋 2（Egg 2）都必须在"破碎那一层"和下一个不会破碎的最高楼层之间，逐层扔下楼（从最低的到最高的）。例如，若鸡蛋 1 从第 5 层和第 10 层扔下没破碎，但从第 15 层扔下时破碎了，那么，在最差情况下，鸡蛋 2 必须尝试从第 11、第 12、第 13 和第 14 层扔下楼。

首先,让我们试着从第 10 层开始扔鸡蛋,然后是第 20 层,以此类推。
- 如果鸡蛋 1 第一次扔下楼(第 10 层)就破碎了,那么,最多需要扔 10 次。
- 如果鸡蛋 1 最后一次扔下楼(第 100 层)才破碎,那么,最多要扔 19 次(第 10 层,第 20 层……第 90 层,第 100 层,然后是第 91 到第 99 层)。

这么做只考虑了绝对最差情况。我们应该进行"负载均衡",让这两种情况下扔鸡碎的次数更均匀。目标是设计一种扔鸡蛋的方法,使得扔鸡蛋 1 时,不论是在第一次还是最后一次扔下楼才破碎,扔鸡蛋的次数尽量一致。

(1) 完美负载均衡的方法应该是,扔鸡蛋 1 的次数加上扔鸡蛋 2 的次数,不论什么时候都一样,不管鸡蛋 1 是从哪层楼扔下时破碎的。

(2) 若有这种扔法,每次鸡蛋 1 多扔一次,鸡蛋 2 就可以少扔一次。

(3) 因此,每扔一次鸡蛋 1,就应该减少鸡蛋 2 可能需要扔下楼的次数。例如,如果鸡蛋 1 先从第 20 层扔下楼,然后从第 30 层扔下楼,此时鸡蛋 2 可能就要扔 9 次。若鸡蛋 1 再扔一次,我们必须让鸡蛋 2 扔下楼的次数降为 8 次。这也就是说,我们必须让鸡蛋 1 从第 39 层扔下楼。

(4) 由此可知,鸡蛋 1 必须从第 X 层开始往下扔,然后再往上增加 $X-1$ 层,之后增加 $X-2$ 层……直至到达第 100 层。

(5) 求解 X。

$$X + (X-1) + (X-2) + \cdots + 1 = 100$$
$$X(X+1)/2 = 100$$
$$X \approx 13.65$$

X 显然是一个整数值。我们应该向上取整还是向下取整呢?
- 如果向上取整为 14,那么需要按照增加 14 层、增加 13 层、增加 12 层的规律向上增加扔鸡蛋的层数。最后增加的数量为 4 层,届时将达到第 99 层。如果在此过程中鸡蛋 1 在任意一层破碎,可以确定已经对最差情况进行了平衡,扔鸡蛋 1 和鸡蛋 2 的次数之和最差为 14 次。如果鸡蛋 1 在第 99 层仍没有破碎,那么只需要再扔一次以确定鸡蛋是否会在第 100 层破碎。无论哪一种方法,扔鸡蛋的次数都不会超过 14。
- 如果向下取整为 13,那么需要按照增加 13 层、增加 12 层、增加 11 层的规律向上增加扔鸡蛋的层数。最后增加的数量为 1 层,届时将达到第 91 层。在此情况下,我们已经扔了 13 次。第 92 至 100 层尚没有进行测试。我们没有办法通过扔一次鸡蛋来确定余下的这些楼层(即没有办法取得和"向上取整"相近的结果)。

因此,应该向上取整为 14,也就是说,需要先在第 14 层测试,然后是第 27 层,接着是第 39 层……最坏情况下,需要 14 次测试。

正如解决其他许多最大化/最小化的问题一样,这类问题的关键在于"平衡最差情况"。

下面的代码模拟了该方法。

```
1   int breakingPoint = ...;
2   int countDrops = 0;
3   
4   boolean drop(int floor) {
5     countDrops++;
6     return floor >= breakingPoint;
7   }
8   
9   int findBreakingPoint(int floors) {
10    int interval = 14;
```

```
11    int previousFloor = 0;
12    int egg1 = interval;
13
14    /* 以逐步下降的方式扔鸡蛋 1 */
15    while (!drop(egg1) && egg1 <= floors) {
16      interval -= 1;
17      previousFloor = egg1;
18      egg1 += interval;
19    }
20
21    /* 以每次增加 1 层的方式扔鸡蛋 2 */
22    int egg2 = previousFloor + 1;
23    while (egg2 < egg1 && egg2 <= floors && !drop(egg2)) {
24      egg2 += 1;
25    }
26
27    /* 如果鸡蛋没破碎就返回-1 */
28    return egg2 > floors ? -1 : egg2;
29  }
```

如果你想将代码一般化为任意层高的建筑物，那么可以通过如下算式计算 X：

$$X(X+1)/2 = 楼层数$$

该等式涉及二次方程的知识。

25.5 有毒的汽水

你有 1000 瓶汽水，其中有一瓶有毒。你有 10 条可用于检测毒物的试纸。一滴毒药会使试纸永久变黄。你可以一次性地将任意数量的液滴置于试纸上，你也可以多次重复使用试纸（只要结果是阴性的即可）。但是，每天只能进行一次测试，用时 7 天才可得到测试结果。你如何用尽量少的时间找出哪瓶汽水有毒？

进阶：编写程序模拟你的方法。

题目解法

请注意该题目的题干，有一个 7 天的限制条件。

解法 1（简单方案）

一个简单的方法是把汽水平均分配给 10 条试纸，这样一来，每一组汽水共有 100 瓶。接下来，我们等待 7 天。在得到结果之后，找到结果为阳性的试纸。可以忽略其他组别的汽水，而对于该试纸所对应的组别，重复此过程。不断地进行该操作，直到测试对象中只有 1 瓶汽水。

(1) 将所有的汽水平均分配给所有可用的试纸。在一组之内，取每瓶的一滴汽水置于试纸之上。

(2) 7 天之后，检查试纸的结果。

(3) 对于测试结果呈阳性的试纸，选择该试纸对应的汽水。如果该组的汽水瓶数为 1，即找到了有毒的汽水。如果该组的汽水瓶数多于 1，则回到第(1)步。

为了模拟该过程，我们创建了 Bottle（汽水瓶）类和 TestStrip（试纸）类来表示问题中的各项操作。

```
1  class Bottle {
2    private boolean poisoned = false;
```

```java
3      private int id;
4
5      public Bottle(int id) { this.id = id; }
6      public int getId() { return id; }
7      public void setAsPoisoned() { poisoned = true; }
8      public boolean isPoisoned() { return poisoned; }
9    }
10
11   class TestStrip {
12     public static int DAYS_FOR_RESULT = 7;
13     private ArrayList<ArrayList<Bottle>> dropsByDay =
14       new ArrayList<ArrayList<Bottle>>();
15     private int id;
16
17     public TestStrip(int id) { this.id = id; }
18     public int getId() { return id; }
19
20     /* 改变链表的尺寸使其足够大 */
21     private void sizeDropsForDay(int day) {
22       while (dropsByDay.size() <= day) {
23         dropsByDay.add(new ArrayList<Bottle>());
24       }
25     }
26
27     /* 在特定的一天加入某瓶汽水的液体 */
28     public void addDropOnDay(int day, Bottle bottle) {
29       sizeDropsForDay(day);
30       ArrayList<Bottle> drops = dropsByDay.get(day);
31       drops.add(bottle);
32     }
33
34     /* 检查该组汽水中是否有毒 */
35     private boolean hasPoison(ArrayList<Bottle> bottles) {
36       for (Bottle b : bottles) {
37         if (b.isPoisoned()) {
38           return true;
39         }
40       }
41       return false;
42     }
43
44     /* 获取 DAYS_FOR_RESULT 天之前使用的汽水 */
45     public ArrayList<Bottle> getLastWeeksBottles(int day) {
46       if (day < DAYS_FOR_RESULT) {
47         return null;
48       }
49       return dropsByDay.get(day - DAYS_FOR_RESULT);
50     }
51
52     /* 检查 DAYS_FOR_RESULT 之前有毒的汽水 */
53     public boolean isPositiveOnDay(int day) {
54       int testDay = day - DAYS_FOR_RESULT;
55       if (testDay < 0 || testDay >= dropsByDay.size()) {
56         return false;
57       }
58       for (int d = 0; d <= testDay; d++) {
59         ArrayList<Bottle> bottles = dropsByDay.get(d);
60         if (hasPoison(bottles)) {
61           return true;
62         }
63       }
```

```
64      return false;
65    }
66  }
```

这只是模拟汽水瓶和试纸的一种方式,而每种方式都有其优缺点。有了上述代码作为基础,现在可以完成代码来测试这一方案了。

```
1   int findPoisonedBottle(ArrayList<Bottle> bottles, ArrayList<TestStrip> strips) {
2     int today = 0;
3
4     while (bottles.size() > 1 && strips.size() > 0) {
5       /* 运行测试 */
6       runTestSet(bottles, strips, today);
7
8       /* 等待结果 */
9       today += TestStrip.DAYS_FOR_RESULT;
10
11      /* 检查结果 */
12      for (TestStrip strip : strips) {
13        if (strip.isPositiveOnDay(today)) {
14          bottles = strip.getLastWeeksBottles(today);
15          strips.remove(strip);
16          break;
17        }
18      }
19    }
20
21    if (bottles.size() == 1) {
22      return bottles.get(0).getId();
23    }
24    return -1;
25  }
26
27  /* 将瓶子平均分布在试纸上 */
28  void runTestSet(ArrayList<Bottle> bottles, ArrayList<TestStrip> strips, int day) {
29    int index = 0;
30    for (Bottle bottle : bottles) {
31      TestStrip strip = strips.get(index);
32      strip.addDropOnDay(day, bottle);
33      index = (index + 1) % strips.size();
34    }
35  }
36
```

请注意该方案的前提假设是,每一轮测试中都有多条试纸可以使用。对于 1000 瓶汽水和 10 条试纸的情况,该假设是合理的。

如果不能作出上述假设,可以在代码中实现一个"失效保险"。如果只剩余一条试纸,则一瓶一瓶地进行测试,即测试一瓶汽水,等一周,再测试下一瓶汽水。该方案将最多花费 28 天的时间。

解法 2(优化方案)

正如在题目解法一开始就提到的,我们可以一次性进行多个测试。

如果将汽水分为 10 组(第 0~99 瓶对应试纸 0,第 100~199 瓶对应试纸 1,第 200~299 瓶对应试纸 2,以此类推),那么第 7 天的结果将可以显示那瓶有毒的汽水编号的第一位为什么数字。如果第 7 天第 i 号试纸呈现阳性结果,那么有毒的汽水编号的第一位数字(百位数字)必然为 i。

通过另外的方法进行分组，可以测试出有毒汽水编号的第二位和第三位数字。只需要在不同的日子进行这些测试，以便于分清测试的是哪一位数字。

	Day 0 -> 7	Day 1 -> 8	Day 2 -> 9
Strip 0	0xx	x0x	xx0
Strip 1	1xx	x1x	xx1
Strip 2	2xx	x2x	xx2
Strip 3	3xx	x3x	xx3
Strip 4	4xx	x4x	xx4
Strip 5	5xx	x5x	xx5
Strip 6	6xx	x6x	xx6
Strip 7	7xx	x7x	xx7
Strip 8	8xx	x8x	xx8
Strip 9	9xx	x9x	xx9

例如，如果第 7 天 4 号试纸呈现阳性结果，第 8 天 3 号试纸呈现阳性结果，第 9 天 8 号试纸呈现阳性结果，则可得出有毒汽水的编号为#438。该方法多数情况下有效，只有一个边界情况例外，即如果有毒的汽水编号的某位数字出现重复。例如，编号#882 或#383。

其实，这两个例子并不相同。如果第 8 天没有新的试纸显示阳性结果，那么可以确定第二位数字与第一位数字相等。可问题是，如果第 9 天没有出现新的试纸显示阳性结果，怎么办？我们知道第三位数字与第一位或第二位数字相等，但是并不知道标号应该是#383 还是#388。这两个编号有着一样的测试结果。因此，我们需要再进行一组测试。可以在最后或者第 3 天进行测试，以消除不确定性。我们需要将最后的数字对应的试纸进行一次平移，以便获得和第 2 天不同的测试结果。

	Day 0 -> 7	Day 1 -> 8	Day 2 -> 9	Day 3 -> 10
Strip 0	0xx	x0x	xx0	xx9
Strip 1	1xx	x1x	xx1	xx0
Strip 2	2xx	x2x	xx2	xx1
Strip 3	3xx	x3x	xx3	xx2
Strip 4	4xx	x4x	xx4	xx3
Strip 5	5xx	x5x	xx5	xx4
Strip 6	6xx	x6x	xx6	xx5
Strip 7	7xx	x7x	xx7	xx6
Strip 8	8xx	x8x	xx8	xx7
Strip 9	9xx	x9x	xx9	xx8

至此，如果有毒的汽水编号为#383，则得到的结果是：第 7 天为 3 号试纸，第 8 天为 8 号试纸，第 9 天没有新的试纸显示阳性结果，第 10 天为 4 号试纸。如果有毒的汽水编号为#388，则得到的结果是：第 7 天为 3 号试纸，第 8 天为 8 号试纸，第 9 天没有新的试纸显示阳性结果，第 10 天为 9 号试纸。我们可以将第 10 天得到的结果"向反方向平移"，以便区分这两瓶汽水中哪一瓶有毒。

但如果第 10 天还是没有新的试纸显示阳性结果，该怎么办？

如果有毒的汽水编号为#898，则得到的结果是：第 7 天为 8 号试纸，第 8 天为 9 号试纸，第 9 天没有新的试纸显示阳性结果，第 10 天没有新的试纸显示阳性结果。我们只需要区分编号为#898 和#899 的汽水即可。如果有毒的汽水编号为#899，则得到的结果是：第 7 天为 8 号试纸，第 8 天为 9 号试纸，第 9 天没有新的试纸显示阳性结果，第 10 天为 0 号试纸。

在第 9 天测试结果中发生的"不确定性"，总会在第 10 天的测试结果中对应为不同的值。原因如下：

- 如果第 3 天进行的测试（第 10 天显示结果）有新的试纸显示阳性结果，"反向平移"该结果即可获得编号的第三位数字。
- 其他情况下，我们知道第三位数字和第一位或者第二位数字相等，同时第三位数字在平移之后仍然和第一位或第二位数字相等。因此，我们只需要知道"平移操作"是将第一位数字移向第二位数字还是移向相反的方向即可。在第一个例子中，第三位数字与第一位数字相等。在第二个例子中，第三位数字与第二位数字相等。

实现该方法要避免代码中出现错误。

```
1   int findPoisonedBottle(ArrayList<Bottle> bottles, ArrayList<TestStrip> strips) {
2     if (bottles.size() > 1000 || strips.size() < 10) return -1;
3
4     int tests = 4; // 三位数字，加额外的一位
5     int nTestStrips = strips.size();
6
7     /* 检测 */
8     for (int day = 0; day < tests; day++) {
9       runTestSet(bottles, strips, day);
10    }
11
12    /* 获取结果 */
13    HashSet<Integer> previousResults = new HashSet<Integer>();
14    int[] digits = new int[tests];
15    for (int day = 0; day < tests; day++) {
16      int resultDay = day + TestStrip.DAYS_FOR_RESULT;
17      digits[day] = getPositiveOnDay(strips, resultDay, previousResults);
18      previousResults.add(digits[day]);
19    }
20
21    /* 如果第 1 天的结果与第 0 天匹配，则更新数字 */
22    if (digits[1] == -1) {
23      digits[1] = digits[0];
24    }
25
26    /* 如果第 2 天的结果与第 0 天或第 1 天匹配，则检查第 3 天。
27     * 第 3 天与第 2 天相同，只需增加 1 */
28    if (digits[2] == -1) {
29      if (digits[3] == -1) { /*第 3 天没有新结果*/
30        /* digits[2] 与 digits[0] 或者 digits[1] 相同。但是，digits[2] 增加 1 后仍与
31         * digits[0]或者 digits[1] 匹配。这意味着，digits[0]增加 1 后与 digits[1] 匹配，
32         * 或者相反的情况成立 */
33        digits[2] = ((digits[0] + 1) % nTestStrips) == digits[1] ?
34                    digits[0] : digits[1];
35      } else {
36        digits[2] = (digits[3] - 1 + nTestStrips) % nTestStrips;
37      }
38    }
39
40    return digits[0] * 100 + digits[1] * 10 + digits[2];
41  }
42
43  /* 进行该天的所有检测 */
44  void runTestSet(ArrayList<Bottle> bottles, ArrayList<TestStrip> strips, int day) {
```

```
45      if (day > 3) return; // 只有 3 天起作用+额外的 1 天
46
47      for (Bottle bottle : bottles) {
48        int index = getTestStripIndexForDay(bottle, day, strips.size());
49        TestStrip testStrip = strips.get(index);
50        testStrip.addDropOnDay(day, bottle);
51      }
52    }
53
54    /* 获取该天该瓶汽水应使用的试纸 */
55    int getTestStripIndexForDay(Bottle bottle, int day, int nTestStrips) {
56      int id = bottle.getId();
57      switch (day) {
58        case 0: return id /100;
59        case 1: return (id % 100) / 10;
60        case 2: return id % 10;
61        case 3: return (id % 10 + 1) % nTestStrips;
62        default: return -1;
63      }
64    }
65
66    /* 获取特定某一天的阳性结果，排除以前的检测结果 */
67    int getPositiveOnDay(ArrayList<TestStrip> testStrips, int day,
68                         HashSet<Integer> previousResults) {
69      for (TestStrip testStrip : testStrips) {
70        int id = testStrip.getId();
71        if (testStrip.isPositiveOnDay(day) && !previousResults.contains(id)) {
72          return testStrip.getId();
73        }
74      }
75      return -1;
76    }
```

最坏情况下，该方案会花费 10 天时间得出结果。

解法 3（最优方案）

请注意每条试纸都是有含义的，其可以作为一个二进制位用于表示有毒或无毒。将 1000 个键映射到 10 个二进制位上，使得对于每一个键，都有一个唯一确定的二进制表示。我们可以将每一瓶汽水的编号用二进制数表示。如果某一编号的第 i 位为 1，那么就取该编号对应的汽水滴在第 i 条试纸上。请注意，2^{10} 的值为 1024，所以 10 条试纸足以满足 1024 瓶汽水的测试需求。等待 7 天之后获取结果。如果第 i 条试纸显示阳性结果，那么将结果的第 i 位设置为 1。读取所有试纸的测试结果后，可以得到有毒的汽水的编号。

```
1   int findPoisonedBottle(ArrayList<Bottle> bottles, ArrayList<TestStrip> strips) {
2     runTests(bottles, strips);
3     ArrayList<Integer> positive = getPositiveOnDay(strips, 7);
4     return setBits(positive);
5   }
6
7   /* 将瓶中液体滴到试纸上 */
8   void runTests(ArrayList<Bottle> bottles, ArrayList<TestStrip> testStrips) {
9     for (Bottle bottle : bottles) {
10      int id = bottle.getId();
11      int bitIndex = 0;
12      while (id > 0) {
13        if ((id & 1) == 1) {
14          testStrips.get(bitIndex).addDropOnDay(0, bottle);
15        }
```

```
16        bitIndex++;
17        id >>= 1;
18      }
19    }
20  }
21
22  /* 获取该天该瓶汽水应使用的试纸 */
23  ArrayList<Integer> getPositiveOnDay(ArrayList<TestStrip> testStrips, int day) {
24    ArrayList<Integer> positive = new ArrayList<Integer>();
25    for (TestStrip testStrip : testStrips) {
26      int id = testStrip.getId();
27      if (testStrip.isPositiveOnDay(day)) {
28        positive.add(id);
29      }
30    }
31    return positive;
32  }
33
34  /* 构造一个数字,呈现阳性结果的数位置1 */
35  int setBits(ArrayList<Integer> positive) {
36    int id = 0;
37    for (Integer bitIndex : positive) {
38      id |= 1 << bitIndex;
39    }
40    return id;
41  }
```

只要 $2^T \geq B$,该方案即可行。其中 T 是试纸的数量,B 是汽水的瓶数。

第 26 章

面向对象设计

26.1 扑克牌

请设计用于通用扑克牌的数据结构，并说明你会如何创建该数据结构的子类，实现"二十一点"游戏。

题目解法

以一副标准纸牌为例，一共 52 张，整个设计大致如下。

```java
public enum Suit {
    Club (0), Diamond (1), Heart (2), Spade (3);
    private int value;
    private Suit(int v) { value = v; }
    public int getValue() { return value; }
    public static Suit getSuitFromValue(int value) { ... }
}

public class Deck <T extends Card> {
    private ArrayList<T> cards; // 所有扑克牌
    private int dealtIndex = 0; // 标记第一张未处理的牌

    public void setDeckOfCards(ArrayList<T> deckOfCards) { ... }

    public void shuffle() { ... }
    public int remainingCards() {
        return cards.size() - dealtIndex;
    }
    public T[] dealHand(int number) { ... }
    public T dealCard() { ... }
}

public abstract class Card {
    private boolean available = true;

    /* 牌面点数，包括数字 2~10，11 代表 J，12 代表 Q，13 代表 K，1 代表 A */
    protected int faceValue;
    protected Suit suit;

    public Card(int c, Suit s) {
        faceValue = c;
        suit = s;
    }

    public abstract int value();
    public Suit suit() { return suit; }

    /* 检查该牌是否可以发给别人 */
```

```
39    public boolean isAvailable() { return available; }
40    public void markUnavailable() { available = false; }
41    public void markAvailable() { available = true; }
42  }
43
44  public class Hand <T extends Card> {
45    protected ArrayList<T> cards = new ArrayList<T>();
46
47    public int score() {
48      int score = 0;
49      for (T card : cards) {
50        score += card.value();
51      }
52      return score;
53    }
54
55    public void addCard(T card) {
56      cards.add(card);
57    }
58  }
```

在上面的代码中，我们以泛型实现了 Deck，同时把 T 的类型限定为 Card。另外，我们还将 Card 实现成抽象类。依据题目要构建二十一点游戏，我们需要知道这些牌的数值。人头牌 K、Q、J 等于 10，A 为 11（大部分情况下为 11，不过这应该交由 Hand 类负责，而不是交给下面这个类）。

```
1   public class BlackJackHand extends Hand<BlackJackCard> {
2     /* 黑杰克的手牌有多个可能的分值，因为 A 有不同的分值。
3      * 返回 21 以下最大的可能分值，或者超过 21 的最小可能分值 */
4     public int score() {
5       ArrayList<Integer> scores = possibleScores();
6       int maxUnder = Integer.MIN_VALUE;
7       int minOver = Integer.MAX_VALUE;
8       for (int score : scores) {
9         if (score > 21 && score < minOver) {
10          minOver = score;
11        } else if (score <= 21 && score > maxUnder) {
12          maxUnder = score;
13        }
14      }
15      return maxUnder == Integer.MIN_VALUE ? minOver : maxUnder;
16    }
17
18    /* 返回手牌所有可能的分值（A 的可能值包括 1 或者 11）*/
19    private ArrayList<Integer> possibleScores() { ... }
20
21    public boolean busted() { return score() > 21; }
22    public boolean is21() { return score() == 21; }
23    public boolean isBlackJack() { ... }
24  }
25
26  public class BlackJackCard extends Card {
27    public BlackJackCard(int c, Suit s) { super(c, s); }
28    public int value() {
29      if (isAce()) return 1;
30      else if (faceValue >= 11 && faceValue <= 13) return 10;
31      else return faceValue;
32    }
33
34    public int minValue() {
```

```
35      if (isAce()) return 1;
36      else return value();
37    }
38
39    public int maxValue() {
40      if (isAce()) return 11;
41      else return value();
42    }
43
44    public boolean isAce() {
45      return faceValue == 1;
46    }
47
48    public boolean isFaceCard() {
49      return faceValue >= 11 && faceValue <= 13;
50    }
51 }
```

这只是纸牌 A 的一种处理方式，另一种做法是创建一个继承自 BlackJackCard 的 Ace 类。

26.2 客服中心

设想你有个客服中心，员工分 3 级：接线员、主管和经理。客户来电会先分配给有空的接线员。若接线员处理不了，就必须将来电往上转给主管。若主管没空或是无法处理，则将来电往上转给经理。请设计这个问题的类和数据结构，并实现一种 `dispatchCall()` 方法，将客户来电分配给第一个有空的员工。

题目解法

3 个员工层级各有各的职责，因此，不同层级会有专门的函数。我们应该将它们放在各自对应的类里。有些东西是所有员工都有的，比如地址、姓名、职位和年龄等。这些东西可以放在一个类里，再由其他类扩展或继承。最后，还应该有一个 CallHandler 类，负责将来电分派给合适的负责人。注意，任何面向对象设计问题都会有很多不同的对象设计方式。设计时应该从长远考虑，注重代码的灵活性和可维护性。下面我们将详细说明每个类。

CallHandler 实现为一个单态类，它是程序的主体，所有来电都先由这个类进行分派。

```
1   public class CallHandler {
2     /* 3 个员工层级：接线员、主管和经理 */
3     private final int LEVELS = 3;
4
5     /* 起始设定 10 位接线员、4 位主管和 2 位经理 */
6     private final int NUM_RESPONDENTS = 10;
7     private final int NUM_MANAGERS = 4;
8     private final int NUM_DIRECTORS = 2;
9
10    /* 员工列表，以层级区分：
11     * employeeLevels[0] = 接线员
12     * employeeLevels[1] = 主管
13     * employeeLevels[2] = 经理
14     */
15    List<List<Employee>> employeeLevels;
16
17    /* 存放来电层级的队列 */
18    List<List<Call>> callQueues;
19
20    public CallHandler() { ... }
```

```
21
22    /* 找出第一个有空处理来电的员工 */
23    public Employee getHandlerForCall(Call call) { ... }
24
25    /* 将来电分配给有空的员工，若没人有空，就存放在队列中 */
26    public void dispatchCall(Caller caller) {
27      Call call = new Call(caller);
28      dispatchCall(call);
29    }
30
31    /* 将来电分派给有空的员工，若没人有空，就存放在队列中*/
32    public void dispatchCall(Call call) {
33      /* 试着将来电分派给层级最低的员工 */
34      Employee emp = getHandlerForCall(call);
35      if (emp != null) {
36        emp.receiveCall(call);
37        call.setHandler(emp);
38      } else {
39        /* 根据来电级别，将来电放到相应的队列中 */
40        call.reply("Please wait for free employee to reply");
41        callQueues.get(call.getRank().getValue()).add(call);
42      }
43    }
44
45    /* 有员工有空了，查找该员工可服务的来电。若分派了来电则返回 true，否则返回 false */
46    public boolean assignCall(Employee emp) { ... }
47  }
```

Call 代表客户来电。每次来电会有个最低层级，并且会被分派给第一个可处理该来电的员工。

```
1   public class Call {
2     /* 可处理此来电的最低层级员工 */
3     private Rank rank;
4
5     /* 拨号方 */
6     private Caller caller;
7
8     /* 处理来电的员工 */
9     private Employee handler;
10
11    public Call(Caller c) {
12      rank = Rank.Responder;
13      caller = c;
14    }
15
16    /* 设定处理来电的员工 */
17    public void setHandler(Employee e) { handler = e; }
18
19    public void reply(String message) { ... }
20    public Rank getRank() { return rank; }
21    public void setRank(Rank r) { rank = r; }
22    public Rank incrementRank() { ... }
23    public void disconnect() { ... }
24  }
```

Employee 是 **Director**、**Manager** 和 **Respondent** 类的父类。我们没有必要直接实例化 **Employee** 类，因此它是个抽象类。

```
1   abstract class Employee {
2     private Call currentCall = null;
3     protected Rank rank;
4
```

```
5    public Employee(CallHandler handler) { ... }
6
7    /* 开始交谈对话 */
8    public void receiveCall(Call call) { ... }
9
10   /* 问题解决了，结束来电 */
11   public void callCompleted() { ... }
12
13   /* 问题未解决，往上转给更高层级的员工，
14    * 并为该员工分派新的来电*/
15   public void escalateAndReassign() { ... }
16
17   /* 若该员工有空，就分派新的来电给他 */
18   public boolean assignNewCall() { ... }
19
20   /* 返回该员工是否有空 */
21   public boolean isFree() { return currentCall == null; }
22
23   public Rank getRank() { return rank; }
24  }
25
```

有了 Employee 类之后，Respondent、Director 和 Manager 只是在此基础上稍微扩展一下即可。

```
1   class Director extends Employee {
2     public Director() {
3       rank = Rank.Director;
4     }
5   }
6
7   class Manager extends Employee {
8     public Manager() {
9       rank = Rank.Manager;
10    }
11  }
12
13  class Respondent extends Employee {
14    public Respondent() {
15      rank = Rank.Responder;
16    }
17  }
```

上面只是此题的一种设计方式。其实还有许多同样不错的其他方法。这里给出的代码比较完整，但在实际面试中，可能不需要写得这么全，有些细节可以先简略带过。

26.3 聊天软件

请描述该如何设计一个聊天软件。要求给出各种后台组件、类和方法的细节，并说明其中最难解决的问题是什么。

题目解法

设计聊天软件是项大工程，需要一个团队开发很久才能完成。作为求职者，你的重点是解决该问题的某个方面，涉及范围既要够广，又要够集中，这样才能在一轮面试中搞定。它不一定要与真实情况一模一样，但也应该忠实反映出实际的实现逻辑。

这里我们把注意力放在用户管理和对话等核心功能上。其中包含添加用户、创建对话、更新状态，等等。考虑到时间和空间有限，我们不会探讨这个问题的联网部分，也不描述数据是

怎么真正推送到客户端的。

另外，我们假设"好友关系"是双向的。如果你是我的联系人之一，那就表示我也是你的联系人之一。我们的聊天系统将支持群组聊天和一对一私聊，但不考虑语音聊天、视频聊天或文件传输等功能。

1. 需要支持哪些特定动作
这个问题有待你跟面试官探讨确定。下面列出假设几点想法。
- 显示在线和离线状态。
- 添加请求（发送、接受、拒绝）。
- 更新状态信息。
- 发起私聊和群聊。
- 在私聊和群聊中添加新信息。

2. 我们需要了解什么
我们必须掌握用户、添加请求的状态、在线状态和消息等概念。

3. 系统有哪些核心组件
系统由一个数据库、一组客户端和一组服务器组成。我们的面向对象设计不会包含这些部分，不过可以讨论一下系统的整体架构。

数据库用来存放更持久的数据，比如用户列表或聊天对话的备份。我们使用 SQL 数据库即可，如果需要更好的扩展性，可以选用 BigTable 或其他类似的系统。对于客户端和服务器之间的通信，可以使用 XML。虽然这种格式不是最紧凑的压缩格式，但 XML 可以让程序调试起来更轻松。服务器由一组机器组成，数据会分散到各台机器上，我们会尽可能的在所有机器上复制部分数据，以减少查询操作的次数。此外，设计上有个重要的限制条件，就是必须防止出现单点故障。例如，如果一台机器控制所有用户的登录，那么，只要这一台机器断网，就会造成数以百万计的用户无法登录。

4. 有哪些关键的对象和方法
系统的关键对象包括用户、对话和状态消息等，我们已经实现了 UserManagement 类，代码如下。

```
1   /* UserManager 用作核心用户动作的控制中心 */
2   public class UserManager {
3     private static UserManager instance;
4     /* 从用户识别码映射到用户 */
5     private HashMap<Integer, User> usersById;
6
7     /* 从账户名映射到用户 */
8     private HashMap<String, User> usersByAccountName;
9
10    /* 从用户识别码映射到在线用户 */
11    private HashMap<Integer, User> onlineUsers;
12
13    public static UserManager getInstance() {
14      if (instance == null) instance = new UserManager();
15      return instance;
16    }
17
18    public void addUser(User fromUser, String toAccountName) { ... }
19    public void approveAddRequest(AddRequest req) { ... }
```

```
20    public void rejectAddRequest(AddRequest req) { ... }
21    public void userSignedOn(String accountName) { ... }
22    public void userSignedOff(String accountName) { ... }
23 }
```

在 User 类中，receivedAddRequest 方法会通知用户 B (User B)，用户 A (User A) 请求加他为好友。用户 B 会通过 UserManager.approveAddRequest 或 rejectAddRequest 接受或拒绝该请求，UserManager 则负责将用户互相添加到对方的通讯录中。

当 UserManager 要将 AddRequest 加入用户 A 的请求列表时，会调用 User 类的 sentAddRequest 方法。综上所述，整个流程如下。

(1) 用户 A 点击客户端软件上的"添加用户"，发送请求给服务器。
(2) 用户 A 调用 requestAddUser(User B)。
(3) 步骤(2)的方法会调用 UserManager.addUser。
(4) UserManager 会调用 User A.sentAddRequest 和 User B.receivedAddRequest。

```
1  public class User {
2     private int id;
3     private UserStatus status = null;
4
5     /* 将其他参与的用户识别码映射到对话 */
6     private HashMap<Integer, PrivateChat> privateChats;
7
8     /* 将群聊识别码映射到群聊 */
9     private ArrayList<GroupChat> groupChats;
10
11    /* 将其他人的用户识别码映射到加入请求 */
12    private HashMap<Integer, AddRequest> receivedAddRequests;
13
14    /* 将其他人的用户识别码映射到加入请求 */
15    private HashMap<Integer, AddRequest> sentAddRequests;
16
17    /* 将用户识别码映射到加入请求 */
18    private HashMap<Integer, User> contacts;
19
20    private String accountName;
21    private String fullName;
22
23    public User(int id, String accountName, String fullName) { ... }
24    public boolean sendMessageToUser(User to, String content){ ... }
25    public boolean sendMessageToGroupChat(int id, String cnt){...}
26    public void setStatus(UserStatus status) { ... }
27    public UserStatus getStatus() { ... }
28    public boolean addContact(User user) { ... }
29    public void receivedAddRequest(AddRequest req) { ... }
30    public void sentAddRequest(AddRequest req) { ... }
31    public void removeAddRequest(AddRequest req) { ... }
32    public void requestAddUser(String accountName) { ... }
33    public void addConversation(PrivateChat conversation) { ... }
34    public void addConversation(GroupChat conversation) { ... }
35    public int getId() { ... }
36    public String getAccountName() { ... }
37    public String getFullName() { ... }
38 }
```

之所以 Conversation 类被实现为一个抽象类，是因为所有的 Conversation 不是 GroupChat 就是 PrivateChat，同时每个类各有自己的功能。

```java
public abstract class Conversation {
    protected ArrayList<User> participants;
    protected int id;
    protected ArrayList<Message> messages;

    public ArrayList<Message> getMessages() { ... }
    public boolean addMessage(Message m) { ... }
    public int getId() { ... }
}

public class GroupChat extends Conversation {
    public void removeParticipant(User user) { ... }
    public void addParticipant(User user) { ... }
}

public class PrivateChat extends Conversation {
    public PrivateChat(User user1, User user2) { ...
    public User getOtherParticipant(User primary) { ... }
}

public class Message {
    private String content;
    private Date date;
    public Message(String content, Date date) { ... }
    public String getContent() { ... }
    public Date getDate() { ... }
}
```

`AddRequest` 和 `UserStatus` 两个类比较简单，功能不多，主要用来将数据聚合在一起，方便其他类使用。

```java
public class AddRequest {
    private User fromUser;
    private User toUser;
    private Date date;
    RequestStatus status;

    public AddRequest(User from, User to, Date date) { ... }
    public RequestStatus getStatus() { ... }
    public User getFromUser() { ... }
    public User getToUser() { ... }
    public Date getDate() { ... }
}

public class UserStatus {
    private String message;
    private UserStatusType type;
    public UserStatus(UserStatusType type, String message) { ... }
    public UserStatusType getStatusType() { ... }
    public String getMessage() { ... }
}

public enum UserStatusType {
    Offline, Away, Idle, Available, Busy
}

public enum RequestStatus {
    Unread, Read, Accepted, Rejected
}
```

5. 值得探讨的问题

下面的这些问题不妨与面试官深入探讨一番。

- 问题 1：如何确切知道某人在线

我们希望用户在退出时通知我们，但我们无法准确知道对方的状态。例如，用户的网络连接可能断开了。为了确定用户何时退出，或许我们可以试着定期询问客户端，以确保其仍然在线。

- 问题 2：如何处理冲突的信息

我们的部分信息存储在计算机内存中，部分则存储在数据库里。如果两者不同步或有冲突，会出什么问题？怎么处理？这个问题在面试时可能被问到，可以提前思考一下。

- 问题 3：如何才能让服务器在任何负载情况下都能应付自如

前面我们设计聊天软件时并没怎么考虑可扩展性，但在实际场景中必须予以关注。我们需要将数据分散到多台服务器上，而这又要求我们更关注那些不同步的数据。

- 问题 4：如何预防 DOS（拒绝服务）攻击

客户端可以向我们推送数据，但若它试图向服务器发起 DOS 攻击，怎么办？该如何预防？都可以提前思考一下。

26.4 环状数组

实现一个 `CircularArray` 类。该类需要支持类似于数组的数据结构且该数组可以被高效地轮转。如果可以的话，该类应该使用泛型类型（也被称作模板），同时可以通过标准循环语句 `for (Obj o : circularArray)` 进行迭代。

题目解法

该题目其实涉及两个部分。首先，需要实现 `CircularArray` 类。其次，需要支持迭代功能。我们将分开处理这两个部分。

1. 实现 CircularArray 类

实现 `CircularArray` 的第一种办法是在每次调用 `rotate(int shiftRight)` 方法时，将数组元素进行移动。但这样做并不高效。

另一种方法是，创建一个成员变量 `head`，并使其指向环状数组逻辑上的起始位置。与不断移动数组元素的方法不同，我们只需要将 `head` 的值增加 `shiftRight`。

下面的代码实现了该方法。

```
1   public class CircularArray<T> {
2     private T[] items;
3     private int head = 0;
4
5     public CircularArray(int size) {
6       items = (T[]) new Object[size];
7     }
8
9     private int convert(int index) {
10      if (index < 0) {
11        index += items.length;
12      }
13      return (head + index) % items.length;
14    }
15
16    public void rotate(int shiftRight) {
17      head = convert(shiftRight);
18    }
19
```

```
20    public T get(int i) {
21      if (i < 0 || i >= items.length) {
22        throw new java.lang.IndexOutOfBoundsException("...");
23      }
24      return items[convert(i)];
25    }
26
27    public void set(int i, T item) {
28      items[convert(i)] = item;
29    }
30  }
```

请注意以下容易出现的错误。

- Java 语言中，因为我们无法创建泛型数组。所以我们需要对数组进行强制类型转换或者将 items 的类型定义为 List<T>。简便起见，我们选择强制类型转换方法。
- %运算符在计算（负数%正数）时会返回一个负值。例如，-8 % 3 的结果是–2。这和数学当中关于求余函数的定义并不相同。我们必须将 items.length 的值与一个负值索引相加，以便得到正确的结果。
- 我们需要始终使用同一种方法将原始的索引值转换为轮换后的索引值。由此我们实现了一个 convert 函数以供其他函数调用。即使是 rotate 函数也同样应该调用 convert 函数。这是代码重用的一个典型例子。

至此，我们有了 CircularArray 类的基本代码，接下来可以专心实现该类的迭代器（iterator）了。

2. 实现 Iterator 接口

该题目的第二部分要求我们实现 CircularArray 类。我们可以这样写：

```
1  CircularArray<String> array = ...
2  for (String s : array) { ... }
```

若想实现该功能，我们需要实现 Iterator 接口。这里实现的具体方法适用于 Java 语言。（对于其他语言则有类似的实现方法。）为了实现 Iterator 结构，我们需要做如下操作。

- 更改 CircularArray<T>的定义，并加入 implements Iterable<T>语句。我们同时需要在 CircularArray<T>类中加入 iterator()方法。
- 创建 CircularArrayIterator<T>类并使其实现 Iterator<T>接口。我们同时需要在 CircularArrayIterator<T>类中加入 hasNext()、next()和 remove()方法。

在完成上述步骤后，for 循环语句就可以发挥作用了。

下面的代码中，我们省略了 CircularArray 类中和前述实现相同的部分。

```
1  public class CircularArray<T> implements Iterable<T> {
2    ...
3    public Iterator<T> iterator() {
4      return new CircularArrayIterator();
5    }
6
7    private class CircularArrayIterator implements Iterator<T> {
8      private int _current = -1;
9
10     public CircularArrayIterator() { }
11
12     @Override
13     public boolean hasNext() {
14       return _current < items.length - 1;
15     }
```

```
16
17      @Override
18      public TI next() {
19        _current++;
20        return (T) items[convert(_current)];
21      }
22
23      @Override
24      public void remove() {
25        throw new UnsupportedOperationException("Remove is not supported");
26      }
27    }
28  }
```

在上面的代码中，请注意循环中的第一次迭代会先后调用hasNext()方法和next()方法。请确保你的代码实现可以返回正确的值。

你如果在面试中碰到类似于本题的题目，也许不能准确回忆起需要调用的接口和方法。如果出现这样的情况，请务必竭尽全力完成。即使你只能大致给出需要哪些方法，也可以在一定程度上让你表现得出类拔萃。

26.5 扫雷

设计和实现一个基于文字的扫雷游戏。扫雷游戏是经典的单人电脑游戏，其中在 $N \times N$ 的网格上隐藏了 B 个矿产资源（或炸弹）。网格中的单元格后面或者是空白的，或者存在一个数字，数字反映了周围 8 个单元格中的炸弹数量。游戏开始之后，用户点开一个单元格。如果是一个炸弹，玩家即失败。如果是一个数字，数字就会显示出来。如果它是空白单元格，则该单元格和所有相邻的空白单元格（直到遇到数字单元格，数字单元格也会显示出来）会显示出来。当所有非炸弹单元格显示时，玩家即获胜。玩家也可以将某些地方标记为潜在的炸弹。这不会影响游戏进行，只是会防止用户意外点击那些认为有炸弹的单元格。

题目解法

一般面试中是不会这里让你完整编写一个游戏的,只需给出关键部分与整体结构即可。我们从该题所需要的类入手,肯定需要 Cell 类和 Board 类,可能还需要 Game 类。

我们或许可以将 Board 类和 Game 类合并在一起,但是最好可以将其分开。编写更具结构性的代码总不会有错。Board 类可以包含一列 Cell 对象,同时可以完成翻开单元格的基本操作。Game 类可以包含游戏状态并处理用户的输入。

1. Cell 类的设计

Cell 类需要标明其自身是炸弹、数字还是空白单元格。可以通过子类来表示该数据,或者通过定义一个 TYPE {BOMB, NUMBER, BLANK} 枚举类来描述单元格的类型。但是因为 BLANK 实际上是 NUMBER 的一种,其可以表示为数值为 0 的单元格,所以我们只需要定义一个 isBomb 变量。

在设计单元格时,有多种不同的选择,不需要局限于上面列出的选项。可以和面试官讨论你的取舍以及各选项的利弊。我们还需要记录单元格的状态,以标明单元格的值是否已经显示。因为 Board 类保存了指向单元格的引用,定义两个子类会让我们不得不在翻开一个单元格时改变存储的引用值。而且,如果其他的对象页保存了指向单元格的引用,会引起其它麻烦。所以定义 Cell 类的两个子类(ExposedCell 类与 UnexposedCell 类)并不是上乘之选。最好是保存一个 isExposed 变量。同理,我们还需要一个 isGuess 变量。

```
1   public class Cell {
2     private int row;
3     private int column;
4     private boolean isBomb;
5     private int number;
6     private boolean isExposed = false;
7     private boolean isGuess = false;
8
9     public Cell(int r, int c) { ... }
10
11    /* 以上变量的 getter 和 setter */
12    ...
13
14    public boolean flip() {
15      isExposed = true;
16      return !isBomb;
17    }
18
19    public boolean toggleGuess() {
20      if (!isExposed) {
21        isGuess = !isGuess;
22      }
23      return isGuess;
24    }
25
26
27  }
```

2. Board 类的设计

Board 类需要使用一个数组保存 Cell 对象。此处使用一个二维数组即可。

我们可能会需要使用 Board 类来保存仍有多少个单元格尚未被翻开。并在程序运行过程中记录该值,这样的话就不需要对未显示的单元格进行反复计数了。

Board 类也会处理一些基本的算法逻辑。
- 初始化棋盘并放置炸弹。
- 翻开单元格。
- 拓展空白区域。

Board 类需要从 Game 对象中获取游戏的每一步操作并进行处理。之后，该类还需要返回每一步操作对应的结果。可能的结果有以下几种：点击到了炸弹游戏失败；点击超出了棋盘边界；点击了已经显示的区域；点击了空白区域并继续游戏；点击了空白区域并胜利；点击了一个数字并胜利。

事实上，有两项不同的内容需要被返回，即操作是否成功（玩家的某一步操作是否成功）以及游戏状态（胜利、失败、继续游戏）。我们将使用另外的一个 GamePlayResult 类来返回这两项内容。同时我们还将定义 GamePlay 类来表示玩家的移步操作。该类需要包含一个变量存储行信息，一个变量存储列信息，以及另一个变量存储该步操作是翻开单元格还是将单元格标记为"潜在的炸弹"。

该类的基本框架类似于下面这样。

```
1   public class Board {
2       private int nRows;
3       private int nColumns;
4       private int nBombs = 0;
5       private Cell[][] cells;
6       private Cell[] bombs;
7       private int numUnexposedRemaining;
8
9       public Board(int r, int c, int b) { ... }
10
11      private void initializeBoard() { ... }
12      private boolean flipCell(Cell cell) { ... }
13      public void expandBlank(Cell cell) { ... }
14      public UserPlayResult playFlip(UserPlay play) { ... }
15      public int getNumRemaining() { return numUnexposedRemaining; }
16  }
17
18  public class UserPlay {
19      private int row;
20      private int column;
21      private boolean isGuess;
22      /* 构造函数、getter 和 setter */
23  }
24
25  public class UserPlayResult {
26      private boolean successful;
27      private Game.GameState resultingState;
28      /* 构造函数、getter 和 setter */
29  }
```

3. Game 类的设计

Game 类将存储棋盘对象的引用和游戏的状态。该类同时接收用户输入，并将其发送至 Board 类。

```
1   public class Game {
2       public enum GameState { WON, LOST, RUNNING }
3
4       private Board board;
5       private int rows;
```

```
6      private int columns;
7      private int bombs;
8      private GameState state;
9
10     public Game(int r, int c, int b) { ... }
11
12     public boolean initialize() { ... }
13     public boolean start() { ... }
14     private boolean playGame() { ... } // 不断循环直至游戏结束
15   }
```

4. 算法

上述代码是该题面向对象的设计部分。面试官可能会要求你实现游戏中最有趣的一些算法。对于本题来说，一共有 3 部分有趣的算法：初始化棋盘（随机布置炸弹）、设置单元格的数值以及扩展空白区域。

● **布置炸弹**

我们可以随机选择一个单元格，如果其尚未被初始化，则放置一枚炸弹，否则就随机选取另外一个单元格。缺点是，当我们需要放置许多枚炸弹时，算法会非常慢。导致我们需要重复随机选取已经放置了炸弹的单元格。为了避免这种情况，可以将 K 个炸弹放置于前 K 个单元格中，之后随机打乱单元格的位置。

对一个数组执行乱序操作的方法：对数组从 i 至 $N-1$ 进行迭代，对于每个元素 i，将其与第 i 至 $N-1$ 个元素中的其中一个进行随机交换。而对于一个网格进行乱序操作，我们可以使用非常相似的方法，只需将数组的索引转化为由行和列确定的一个网格位置。

```
1    void shuffleBoard() {
2      int nCells = nRows * nColumns;
3      Random random = new Random();
4      for (int index1 = 0; index1 < nCells; index1++) {
5        int index2 = index1 + random.nextInt(nCells - index1);
6        if (index1 != index2) {
7          /* 获取 index1 处的单元格 */
8          int row1 = index1 / nColumns;
9          int column1 = (index1 - row1 * nColumns) % nColumns;
10         Cell cell1 = cells[row1][column1];
11
12         /* 获取 index2 处的单元格 */
13         int row2 = index2 / nColumns;
14         int column2 = (index2 - row2 * nColumns) % nColumns;
15         Cell cell2 = cells[row2][column2];
16
17         /* 交换 */
18         cells[row1][column1] = cell2;
19         cell2.setRowAndColumn(row1, column1);
20         cells[row2][column2] = cell1;
21         cell1.setRowAndColumn(row2, column2);
22       }
23     }
24   }
```

● **设置单元格的数值**

布置炸弹之后，我们需要对单元格的数值进行设定。依次访问每个单元格并检查其周围有多少枚炸弹。更优的方法是依次访问每一个放置了炸弹的单元格并将其周围单元格的值加 1。例如，对于周围有 3 枚炸弹的单元格来说，incrementNumber 方法会被调用 3 次。最终该单元格的值会被设置为 3。

```
1   /* 设置炸弹周围的单元格数值。尽管炸弹已经被重新排布，
2    * 但是 bombs 数组中的引用仍指向相同的对象 */
3   void setNumberedCells() {
4     int[][] deltas = { // 8个临近单元格的位移
5         {-1, -1}, {-1, 0}, {-1, 1},
6         { 0, -1},          { 0, 1},
7         { 1, -1}, { 1, 0}, { 1, 1}
8     };
9     for (Cell bomb : bombs) {
10      int row = bomb.getRow();
11      int col = bomb.getColumn();
12      for (int[] delta : deltas) {
13        int r = row + delta[0];
14        int c = col + delta[1];
15        if (inBounds(r, c)) {
16          cells[r][c].incrementNumber();
17        }
18      }
19    }
20  }
```

- 扩展空白区域

扩展空白区域可以通过递归或者迭代的方法实现。这里我们通过迭代的方法实现。每个空白单元格都会被其它空白单元格或者数字单元格（不可能是炸弹）包围。这两种单元格都需要被翻开。但是，如果你翻开了空白单元格，那么还需要将空白单元格加入到一个队列中。对于队列中的元素，需要将其相邻单元格也翻开。

```
1   void expandBlank(Cell cell) {
2     int[][] deltas = {
3         {-1, -1}, {-1, 0}, {-1, 1},
4         { 0, -1},          { 0, 1},
5         { 1, -1}, { 1, 0}, { 1, 1}
6     };
7   
8     Queue<Cell> toExplore = new LinkedList<Cell>();
9     toExplore.add(cell);
10  
11    while (!toExplore.isEmpty()) {
12      Cell current = toExplore.remove();
13  
14      for (int[] delta : deltas) {
15        int r = current.getRow() + delta[0];
16        int c = current.getColumn() + delta[1];
17  
18        if (inBounds(r, c)) {
19          Cell neighbor = cells[r][c];
20          if (flipCell(neighbor) && neighbor.isBlank()) {
21            toExplore.add(neighbor);
22          }
23        }
24      }
25    }
26  }
```

你也可以通过递归的方法实现该算法。在递归实现中，你应该将入队操作更换为递归调用。对类的设计，你也可以更大胆的发挥自己的想像。

26.6 散列表

设计并实现一个散列表，使用链接（即链表）处理碰撞冲突。

题目解法

假设我们要实现类似于 Hash<K, V> 的散列表，即将散列表中的类型为 K 的对象映射为类型 V 的对象。首先，我们或许会想到数据结构大致如下。

```
1   class Hash<K, V> {
2     LinkedList<V>[] items;
3     public void put(K key, V value) { ... }
4     public V get(K key) { ... }
5   }
```

注意，items 是个链表的数组，其中 items[i] 是个链表，包含所有键映射成索引 i 的对象（也即在 i 处碰撞冲突的所有对象）。不过我们得进一步考虑到碰撞冲突这一情况，才能确定是否可行。假设我们有个使用字符串长度的简单散列函数。

```
1   int hashCodeOfKey(K key) {
2     return key.toString().length() % items.length;
3   }
```

尽管这两个键并不一样，jim 键和 bob 键都会对应到数组的同一索引，我们必须搜索整个链表，找出这些键对应的真正对象。我们在链表里存储的只有值，并不包括原先的键。这就是要把值和原先的键一并存储起来的原因。

一种做法是引入一个 Cell 对象，存储键值对。在这种实现中，链表元素的类型为 Cell。下面是该实现方式的代码。

```
1   public class Hasher<K, V> {
2     /* 链表节点类，仅限散列表中使用。其余各处均不应使用此类。
3      * 此处以双向链表方式实现 */
4     private static class LinkedListNode<K, V> {
5       public LinkedListNode<K, V> next;
6       public LinkedListNode<K, V> prev;
7       public K key;
8       public V value;
9       public LinkedListNode(K k, V v) {
10        key = k;
11        value = v;
12      }
13    }
14
15    private ArrayList<LinkedListNode<K, V>> arr;
16    public Hasher(int capacity) {
17      /* 以特定大小创建一组链表。链表赋值为 null，因为这是确保链表大小的唯一方法 */
18      arr = new ArrayList<LinkedListNode<K, V>>();
19      arr.ensureCapacity(capacity); // 可选的优化
20      for (int i = 0; i < capacity; i++) {
21        arr.add(null);
22      }
23    }
24
25    /* 向散列表中插入键和值 */
26    public void put(K key, V value) {
27      LinkedListNode<K, V> node = getNodeForKey(key);
28      if (node != null) {
29        V oldValue = node.value;
30        node.value = value; // 只更新值
31        return oldValue;
```

```java
32      }
33
34      node = new LinkedListNode<K, V>(key, value);
35      int index = getIndexForKey(key);
36      if (arr.get(index) != null) {
37        node.next = arr.get(index);
38        node.next.prev = node;
39      }
40      arr.set(index, node);
41      return null;
42    }
43
44    /* 删除键所对应的节点并返回值 */
45    public V remove(K key) {
46      LinkedListNode<K, V> node = getNodeForKey(key);
47      if (node == null) {
48        return null;
49      }
50
51      if (node.prev != null) {
52        node.prev.next = node.next;
53      } else {
54        /* 删除头部并更新 */
55        int hashKey = getIndexForKey(key);
56        arr.set(hashKey, node.next);
57      }
58
59      if (node.next != null) {
60        node.next.prev = node.prev;
61      }
62      return node.value;
63    }
64
65    /* 获取键对应的值 */
66    public V get(K key) {
67      if (key == null) return null;
68      LinkedListNode<K, V> node = getNodeForKey(key);
69      return node == null ? null : node.value;
70    }
71
72    /* 获取键对应的链表 */
73    private LinkedListNode<K, V> getNodeForKey(K key) {
74      int index = getIndexForKey(key);
75      LinkedListNode<K, V> current = arr.get(index);
76      while (current != null) {
77        if (current.key == key) {
78          return current;
79        }
80        current = current.next;
81      }
82      return null;
83    }
84
85    /* 非常简易的从键到值的映射函数 */
86    public int getIndexForKey(K key) {
87      return Math.abs(key.hashCode() % arr.size());
88    }
89  }
```

实现散列表的另一种常见做法是使用二叉搜索树作为底层数据结构,以便实现通过"键"搜索"值"的功能。检索元素的时间复杂度不再是 $O(1)$（复杂度不会是 $O(1)$,是因为可能有很多碰撞冲突）,但是这种做法不需要创建一个无谓的大数组用以存储项目。

第 27 章

递归与动态规划

27.1 三步问题

有个小孩正在上楼梯，楼梯有 n 阶台阶，小孩一次可以上 1 阶、2 阶或 3 阶。实现一种方法，计算小孩有多少种上楼梯的方式。

题目解法

首先思考一个问题：最后一次小孩迈了几步？小孩上楼梯的最后一步，就是抵达第 n 阶的那一步，迈过的台阶数可以是 3、2 或者 1。那么小孩有多少种方法走到第 n 阶台阶呢？我们需要把它与一些子问题联系起来。到第 n 阶台阶的所有路径，都可以建立在前面 3 步路径的基础之上。我们可以通过以下任意方式走到第 n 阶台阶。

- 在第 n–1 处往上迈 1 步。
- 在第 n–2 处往上迈 2 步。
- 在第 n–3 处往上迈 3 步。

因此，我们只需把这 3 种方式的路径数相加，注意不是相乘。相乘应该是走完一个再走另一个，与以上情况不符。

解法 1（蛮力法）

用递归法可以很容易实现这个算法，我们只需要遵循如下思路，即 countWays(n-1) + countWays(n-2) + countWays(n-3)。需要注意的是如何定义基线条件，countWays(0) 的值是 1 和 0 都可以，但算作 1 会更简单些。如果把它算作 0，那么就需要一些其他的基线条件，否则得到的结果只是一堆 0 相加。下面是该算法的简单实现。

```
1   int countWays(int n) {
2       if (n < 0) {
3           return 0;
4       } else if (n == 0) {
5           return 1;
6       } else {
7           return countWays(n-1) + countWays(n-2) + countWays(n-3);
8       }
9   }
```

跟斐波那契数列问题一样，这个算法的运行时间呈指数级增长（准确地说是 $O(3^N)$），因为每次调用都会分支出 3 次调用。

解法 2（制表法）

前一个算法，对同一数值，countWays 会调用多次，我们可以用制表法进行优化。具体做法是，如果计算过 n 的值，再次遇到 n 就返回缓存值。每次计算一个新值，就把它添加到缓存中。通常我们使用 HashMap<Integer,Integer>来缓存结果。但在这个问题中，键的值刚好是从 1 到 n。因此，这里用整数数组更为贴切。

```
1   int countWays(int n) {
2     int[] memo = new int[n + 1];
3     Arrays.fill(memo, -1);
4     return countWays(n, memo);
5   }
6
7   int countWays(int n, int[] memo) {
8     if (n < 0) {
9       return 0;
10    } else if (n == 0) {
11      return 1;
12    } else if (memo[n] > -1) {
13      return memo[n];
14    } else {
15      memo[n] = countWays(n - 1, memo) + countWays(n - 2, memo) +
16                countWays(n - 3, memo);
17      return memo[n];
18    }
19  }
```

无论是否使用制表法，注意上楼梯的方式总数很快就会突破整数（int 型）的上限而溢出。当 n = 37 时，结果就会溢出。使用 long 会好一点，但也不能解决问题。最好就此问题和你的面试官进行沟通。会给综合表现加分。

27.2 幂集

编写一种方法，返回某集合的所有子集。

题目解法

着手解决这个问题之前，我们先要对时间和空间复杂度有个合理的评估。

一个集合会有多少子集？生成一个子集时，每个元素都可以"选择"在或不在这个子集中，也就是说，第一个元素有两个选择：要么在集合中，要么不在集合中。同样，第二个元素也有两个选择，以此类推，2 相乘 n 次，$\{2 \times 2 \times ...\}$ 等于 2^n 个子集。

如果返回结果用一个子集列表表示，那么最佳的运行时间实际上就是所有子集中元素的总数。一共有 2^n 个子集并且 n 个元素中的每一个都只在这些子集中的一半出现，即 2^{n-1} 个子集。因此，这些子集中元素的总个数是 $n \times 2^{n-1}$。

因此，在时间或空间复杂度上，我们不可能做得比 $O(n2^n)$ 更好。集合$\{a_1, a_2, ..., a_n\}$的所有子集组成的集合也称为幂集（powerset），用符号表示为 P($\{a_1, a_2, ..., a_n\}$)或 P(n)。

解法 1（递归法）

采用简单构造法是解决此题的上乘之选。假设我们正尝试找出集合 S = $\{a_1, a_2, ..., a_n\}$的所有子集，可从基线条件开始。

- 基线条件：$n = 0$
  空集合只有 1 个子集：{}。
- 条件：$n = 1$
  集合$\{a_1\}$有 2 个子集：{}、$\{a_1\}$。

- 条件：$n = 2$

  集合$\{a_1, a_2\}$有 4 个子集：$\{\}$、$\{a_1\}$、$\{a_2\}$、$\{a_1, a_2\}$。

- 条件：$n = 3$

  我们要找出一种可以根据之前的解法推导出 $n = 3$ 时的答案的方法。$n = 3$ 时的答案和 $n = 2$ 时的答案有何不同？下面让我们深入分析一下两者差异。

  $P(2) = \{\}, \{a_1\}, \{a_2\}, \{a_1, a_2\}$
  $P(3) = \{\}, \{a_1\}, \{a_2\}, \{a_3\}, \{a_1, a_2\}, \{a_1, a_3\}, \{a_2, a_3\}, \{a_1, a_2, a_3\}$

  两者之间的不同之处在于所有含有 a_3 的子集，$P(2)$ 都没有。

  $P(3) - P(2) = \{a_3\}, \{a_1, a_3\}, \{a_2, a_3\}, \{a_1, a_2, a_3\}$

  那么，我们该如何利用 $P(2)$ 构造 $P(3)$？只需复制 $P(2)$ 里的子集，并在这些子集中添加 a_3。

  $P(2)\qquad\quad = \{\}, \{a_1\}, \{a_2\}, \{a_1, a_2\}$
  $P(2) + a_3\ \ = \{a_3\}, \{a_1, a_3\}, \{a_2, a_3\}, \{a_1, a_2, a_3\}$

  两者合并在一起，即可产生 $P(3)$。

- 条件：$n > 0$

只要将上述步骤稍作一般化处理，就能产生一般情况的 $P(n)$，先计算 $P(n-1)$，复制一份结果，然后在每个复制后的集合中加入 a_n。

下面是该算法的实现代码。

```
1   ArrayList<ArrayList<Integer>> getSubsets(ArrayList<Integer> set, int index) {
2     ArrayList<ArrayList<Integer>> allsubsets;
3     if (set.size() == index) { // 基本情况，加入空集合
4       allsubsets = new ArrayList<ArrayList<Integer>>();
5       allsubsets.add(new ArrayList<Integer>()); // 空集合
6     } else {
7       allsubsets = getSubsets(set, index + 1);
8       int item = set.get(index);
9       ArrayList<ArrayList<Integer>> moresubsets =
10        new ArrayList<ArrayList<Integer>>();
11      for (ArrayList<Integer> subset : allsubsets) {
12        ArrayList<Integer> newsubset = new ArrayList<Integer>();
13        newsubset.addAll(subset); //
14        newsubset.add(item);
15        moresubsets.add(newsubset);
16      }
17      allsubsets.addAll(moresubsets);
18    }
19    return allsubsets;
20  }
```

这个解法的时间和空间复杂度为 $O(2n)$，已是最优解。非要锦上添花的话，还可以用迭代法实现这个算法。

解法 2（组合数学）

回想一下，在构造一个集合时，每个元素有两个选择：(1) 该元素在这个集合中（yes 状态），(2) 该元素不在这个集合中（no 状态）。每个子集都是一串 yes 和 no，比如 yes, yes, no, no, yes, no。总共可能会有 2^n 个子集。怎样才能迭代遍历所有元素的所有 yes/no 序列？如果将每个 yes 视作 1，每个 no 视作 0，那么，每个子集就可以表示为一个二进制串。然后构造所有的二进制数（也即所有整数）。我们会迭代访问 1 到 2^n 的所有数字，再将这些数字的二进制表示转换成集合。

```
1   ArrayList<ArrayList<Integer>> getSubsets2(ArrayList<Integer> set) {
2     ArrayList<ArrayList<Integer>> allsubsets = new ArrayList<ArrayList<Integer>>();
3     int max = 1 << set.size(); /* 计算 2^n */
4     for (int k = 0; k < max; k++) {
5       ArrayList<Integer> subset = convertIntToSet(k, set);
6       allsubsets.add(subset);
7     }
8     return allsubsets;
9   }
10
11  ArrayList<Integer> convertIntToSet(int x, ArrayList<Integer> set) {
12    ArrayList<Integer> subset = new ArrayList<Integer>();
13    int index = 0;
14    for (int k = x; k > 0; k >>= 1) {
15      if ((k & 1) == 1) {
16        subset.add(set.get(index));
17      }
18      index++;
19    }
20    return subset;
21  }
```

27.3 递归乘法

写一个递归函数，不使用 * 运算符，实现两个正整数的相乘。可以使用加号、减号、位移，但要吝啬一些。

题目解法

我们可以认为 8×7 是 8+8+8+8+8+8+8，即 8 相加 7 次。还可以把它想象成 8×7 表格中格子的数量。

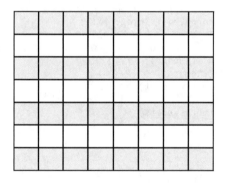

解法 1

假如我们认为它是表格，简单的计算方法就是遍历每个格子，不过会很慢。我们也可以数到一半时停止，然后把它与自己相加。但数一半的格子仍然得用遍历。注意"加倍"的方式只适用于结果是偶数的情况。不是偶数时，我们还得从头数起。

```
1   int minProduct(int a, int b) {
2     int bigger = a < b ? b : a;
3     int smaller = a < b ? a : b;
4     return minProductHelper(smaller, bigger);
5   }
```

27.3 递归乘法

```
6
7   int minProductHelper(int smaller, int bigger) {
8     if (smaller == 0) { // 0 x bigger = 0
9       return 0;
10    } else if (smaller == 1) { // 1 x bigger = bigger
11      return bigger;
12    }
13
14    /* 数到一半，如果是偶数就加倍，否则就继续数另一半 */
15    int s = smaller >> 1; // 除以 2
16    int side1 = minProductHelper(s, bigger);
17    int side2 = side1;
18    if (smaller % 2 == 1) {
19      side2 = minProductHelper(smaller - s, bigger);
20    }
21
22    return side1 + side2;
23  }
```

解法 2

如果仔细观察上述算法的递归操作，会发现其中有很多重复性的工作，看以下例子。

```
minProduct(17, 23)
    minProduct(8, 23)
        minProduct(4, 23) * 2
            ...
  + minProduct(9, 23)
        minProduct(4, 23)
            ...
      + minProduct(5, 23)
            ...
```

第二次的 `minProduct(4, 23)` 调用无法利用之前的相同调用，就只能重复之前的工作。因此我们应该把结果缓存起来。

```
1   int minProduct(int a, int b) {
2     int bigger = a < b ? b : a;
3     int smaller = a < b ? a : b;
4
5     int memo[] = new int[smaller + 1];
6     return minProduct(smaller, bigger, memo);
7   }
8
9   int minProduct(int smaller, int bigger, int[] memo) {
10    if (smaller == 0) {
11      return 0;
12    } else if (smaller == 1) {
13      return bigger;
14    } else if (memo[smaller] > 0) {
15      return memo[smaller];
16    }
17
18    /* 数到一半，如果是偶数就加倍，否则就继续数另一半 */
19    int s = smaller >> 1; // 除以 2
20    int side1 = minProduct(s, bigger, memo); // 数到一半
21    int side2 = side1;
22    if (smaller % 2 == 1) {
23      side2 = minProduct(smaller - s, bigger, memo);
24    }
```

```
25
26    /* 缓存与和 */
27    memo[smaller] = side1 + side2;
28    return memo[smaller];
29  }
```

解法3

在解法 2 中可以看到调用 minProduct 时偶数比奇数更快。举例来说，如果调用 minProduct(30,35)，我们只需要调用一次 minProduct(15,35)，然后把结果加倍就行。但是对于 minProduct(31,35)，我们就需要 minProduct(15,35) 和 minProduct(16,35) 两次调用。

但如果使用 minProduct(31, 35) = 2 * minProduct(15, 35) + 35。31 = 2 × 15 + 1，那么 31 × 35 = 2 × 15 × 35 + 35 会更好。最后的解法如下所示。当 smaller 是偶数时，只需要除以 2 再把递归调用的结果加倍。当 smaller 是奇数时，依然那么做，但要把 bigger 加到结果上。这样一来，随着调用数日益减少，minProduct 函数只需递归向下。不会再出现重复调用，我们也就不需要再缓存任何信息。

```
1   int minProduct(int a, int b) {
2     int bigger = a < b ? b : a;
3     int smaller = a < b ? a : b;
4     return minProductHelper(smaller, bigger);
5   }
6
7   int minProductHelper(int smaller, int bigger) {
8     if (smaller == 0) return 0;
9     else if (smaller == 1) return bigger;
10
11    int s = smaller >> 1; // 除以2
12    int halfProd = minProductHelper(s, bigger);
13
14    if (smaller % 2 == 0) {
15      return halfProd + halfProd;
16    } else {
17      return halfProd + halfProd + bigger;
18    }
19  }
```

这个算法的运行时间是 $O(\log s)$，其中 s 是两个数中最小的那个。

27.4 无重复字符串的排列组合

编写一种方法，计算某字符串的所有排列组合，字符串每个字符均不相同。

题目解法

跟许多递归问题一样，简单构造法在这里是不二之选。假设有个字符串 S，以字符序列 $a_1a_2...a_n$ 表示。

解法 1（从第 n–1 个字符的排列组合开始构造）

- 基线条件：S = a_1
  只有一种排列组合，即 P(a_1) = a_1。

- 条件：S = a_1a_2
  P(a_1a_2) = a_1a_2 和 a_2a_1。

- 条件：$S = a_1a_2a_3$

  $P(a_1a_2a_3) = a_1a_2a_3,\ a_1a_3a_2,\ a_2a_1a_3,\ a_2a_3a_1,\ a_3a_1a_2,\ a_3a_2a_1$。

- 条件：$S = a_1a_2a_3a_4$。

根据 $a_1\ a_2\ a_3$ 的排列组合，如何生成 $a_1\ a_2\ a_3\ a_4$ 的所有排列组合呢？$a_1\ a_2\ a_3\ a_4$ 的每种排列组合都可以对应到一种 $a_1\ a_2\ a_3$ 的排列组合的顺序。例如，$a_2\ a_4\ a_1\ a_3$ 对应 $a_2\ a_1\ a_3$。因此，如果我们把 a_4 放到 $a_1\ a_2\ a_3$ 的所有排列组合中任意位置，也就得到了 $a_1\ a_2\ a_3\ a_4$ 的排列组合。

$a_1\ a_2\ a_3\ \rightarrow\ a_4\ a_1\ a_2\ a_3,\quad a_1\ a_4\ a_2\ a_3,\quad a_1\ a_2\ a_4\ a_3,\quad a_1\ a_2\ a_3\ a_4$
$a_1\ a_3\ a_2\ \rightarrow\ a_4\ a_1\ a_3\ a_2,\quad a_1\ a_4\ a_3\ a_2,\quad a_1\ a_3\ a_4\ a_2,\quad a_1\ a_3\ a_2\ a_4$
$a_3\ a_1\ a_2\ \rightarrow\ a_4\ a_3\ a_1\ a_2,\quad a_3\ a_4\ a_1\ a_2,\quad a_3\ a_1\ a_4\ a_2,\quad a_3\ a_1\ a_2\ a_4$
$a_2\ a_1\ a_3\ \rightarrow\ a_4\ a_2\ a_1\ a_3,\quad a_2\ a_4\ a_1\ a_3,\quad a_2\ a_1\ a_4\ a_3,\quad a_2\ a_1\ a_3\ a_4$
$a_2\ a_3\ a_1\ \rightarrow\ a_4\ a_2\ a_3\ a_1,\quad a_2\ a_4\ a_3\ a_1,\quad a_2\ a_3\ a_4\ a_1,\quad a_2\ a_3\ a_1\ a_4$
$a_3\ a_2\ a_1\ \rightarrow\ a_4\ a_3\ a_2\ a_1,\quad a_3\ a_4\ a_2\ a_1,\quad a_3\ a_2\ a_4\ a_1,\quad a_3\ a_2\ a_1\ a_4$

这个算法的递归实现如下。

```
1   ArrayList<String> getPerms(String str) {
2     if (str == null) return null;
3
4     ArrayList<String> permutations = new ArrayList<String>();
5     if (str.length() == 0) { // 基线条件
6       permutations.add("");
7       return permutations;
8     }
9
10    char first = str.charAt(0); // 获取第一个字符
11    String remainder = str.substring(1); // 移除第一个字符
12    ArrayList<String> words = getPerms(remainder);
13    for (String word : words) {
14      for (int j = 0; j <= word.length(); j++) {
15        String s = insertCharAt(word, first, j);
16        permutations.add(s);
17      }
18    }
19    return permutations;
20  }
21
22  /* 在 word 的 i 位置插入字符 c */
23  String insertCharAt(String word, char c, int i) {
24    String start = word.substring(0, i);
25    String end = word.substring(i);
26    return start + c + end;
27  }
```

解法 2（从 n–1 个字符的所有子序列的排列组合开始构建）

- 基线条件：单个字符

  只有一种排列组合，即 $P(a_1) = a_1$。

- 条件：2 个字符

  $P(a_1a_2) = a_1a_2$ 和 a_2a_1。

  $P(a_2a_3) = a_2a_3$ 和 a_3a_2。

  $P(a_1a_3) = a_1a_3$ 和 a_3a_1。

- 条件：3 个字符

  $P(a_1a_2a_3) = a_1a_2a_3,\ a_1a_3a_2,\ a_2a_1a_3,\ a_2a_3a_1,\ a_3a_1a_2,\ a_3a_2a_1$。

根据 2 个字符的所有排列组合，生成 3 个字符的所有排列组合，只需要在组合的开头"尝试"每个字符，然后加入到每个排列组合中去。

$P(a_1a_2a_3) = \{a_1 + P(a_2\ a_3)\} + \{a_2 + P(a_1a_3)\} + \{a_3 + P(a_1a_2)\}$
　　$\{a_1 + P(a_2a_3)\}$ -> $a_1a_2a_3,\ a_1a_3a_2$
　　$\{a_2 + P(a_1a_3)\}$ -> $a_2a_1a_3,\ a_2a_3a_1$
　　$\{a_3 + P(a_1a_2)\}$ -> $a_3a_1a_2,\ a_3a_2a_1$

用这种方式我们能得到 3 个字符的所有排列组合，同样，根据得到的结果还能生成 4 个字符的排列组合。

$P(a_1a_2a_3a_4) = \{a_1 + P(a_2a_3a_4)\} + \{a_2 + P(a_1a_3a_4)\} + \{a_3 + P(a_1a_2a_4)\} + \{a_4 + P(a_1a_2a_3)\}$

如下所示，这个算法很好实现。

```
1   ArrayList<String> getPerms(String remainder) {
2     int len = remainder.length();
3     ArrayList<String> result = new ArrayList<String>();
4
5     /* 基线条件 */
6     if (len == 0) {
7       result.add(""); // 要返回空字符串
8       return result;
9     }
10
11
12    for (int i = 0; i < len; i++) {
13      /* 移除字符 i，继续寻找剩下字符的排列组合 */
14      String before = remainder.substring(0, i);
15      String after = remainder.substring(i + 1, len);
16      ArrayList<String> partials = getPerms(before + after);
17
18      /* 将字符 i 添加到每个组合 */
19      for (String s : partials) {
20        result.add(remainder.charAt(i) + s);
21      }
22    }
23
24    return result;
25  }
```

除此以外，还可以把前缀通过调用栈来传递，这样不用每次都把排列组合返回。当递归走到基线条件时，前缀就已经是一个全排列了。

```
1   ArrayList<String> getPerms(String str) {
2     ArrayList<String> result = new ArrayList<String>();
3     getPerms("", str, result);
4     return result;
5   }
6
7   void getPerms(String prefix, String remainder, ArrayList<String> result) {
8     if (remainder.length() == 0) result.add(prefix);
9
10    int len = remainder.length();
11    for (int i = 0; i < len; i++) {
12      String before = remainder.substring(0, i);
13      String after = remainder.substring(i + 1, len);
14      char c = remainder.charAt(i);
15      getPerms(prefix + c, before + after, result);
16    }
17  }
```

27.5 重复字符串的排列组合

编写一种方法，计算字符串所有的排列组合，字符串中可能有字符相同，但结果不能有重复组合。

题目解法

这个问题类似于上一题，唯一的区别就在于字符串中可能有重复的字符。

一种简单的做法是参考上一题。但是如果一个排列组合已经被创建过，就不放入列表中。反之，就放入列表。用一个普通的散列表就能做到。这个算法最差的运行时间是 $O(n!)$（几乎所有情况都是最坏情形）。

排除最差情况，可以参考下面的思路优化一下时间。考虑像 aaaaaaaaaaaaaaa 这样的重复串。计算它的不同排列组合耗时较长，因为 13 个字符的字符串排列组合有超过 60 亿种，但其实它的不重复排列只有一个。理想的做法是，仅创建不同的排列组合，而不是每次创建后再删除重复部分。我们可以先计算字符串中每个字符出现的次数，使用一个散列表就可以实现。对于 aabbbbc 来说，就像这样：

```
a -> 2 | b -> 4 | c -> 1
```

有了这个散列表以后，我们可以模拟生成该字符串（现在是散列表）的一个排列组合的过程。我们面临的第一个选择就是用 a、b、c 中哪一个作为第一个字符。然后，原问题就变成了一个子问题，寻找剩下字符串的所有排列组合，并把"前缀"加入其中。

```
P(a->2 | b->4 | c->1) = {a + P(a->1 | b->4 | c->1)} +
                        {b + P(a->2 | b->3 | c->1)} +
                        {c + P(a->2 | b->4 | c->0)}
   P(a->1 | b->4 | c->1) = {a + P(a->0 | b->4 | c->1)} +
                           {b + P(a->1 | b->3 | c->1)} +
                           {c + P(a->1 | b->4 | c->0)}
   P(a->2 | b->3 | c->1) = {a + P(a->1 | b->3 | c->1)} +
                           {b + P(a->2 | b->2 | c->1)} +
                           {c + P(a->2 | b->3 | c->0)}
   P(a->2 | b->4 | c->0) = {a + P(a->1 | b->4 | c->0)} +
                           {b + P(a->2 | b->3 | c->0)}
```

一直重复这个过程，直到用尽所有字符。该算法的代码实现如下。

```
1   ArrayList<String> printPerms(String s) {
2     ArrayList<String> result = new ArrayList<String>();
3     HashMap<Character, Integer> map = buildFreqTable(s);
4     printPerms(map, "", s.length(), result);
5     return result;
6   }
7
8   HashMap<Character, Integer> buildFreqTable(String s) {
9     HashMap<Character, Integer> map = new HashMap<Character, Integer>();
10    for (char c : s.toCharArray()) {
11      if (!map.containsKey(c)) {
12        map.put(c, 0);
13      }
14      map.put(c, map.get(c) + 1);
15    }
16    return map;
17  }
18
```

```
19   void printPerms(HashMap<Character, Integer> map, String prefix, int remaining,
20                   ArrayList<String> result) {
21     /* 基线条件。已经生成完所有排列组合 */
22     if (remaining == 0) {
23       result.add(prefix);
24       return;
25     }
26
27     /* 用剩余的字符生成其余的排列组合 */
28     for (Character c : map.keySet()) {
29       int count = map.get(c);
30       if (count > 0) {
31         map.put(c, count - 1);
32         printPerms(map, prefix + c, remaining - 1, result);
33         map.put(c, count);
34       }
35     }
36   }
```

当字符串有很多重复字符时，这个解法会比之前的解法更高效。

27.6 括号

设计一种算法，打印 n 对括号的所有合法的（例如，开闭一一对应）组合。

示例：

输入：3

输出：((())), (()()), (())(), ()(()), ()()()

题目解法

看到这个题，可能我们的第一反应是用递归法，在 f(n-1) 答案的基础上加一对括号，从而得到 f(n) 的解答。下面来看看 n = 3 时的答案：

(()())   ((()))   ()(())   (())()   ()()()

如何以 n = 2 时的答案为基础构建上面的结果呢？

(())   ()()

为了不和之前的情况重复，我们可以在字符串最前面以及原有的每对括号里面插入一对括号。综上所述，可得到以下结果。

```
(()) -> (()()) /* 在第 1 个左括号之后插入一对括号 */
     -> ((())) /* 在第 2 个左括号之后插入一对括号 */
     -> ()(()) /* 在字符串开头插入一对括号 */
()() -> (())() /* 在第 1 个左括号之后插入一对括号 */
     -> ()(()) /* 在第 2 个左括号之后插入一对括号 */
     -> ()()() /* 在字符串开头插入一对括号 */
```

注意如果准备采用这种做法，在将字符串放进结果列表之前，必须先检查有无重复值。例如上面的内容 ()(()) 就重复了。

```
1   Set<String> generateParens(int remaining) {
2     Set<String> set = new HashSet<String>();
3     if (remaining == 0) {
4       set.add("");
5     } else {
6       Set<String> prev = generateParens(remaining - 1);
7       for (String str : prev) {
```

```
8        for (int i = 0; i < str.length(); i++) {
9          if (str.charAt(i) == '(') {
10           String s = insertInside(str, i);
11           /* 如果 s 未出现过就将它放入列表。
12            * 注意：HashSet 在放入之前自动检查重复，所以没必要再检查 */
13           set.add(s);
14         }
15       }
16       set.add("()" + str);
17     }
18   }
19   return set;
20 }
21
22 String insertInside(String str, int leftIndex) {
23   String left = str.substring(0, leftIndex + 1);
24   String right = str.substring(leftIndex + 1, str.length());
25   return left + "()" + right;
26 }
```

这种做法虽然可行，但在排查重复字符串上耗时过长。

另一种解法是从头开始构造字符串，从而避免出现重复字符串。在这个解法中，我们逐一加入左括号和右括号，只要字符串仍然有效（符合题意）。每次递归调用，都会有个索引值对应字符串的某个字符。我们需要选择左括号或右括号，如何选择呢？

❑ **左括号**：只要左括号还没有用完，就可以插入左括号。

❑ **右括号**：只要不造成语法错误，就可以插入右括号。何时会出现语法错误？使用中的右括号多于左括号，就会出现语法错误。

因此，我们只需记录允许插入的左右括号数目。如果还有左括号可用，就插入一个左括号，然后递归。如果未使用的右括号比左括号多（也就是使用中的左括号比右括号多），就插入一个右括号，然后递归。

```
1  void addParen(ArrayList<String> list, int leftRem, int rightRem, char[] str,
2                int index) {
3    if (leftRem < 0 || rightRem < leftRem) return; // 无效状态
4
5    if (leftRem == 0 && rightRem == 0) { /* 没有左右括号了 */
6      list.add(String.copyValueOf(str));
7    } else {
8      str[index] = '('; // 插入左括号并递归
9      addParen(list, leftRem - 1, rightRem, str, index + 1);
10
11     str[index] = ')'; // 插入右括号并递归
12     addParen(list, leftRem, rightRem - 1, str, index + 1);
13   }
14 }
15
16 ArrayList<String> generateParens(int count) {
17   char[] str = new char[count*2];
18   ArrayList<String> list = new ArrayList<String>();
19   addParen(list, count, count, str, 0);
20   return list;
21 }
```

我们是在字符串的每一个索引对应位置插入左括号和右括号，而且绝不会重复索引，因此，可以保证每个字符串都是独一无二的。

27.7 布尔运算

给定一个布尔表达式和一个期望的布尔结果 result，布尔表达式由 0、1、&、|和^符号组成。实现一个函数，算出有几种可使该表达式得出 result 值的括号方法。该表达式要用全括号（如(0)^(1)）表示，而不能包含半括号（如(((0))^(1))）。

示例：
```
countEval("1^0|0|1", false) -> 2
countEval("0&0&0&1^1|0", true) -> 10
```

题目解法

解法 1（蛮力法）

给定 0^0&0^1|1 的表达式，它的结果是 true（真）。此时如何把 countEval(0^0&0^1|1, true) 分解为更小的子问题呢？我们可以直接遍历每个位置，在合适的地方放上括号。

```
countEval(0^0&0^1|1, true) =
  countEval(0^0&0^1|1 在位置为 1 的字符两边放上括号, true)
+ countEval(0^0&0^1|1 在位置为 3 的字符两边放上括号, true)
+ countEval(0^0&0^1|1 在位置为 5 的字符两边放上括号, true)
+ countEval(0^0&0^1|1 在位置为 7 的字符两边放上括号, true)
```

先看其中的一个表达式，就以在字符 3 两边放上括号的表达式为例，也就是 (0^0)&(0^1|1)。为了使这个表达式为真，左右两边都要为真，由此得出：

```
left = "0^0"
right = "0^1|1"
countEval(left & right, true) = countEval(left, true) * countEval(right, true)
```

把左右两边的结果相乘的原因是，左右两边的每种结果都可以与另一边的任一结果构成独特的组合。这样就可以把这两个表达式划分成更小的子问题，并用一种相似的办法计算结果。

当操作符是"|"（或）或者"^"（异或）时会怎样？如果是"或"，那么左右两边至少一边为真，或者同时为真。

```
countEval(left | right, true) = countEval(left, true) * countEval(right, false)
                              + countEval(left, false) * countEval(right, true)
                              + countEval(left, true) * countEval(right, true)
```

如果是"异或"，左右两边只能有一个为真，不能同时为真。

```
countEval(left ^ right, true) = countEval(left, true) * countEval(right, false)
                              + countEval(left, false) * countEval(right, true)
```

如果我们尝试使结果是假呢？我们可以根据上面的问题转换下思路。

```
countEval(left & right, false) = countEval(left, true) * countEval(right, false)
                               + countEval(left, false) * countEval(right, true)
                               + countEval(left, false) * countEval(right, false)
countEval(left | right, false) = countEval(left, false) * countEval(right, false)
countEval(left ^ right, false) = countEval(left, false) * countEval(right, false)
                               + countEval(left, true) * countEval(right, true)
```

或者我们可以使用与上面相同的思路，将其从计算表达式的总数中减去。

```
totalEval(left) = countEval(left, true) + countEval(left, false)
totalEval(right) = countEval(right, true) + countEval(right, false)
totalEval(expression) = totalEval(left) * totalEval(right)
countEval(expression, false) = totalEval(expression) - countEval(expression, true)
```

这样代码更干净一些。

```
1    int countEval(String s, boolean result) {
2      if (s.length() == 0) return 0;
3      if (s.length() == 1) return stringToBool(s) == result ? 1 : 0;
4
5      int ways = 0;
6      for (int i = 1; i < s.length(); i += 2) {
7        char c = s.charAt(i);
8        String left = s.substring(0, i);
9        String right = s.substring(i + 1, s.length());
10
11       /* 分别计算每一边的每种结果 */
12       int leftTrue = countEval(left, true);
13       int leftFalse = countEval(left, false);
14       int rightTrue = countEval(right, true);
15       int rightFalse = countEval(right, false);
16       int total = (leftTrue + leftFalse) * (rightTrue + rightFalse);
17
18       int totalTrue = 0;
19       if (c == '^') { // 需要一个真和一个假
20         totalTrue = leftTrue * rightFalse + leftFalse * rightTrue;
21       } else if (c == '&') { // 需要同时为真
22         totalTrue = leftTrue * rightTrue;
23       } else if (c == '|') { // 需要不同时为假
24         totalTrue = leftTrue * rightTrue + leftFalse * rightTrue +
25                     leftTrue * rightFalse;
26       }
27
28       int subWays = result ? totalTrue : total - totalTrue;
29       ways += subWays;
30     }
31
32     return ways;
33   }
34
35   boolean stringToBool(String c) {
36     return c.equals("1") ? true : false;
37   }
```

解法 2（优化的解法）

如果我们循着递归路径看，会发现有很多重复计算。

以表达式 `0^0&0^1|1` 和这些递归路径为例。

☐ 在第 1 个字符周围增加括号。`(0)^((0&0^1|1))`
  ■ 在第 3 个字符周围增加括号。`(0)^((0)&(0^1|1))`
☐ 在第 3 个字符周围添加括号。`(0^0)&(0^1|1)`
  ■ 在第 1 个字符周围添加括号。`((0)^(0))&(0^1|1)`

虽然这两个表达式不同，但他们之中(`0^1|1`)的部分相同。所以我们应该复用之前做过的部分。这里可以通过使用制表法或者散列表来完成。我们只需要存储每个 countEval (expression, result)的结果。如果看到之前计算的表达式，直接从缓存中返回。

```
1    int countEval(String s, boolean result, HashMap<String, Integer> memo) {
2      if (s.length() == 0) return 0;
3      if (s.length() == 1) return stringToBool(s) == result ? 1 : 0;
4      if (memo.containsKey(result + s)) return memo.get(result + s);
5
6      int ways = 0;
```

```
7
8    for (int i = 1; i < s.length(); i += 2) {
9      char c = s.charAt(i);
10     String left = s.substring(0, i);
11     String right = s.substring(i + 1, s.length());
12     int leftTrue = countEval(left, true, memo);
13     int leftFalse = countEval(left, false, memo);
14     int rightTrue = countEval(right, true, memo);
15     int rightFalse = countEval(right, false, memo);
16     int total = (leftTrue + leftFalse) * (rightTrue + rightFalse);
17
18     int totalTrue = 0;
19     if (c == '^') {
20       totalTrue = leftTrue * rightFalse + leftFalse * rightTrue;
21     } else if (c == '&') {
22       totalTrue = leftTrue * rightTrue;
23     } else if (c == '|') {
24       totalTrue = leftTrue * rightTrue + leftFalse * rightTrue +
25                   leftTrue * rightFalse;
26     }
27
28     int subWays = result ? totalTrue : total - totalTrue;
29     ways += subWays;
30   }
31
32   memo.put(result + s, ways);
33   return ways;
34 }
```

这样还有个好处，我们可以在表达式的多个部分中使用相同的子表达式。例如，像 `0^1^0&0^1^0` 这样的一个表达式有两个实例 `0^1^0`。通过将子表达式的结果缓存到记忆表中，我们可以在计算完左表达式后，在计算右表达式时重用左表达式的结果。关于一个表达式有几种括号的效法，可用卡塔兰数导出，其中 n 为运算符的数目。

$$C_n = \frac{(2n)!}{(n+1)!n!}$$

该公式可用于计算共有多少种方法来计算表达式。然后，我们不需要计算左真与左假，只需计算其中一个，再用卡塔兰数导出另一个的值。计算右表达式也可以用同样的方法。

第 28 章

系统设计与可扩展性

28.1 网络爬虫

如果要设计一个网络爬虫，该怎样避免陷入死循环呢？

题目解法

有几个问题：

① 什么情况下才会出现死循环？

简单地说，网络由无数链接组成，链接之间相互跳转，封闭的死循环是难以避免的。

② 怎么避免死循环？

首先我们需检测有没有闭环。检测闭环的一种方法是创建一个哈希表，访问过页面 v 后，将 hash[v]设为真（true）。这样我们可以使用广度优先搜索的方式抓取网站。每访问一个页面，我们收集它的所有链接，并将它们插入队列末尾。若发现某个页面已访问，就将其忽略。

③ 但当用户访问页面 v 的时候，页面 v 是基于它的内容还是 URL 来定义的？

如果页面是根据其 URL 定义的，URL 参数可能代表完全不同的页面。只要 URL 参数不是 Web 应用识别和处理的，就可以将它附加到任意 URL 之后，而不会真的改变页面。

如果页面是基于"内容"定义的，会出现假设网站首页的部分内容是随机生成的情况。当我们每次访问首页时，它都是不同的页面吗？这样的问题就会出现。所以通过内容定义页面不可行。

另一种解决方法是根据内容和 URL 评估相似程度。若某个页面与其他页面具有一定的相似度，则降低抓取其子页面的优先级。对于每个页面，我们会根据内容片段和页面的 URL，算出特征码。下面来看看这是如何实现的。

我们有一个数据库，存储了待抓取的一系列条目。每一次循环，我们都会选择最高优先级的页面进行抓取，接着执行以下步骤。

(1) 打开该页面，根据页面的特定片段及其 URL，创建该页面的特征码。

(2) 查询数据库，看看最近是否已抓取拥有该特征码的页面。

(3) 若有此特征码的页面最近已被抓取过，则将该页面插回数据库，并调低优先级。

(4) 若未抓取，则抓取该页面，并将它的链接插入数据库。

设定一个保证页面一定会被抓取的最低优先级，可以在"完成"整个 web 抓取同时，避免陷入页面循环。

28.2 重复网址

给定 100 亿个网址（URL），如何检测出重复的文件？这里所谓的"重复"是指两个 URL 完全相同。

题目解法

100 亿个网址（URL）要占用多少空间呢？假设每个网址平均长度为 100 个字符，每个字符占 4 B，那这份 100 亿个网址的列表将占用约 4 TB。假设内存放下了这些数据。此时只要创建一个哈希表，若在网址列表中找到某个 URL，就映射为 true。另一种做法是对列表进行排序，找出重复项。

如果内存放不下呢？我们可以将部分数据存储至磁盘，或者将数据分拆到多台机器上来解决问题。

解法 1（存储至磁盘）

若将所有数据存储在一台机器上，可以对数据进行两次传递。第一次传递是将 URL 列表拆分为 4000 组，每组 1 GB。简单的做法是将每个 URL u 存放在名为 <x>.txt 的文件中，其中 x = hash(u) % 4000，我们可以根据 URL 的哈希值（除以分组数量取余数）分割这些 URL。让所有哈希值相同的 URL 都存放于同一文件。第二次传递时，将每个文件载入内存，创建 URL 的哈希表，找出重复项。

解法 2（多台机器）

另一种解法的基本流程是一样的，只不过要使用多台机器。在这种解法中，我们会将 URL 发送到机器 x 上，而不是存储至文件 <x>.txt。

优点是可以并行执行这些操作，同时处理 4000 个分组。对于海量数据，这么做就能迅速有效地解决问题。缺点是现在必须依靠 4000 台不同的机器，同时要做到操作无误。这不太现实（特别是对于数据量更大、机器更多的情况），我们需要考虑机器故障系统的复杂性的问题。

这两种解法都不错，都值得与面试官讨论一下。

28.3 缓存

想象有个 Web 服务器系统，实现简化版搜索引擎。这套系统有 100 台机器来响应搜索查询，可能会对另外的机器集群调用 processSearch(string query) 以得到真正的结果。响应查询请求的机器是随机挑选的，因此两个同样的请求不一定由同一台机器响应。processSearch 方法代价过高，请设计一种缓存机制，缓存最近几次查询的结果。当数据发生变化时，请解释说明该如何更新缓存。

题目解法

此题在面试时需要与面试官讨论一些假设问题。

假设条件

- 除了必要时往外调用 processSearch，所有查询处理都在最初被调用的那台机器上完成。
- 缓存的搜索查询数量庞大（几百万）。
- 机器之间的调用速度相对较快。
- 给定查询的结果是一个有序的 URL 列表，每个 URL 关联 50 个字符的标题和 200 个字符的摘要。

- 常见查询，会存在缓存中。

系统需求

设计缓存机制时，我们需要支持两个主要功能。
- 给定某个关键词，快速有效地查找出来。
- 旧的数据会过期，从而让它可被新的数据取代。

此外，当查询的结果改变时，必须处理缓存的更新或清除，防止常用的数据过期。

步骤 1（设计单系统的缓存）

先针对单台机器设计缓存。我们需要一个可以轻易清除旧数据，还能高效地根据关键词查找出相对应的值的数据结构。
- 使用链表可以轻易清除旧数据，只需将"新鲜"项移到链表前方。当链表超过一定大小时，我们可以删除链表末尾的元素。
- 哈希表可以高效查找数据，但一般无法轻易清除数据。

更优的做法如下。
- 跟之前一样创建一个链表，每次访问节点后，该节点就会移至链表首部。这样，链表尾部将总是包含最陈旧的信息。
- 此外，还需要一个哈希表，将查询映射为链表中相应的节点。这样可以有效返回缓存的结果，还能将适合的节点移至链表首部，从而更新其"新鲜度"。

下面给出了缩略版的缓存实现代码。在面试中，一般不会要求你为此写出完整的代码，也不会要求你设计更大的系统。

```java
1   public class Cache {
2     public static int MAX_SIZE = 10;
3     public Node head, tail;
4     public HashMap<String, Node> map;
5     public int size = 0;
6
7     public Cache() {
8       map = new HashMap<String, Node>();
9     }
10
11    /* 将节点移至链表前方 */
12    public void moveToFront(Node node) { ... }
13    public void moveToFront(String query) { ... }
14
15    /* 从链表中移除节点 */
16    public void removeFromLinkedList(Node node) { ... }
17
18    /* 从缓存中获取结果，并更新链表 */
19    public String[] getResults(String query) {
20      if (!map.containsKey(query)) return null;
21
22      Node node = map.get(query);
23      moveToFront(node); // 更新新鲜度
24      return node.results;
25    }
26
27    /* 将结果插入链表，并散列 */
28    public void insertResults(String query, String[] results) {
29      if (map.containsKey(query)) { // 更新值
30        Node node = map.get(query);
31        node.results = results;
32        moveToFront(node); // 更新新鲜度
```

```
33          return;
34      }
35
36      Node node = new Node(query, results);
37      moveToFront(node);
38      map.put(query, node);
39
40      if (size > MAX_SIZE) {
41          map.remove(tail.query);
42          removeFromLinkedList(tail);
43      }
44  }
45 }
```

步骤 2（扩展到多台机器）

当查询被发送至许多不同的机器时，如何设计缓存？（问题描述：不能保证某个查询一定会发送给同一台机器。）

首先，我们需要决定缓存跨机器共享到什么程度。需要考虑以下几种条件。

- 条件 1：为每台机器分配独立的缓存

如果"foo"在短时间内被发送给机器 1 两次，第二次发送时，结果会从缓存中返回。但是，如果"foo"先发送给机器 1 然后发送至机器 2，则两次都会被视作全新的查询。这么做的优点是相对快速，因为不涉及机器之间的调用。缺点是许多重复查询都会被视作全新查询，作为优化工具的缓存并不是那么有效。

- 条件 2：为每台机器分配缓存的副本

这个方法比较极端，即当新的条目被添加至缓存时，它们会被发送给所有机器，包括链表和哈希表在内的整个数据结构都会被复制。优点是常见的查询几乎总是会在缓存里。缺点是更新缓存意味着要将数据发送给 N 台机器，其中 N 是响应集群的规模。而且，每个条目占用的空间是上一种做法的 N 倍，这样缓存所能存放的数据要少很多。

- 条件 3：为每台机器分配部分缓存

第三种做法是将缓存分割开，每台机器存放缓存的不同部分。然后，当机器 i 需要查找某次查询的结果时，它会明白哪一台机器持有这个值，接着请求另一台机器（机器 j），并在它的缓存里查找该值。

要知道哪一台机器持有这部分哈希表？一种做法是根据公式 hash(query) % N 指定查询的结果。然后，机器 i 只需利用这个公式即可得出存储结果的机器 j。机器 j 会从它的缓存中返回待查询的值，或者调用 processSearch(query) 得到结果。机器 j 会更新其缓存，并将结果返回给机器 i。

步骤 3（内容改变时更新结果）

热门内容在缓存够大时，可能会永久存在缓存中。当这些内容改变时，我们需要通过一种机制来定期或"按需"刷新缓存的结果。

我们需要考虑结果何时才会改变（最好跟面试官讨论一下）。主要条件如下。

(1) URL 对应的内容变了或 URL 对应的页面被移除。
(2) 为反映页面排名变化，搜索结果的排序也变了。
(3) 特定查询出的新页面。

为了处理情况(1)和情况(2)，可以另外创建一个哈希表，指示哪个缓存查询与特定 URL 关联。

这些缓存可以放在不同的机器上独立于其他缓存进行处理。但这种解法可能需要大量的数据。

如果数据不要求即时刷新（一般来说不需要），我们可以定期遍历每台机器上存储的缓存，将与更新过的 URL 相关联的结果清除掉。

对于情况(3)，我们可以通过解析新 URL 对应的内容并从缓存中清除这些特定词语的查询，来更新它。不过，这仅能处理特定词语的查询。

针对情况(3)实现缓存的"自动逾期"或许是个不错的方式，也就是说，我们会强加一个超时，任何一个查询，不管它有多热门，都无法在缓存中存放超过 x 分钟。这将确保所有的数据都会定期刷新。

步骤 4（继续改进）

如果想对热门查询优化，我们可以这样做。假设所有查询中，有 1% 都含有某个字符串。那么，机器 i 不必每次都将这个搜索请求转给机器 j，应该只向 j 转发一次，然后机器 i 就可以直接将结果存储在自己的缓存中。

另一个可优化之处是针对"自动过期"机制的。按照前面的描述，这个机制会在 X 分钟后清除任意数据。然而，相比其他数据（如历史股价），我们希望某些数据（如时事新闻）的更新更频繁，可以根据主题或 URL 实现不同的自动逾期机制。对于后一种情况，根据页面以往的更新频度，每个 URL 会设置不同的超时值。该搜索查询的超时值是每个 URL 超时值的最小值。

这只是一部分可以改进的地方。记住，这类题型并没有唯一正确的解法，其用意是让你与面试官讨论设计准则，展示你的思考方式和解题方法。

28.4 销售排名

一家大型电子商务公司希望列出所有类别及每个类别最畅销的产品，例如，在一款产品在全类目中排名第 1056，在"运动器械"类排名第 13，在"安全"类排名第 24。简述你要如何设计这个系统。

题目解法

首先我们要做一些假设来使这个问题更明确。

步骤 1（确定问题范围）

首先，要定义我们到底要构建什么。

- 假设我们只要求设计与此问题相关的组件，而不是整套电商系统。这样，我们只需关注和销售排名有关的前端购买组件就好了。
- 我们还应该明确销售排名的含义。是所有时间的总销售额还是上个月抑或上周的销售额？例如涉及销售数据的某种指数衰减的功能。这些都是需要和面试官讨论的问题。这里我们假设它仅表示过去一周的总销售额。
- 我们假设每个产品可以有多个类别，并且没有"子类别"的概念。

步骤 2（作出合理的假设）

面试时，此部分请与面试官讨论。

- 假设统计信息不会实时更新。对于某些最受欢迎的类别，排名会有 1 小时的延迟。例如，每个种类中的前 100 名。对于不太受关注的类型，会有 1 天的延迟。更确切地说，很少有人会注意到销量排行中排 2809132 位的商品，它的排名变为了 2789158。

- 对于最受欢迎的类别来说，精度很重要。但是对于不那么受欢迎的类别来说，有些误差也是可以接受的。
- 假定对于最受欢迎的类别数据应该每小时更新一次，但这些数据的时间范围不必精确为最后 7 天（168 小时），150 小时也可以。
- 我们将假设这些分类是严格基于交易的来源。

我建议你在开始时尽量多提出假设。有助于你设计方案，也能体现你的思考能力。

步骤 3（画出主要组件）

我们应该设计一个基本而简单的系统，用来描述主要组件。

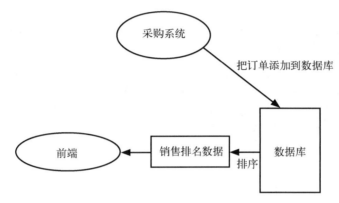

在这个简单的设计中，一旦有订单进入数据库，我就会马上记录。大约每隔 1 小时，我们便会按类别从数据库中获取销售数据，计算总销售额，然后对其进行排序，同时将结果存储到某种销售排名的缓存中（或内存中）。这样前端只是从缓存中拉取销售排名数据，而不会直接访问数据库。

步骤 4（找准核心问题）

- 分析成本过高

在上述的简单系统中，我们会定期查询数据库中每个产品上周的销量。因为是对所有时间的所有销售进行查询，所以操作成本过高，数据库其实只需要记录销售总额。我们可以做一个假设，即系统的其他组件已经存储了购买的历史。这样就可以把主要精力放在数据分析上。我们不需要在数据库中列出每次的购买记录，只需存储上周的总销售额。每笔交易都会更新每周的总销售额。关于总销售额的记录，我们可以用一个与下图相似的表记录销售额。

产品 ID	销售总额	星期日	星期一	星期二	星期三	星期四	星期五	星期六

这有点儿像一个环形队列。每一天，我们都会清除一周中的相应日期。每次购买时，我们会更新该产品在一周中的当日销售额以及本周总销售额。我们还需要一个单独的表来存储产品 ID 和类别的关联关系。这样，要获得每种类别的销售排名，只需要连接这些表。

产品 ID	类别 ID

- **数据库写入频繁**

即使这样记录销售额，我们仍会非常频繁地访问数据库。可以将购买记录存储在某种内存缓存中，比如作为备份的日志文件。我们将会定期批量处理日志/缓存数据，计算总销售额并更新数据库。

简单考虑下放入缓存的可行性。如果每个产品 ID 占用 4 个字节，销售额也是 4 个字节，那么这样的哈希表大约仅有 40 MB 大小，而 4 位字节大小已经可以容纳 40 亿个唯一 ID。所以即使有些额外的内存开销和爆发式的系统增长，我们仍旧可以放入内存中。

更新数据库后，我们可以重算销售排名。需要注意，如果我们在处理另一个产品之前处理这个产品的日志，并在这期间重算销售排名的统计信息，可能会导致偏差（因为我们处理产品的时间比"竞争"产品更长）。

避免偏差的方法，是确保销售排名的统计程序在数据处理完成之前不会运行（随着购买量越来越大，变得很难做到），或者通过将内存中的缓存保留一段时间，等到某个特定时刻再更新所有需要存储的数据，这样就可以保证数据库没有偏差。

- **插入操作过于烦琐**

我们有数以万计的产品类别。对于每个类别，我们都需要先通过烦琐的插入操作拉取数据，然后对其进行排序。

如果只进行一次产品和类别的插入操作，这样每个产品都将按类别列出一次。接着，如果按类别和产品 ID 先后排序，我们的遍历就可以获得每个类别的销售排名。

产品 ID	类 别	销售总额	星期日	星期一	星期二	星期三	星期四	星期五	星期六
1423	体育器材	13	4	1	4	19	322	32	232
1423	安全设备	13	4	1	4	19	322	32	232

我们应该先按类别进行排序，然后对销售量进行排序，这样，通过遍历结果，我们就会获得每个类别的销售排名。如需获得总体销售排名，还要对所有产品的总销售额进行整体排序。其实，如果从一开始就将这些数据保存在上述的表格中，就无须插入操作。缺点是每个产品需要更新多行。

- **数据库查询可能依然很耗时**

我们可以考虑放弃数据库，使用日志文件，例如 MapReduce 等。

这里我们会把一次购买行为所对应的产品 ID、时间戳一起写入简单的文本文件。每个类别都有自己的目录，并且每个购买行为都会被写入所有与该产品相关的类别文件中。我们会不断地通过产品 ID 和时间范围合并文件，以把给定的 1 天或 1 小时内的所有购买行为都放在一起。

```
/ 体育器材
    1423,Dec 13 08:23-Dec 13 08:23,1
    4221,Dec 13 15:22-Dec 15 15:45,5
    ...
/ 安全设备
    1423,Dec 13 08:23-Dec 13 08:23,1
    5221,Dec 12 03:19-Dec 12 03:28,19
    ...
```

只需要对每个目录进行排序，就能得到每个类别中最畅销的产品。获得总体排名有以下两个办法。

- 我们可以将通用类别视为另一个目录，并将每笔购买行为都写入该目录。这样该目录中会有大量文件。
- 由于我们已经按照每个类别的销量订单对产品进行了排序，这样就可以进行多路归并来获得总体排名。

此外，我们可以利用数据不需要实时更新的假设，将最流行的类别列为最新的。我们可以以成对的方式合并来自每个类别的最受欢迎的物品。所以，当两个类别配对在一起时，我们合并最热门的类别（Top 100）。在对 100 件商品进行排序后，停止合并这对商品，并移至下一对商品进行重复操作。获得所有产品的排名后，每天只运行一次这项工作。这样做一大优点是扩展性很好。因为彼此间互不依赖，就可以轻松地在多台服务器之间分布文件。

延展思考

面试官可能会在任何方向对系统设计提出疑问。下面的问题可以试着思考一下。
- 你认为下一个瓶颈是什么？怎么解决？
- 如果还有子类别呢？有的类别可以列在"运动"和"运动器材"下，甚至以"体育" > "运动器材" > "网球" > "球拍"这种形式排序吗？
- 如果数据需要更准确，该怎么办？如果所有产品需要在 30 分钟内确保准确无误，该怎么办？

面试时除了你给出的设计，还需要就产品的某一具体方面作进一步详细介绍。

28.5　个人理财管理

请设计一款个人理财管理系统，简述你的设计思路。系统的功能要求可以连接到你的银行账户，分析你的消费习惯，并给出建议。

题目解法

步骤 1（确定问题范畴）
面试时与你的面试官讨论并确定问题定义。这里我们把问题定义如下。
- 你可以创建一个账户并绑定多个银行账户，绑定操作无需在创建的同时完成。
- 该账户可以同步你所有的财务历史或银行允许的财务记录。
- 财务记录包括支出（购物或缴费）、收入（工资和其他收入）和当前的账户余额（银行账户和投资中的总金额）。
- 每笔交易都有类别信息（食品、旅行、服装等）。
- 提供可以将交易关联到相应类别的数据源。在分配不当的情况时，用户能够修改记录的类别信息（例如，在商场的咖啡厅用餐应该属于"食物"而不是"衣服"）。
- 系统为用户提供有关支出的建议。这些建议综合了典型的支出策略，比如，"人们通常不应该将超过 $X\%$ 的收入花在服装上"，但用户可以自主定制预算。
- 系统未来有移动端应用诉求，当前以 web 为主。
- 有向用户发送定期及特定（超出特定阈值，达到预算上限等情况）事项的电子邮件的需求。
- 不支持用户自行添加分类类型，仅能使用现有分类。

步骤 2（合理假设）
既然明确了系统设计的基本目标，我们就应该对系统的特性定义些进一步假设。
- 增加或移除银行账户属于特殊操作。

- 系统压力主要在写入。用户每天可以进行多次交易，但登录网站的查询行为很少，多数依赖电子邮件的提醒。
- 指定过类别的交易信息，在用户自行改变类别后，系统并不会在底层改变该交易的原始信息，即每个交易日期之间的规则发生变化，那么两个相同的交易可以被分配到不同的类别。这样做是为了避免让用户陷入，在没有任何交易的情况下，他们每个类别的支出却变化了的疑惑中。
- 我们主动拉取银行信息是更稳妥的方法。关于超出预算后的信息推送，适当延迟更加安全，要留有拉取数据的缓冲时间。

步骤 3（画出主要组件）

最简单的系统就是，在每次登录时拉取数据，然后把数据分类，再分析用户的预算。但这样有点无法满足需求，毕竟我们想在某些特定事件发生时给用户发邮件通知。

我们还可以做得更好。

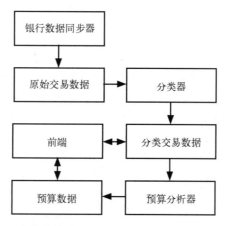

如上图所示的基本架构，系统按周期（每小时或每天）拉取银行数据。这个频率取决于用户的行为。不太活跃的用户检查账户也不太频繁。

新数据到达后，会被存储在未处理的交易列表中。然后数据会被推到分类器，它会将交易分类，并转存到另一个数据库中。预算分析器会同步拉取分类后的交易数据，更新每个用户每个类别的预算，并存储。前端会拉取分类后的交易数据和用户的预算数据用以展示。用户还可以通过前端交互改变预算信息和交易分类。

步骤 4（找准核心问题）

这会是一个非常复杂的系统。在处理复杂系统时，将信息做异步处理是非常好的选择。我们需要至少一个负责待完成任务排序工作的任务队列，来处理包括提取新的银行数据、重新分析预算和分类新的银行数据等任务，以及需要重试的失败任务。这些任务需要有相应的优先级，以保障在所有任务都被执行的前提下，队列整体执行起来更加高效。

电子邮件系统是一个重要组件，因为使用定期任务抓取用户信息，检查是否超预算的方式效率较低，我们可以提前存储每个类别的预算总额，在交易发生时判断是否超过预算并重排任务。

此外，关于系统中的静默用户（注册后未使用或超过设置时间未使用的用户）我们或许做希望删除处理或不主动分析这些用户，还是通过赋予优先级的形式让其它系统处理。

系统面临的最大的瓶颈是大量数据的提取和分析。这需要能够异步拉取银行数据，并在多台服务器上运行这些任务，你还要深入了解分类器和预算分析器的工作方式。

● 分类器和预算分析器

有一点需要注意的是交易互不依赖。只要我们获得某个用户的一次交易，就可以对其进行分类并整合这些数据。这样可以保障分析结果不会出现误差。

相比使用标准数据库，将交易存储到一组纯文本文件可能会好一些。我们之前假设这些分类仅基于卖方的姓名。如果假设有很多用户，那么卖方会有很多重复。如果按照卖方的名称对交易文件进行分组，则可以利用这些副本。

分类器可以执行如下操作。

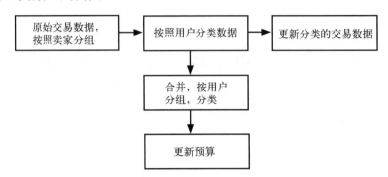

首先获取按照卖方分组后的原始交易数据。然后为卖方选择适当的类别，最常见卖方的对应关系可能存储在缓存中，接着将该类别应用于该卖方的所有交易。

应用该类别后，它将按用户重新分组所有交易。然后，每个用户的交易都会被存储到数据库。

分类之前	分类之后

amazon/
  user121,$5.43,Aug 13
  user922,$15.39,Aug 27
  ...
comcast/
  user922,$9.29,Aug 24
  user248,$40.13,Aug 18
  ...
	user121/
	  amazon,shopping,$5.43,Aug 13
	  ...
	user922/
	  amazon,shopping,$15.39,Aug 27
	  comcast,utilities,$9.29,Aug 24
	  ...
	user248/
	  comcast,utilities,$40.13,Aug 18
	  ...

此时，预算分析器会将分组后数据合并到不同类别中，此时间段内这个用户的所有购物任务都将合并，然后更新预算。

大多数数据会在纯日志文件中处理。只有最终数据（分类交易数据和预算分析数据）会存储在数据库中。这样最大限度地减少了数据库的写入和读取。

● 用户更改类别

用户可以选择更改特定交易的分类，使其从当前分类转移到其它分类下。这种情况，我们将更新分类交易的现有数据。快速重算预算，在旧类别中减少数额，在新类别中增加数额。

延伸思考

❏ 如果你还需要支持移动应用程序，那么系统需要什么改变？
❏ 你如何设计将预算分配给每个类别的组件？
❏ 你将如何设计推荐预算的功能？
❏ 如果用户可以制定规则来对特定卖方的所有交易进行分类，而不是仅能使用现有分类，那么你要如何做？

第 29 章

排序与查找

29.1 变位词组

编写一种方法,对字符串数组进行排序,将所有变位词排在相邻的位置。

题目解法

此题只要求对数组中的字符串进行分组,将变位词排在一起。除此之外,并没有要求这些词按特定顺序排列。

我们需要一种快速简单的方法来确定两个字符串是否互为变位串。如何判定变位词?变位词是指具有相同字符但顺序相反的单词。因此,只需把字符放在同一个顺序中,就能检查出新单词是否是相同。

一种解法是,使用任一标准排序算法,比如归并排序或快速排序,并修改比较器(comparator)。这个比较器用来指示两个互为变位词的字符串是一样的。

另一种解法是,我们可以数一数每个字符串中各个字符出现的次数,两者相同则返回 true,或者直接对字符串进行排序,若两个字符串互为变位词,排序后就是一样的。

比较器的实现代码如下。

```
1   class AnagramComparator implements Comparator<String> {
2     public String sortChars(String s) {
3       char[] content = s.toCharArray();
4       Arrays.sort(content);
5       return new String(content);
6     }
7
8     public int compare(String s1, String s2) {
9       return sortChars(s1).compareTo(sortChars(s2));
10    }
11  }
```

下面,利用这个 compareTo 方法对数组进行排序。

```
12  Arrays.sort(array, new AnagramComparator());
```

这个算法的时间复杂度为 $O(n \log(n))$。

以上是使用通用排序算法的最佳情况,但实操时,并不需要对整个数组进行排序,只需将变位词**分组**放在一起即可。利用散列表将排序后的单词映射到它的一个变位词列表。举例来说,acre 会映射到列表{acre, race, care}。一旦将所有同为变位词的单词分在同一组,就可以将它们放回到数组中。

下面是该算法的实现代码。

```
 1  void sort(String[] array) {
 2    HashMapList<String, String> mapList = new HashMapList<String, String>();
 3
 4    /* 将同为变位词的单词分在同一组 */
 5    for (String s : array) {
 6      String key = sortChars(s);
 7      mapList.put(key, s);
 8    }
 9
10    /* 将散列表转换为数组 */
11    int index = 0;
12    for (String key : mapList.keySet()) {
13      ArrayList<String> list = mapList.get(key);
14      for (String t : list) {
15        array[index] = t;
16        index++;
17      }
18    }
19  }
20
21  String sortChars(String s) {
22    char[] content = s.toCharArray();
23    Arrays.sort(content);
24    return new String(content);
25  }
26
27  /* HashMapList是一个散列表，把字符串映射到整数列表 */
```

以上算法由桶排序优化而来。

29.2 搜索轮转数组

给定一个排序后的数组，包含 n 个整数，但这个数组已被轮转过很多次了，次数不详。请编写代码找出数组中的某个元素，假设数组元素原先是按升序排列的。

示例：

输入：在数组{15, 16, 19, 20, 25, 1, 3, 4, 5, 7, 10, 14}中找出 5

输出：8（元素 5 在该数组中的索引）

题目解法

在经典二分查找法中，我们会将 x 与中间元素进行比较，以确定 x 属于左半部分还是右半部分。此题的复杂之处就在于数组被轮转过了，可能有一个拐点，以下面两个数组为例。

```
Array1: {10, 15, 20,  0,  5}
Array2: {50,  5, 20, 30, 40}
```

虽然这两个数组的中间元素都是 20，但 5 在其中一个数组的左边和另一个数组的右边。因此，只将 x 与中间元素进行比较是不够的。再仔细观察，会发现数组有一半（左边或右边）必定是按正常顺序（升序）排列的。因此，我们可以看看按正常顺序排列的那一半数组，确定应该搜索左半边还是右半边。

例如，如果要在 Array1 中查找 5，我们可以比较左侧元素（10）和中间元素（20）。由于 10 < 20，左半边一定是按正常顺序排列的。另外，由于 5 不在这两个元素之间，因此接下来应该搜索右半边。

在 Array2 中，可以看到 50 > 20，因此右半边必定是按正常顺序排列的。接着查看中间元素（20）和右侧元素（40），检查 5 是否落在这两个元素之间。显然 5 并不落在两者之间，因此接下来要搜索右半边。

如果左侧元素和中间元素完全相同，比如数组{2, 2, 2, 3, 4, 2}，这种情况就比较复杂了。这里我们可以检查最右边的元素是否不同。若不同，可以只搜索右半边，否则，两边都得搜索。

```
1   int search(int a[], int left, int right, int x) {
2     int mid = (left + right) / 2;
3     if (x == a[mid]) { // 找到元素
4       return mid;
5     }
6     if (right < left) {
7       return -1;
8     }
9
10    /* 左半边或右半边必有一边是按正常顺序排列，找出是哪一半边，
11     * 然后利用按正常顺序排列的半边，确定该搜索哪一边 */
12    if (a[left] < a[mid]) { // 左半边为正常排序
13      if (x >= a[left] && x < a[mid]) {
14        return search(a, left, mid - 1, x); // 搜索左半边
15      } else {
16        return search(a, mid + 1, right, x); // 搜索右半边
17      }
18    } else if (a[mid] < a[left]) { // 右半边为正常排序
19      if (x > a[mid] && x <= a[right]) {
20        return search(a, mid + 1, right, x); // 搜索右半边
21      } else {
22        return search(a, left, mid - 1, x); // 搜索右半边
23      }
24    } else if (a[left] == a[mid]) { // 左半边都是重复元素
25      if (a[mid] != a[right]) { // 若右半边元素不同，则搜索那一边
26        return search(a, mid + 1, right, x); // 搜索右半边
27      } else { // 否则，两边都得搜索
28        int result = search(a, left, mid - 1, x); // 搜索左半边
29        if (result == -1) {
30          return search(a, mid + 1, right, x); // 搜索右半边
31        } else {
32          return result;
33        }
34      }
35    }
36    return -1;
37  }
```

若所有元素都不同，则上述代码执行的时间复杂度为 $O(\log n)$。若有很多元素重复的话，算法时间复杂度则为 $O(n)$。因为若有很多重复元素数组（或子数组）的左半边和右半边都得查找。

29.3 排序集合的查找

给定一个类似数组的长度可变的数据结构 Listy，它有个 elementAt(i) 方法，可以在 $O(1)$ 的时间内返回下标为 i 的值，但越界会返回 -1。因此，该数据结构只支持正整数。给定一个排好序的正整数 Listy，找到值为 x 的下标。如果 x 多次出现，任选一个返回。

题目解法

此题我们首先应该想到的是二分查找法。二进制搜索要求知道列表的长度，以便我们可以将它与中点进行比较，但是这道题中没有给出长度。

所以我们需要先计算一下长度。当 i 太大时，我们知道 elementAt 会返回-1。因此，我们可以尝试越来越大的值，直到超过列表的大小。但要选多大？如果逐一尝试列表，从 1 开始，然后是 2、3、4 以此类推，这是一个线性时间复杂度的算法。因为题目指出列表已经排序，所以我们需要一个更快的算法。

更好的方式是指数式回退。尝试 1，然后 2、4、8、16 以此类推。这确保了如果列表的长度为 n，我们将最多在 $O(\log n)$ 的时间内找到列表长度。

为什么是 $O(\log n)$？想象一下，指针 q 从 1 开始。在每次迭代中，这个指针 q 加倍，直到 q 大于长度 n。在 q 大于 n 之前，有多少次可以加倍其大小？k 的值是多少时 $2^k = n$？这个表达式在 $k = \log n$ 时是相等的，因为这正是 log 的含义。因此，它需要 $O(\log n)$ 步来找到长度。

找到了长度后，只需在常规的二分查找上加两点小调整。①如果中点为-1，需要将其视为"太大"的值并向左搜索，参考下面代码段的第 16 行。②我们确定长度的方式是调用 elementAt 并将其与-1 进行比较。如果在此过程中元素大于值 x（x 是我们要搜索的值），我们就可以尽早跳到二分查找部分。

```
1   int search(Listy list, int value) {
2     int index = 1;
3     while (list.elementAt(index) != -1 && list.elementAt(index) < value) {
4       index *= 2;
5     }
6     return binarySearch(list, value, index / 2, index);
7   }
8
9   int binarySearch(Listy list, int value, int low, int high) {
10    int mid;
11
12    while (low <= high) {
13      mid = (low + high) / 2;
14      int middle = list.elementAt(mid);
15      if (middle > value || middle == -1) {
16        high = mid - 1;
17      } else if (middle < value) {
18        low = mid + 1;
19      } else {
20        return mid;
21      }
22    }
23    return -1;
24  }
```

事实证明，寻找长度不会影响搜索算法的运行时间。我们在 $O(\log n)$ 的时间内找到长度，然后在 $O(\log n)$ 的时间内进行搜索。与常规数组一样，这里的整体运行时间还是 $O(\log n)$。

29.4 失踪的整数

给定一个输入文件，包含 40 亿个非负整数，请设计一种算法，生成一个不包含在该文件中的整数，假定你有 1 GB 内存来完成这项任务。

进阶：如果只有 10 MB 内存可用，且所有值均不同，有不超过 10 亿个非负整数，该怎么办？

题目解法

可能总共有 2^{32} 或 40 亿个不同的整数，其中非负整数共 2^{31} 个。假设它是整数而不是长整数，因此，输入文件中会包含一些重复整数。

我们可以使用 1 GB 内存（相当于 80 亿个比特），将所有整数映射到可用内存的不同比特位，处理方法如下。

(1) 创建包含 40 亿个比特的位向量（BV, bit vector）。回想一下，位向量其实就是数组，利用整数数组或其他数据类型将布尔值进行紧凑存储。每个整数可存储 32 位布尔值。

(2) 将 BV 的所有元素初始化为 0。

(3) 扫描文件中的所有数字（num），并调用 BV.set(num, 1)。

(4) 接着，再次从索引 0 开始扫描 BV。

(5) 返回第一个值为 0 的索引。

下面的代码实现了上述算法。

```
1   long numberOfInts = ((long) Integer.MAX_VALUE) + 1;
2   byte[] bitfield = new byte [(int) (numberOfInts / 8)];
3   String filename = ...
4
5   void findOpenNumber() throws FileNotFoundException {
6     Scanner in = new Scanner(new FileReader(filename));
7     while (in.hasNextInt()) {
8       int n = in.nextInt ();
9       /*使用 OR 操作符设置一个字节的第 n 位，找出 bitfield 中相对应的数字
10       *  （例如，10 将对应于字节数组中索引 2 的第 2 位） */
11      bitfield [n / 8] |= 1 << (n % 8);
12    }
13
14    for (int i = 0; i < bitfield.length; i++) {
15      for (int j = 0; j < 8; j++) {
16        /* 取回每个字节的各个比特。当发现某个比特为 0 时，即找到相对应的值 */
17        if ((bitfield[i] & (1 << j)) == 0) {
18          System.out.println (i * 8 + j);
19          return;
20        }
21      }
22    }
23  }
```

进阶：只能使用 10 MB 内存，该怎么办

对数据集进行两次扫描，就可以找出不在文件中的整数。我们可以将全部整数划分成同等大小的区块（稍后会讨论如何决定大小）。这里假设要将整数划分为大小为 1000 的区块。那么，区块 0 代表 0 至 999 的数字，区块 1 代表 1000 至 1999 的数字，以此类推。

因为所有数值各不相同，我们很清楚每个区块应该有多少数字，所以，在扫描文件时，我们要数一数 0 至 999 之间有多少个值，1000 至 1999 之间有多少个值，以此类推。

如果在某个范围内只有 999 个值，即可断定该范围内少了某个数字。在第二次扫描时，我们要找出该范围内少了哪个数字。我们可以采用先前位向量的做法，并忽略该范围之外的任意数字。

关于区块多大才合适？下面先定义若干变量。

❏ 将 rangeSize 表示为第一次扫描时每个区块的范围大小。

❏ 将 arraySize 表示为第一次扫描时区块的个数。注意，arraySize = 2^{31} / rangeSize，因为一共有 2^{31} 个非负整数。

我们需要为 rangeSize 选择一个值，以使第一次扫描（数组）与第二次扫描（位向量）所需的内存够用。

第一次扫描：数组

第一次扫描所需的数组可以填入 10 MB 或大约 2^{23} 字节的内存中。数组中每个元素均为整数（int），而每个整数有 4 字节，可以使用最多包含约 2^{23} 个元素的数组。综上所述，我们可以导出如下公式。

$$\text{arraySize} = \frac{2^{31}}{\text{rangeSize}} \leqslant 2^{21}$$

$$\text{rangeSize} \geqslant \frac{2^{31}}{2^{21}}$$

$$\text{rangeSize} \geqslant 2^{10}$$

第二次扫描：位向量

我们需要有足够的空间存储 rangeSize 个比特。将 2^{23} 个字节放进内存，自然就能存放 2^{26} 个比特。因此，可以推出如下公式。

$$2^{10} \leqslant \text{rangeSize} \leqslant 2^{26}$$

在这些条件下，我们有足够的"缓冲空间"，但如果想要使用的内存更少，就需要选择更靠近中间的值。下面的代码提供了该算法的一种实现方式。

```
1   int findOpenNumber(String filename) throws FileNotFoundException {
2       int rangeSize = (1 << 20); // 2^20 比特(2^17 字节)
3
4       /* 获取每个块内值的总数 */
5       int[] blocks = getCountPerBlock(filename, rangeSize);
6
7       /* 找到一个缺失值的块 */
8       int blockIndex = findBlockWithMissing(blocks, rangeSize);
9       if (blockIndex < 0) return -1;
10
11      /* 为在这个范围内的每一条创建位向量 */
12      byte[] bitVector = getBitVectorForRange(filename, blockIndex, rangeSize);
13
14      /* 在位向量中找到 0 的位置 */
15      int offset = findZero(bitVector);
16      if (offset < 0) return -1;
17
18      /* 计算缺失的值 */
19      return blockIndex * rangeSize + offset;
20  }
21
22  /* 获得每个范围条目的总数 */
23  int[] getCountPerBlock(String filename, int rangeSize)
24          throws FileNotFoundException {
25      int arraySize = Integer.MAX_VALUE / rangeSize + 1;
26      int[] blocks = new int[arraySize];
27
28      Scanner in = new Scanner (new FileReader(filename));
29      while (in.hasNextInt()) {
30          int value = in.nextInt();
31          blocks[value / rangeSize]++;
32      }
33      in.close();
34      return blocks;
```

```
35    }
36
37    /* 寻找数目更少的块 */
38    int findBlockWithMissing(int[] blocks, int rangeSize) {
39      for (int i = 0; i < blocks.length; i++) {
40        if (blocks[i] < rangeSize){
41          return i;
42        }
43      }
44      return -1;
45    }
46
47    /* 为在特殊范围内的每一条创建位向量 */
48    byte[] getBitVectorForRange(String filename, int blockIndex, int rangeSize)
49        throws FileNotFoundException {
50      int startRange = blockIndex * rangeSize;
51      int endRange = startRange + rangeSize;
52      byte[] bitVector = new byte[rangeSize/Byte.SIZE];
53
54      Scanner in = new Scanner(new FileReader(filename));
55      while (in.hasNextInt()) {
56        int value = in.nextInt();
57        /* 取回每个字节的各个比特。当发现某个比特为 0 时，即找到相对应的值 */
58        if (startRange <= value && value < endRange) {
59          int offset = value - startRange;
60          int mask = (1 << (offset % Byte.SIZE));
61          bitVector[offset / Byte.SIZE] |= mask;
62        }
63      }
64      in.close();
65      return bitVector;
66    }
67
68    /* 查找字节为 0 的位索引 */
69    int findZero(byte b) {
70      for (int i = 0; i < Byte.SIZE; i++) {
71        int mask = 1 << i;
72        if ((b & mask) == 0) {
73          return i;
74        }
75      }
76      return -1;
77    }
78
79    /* 在位向量中查找 0 并返回索引 */
80    int findZero(byte[] bitVector) {
81      for (int i = 0; i < bitVector.length; i++) {
82        if (bitVector[i] != ~0) { // 如果不全部等于 1
83          int bitIndex = findZero(bitVector[i]);
84          return i * Byte.SIZE + bitIndex;
85        }
86      }
87      return -1;
88    }
```

如果面试官问你，可用内存更少的话，又该怎么办？在这种情况下，我们可以采用步骤一的做法重复扫描。首先检查每 100 万个元素序列中会找到多少个整数；接着，在第二次扫描时，检查每 1000 个元素的序列中可找到多少个整数；最后，在第三次扫描时，使用位向量找出不在文件中的那个数字。

29.5 排序矩阵查找

给定 $M \times N$ 矩阵，每一行、每一列都按升序排列，请编写代码找出某元素。

题目解法

解法 1（简单解法）

针对该解法，我们可以对每一行进行二分查找，以便找到目标元素。该矩阵有 M 行，搜索每一行用时 $O(\log(N))$，因此这个算法的时间复杂度为 $O(M\log(N))$。

在设计算法之前，我们先看一个简单的例子。

15	20	40	85
20	35	80	95
30	55	95	105
40	80	100	120

假设要查找元素 55，我们该如何找出该元素的位置呢？只要看看一行或一列的起始元素，我们就能开始推断待查元素的位置。若一列的起始元素大于 55，就表示 55 不可能在那一列（起始元素是那一列的最小元素）。我们也可推断出 55 不可能在那一列的右边，因为每一列的第一个元素从左到右依次增大。因此，若那一列的起始元素大于待查找的元素 x，就可以确定我们必须往那一列的左边查找。

该方法同样适用于矩阵的行。若某一行的起始元素大于 x，就应该往上查找。同样地，我们也可以从列或行的末端得出类似的结论。若某一列或行的末尾元素小于 x，就必须往下（行）或往右（列）查找，因为末尾元素必定是最大的元素。下面我们可以将这些观察到的要点合并成一个解法，观察到的要点如下。

- 若列的开头大于 x，那么 x 位于该列的左边；
- 若列的末端小于 x，那么 x 位于该列的右边；
- 若行的开头大于 x，那么 x 位于该行的上方；
- 若行的末端小于 x，那么 x 位于该行的下方。

实操时可以从任意位置开始搜索，这里，我们先从列的起始元素开始。

我们需要从最大的那一列开始，然后向左移动，这意味着第一个要比较的元素是 array[0][c-1]，其中 c 为列的数目。将各个列的开头与 x（这里为 55）进行比较，就会发现 x 必定位于列 0、列 1 或列 2，比较至 array[0][2] 停下来。

这个元素不一定会在完整矩阵中某一列的末端出现，但会在某个子矩阵的某一列的末端出现。同样的条件一样适用。array[0][2] 的值是 40，比 55 小，由此可知必须往下移动。

现在，我们以下面这个子矩阵为例进行阐述（排除灰色方格）。

15	20	40	85
20	35	80	95
30	55	95	105
40	80	100	120

我们可以重复套用以上条件和流程找出 55。注意，在此只能使用条件 1 和条件 4。下面是这个排除算法的实现代码。

```
1   boolean findElement(int[][] matrix, int elem) {
2     int row = 0;
3     int col = matrix[0].length - 1;
4     while (row < matrix.length && col >= 0) {
5       if (matrix[row][col] == elem) {
6         return true;
7       } else if (matrix[row][col] > elem) {
8         col--;
9       } else {
10        row++;
11      }
12    }
13    return false;
14  }
```

解法2（二分查找法）

让我们再来看个简单的例子。

15	20	70	85
20	35	80	95
30	55	95	105
40	80	100	120

我们希望能够充分利用矩阵行列已排序的条件，以便更高效地找到元素。我们知道每一行每一列都是已排序的，也就是说元素 a[i][j] 会大于位于行 i、列 0 和列 $j-1$ 之间的元素，并且大于位于列 j、行 0 和行 $i-1$ 之间的元素。如下所示。

```
a[i][0] <= a[i][1] <= ... <= a[i][j-1] <= a[i][j]
a[0][j] <= a[1][j] <= ... <= a[i-1][j] <= a[i][j]
```

下面图表说明，其中深灰色元素大于所有浅灰色元素。

15	20	70	85
20	35	80	95
30	55	95	105
40	80	100	120

浅灰色元素也有规律可循：每一个都大于它左边的元素，并且大于它上方的元素。因此，根据传递性，深灰色元素比色块里的其他元素都要大。

15	20	70	85
20	35	80	95
30	55	95	105
40	80	100	120

这意味着，若在矩阵里任意画个长方形，其右下角的元素一定是最大的。同样地，左上角的元素一定是最小的。下图的颜色暗示了元素的大小顺序（浅灰色＜深灰色＜黑色）。

15	20	70	85
20	35	80	95
30	55	95	105
40	80	120	120

让我们回到原先的问题：假设我们要查找值 85，顺着对角线搜索，可找到元素 35 和 95。利用这些信息可知 85 的位置吗？

15	20	70	85
25	35	80	95
30	55	95	105
40	80	120	120

85 不可能位于黑色区域，因为 95 位于该区域的左上角，也是该方形里最小的元素。

85 也不可能位于浅灰色区域，因为 35 位于该方形的右下角，是该方形中最大的元素。

85 必定位于两个白色区域之一。

因此，我们将矩阵分为 4 个区域，以递归方式搜索左下区域和右上区域。这两个区域也会被分成子区域并继续搜索。

注意到对角线是已排序的，因此可以利用二分查找法进行高效的搜索。

下面是该算法的实现代码。

```
1   Coordinate findElement(int[][] matrix, Coordinate origin, Coordinate dest, int x){
2     if (!origin.inbounds(matrix) || !dest.inbounds(matrix)) {
3       return null;
4     }
5     if (matrix[origin.row][origin.column] == x) {
6       return origin;
7     } else if (!origin.isBefore(dest)) {
8       return null;
9     }
10
11    /* 将 start 和 end 分别设为对角线的起点和终点。矩阵不一定是正方形，
12     * 因此对角线的终点也可能不等于 dest */
13    Coordinate start = (Coordinate) origin.clone();
14    int diagDist = Math.min(dest.row - origin.row, dest.column - origin.column);
15    Coordinate end = new Coordinate(start.row + diagDist, start.column + diagDist);
16    Coordinate p = new Coordinate(0, 0);
17
18    /* 在对角线上进行二分查找，找出第一个比 x 大的元素 */
19    while (start.isBefore(end)) {
20      p.setToAverage(start, end);
21      if (x > matrix[p.row][p.column]) {
22        start.row = p.row + 1;
23        start.column = p.column + 1;
24      } else {
25        end.row = p.row - 1;
26        end.column = p.column - 1;
27      }
28    }
29
30    /* 将矩阵分为 4 个区域，搜索左下区域和右上区域 */
31    return partitionAndSearch(matrix, origin, dest, start, x);
32  }
33
34  Coordinate partitionAndSearch(int[][] matrix, Coordinate origin, Coordinate dest,
35                                Coordinate pivot, int x) {
36    Coordinate lowerLeftOrigin = new Coordinate(pivot.row, origin.column);
37    Coordinate lowerLeftDest = new Coordinate(dest.row, pivot.column - 1);
38    Coordinate upperRightOrigin = new Coordinate(origin.row, pivot.column);
39    Coordinate upperRightDest = new Coordinate(pivot.row - 1, dest.column);
40
```

```
41      Coordinate lowerLeft = findElement(matrix, lowerLeftOrigin, lowerLeftDest, x);
42      if (lowerLeft == null) {
43        return findElement(matrix, upperRightOrigin, upperRightDest, x);
44      }
45      return lowerLeft;
46    }
47
48    Coordinate findElement(int[][] matrix, int x) {
49      Coordinate origin = new Coordinate(0, 0);
50      Coordinate dest = new Coordinate(matrix.length - 1, matrix[0].length - 1);
51      return findElement(matrix, origin, dest, x);
52    }
53
54    public class Coordinate implements Cloneable {
55      public int row, column;
56      public Coordinate(int r, int c) {
57        row = r;
58        column = c;
59      }
60
61      public boolean inbounds(int[][] matrix) {
62        return row >= 0 && column >= 0 &&
63               row < matrix.length && column < matrix[0].length;
64      }
65
66      public boolean isBefore(Coordinate p) {
67        return row <= p.row && column <= p.column;
68      }
69
70      public Object clone() {
71        return new Coordinate(row, column);
72      }
73
74      public void setToAverage(Coordinate min, Coordinate max) {
75        row = (min.row + max.row) / 2;
76        column = (min.column + max.column) / 2;
77      }
78    }
```

如果面试时未写出完整代码也没关系，表述清楚思路即可。也可将一些代码独立出来写成方法，以增加你的亮点。例如，将 partitionAndSearch 独立出来写成一个方法，想勾勒代码的轮廓就要简单许多。之后有时间的话，再回头填充 partitionAndSearch 的内容。

29.6 峰与谷

在一个整数数组中，"峰"是大于或等于相邻整数的元素，相应地，"谷"是小于或等于相邻整数的元素。例如，在数组{5, 8, 6, 2, 3, 4, 6}中，{8, 6}是峰，{5, 2}是谷。现在给定一个整数数组，将该数组按峰与谷的交替顺序排序。

示例：
输入：[5, 3, 1, 2, 3]
输出：[5, 1, 3, 2, 3]

题目解法

由于这个问题要求我们以一种特殊的方式对数组进行排序，我们可以先尝试自然排序，然后将数组整理成峰和谷交替排列的顺序。

解法 1（次优解）
假设我们有一个未排序的数组，将其进行如下排序。

0 1 4 7 8 9

我们现在有一个升序排列的整数队列。

如何将其重新排列成一个峰和谷交替的序列？让我们尝试一下。

❏ 0 是对的。

❏ 1 的位置错了。我们可以用 4 或 0 替换，这里用 0。

  1 0 4 7 8 9

❏ 4 是对的。

❏ 7 的位置错了。我们可以用 4 或 8 替换，这里用 4。

  1 0 7 4 8 9

❏ 9 的位置错了。让我们用 8 替换。

  1 0 7 4 9 8

注意，数组的这些值没有什么特殊之处。元素的相对顺序至关重要，但是所有排序数组都具有相同的相对顺序。因此，我们可以对任何排序数组采取同样的方法。

在写代码之前，我们应该明确的算法的具体步骤如下。

(1) 按升序排列数组。

(2) 迭代元素，从索引 1（不是 0）开始，每次跳跃两个元素。

(3) 对于每个元素，将其与前面的元素交换。因为每三个元素都以小 ≤ 中 ≤ 大的顺序出现，所以交换这些元素总是将"中"作为一个峰值：中 ≤ 小 ≤ 大。

这种方法将确保峰值位于正确的位置，即处在 1、3、5 等这样的位置上。只要奇数元素（峰）大于相邻元素，偶数元素（谷）肯定小于相邻元素。

实现此方法的代码如下。

```
1   void sortValleyPeak(int[] array) {
2     Arrays.sort(array);
3     for (int i = 1; i < array.length; i += 2) {
4       swap(array, i - 1, i);
5     }
6   }
7
8   void swap(int[] array, int left, int right) {
9     int temp = array[left];
10    array[left] = array[right];
11    array[right] = temp;
12  }
```

该算法的运行时间为 $O(n \log n)$。

解法 2（最优解）
为了优化之前的解法，我们需要排除其排序步骤。算法必须在一个未排序的数组上操作。

让我们再举一个例子。

9 1 0 4 8 7

对于每个元素，我们需要注意相邻元素。让我们想象一些只使用数字 0、1 和 2 的序列。值具体是多少无关紧要。

```
0   1   2
0   2   1       //峰
1   0   2
1   2   0       //峰
2   1   0
2   0   1
```

如果中心元素得是一个峰值,那么上述能满足条件的只有两个序列。我们可以用最大相邻元素来替换中心元素,从而来修正序列,让中心变成峰值。

```
0   1   2   -> 0   2   1
0   2   1       //峰
1   0   2   -> 1   2   0
1   2   0       //峰
2   1   0   -> 1   2   0
2   0   1   -> 0   2   1
```

如上所述,如果能确定峰位于正确位置,那么就能得出谷处在正确位置。

如果出现了某次交换"破坏"了已经处理过的序列的情况,可以用 `left` 替换 `middle`,那么 `left` 现在就是一个谷。`middle` 比 `left` 小,把更小的元素作为一个山谷就可以了。

实现此算法的代码如下。

```
1   void sortValleyPeak(int[] array) {
2     for (int i = 1; i < array.length; i += 2) {
3       int biggestIndex = maxIndex(array, i - 1, i, i + 1);
4       if (i != biggestIndex) {
5         swap(array, i, biggestIndex);
6       }
7     }
8   }
9
10  int maxIndex(int[] array, int a, int b, int c) {
11    int len = array.length;
12    int aValue = a >= 0 && a < len ? array[a] : Integer.MIN_VALUE;
13    int bValue = b >= 0 && b < len ? array[b] : Integer.MIN_VALUE;
14    int cValue = c >= 0 && c < len ? array[c] : Integer.MIN_VALUE;
15
16    int max = Math.max(aValue, Math.max(bValue, cValue));
17    if (aValue == max) return a;
18    else if (bValue == max) return b;
19    else return c;
20  }
```

该算法的运行时间为 $O(n)$。

第 30 章

数 据 库

问题 30.1 用到了以下数据库模式。

Apartments	
AptID	int
UnitNumber	varchar(10)
BuildingID	int

Buildings	
BuildingID	int
ComplexID	int
BuildingName	varchar(100)
Address	varchar(500)

Requests	
RequestID	int
Status	varchar(100)
AptID	int
Description	varchar(500)

Complexes	
ComplexID	int
ComplexName	varchar(100)

AptTenants	
TenantID	int
AptID	int

Tenants	
TenantID	int
TenantName	varchar(100)

注意,每套公寓可能有多位承租人,而每位承租人可能租住多套公寓。每套公寓隶属于一栋大楼,而每栋大楼属于一个综合体。

30.1 多套公寓

编写 SQL 查询,列出租住不止一套公寓的承租人。

题目解法
要解决此题,我们可以使用 HAVING 和 GROUP BY 子句,然后将 Tenants 以 INNER JOIN 连接起来。

```
1   SELECT TenantName
2   FROM Tenants
3   INNER JOIN
4       (SELECT TenantID FROM AptTenants GROUP BY TenantID HAVING count(*) > 1) C
5   ON Tenants.TenantID = C.TenantID
```

在面试或现实生活中,每当编写 GROUP BY 子句时,务必确保 SELECT 子句要么是聚集函数,要么就包含在 GROUP BY 子句里。

30.2 连接

连接有哪些不同类型?请说明这些类型之间的差异,以及为何在某些情形下,某种连接会比较好。

题目解法
JOIN 用于合并两个表的结果。要执行 JOIN 操作,每个表里至少要有一个字段,可用来配对另一个表里的记录。连接的类型规定了哪些记录会进入合并结果集。

下面以两张表为例：一张表列出常规饮料，另一张表是无卡路里饮料。每张表有两个字段：饮料名称（name）和产品编号（code）。编号字段用来配对记录。

常规饮料：

饮料名称	编　　号
百威	BUDWEISER
可口可乐	COCACOLA
百事可乐	PEPSI

无卡路里饮料：

饮料名称	编　　号
健怡可乐	COCACOLA
美汁源	FRESCA
百事无糖	PEPSI
百事轻怡	PEPSI
纯净水	Water

欲将 Beverage 与 Calorie-Free Beverages 连接起来，我们可以有多种选择，说明如下。

- INNER JOIN：结果集只含有配对成功的数据。在这个例子里，我们会得到 3 条记录：1 条包含 COCACOLA 编号，2 条包含 PEPSI 编号。
- OUTER JOIN：OUTER JOIN 一定会包含 INNER JOIN 的结果，不过它也可能包含一些在其他表里没有配对的记录。OUTER JOIN 还可分为以下几种子类型。
  - LEFT OUTER JOIN 或简称 LEFT JOIN：结果会包含左表的所有记录。如果右表中找不到配对成功的记录，则相应字段的值为 NULL。在这个例子里，我们会得到 4 条记录。除了 INNER JOIN 的结果，还会列出 BUDWEISER，因为它位于左表中。
  - RIGHT OUTER JOIN 或简称 RIGHT JOIN：这种连接刚好与 LEFT JOIN 相反。它会返回包括右表的所有记录；左表缺失的字段为 NULL。注意，如果有两张表 A 和 B，那么可以认为语句 A LEFT JOIN B 等同于语句 B RIGHT JOIN A。综上所述，我们会得到 5 条记录。除了 INNER JOIN 结果，还会有 FRESCA 和 WATER 2 条记录。
  - FULL OUTER JOIN：这种连接会合并 LEFT 和 RIGHT JOIN 的结果。不论另一个表里有无配对记录，这两个表的所有记录都会放进结果集中。如果找不到配对记录，则对应的结果字段的值为 NULL。综上所述，我们会得到 6 条记录。

30.3　反规范化

什么是反规范化？请说明其优缺点。

题目解法

反规范化（denormalization）是一种在一个或多个表中加入冗余数据的数据库优化技术。在关系型数据库中，反规范化可帮助我们避免烦琐的表连接操作。

相比之下，在传统的规范化数据库中，我们会将数据存放在不同的逻辑表里，试图将冗余数据减到最少，力争做到在数据库中每块数据只有一份副本。

例如，在规范化数据库中，我们可能会有 Courses 表和 Teachers 表。在 Courses 表里，每个条目都会存储课程（Course）的 teacherID，但不存储 teacherName。如欲获取所有课程（Courses）对应的教师（Teacher）姓名，只需对这两个表进行连接。

就某些方面来看，这么做很不错。如有教师更改名字，我们只需更新一个地方的名字即可。不过，这么做的缺点在于，如果表很大，就需要花费过长时间对这些表执行连接操作。

反规范化则可以达成一定的平衡。在反规范化时，我们确保自己可以接受一定的冗余，并在更新数据库时要多做些工作，从而减少连接操作，保证较高的效率。

反规范化的缺点	反规范化的优点
更新和插入操作更烦琐	连接操作较少，因此检索数据更快
反规范化会使更新和插入代码更难写	需要查找的表较少，因此检索查询比较简单（因而也不容易出错）
数据可能不一致。哪一块数据才是"正确"的呢？	
数据存在冗余，需要更大的存储空间	

在注重可扩展性的系统中，比如大型科技公司，几乎一定会兼用规范化和反规范化数据库的各种要素。

30.4 设计分级数据库

给定一个存储学生成绩的简单数据库。设计这个数据库的大体框架，并编写 SQL 查询，返回以平均分排序的优等生名单（排名前 10%）。

题目解法

在一个简单的数据库中，最起码会有 3 个对象：Students（学生）、Courses（课程）和 CourseEnrollment（选修课程）。Students 至少会包含学生姓名、学号（ID），还可能包含其他个人信息。Courses 会包含课程名和代号，或许还有课程说明、教授和其他信息。CourseEnrollment 会将 Students 和 Courses 配对起来，还会含有 CourseGrade 字段。

Students	
StudentID	int
StudentName	varchar(100)
Address	varchar(500)

Courses	
CourseID	int
CourseName	varchar(100)
ProfessorID	int

CourseEnrollment	
CourseID	int
StudentID	int
Grade	float
Term	int

要是加上教授的资料、学分费用信息和其他数据，这个数据库就会变得相当复杂。

使用微软 SQL Server 里的 `TOP ... PERCENT` 函数，我们可以先尝试如下（错误的）查询。

```
1  SELECT TOP 10 PERCENT AVG(CourseEnrollment.Grade) AS GPA,
2                                                   CourseEnrollment.StudentID
3  FROM CourseEnrollment
4  GROUP BY CourseEnrollment.StudentID
5  ORDER BY AVG(CourseEnrollment.Grade)
```

以上代码的问题在于，它只会如实返回按 GPA 排序后的前 10%行记录。设想这样一个场景：有 100 名学生，排名前 15 的学生的 GPA 都是 4.0。上面的函数只会返回其中 10 名学生，与我们的要求不符。在得分相同的情况下，我们希望计入得分前 10%的学生，即使优等生名单的人数超过班级总人数的 10%。

为纠正这个问题，我们可以建立类似的查询，不过首先要取得筛选优等生的 GPA 基准。

```
1  DECLARE @GPACutOff float;
2  SET @GPACutOff = (SELECT min(GPA) as 'GPAMin' FROM (
3      SELECT TOP 10 PERCENT AVG(CourseEnrollment.Grade) AS GPA
4      FROM CourseEnrollment
5      GROUP BY CourseEnrollment.StudentID
6      ORDER BY GPA desc) Grades);
```

接着，定义好@GPACutOff 后，要筛选最低拥有该 GPA 的学生就相当容易了。

```
1  SELECT StudentName, GPA
2  FROM (SELECT AVG(CourseEnrollment.Grade) AS GPA, CourseEnrollment.StudentID
3        FROM CourseEnrollment
4        GROUP BY CourseEnrollment.StudentID
5        HAVING AVG(CourseEnrollment.Grade) >= @GPACutOff) Honors
6  INNER JOIN Students ON Honors.StudentID = Student.StudentID
```

作出隐含假设条件时要非常小心。仔细查看上面的数据库描述，你会发现哪些可能是不正确的假设，其中之一是每门课程只能由一位教授来教。而在现实中，一门课程有可能会由多位教授来教。偶而出现错误的假设是不会影响面试的。

另外，请记住，弹性和复杂度之间需要权衡取舍。若建立的系统支持一门课程可由多位教授来教，的确会增加数据库的弹性，但又徒增其复杂度。倘若要让数据库灵活应对各种可能的情况，最终数据库只会变得复杂不堪。尽量让你的设计保持合理的弹性，并陈明任何其他的假设或限制条件。这不仅适用于数据库设计，还适用于面向对象设计和常规的编程。

第 31 章
C 和 C++

31.1 最后 K 行

用 C++ 写一个方法,用来打印输入文件的最后 K 行。

题目解法

此题的蛮力解法如下:先数出文件的行数(N),然后打印第 $N-K$ 行到第 N 行。但是,这么做,文件要读两遍,会做无用功。我们需要一种解法,只读一遍文件就能打印最后 K 行。

我们可以使用一个数组,存放从文件读取到的所有 K 行和最后的 K 行。因此,这个数组起初包含的是 0 至 K 行,然后是 1 至 $K+1$ 行,接着是 2 至 $K+2$ 行,以此类推。每次读取新的一行,就将数组中最早读入的那一行清掉。

不过,你可能会问,这么做是不是还要移动数组元素,进而做大量的工作?不会,只要做法得当就不会。我们将使用循环式数组,而不必每次都移动数组元素。

使用循环式数组(circular array),每次读取新的一行,都会替换数组中最早读入的元素。我们会以专门的变量记录这个元素,每次加入新元素,该变量就要随之更新。

下面是循环式数组的例子:

步骤 1(初始态):array = {a, b, c, d, e, f}. p = 0
步骤 2(插入 g):array = {g, b, c, d, e, f}. p = 1
步骤 3(插入 h):array = {g, h, c, d, e, f}. p = 2
步骤 4(插入 i):array = {g, h, i, d, e, f}. p = 3

下面是该算法的实现代码。

```
1   void printLast10Lines(char* fileName) {
2     const int K = 10;
3     ifstream file (fileName);
4     string L[K];
5     int size = 0;
6
7     /* 逐行读取文件,并存入循环式数组 */
8     /* 行尾的 EOF 标志不算作单独一行 */
9     while (file.peek() != EOF) {
10      getline(file, L[size % K]);
11      size++;
12    }
13
14    /* 计算循环式数组的开头和大小 */
15    int start = size > K ? (size % K) : 0;
16    int count = min(K, size);
17
```

```
18    /* 根据读取顺序,打印数组元素 */
19    for (int i = 0; i < count; i++) {
20      cout << L[(start + i) % K] << endl;
21    }
22  }
```

这种解法要求读取整个文件,不过,任意时刻都只会在内存里存放 10 行内容。

31.2 反转字符串

用 C 或 C++ 实现一个名为 reverse(char* str) 的函数,它可以反转一个 null 结尾的字符串。

题目解法

这是一道很经典的面试题。你可能会忽略的这一点:不分配额外空间,直接就地反转字符串,另外,还要注意 null 字符。

下面用 C 语言实现整个算法。

```
1   void reverse(char *str) {
2     char* end = str;
3     char tmp;
4     if (str) {
5       while (*end) { /* 找出字符串末尾 */
6         ++end;
7       }
8       --end; /* 回退一个字符,最后一个为 null 字符 */
9
10      /* 从字符串首尾开始交换两个字符,
11       * 直至两个指针在中间碰头*/
12      while (str < end) {
13        tmp = *str;
14        *str++ = *end;
15        *end-- = tmp;
16      }
17    }
18  }
```

上述代码只是实现这个解法的诸多方法之一。递归法也可行,但并不推荐这么做。

31.3 散列表与 STL map

比较并对比散列表和 STL map。散列表是怎么实现的?如果输入的数据量不大,可以选用哪些数据结构替代散列表?

题目解法

在散列表里,值的存放是通过将键传入散列函数实现的。值并不是以排序后的顺序存放。此外,散列表以键找出索引,进而找到存放值的地方,因此,插入或查找操作均摊后可以在 $O(1)$ 时间内完成(假定该散列表很少发生碰撞冲突)。散列表还必须处理潜在的碰撞冲突,一般通过拉链法(chaining)解决,也即创建一个链表来存放值,这些值的键都映射到同一个索引。

STL map 的做法是根据键,将键值对插入二叉搜索树。不需要处理冲突,因为树是平衡的,插入和查找操作的时间肯定为 $O(\log N)$。

1. 散列表是如何实现的

传统上，散列表都是用元素为链表的数组实现的。想要插入键值对时，先用散列函数将键映射为数组索引，随后，将值插入那个索引位置对应的链表。

注意，在数组的特定索引位置的链表中，元素的键各不相同，这些值的 hashFunction(key) 才是相同的。因此，为了取回某个键对应的值，每个节点都必须存放键和值。

总而言之，散列表会以链表数组的形式实现，链表中每个节点都会存放两块数据：值和原先的键。此外，我们还要注意以下设计准则。

- 我们希望使用一个优良的散列函数，确保能将键均匀分散开来。若分散不均匀，就会发生大量碰撞冲突，查找元素的速度也会变慢。
- 不论散列函数选得多好，还是会出现碰撞冲突，因此需要一种碰撞处理方法。通常，我们会采用拉链法，也就是通过链表来处理，但这并不是唯一的做法。
- 我们可能还希望设法根据容量动态扩大或缩小散列表的大小。例如，当元素数量和散列表大小之比超过一定阈值时，我们可能会希望扩大散列表的大小。这意味着要新建一个散列表，并将旧的散列表条目转移到新的散列表中。因为这种操作过于烦琐，所以我们要谨慎些，切不可频繁操作。

2. 如果输入的数据量不大，可以选用哪些数据结构替代散列表

你可以使用 STL map 或二叉树。尽管两者的插入操作都需要 $O(\log(n))$ 的时间，但若是输入数据量够小，这点时间就可以忽略不计。

31.4 浅复制与深复制

浅复制和深复制之间有何区别？请阐述两者的不同用法。

题目解法

浅复制会将对象所有成员的值复制到另一个对象里。除了复制所有成员的值，深复制还会进一步复制所有指针对象。

下面是关于浅复制和深复制的例子。

```
1   struct Test {
2     char * ptr;
3   };
4
5   void shallow_copy(Test & src, Test & dest) {
6     dest.ptr = src.ptr;
7   }
8
9   void deep_copy(Test & src, Test & dest) {
10    dest.ptr = (char*)malloc(strlen(src.ptr) + 1);
11    strcpy(dest.ptr, src.ptr);
12  }
```

注意，shallow_copy 可能会导致大量编程运行错误，尤其是在创建和销毁对象时。使用浅复制时，务必要小心，只有当开发人员真正知道自己在做些什么时方可选用浅复制。多数情况下，使用浅复制是为了传递一块复杂结构的信息，但又不想真的复制一份数据。使用浅复制时，销毁对象务必要小心。在实际开发中，很少用浅复制。大部分情况下，都会使用深复制，特别是当需要复制的结构简单时。

31.5 volatile 关键字

C 语言的关键字 volatile 有何作用?

题目解法

关键字 volatile 的作用是指示编译器，即使代码不对变量做任何改动，该变量的值仍可能会被外界修改。操作系统、硬件或其他线程都有可能修改该变量。该变量的值有可能遭受意料之外的修改，因此，每一次使用时，编译器都会重新从内存中获取这个值。

volatile（易变）的整数可由下面的语句声明。

```
int volatile x;
volatile int x;
```

要声明指向 volatile 整数的指针，可以执行如下操作。

```
volatile int * x;
int volatile * x;
```

指向非 volatile 数据的 volatile 指针很少见，但也是可行的。

```
int * volatile x;
```

如若声明指向一块 volatile 内存的 volatile 指针变量（指针本身与地址所指的内存都是 volatile），做法如下。

```
int volatile * volatile x;
```

volatile 变量不会被优化掉，这至关重要。设想有下面这个函数。

```
1  int opt = 1;
2  void Fn(void) {
3    start:
4      if (opt == 1) goto start;
5      else break;
6  }
```

乍一看，上面的代码好像会进入无限循环，编译器可能会将这段代码优化成如下代码。

```
1  void Fn(void) {
2    start:
3      int opt = 1;
4      if (true)
5      goto start;
6  }
```

这样就变成了无限循环。然后，外部操作可能会将 0 写入变量 opt 的位置，从而终止循环。

为了防止编译器执行这类优化，我们需要设法通知编译器有关系统其他部分可能会修改这个变量的信息。具体做法就是使用 volatile 关键字，如下所示。

```
1  volatile int opt = 1;
2  void Fn(void) {
3    start:
4      if (opt == 1) goto start;
5      else break;
6  }
```

volatile 变量在多线程程序里也可派上用场，对于全局变量，任意线程都可能修改这些共享变量。我们可不希望编译器对这些变量进行优化。

31.6 分配内存

编写支持对齐分配的 malloc 和 free 函数，分配内存时，malloc 函数返回的地址必须能被 2 的 n 次方整除。

示例：align_malloc(1000,128)返回的内存地址可被 128 整除，并指向一块 1000 字节大小的内存。aligned_free()会释放 align_malloc 分配的内存。

题目解法

一般来说，使用 malloc，我们控制不了分配的内存会在堆里哪个位置。我们只会得到一个指向内存块的指针，指针的起始地址不定。要克服这些限制条件，必须申请足够大的内存，要大到能返回可被指定数值整除的内存地址。

假设需要一个 100 字节的内存块，我们希望它的起始地址为 16 的倍数，就需要额外分配 15 字节。有了这 15 字节，加上紧随其后的 100 字节，就能得到可被 16 整除的内存地址以及 100 字节的可用空间。

具体做法大致如下。

```
1   void* aligned_malloc(size_t required_bytes, size_t alignment) {
2     int offset = alignment - 1;
3     void* p = (void*) malloc(required_bytes + offset);
4     void* q = (void*) (((size_t)(p) + offset) & ~(alignment - 1));
5     return q;
6   }
```

第 4 行有点难懂，解释如下。假设 alignment 为 16。很显然，在前 16 字节的某个位置，肯定有个内存地址可被 16 整除。通过(p + 15) & 11...10000，我们就可以将 p 移动到想要的地方。并将 p+15 的后四位加上 0000，以确保新的值可被 16 整除（不论是在 p 原来的位置还是在后面的 15 个位置）。

这种解法**近乎**无可挑剔，但有个大问题：如何释放这块内存？

在上面的代码中，我们额外分配了 15 字节，在释放"真正的"内存时，必须释放这块额外内存。为了释放整个内存块，我们可以将它的起始地址存放在这块"额外"内存中。在紧邻地址对齐的内存块之前，存放这个地址。这就意味着我们需要更多的额外内存，以确保有足够的空间存放这个起始地址。因此，为保证地址对齐和指针的空间，我们需要额外分配 alignment - 1 + sizeof(void*)字节。

下面是该做法的实现代码。

```
1   void* aligned_malloc(size_t required_bytes, size_t alignment) {
2     void* p1; // 初始内存块
3     void* p2; // 对齐的初始内存块
4     int offset = alignment - 1 + sizeof(void*);
5     if ((p1 = (void*)malloc(required_bytes + offset)) == NULL) {
6       return NULL;
7     }
8     p2 = (void*)(((size_t)(p1) + offset) & ~(alignment - 1));
9     ((void **)p2)[-1] = p1;
10    return p2;
11  }
12
13  void aligned_free(void *p2) {
14    /* 为了保持一致，这里也仿照 aligned_malloc 函数取名 */
```

```
15      void* p1 = ((void**)p2)[-1];
16      free(p1);
17   }
```

让我们看看 9 到 15 行的指针运算。如果我们把 p2 看作 void**（或者 void*的数组），就可以按索引-1 取得 p1。

在 aligned_free 中，我们拿到的 p2 参数与 aligned_malloc 里的 p2 是相同的。像之前一样，我们知道 p1 的值（指向完整内存块的开头）就存在 p2 前面。释放了 p1 内存，也就是释放了整块内存。

31.7 二维数组分配

用 C 编写一个 my2DAlloc 函数，可分配二维数组。将 malloc 函数的调用次数降到最少，并确保可通过 arr[i][j] 访问该内存。

题目解法

大家可能都知道，二维数组本质上就是数组的数组。既然可以用指针访问数组，就可以用双重指针来创建二维数组。

基本思路是先创建一个一维指针数组。然后，为每个数组索引，再新建一个一维数组。这样就能得到一个二维数组，可通过数组索引访问。

下面是该做法的实现代码。

```
1   int** my2DAlloc(int rows, int cols) {
2     int** rowptr;
3     int i;
4     rowptr = (int**) malloc(rows * sizeof(int*));
5     for (i = 0; i < rows; i++) {
6       rowptr[i] = (int*) malloc(cols * sizeof(int));
7     }
8      return rowptr;
9   }
```

仔细观察上面的代码，注意我们是怎样让 rowptr 根据索引指向具体位置的。下图显示了内存是怎么分配的。

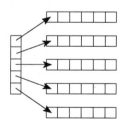

释放这些内存不能直接对 rowptr 调用 free。我们要确保不仅释放掉第一次 malloc 调用分配的内存，还要释放后续每次 malloc 调用分配的内存。

```
1   void my2DDealloc(int** rowptr, int rows) {
2     for (i = 0; i < rows; i++) {
3       free(rowptr[i]);
4     }
5     free(rowptr);
6   }
```

我们还可以分配一大块连续的内存，这样就不必分配很多个内存块（每一行一块，外加一块内存，存放每一行的首地址）。举个例子，对于5行6列的二维数组，这种做法的效果如下图所示。

看到这样的二维数组似乎有点儿奇怪，注意，它与前一张图并没什么不同。唯一区别是现在是一大块连续的内存，因此，此例中前5个元素指向同一块内存的其他位置。

下面是这种做法的具体实现。

```
1   int** my2DAlloc(int rows, int cols) {
2     int i;
3     int header = rows * sizeof(int*);
4     int data = rows * cols * sizeof(int);
5     int** rowptr = (int**)malloc(header + data);
6     if (rowptr == NULL) return NULL;
7   
8     int* buf = (int*) (rowptr + rows);
9     for (i = 0; i < rows; i++) {
10      rowptr[i] = buf + i * cols;
11    }
12    return rowptr;
13  }
```

注意，仔细观察第11至13行代码的具体实现。假设该二维数组有5行，每行6列，则array[0]会指向array[5]，array[1]会指向array[11]，以此类推。

随后，当我们真正调用array[1][3]时，计算机会查找array[1]，这是个指针，指向内存的另一个地方，其实就是指向array[5]的指针。将这个元素视为一个数组，然后取出它的第3个元素（索引从0开始）。

用这种方法构建数组只需调用一次malloc，而且还有个好处，就是清除数组时也只需调用一次free，不必专门写个函数释放其余的内存块。

第 32 章 Java

32.1 私有构造函数

从继承的角度看,把构造函数声明为私有有何作用?

题目解法

在 A 类上声明私有构造函数意味着,如果你可以访问私有方法,那么只能访问(私有)构造函数。除了 A 以外,谁能访问 A 的私有方法和构造函数? A 的内部类可以。另外,如果 A 是 Q 的内部类,则 Q 的其他内部类也可以访问。

这对继承有直接的影响,因为子类调用其父的构造函数。A 类可以被继承,但只能被自身的内部类继承。

32.2 final 们

`final`、`finally` 和 `finalize` 之间有何差异?

题目解法

尽管名字相像、发音类似,`final`、`finally` 和 `finalize` 的功能却截然不同。总体上来讲,`final` 用于控制变量、方法或类是否"可更改"。`finally` 关键字用在 try/catch 语句块中,以确保一段代码一定会被执行。一旦垃圾收集器确定没有任何引用指向某个对象,就会在销毁该对象之前调用 `finalize()` 方法。

下面是关于这几个关键字和方法的更多细节。

1. final

上下文不同,`final` 语句含义有别。

- 应用于基本类型(primitive)变量时:该变量的值无法更改。
- 应用于引用(reference)变量时:该引用变量不能指向堆上的任何其他对象。
- 应用于方法时:该方法不允许重写。
- 应用于类时:该类不能派生子类。

2. finally 关键字

在 try 块或 catch 块之后,可以选择加一个 `finally` 语句块。`finally` 语句块里的语句一定会被执行(除非 Java 虚拟机在执行 try 语句块期间退出)。`finally` 语句块常用于编写资源回收和清理的代码,其会在 try 块和 catch 块之后、控制返回原点之前被执行。

请看下面例子的用法。

```
1   public static String lem() {
2     System.out.println("lem");
3     return "return from lem";
4   }
5
6   public static String foo() {
7     int x = 0;
8     int y = 5;
9     try {
10      System.out.println("start try");
11      int b = y / x;
12      System.out.println("end try");
13      return "returned from try";
14    } catch (Exception ex) {
15      System.out.println("catch");
16      return lem() + " | returned from catch";
17    } finally {
18      System.out.println("finally");
19    }
20  }
21
22  public static void bar() {
23    System.out.println("start bar");
24    String v = foo();
25    System.out.println(v);
26    System.out.println("end bar");
27  }
28
29  public static void main(String[] args) {
30    bar();
31  }
```

以上代码会按顺序输出。

```
1   start bar
2   start try
3   catch
4   lem
5   finally
6   return from lem | returned from catch
7   end bar
```

请注意第 3 到 5 行的输出，`catch` 块完全执行了（包括返回语句），然后 `finally` 块执行，最后是函数实际返回。

3. `finalize()`

垃圾收集器在销毁该对象之前，会自动调用 `finalize()`方法。类可以将 `Object` 类中的 `finalize()`方法重写，用于自定义垃圾回收过程的行为。

```
1   protected void finalize() throws Throwable {
2     /* 关闭文件、清理资源等 */
3   }
```

32.3 泛型与模板

C++模板和 Java 泛型之间有何不同？

题目解法

许多程序员都认为模板（template）和泛型（generic）这两个概念是一样的，因为两者都让你按照 `List<String>`的样式编写代码。不过，各种语言是怎么实现该功能的以及为什么这么做却千差万别。

Java 泛型的实现基于"类型消除"这一概念。当源代码被转换成 Java 虚拟机字节码时，这种技术会消除参数化类型。

例如，假设有以下 Java 代码。

```
1  Vector<String>  vector = new Vector<String>();
2  vector.add(new String("hello"));
3  String  str = vector.get(0);
```

编译时，上面的代码会改写为如下代码。

```
1  Vector vector = new Vector();
2  vector.add(new String("hello"));
3  String str = (String) vector.get(0);
```

有了 Java 泛型，只是让代码变得漂亮些。鉴于此，Java 泛型有时也被称为"语法糖"。

这一点跟 C++ 模板截然不同。在 C++ 中，模板本质上就是一套宏指令集，只是换了个名头，编译器会针对每种类型创建一份模板代码的副本。有项证据可以证明这一点：MyClass<Foo> 不会与 MyClass<Bar> 共享静态变量。然而，两个 MyClass<Foo> 实例则会共享静态变量。

看了下面的代码，会更好理解。

```
1   /*** MyClass.h ***/
2   template<class T> class MyClass {
3    public:
4      static int val;
5      MyClass(int v) { val = v; }
6   };
7   
8   /*** MyClass.cpp ***/
9   template<typename T>
10  int MyClass<T>::bar;
11  
12  template class MyClass<Foo>;
13  template class MyClass<Bar>;
14  
15  /*** main.cpp ***/
16  MyClass<Foo> * foo1 = new MyClass<Foo>(10);
17  MyClass<Foo> * foo2 = new MyClass<Foo>(15);
18  MyClass<Bar> * bar1 = new MyClass<Bar>(20);
19  MyClass<Bar> * bar2 = new MyClass<Bar>(35);
20  
21  int f1 = foo1->val; // 等于 15
22  int f2 = foo2->val; // 等于 15
23  int b1 = bar1->val; // 等于 35
24  int b2 = bar2->val; // 等于 35
```

在 Java 中，MyClass 类的静态变量会由所有 MyClass 实例共享，不论类型参数相同与否。

由于架构设计上的差异，Java 泛型和 C++ 模板还有如下不同之处。

- C++ 模板可以使用 int 等基本数据类型。Java 则不行，必须转而使用 Integer。
- 在 Java 中，可以将模板的类型参数限定为某种特定类型。例如，你可能会使用泛型实现 CardDeck，并规定类型参数必须扩展自 CardGame。
- 在 C++ 中，类型参数可以实例化，但 Java 不支持。
- 在 Java 中，类型参数（即 MyClass<Foo> 中的 Foo）不能用于静态方法和变量，因为它们会被 MyClass<Foo> 和 MyClass<Bar> 所共享。在 C++ 中，这些类都是不同的，因此类型参数可以用于静态方法和静态变量。

- 在 Java 中，不管类型参数是什么，MyClass 的所有实例都是同一类型。类型参数会在运行时被抹去。在 C++中，参数类型不同，实例类型也不同。

记住，Java 泛型和 C++模板虽然在很多方面看起来都一样，但实则大不相同。

32.4 TreeMap、HashMap、LinkedHashMap

解释一下 TreeMap、HashMap、LinkedHashMap 三者的不同之处。举例说明各自最适合的情况。

题目解法

三者都提供了 key->value（键值对）的映射和遍历 key 的迭代器。这些类最大的区别就是给予的时间保证和 key 的顺序。

- HashMap 提供了 $O(1)$ 的查找和插入。如果你想遍历 key，要清楚 key 其实是无序的。HashMap 是用节点为链表的数组实现的。
- TreeMap 提供了 $O(\log N)$ 的查找和插入。但 key 是有序的，如果你想要按顺序遍历 key，那么它刚好满足。这也意味着 key 必须实现了 Comparable 接口。TreeMap 是用红黑树实现的。
- LinkedHashMap 提供了 $O(1)$ 的查找和插入。key 是按照插入顺序排序的。LinkedHashMap 是用双向链表桶实现的。

想象你将一个空的 TreeMap、HashMap 和 LinkedHashMap 传递到下列函数中。

```
1   void insertAndPrint(AbstractMap<Integer, String> map) {
2     int[] array = {1, -1, 0};
3     for (int x : array) {
4       map.put(x, Integer.toString(x));
5     }
6
7     for (int k : map.keySet()) {
8       System.out.print(k + ", ");
9     }
10  }
```

它们的输出如下所示。

HashMap	LinkedHashMap	TreeMap
任意顺序	{1, -1, 0}	{-1, 0, 1}

重要提示：LinkedHashMap 和 TreeMap 的输出肯定如上所示。HashMap 的数据结构特征是散列，对这种散列如果不做特殊限制，则输出时没有固定的顺序。

在实际应用中，你什么时候需要排序呢？

- 假设你正在创建姓名到 Person 对象的映射。可能需要定期按姓名的字母顺序输出人员。一个 TreeMap 便可助你一臂之力。
- TreeMap 还提供了一个方法，即给定一个姓名，可以输出接下来的 10 个人。在许多应用中这可能会对实现"更多"功能有所助益。
- 只要你需要按插入顺序排序的 key，LinkedHashMap 就能派上用场。在缓存的场景下，当你想删除最旧的条目时，LinkedHashMap 也大有用处。

一般来说，如果没有明确要求，Hashmap 将是不二之选。换言之，如果你需要按插入顺序

32.5 反射

解释在 Java 中对象反射是什么，有什么用处。

题目解法

对象反射（object reflection）是 Java 的一项特性，提供了获取 Java 类和对象的反射信息的方法，可执行如下操作。

(1) 运行时取得类的方法和字段的相关信息。
(2) 创建某个类的新实例。
(3) 通过取得字段引用直接获取和设置对象字段，不管访问修饰符为何。

下面这段代码为对象反射的示例。

```
1    /* 参数 */
2    Object[] doubleArgs = new Object[] { 4.2, 3.9 };
3
4    /* 取得类 */
5    Class rectangleDefinition = Class.forName("MyProj.Rectangle");
6
7    /* 等同于: Rectangle rectangle = new Rectangle(4.2, 3.9); */
8    Class[] doubleArgsClass = new Class[] {double.class, double.class};
9    Constructor doubleArgsConstructor =
10     rectangleDefinition.getConstructor(doubleArgsClass);
11   Rectangle rectangle = (Rectangle) doubleArgsConstructor.newInstance(doubleArgs);
12
13   /* 等同于: Double area = rectangle.area(); */
14   Method m = rectangleDefinition.getDeclaredMethod("area");
15   Double area = (Double) m.invoke(rectangle);
```

这段代码等同于如下代码。

```
1    Rectangle rectangle = new Rectangle(4.2, 3.9);
2    Double area = rectangle.area();
```

对象反射有何用

当然，从上面的例子来看，对象反射似乎没什么用，不过在特定情况下，反射可能大有用处。对象反射之所以有用，主要体现在以下 3 个方面。

- 有助于观察或操纵应用程序的运行行为。
- 有助于调试或测试程序，因为我们可以直接访问方法、构造函数和成员字段。
- 即使事先不知道某个方法，我们也可以通过名字调用该方法。例如，让用户传入类名、构造函数的参数和方法名。然后，我们就可以使用该信息来创建对象，并调用方法。如果没有反射的话，即使可以做到，也需要一系列复杂的 if 语句。

32.6 lambda 表达式

有一个名为 Country 的类，它有两种方法，一种是 getContinent()，返回国家所在大洲，另一种是 getPopulation()，返回本国人口。实现一种名为 getPopulation(List<Country> counties,String continent)的方法，返回值类型为 int。它能根据指定的大洲名和国家列表计算出该大洲的人口总数。

题目解法

这个问题实际上可以分成两部分。首先，我们需要生成南美洲国家的列表。其次，我们需要计算它们的总人口。

没有 lambda 表达式，下面的写法已经相当简洁明了。

```
1   int getPopulation(List<Country> countries, String continent) {
2     int sum = 0;
3     for (Country c : countries) {
4       if (c.getContinent().equals(continent)) {
5         sum += c.getPopulation();
6       }
7     }
8     return sum;
9   }
```

为了用 lambda 表达式实现，我们要把它分解成多个部分。

首先，我们使用 filter 方法获取指定大洲的国家列表。

```
1   Stream<Country> northAmerica = countries.stream().filter(
2     country -> { return country.getContinent().equals(continent);}
3   );
```

其次，我们使用 map 方法把国家转换成人口。

```
1   Stream<Integer> populations = northAmerica.map(
2     c -> c.getPopulation()
3   );
```

最后，我们使用 reduce 方法计算人口总和。

```
1   int population = populations.reduce(0, (a, b) -> a + b);
```

综合上述步骤，构建如下函数。

```
1   int getPopulation(List<Country> countries, String continent) {
2     /* 过滤国家 */
3     Stream<Country> sublist = countries.stream().filter(
4       country -> { return country.getContinent().equals(continent);}
5     );
6
7     /* 转换为人口列表 */
8     Stream<Integer> populations = sublist.map(
9       c -> c.getPopulation()
10    );
11
12    /* 计算列表的和 */
13    int population = populations.reduce(0, (a, b) -> a + b);
14    return population;
15  }
```

另外，由于这个问题的特殊性，我们大可以移除 filter 步骤。执行 reduce 操作时，如果能想到把不属于正确大洲的国家人口转换成 0 这一思路，那么，求和时实际上也就把不在指定大洲的国家忽略了。

```
1   int getPopulation(List<Country> countries, String continent) {
2     Stream<Integer> populations = countries.stream().map(
3       c -> c.getContinent().equals(continent) ? c.getPopulation() : 0);
4     return populations.reduce(0, (a, b) -> a + b);
5   }
```

第 33 章
线程与锁

33.1 进程与线程

进程和线程有何区别？

题目解法

进程和线程彼此关联，但两者有着本质上的区别。

进程可以看作是程序执行时的实例，是一个分配了系统资源（比如 CPU 时间和内存）的独立实体。每个进程都在各自独立的地址空间里执行，一个进程无法访问另一个进程的变量和数据结构。如果一个进程想要访问其他进程的资源，就必须使用进程间通信机制，包括管道、文件、套接字（socket）及其他形式。

线程存在于进程中，共享进程的资源（包括它的堆空间）。同一进程里的多个线程将共享同一个堆空间。这跟进程大不相同，一个进程不能直接访问另一个进程的内存。不过，每个线程仍然会有自己的寄存器和栈，而其他线程可以读写堆内存。线程是进程的某条执行路径。当某个线程修改进程资源时，其他兄弟线程就会立即看到由此产生的变化。

33.2 上下文切换

如何测量上下文切换时间？

题目解法

上下文切换（context switch）是两个进程之间切换（即将等待中的进程转为执行状态，而将正在执行的进程转为等待或终止状态）所耗费的时间。这样的动作会发生在多任务处理系统中，操作系统必须将等待中进程的状态信息载入内存，并保存执行中进程的状态信息。

为了解决此题，我们需要记录两个交换进程执行最后一条和第一条指令的时间戳，而上下文切换时间就是这两个进程的时间戳差值。

举个简单的例子：假设只有两个进程 P_1 和 P_2。

P_1 正在执行，P_2 则在等待执行。在某一时间点，操作系统必须交换 P_1 和 P_2，假设正好发生在 P_1 执行第 N 条指令之际。若 t_{xk} 表示进程 x 执行第 k 条指令的时间戳，单位为微秒，则上下文切换需要 $t_{2,1} - t_{1,n}$ 微秒。

此题棘手的地方在于，如何知道两个进程何时会进行交换呢？当然，我们无法记录进程每条指令的时间戳。

还有一个问题是，进程交换是由操作系统的调度算法负责的，另外还可能有很多内核态线程也会进行上下文切换。其他进程也可能会竞争 CPU，或者内核还要处理中断，用户控制不了这些不相干的上下文切换。举例来说，若内核在 $t_{1,n}$ 时刻决定处理某个中断，那么上下文切换时间就会比预估的更长。

为克服这些障碍，我们必须先构造一个环境：在 P_1 执行之后，任务调度器会立即选中并执行 P_2。具体做法是在 P_1 和 P_2 之间构造一条数据通道，如管道，让这两个进程玩一场数据令牌的桌球游戏。

换言之，我们让 P_1 作为初始发送方，P_2 作为接收方。一开始，P_2 阻塞（睡眠）等待获取数据令牌。P_1 执行时会将令牌通过数据通道递送给 P_2，并立即尝试读取响应令牌。然而，由于 P_2 还没有机会执行，因此 P_1 收不到这个响应令牌，继而被阻塞并释放 CPU。随之而来的就是上下文切换，任务调度器必须选择另一个进程执行。P_2 正好处于随时可执行的状态，因此也就顺理成章地成为任务调度器可选择执行的理想候选者。当 P_2 执行时，P_1 和 P_2 的角色互换了。现在，P_2 成为发送方，而 P_1 成为被阻塞的接收方。当 P_2 将令牌返回给 P_1 时，游戏即告结束。简而言之，这个游戏一个来回由以下步骤组成。

(1) P_2 阻塞，等待 P_1 发送的数据。
(2) P_1 标记开始时间。
(3) P_1 向 P_2 发送令牌。
(4) P_1 试着读取 P_2 发送的响应令牌，引发上下文切换。
(5) P_2 被调度执行，接收 P_1 发送的令牌。
(6) P_2 向 P_1 发送响应令牌。
(7) P_2 试着读取 P_1 发送的响应令牌，引发上下文切换。
(8) P_1 被调度执行，接收 P_2 发送的令牌。
(9) P_1 标记结束时间。

这里的关键在于数据令牌的发送会引发上下文切换。令 T_d 和 T_r 分别为发送和接收数据令牌的时间，并令 T_c 为上下文切换耗费的时间。在第(2)步，P_1 会记录令牌发送的时间戳，在第(9)步则记录了令牌响应的时间戳。这两个事件之间用掉的时间 T 如下所示：$T = 2 \times (T_d + T_c + T_r)$。

这个算式由以下事件组成：P_1 发送一个令牌(3)，CPU 上下文切换(4)，P_2 接收这个令牌(5)。随后，P_2 发送响应令牌(6)，CPU 上下文切换(7)，最后 P_1 收到这个响应令牌(8)。

接着，由 P_1 很容易就能计算 T，即事件 3 和事件 8 之间经过的时间。总之，若想求出 T_c，我们必须先确定 $T_d + T_r$ 的值。

该怎么做呢？我们可以测量 P_1 发送和接收令牌所耗费的时间是多少。不过这不会引发上下文切换，因为发送这个令牌时 P_1 正在 CPU 中执行，而且接收时也不会处于阻塞状态。

将上述游戏重复玩多个来回，以剔除步骤(2)和步骤(9)之间可能因意料之外的内核中断和其他内核线程对 CPU 的竞争而引入的时间变动。我们将选择测得的最短上下文切换时间作为最终答案。

话说回来，最后我们只能说，这只是近似值，而且取决于底层系统。比如，我们做了这样的假设：一旦数据令牌可用，P_2 就会被选中并执行。而实际上，这要取决于任务调度器的具体实现，我们无法做出任何保证。

没关系，就算这样也不要紧。在面试中，能够意识到你的解法或许不够完美，这一点很重要。

33.3 无死锁的类

设计一个类，只有在不可能发生死锁的情况下，才会提供锁。

题目解法

防止死锁有几种常见的方法，其中最常用的一种做法是，要求进程事先声明它需要哪些锁。然后，就可以加以验证提供的锁是否会造成死锁，会的话就不提供。

谨记这些限制条件，下面来探讨如何检测死锁。假设多个锁被请求的顺序如下。

A = {1, 2, 3, 4}
B = {1, 3, 5}
C = {7, 5, 9, 2}

这可能会造成死锁，因为存在以下场景。

A 锁住 2，等待 3
B 锁住 3，等待 5
C 锁住 5，等待 2

我们可以将上面的场景看作一个图，其中 2 连接到 3，3 连接到 5，5 连接到 2。死锁会由环表示。如果某个进程声明它会在锁住 w 后立即请求锁 v，则图里就会存在一条边(w, v)。以先前的例子来说，在图里会存在下面这些边：(1, 2)(2, 3)(3, 4)(1, 3)(3, 5)(7, 5)(5, 9)(9, 2)。至于这些边的"所有者"是谁并不重要。

这个类需要一个 declare 方法，线程和进程会以该方法声明它们请求资源的顺序。这个 declare 方法将迭代访问声明顺序，将邻近的每对元素(v, w)加到图里。然后，它会检查是否存在环。如果存在环，它就会原路返回，从图中移除这些边，然后退出。

现在只剩下一部分有待探讨：如何检测有无环？我们可以通过对每个连接起来的部分（也就是图中每个连接在一起的部分）执行深度优先搜索来检测有没有环。有些算法能选择图中所有连接的部分，但那样就会更复杂了。就此题而言，还没必要复杂到这个程度。可以确定，如果出现了环，就表明是某一条新加入的边造成的。这样一来，只要深度优先搜索会探测所有这些边，就等同于做过完整的搜索。这种特殊的环的检测算法，其伪码如下所示。

```
1   boolean checkForCycle(locks[] locks) {
2     touchedNodes = hash table(lock -> boolean)
3     initialize touchedNodes to false for each lock in locks
4     for each (lock x in process.locks) {
5       if (touchedNodes[x] == false) {
6         if (hasCycle(x, touchedNodes)) {
7           return true;
8         }
9       }
10    }
11    return false;
12  }
13
14  boolean hasCycle(node x, touchedNodes) {
15    touchedNodes[r] = true;
16    if (x.state == VISITING) {
17      return true;
18    } else if (x.state == FRESH) {
19      ... (see full code below)
20    }
21  }
```

注意，在上面的代码中，可能需要执行几次深度优先搜索，但 touchedNodes 只会初始化一次。我们会不断迭代，直至 touchedNodes 中所有值都变为 false。

下面的代码提供了更多细节。为了简单起见，我们假设所有锁和进程（所有者）都是按顺序排列的。

```
1   class LockFactory {
2     private static LockFactory instance;
3
4     private int numberOfLocks = 5; /* 默认 */
5     private LockNode[] locks;
6
7     /* 从一个进程或所有者映射到该所有者宣称它会要求锁的顺序 */
8     private HashMap<Integer, LinkedList<LockNode>> lockOrder;
9
10    private LockFactory(int count) { ... }
11    public static LockFactory getInstance() { return instance; }
12
13    public static synchronized LockFactory initialize(int count) {
14      if (instance == null) instance = new LockFactory(count);
15      return instance;
16    }
17
18    public boolean hasCycle(HashMap<Integer, Boolean> touchedNodes,
19                            int[] resourcesInOrder) {
20      /* 检查有无环 */
21      for (int resource : resourcesInOrder) {
22        if (touchedNodes.get(resource) == false) {
23          LockNode n = locks[resource];
24          if (n.hasCycle(touchedNodes)) {
25            return true;
26          }
27        }
28      }
29      return false;
30    }
31
32    /* 为了避免死锁,强制每个进程都要事先宣告它们要求锁的顺序。
33     * 验证这个顺序不会形成死锁(在有向图里出现环)*/
34    public boolean declare(int ownerId, int[] resourcesInOrder) {
35      HashMap<Integer, Boolean> touchedNodes = new HashMap<Integer, Boolean>();
36
37      /* 将节点加入图中 */
38      int index = 1;
39      touchedNodes.put(resourcesInOrder[0], false);
40      for (index = 1; index < resourcesInOrder.length; index++) {
41        LockNode prev = locks[resourcesInOrder[index - 1]];
42        LockNode curr = locks[resourcesInOrder[index]];
43        prev.joinTo(curr);
44        touchedNodes.put(resourcesInOrder[index], false);
45      }
46
47      /* 如果出现了环,销毁这份资源列表,并返回 */
48      if (hasCycle(touchedNodes, resourcesInOrder)) {
49        for (int j = 1; j < resourcesInOrder.length; j++) {
50          LockNode p = locks[resourcesInOrder[j - 1]];
51          LockNode c = locks[resourcesInOrder[j]];
52          p.remove(c);
53        }
54        return false;
55      }
56
57      /* 为检测到环,保存宣告的顺序,以便验证该进程确实按照它宣称的顺序要求锁 */
58      LinkedList<LockNode> list = new LinkedList<LockNode>();
59      for (int i = 0; i < resourcesInOrder.length; i++) {
60        LockNode resource = locks[resourcesInOrder[i]];
```

```
61        list.add(resource);
62      }
63      lockOrder.put(ownerId, list);
64
65      return true;
66    }
67
68    /* 取得锁，首先验证该进程确实按照它宣告的顺序要求锁 */
69    public Lock getLock(int ownerId, int resourceID) {
70      LinkedList<LockNode> list = lockOrder.get(ownerId);
71      if (list == null) return null;
72
73      LockNode head = list.getFirst();
74      if (head.getId() == resourceID) {
75        list.removeFirst();
76        return head.getLock();
77      }
78      return null;
79    }
80  }
81
82  public class LockNode {
83    public enum VisitState { FRESH, VISITING, VISITED };
84
85    private ArrayList<LockNode> children;
86    private int lockId;
87    private Lock lock;
88    private int maxLocks;
89
90    public LockNode(int id, int max) { ... }
91
92    /* 连接"this"节点与"node"节点，检查以确保这么做不会形成环 */
93    public void joinTo(LockNode node) { children.add(node); }
94    public void remove(LockNode node) { children.remove(node); }
95
96    /* 以深度优先搜索检查是否存在环 */
97    public boolean hasCycle(HashMap<Integer, Boolean> touchedNodes) {
98      VisitState[] visited = new VisitState[maxLocks];
99      for (int i = 0; i < maxLocks; i++) {
100       visited[i] = VisitState.FRESH;
101     }
102     return hasCycle(visited, touchedNodes);
103   }
104
105   private boolean hasCycle(VisitState[] visited,
106                            HashMap<Integer, Boolean> touchedNodes) {
107     if (touchedNodes.containsKey(lockId)) {
108       touchedNodes.put(lockId, true);
109     }
110
111     if (visited[lockId] == VisitState.VISITING) {
112       /* 还在访问时却回到了这个节点，表明有环*/
113       return true;
114     } else if (visited[lockId] == VisitState.FRESH) {
115       visited[lockId] = VisitState.VISITING;
116       for (LockNode n : children) {
117         if (n.hasCycle(visited, touchedNodes)) {
118           return true;
119         }
120       }
121       visited[lockId] = VisitState.VISITED;
```

```
122      }
123      return false;
124    }
125
126    public Lock getLock() {
127      if (lock == null) lock = new ReentrantLock();
128      return lock;
129    }
130
131    public int getId() { return lockId; }
132  }
```

33.4 顺序调用

给定以下代码：

```
public class Foo {
  public Foo() { ... }
  public void first() { ... }
  public void second() { ... }
  public void third() { ... }
}
```

同一个 Foo 实例会被传入 3 个不同的线程。threadA 会调用 first，threadB 会调用 second，threadC 会调用 third。设计一种机制，确保 first 会在 second 之前调用，second 会在 third 之前调用。

题目解法

一般方法是检查在执行 second() 之前 first() 是否已完成，在调用 third() 之前 second() 是否已完成。我们必须小心处理线程安全，因此，简单的布尔记法达不到要求。那么，试一试用锁（Lock）来编写如下代码。

```
1   public class FooBad {
2     public int pauseTime = 1000;
3     public ReentrantLock lock1, lock2;
4
5     public FooBad() {
6       try {
7         lock1 = new ReentrantLock();
8         lock2 = new ReentrantLock();
9
10        lock1.lock();
11        lock2.lock();
12      } catch (...) { ... }
13    }
14
15    public void first() {
16      try {
17        ...
18        lock1.unlock(); // 标记 first() 已完成
19      } catch (...) { ... }
20    }
21
22    public void second() {
23      try {
24        lock1.lock(); // 等待，直到 first() 完成
```

```
25      lock1.unlock();
26      ...
27
28      lock2.unlock(); // 标记 second()已完成
29    } catch (...) { ... }
30  }
31
32  public void third() {
33    try {
34      lock2.lock(); // 等待，直到 second()完成
35      lock2.unlock();
36      ...
37    } catch (...) { ... }
38  }
39 }
```

这段代码实际上并不能满足题目要求，关键在于**锁的所有权**这个概念。真正请求锁的是一个线程（在 FooBad 构造函数中），释放锁的却是另一个线程。这么做是不允许的，这段代码会抛出异常。在 Java 中，锁的所有者和拿到锁的线程必须是同一个。

换种做法，我们可以用信号量重现这一行为，整个逻辑方法完全相同。

```
1  public class Foo {
2    public Semaphore sem1, sem2;
3
4    public Foo() {
5      try {
6        sem1 = new Semaphore(1);
7        sem2 = new Semaphore(1);
8
9        sem1.acquire();
10       sem2.acquire();
11     } catch (...) { ... }
12   }
13
14   public void first() {
15     try {
16       ...
17       sem1.release();
18     } catch (...) { ... }
19   }
20
21   public void second() {
22     try {
23       sem1.acquire();
24       sem1.release();
25       ...
26       sem2.release();
27     } catch (...) { ... }
28   }
29
30   public void third() {
31     try {
32       sem2.acquire();
33       sem2.release();
34       ...
35     } catch (...) { ... }
36   }
37 }
```

33.5　FizzBuzz

在经典面试题 FizzBuzz 中，要求你打印从 1 到 n 的数字。并且，当数字能被 3 整除时，打印 Fizz，能被 5 整除时，打印 Buzz。倘若同时能被 3 和 5 整除，就打印 FizzBuzz。但与以往不同的是，这里要求你用 4 个线程，实现一个多线程版本的 FizzBuzz，其中，一个用来检测是否被 3 整除和打印 Fizz，另一个用来检测是否被 5 整除和打印 Buzz。第三个线程检测能否被 3 和 5 整除和打印 FizzBuzz。第四个线程负责遍历数字。

题目解法

让我们从实现一个单线程版本的 FizzBuzz 开始。

1. 单线程

这个问题（在单线程版本中）应该不难，我们可以采用直接的方法。

```
1   void fizzbuzz(int n) {
2     for (int i = 1; i <= n; i++) {
3       if (i % 3 == 0 && i % 5 == 0) {
4         System.out.println("FizzBuzz");
5       } else if (i % 3 == 0) {
6         System.out.println("Fizz");
7       } else if (i % 5 == 0) {
8         System.out.println("Buzz");
9       } else {
10        System.out.println(i);
11      }
12    }
13  }
```

这里要重点关注语句的顺序。如果你在检查数字能否被 3 和 5 整除之前先检查是否能被 3 整除，则不会输出正确结果。

2. 多线程

要做到多线程，我们需要一个如下结构。

FizzBuzz 线程	Fizz 线程
如果 i 能被 3 和 5 整除， 输出 FizzBuzz。 i 自增 1， 重复以上过程，直到 i > n	如果 i 仅能被 3 整除， 输出 Fizz。 i 自增 1， 重复此过程，直到 i > n

Buzz 线程	计数线程
如果 i 仅能被 5 整除， 输出 FizzBuzz。 i 自增 1， 重复以上过程，直到 i > n	如果 i 能被 3 或 5 整除， 输出 i。 i 自增 1， 重复此过程，直到 i > n

代码看起来会是这样。

```
1   while (true) {
2     if (current > max) {
3       return;
4     }
5     if (/* 整除性测试 */) {
6       System.out.println(/* 输出某些东西 */);
```

```
7        current++;
8      }
9    }
```

这里需要在循环中添加一些同步。否则，当前值可能会在第 2 至 4 行和第 5 至 8 行之间发生变化，我们可能无意中超出了循环的预期范围。

在实现这个概念时，有很多可能的方式。一种可能的方式是有 4 个完全独立的线程类，它们共享对当前变量的引用（可以用对象包装）。

每个线程的循环大致相似。区别在于它们检查整除性的目标值不同以及打印值不同。

	FizzBuzz	Fizz	Buzz	Number
当前值模 3 等于 0	true	true	false	false
当前值模 5 等于 0	true	false	true	false
输出	FizzBuzz	Fizz	Buzz	当前值

大部分情况下，我们可以通过输入"目标"参数和打印值来处理。`Number` 线程的输出需要被覆盖，因为它不是一个简单的固定字符串。

我们可以实现一个 `FizzBuzzThread` 类，其能处理绝大部分情况。`NumberThread` 类可以扩展 `FizzBuzzThread` 并覆盖输出方法。

```
1    Thread[] threads = {new FizzBuzzThread(true, true, n, "FizzBuzz"),
2                        new FizzBuzzThread(true, false, n, "Fizz"),
3                        new FizzBuzzThread(false, true, n, "Buzz"),
4                        new NumberThread(false, false, n)};
5    for (Thread thread : threads) {
6      thread.start();
7    }
8
9    public class FizzBuzzThread extends Thread {
10     private static Object lock = new Object();
11     protected static int current = 1;
12     private int max;
13     private boolean div3, div5;
14     private String toPrint;
15
16     public FizzBuzzThread(boolean div3, boolean div5, int max, String toPrint) {
17       this.div3 = div3;
18       this.div5 = div5;
19       this.max = max;
20       this.toPrint = toPrint;
21     }
22
23     public void print() {
24       System.out.println(toPrint);
25     }
26
27     public void run() {
28       while (true) {
29         synchronized (lock) {
30           if (current > max) {
31             return;
32           }
33
34           if ((current % 3 == 0) == div3 &&
35               (current % 5 == 0) == div5) {
36             print();
37             current++;
38           }
```

```
39       }
40     }
41   }
42 }
43
44 public class NumberThread extends FizzBuzzThread {
45   public NumberThread(boolean div3, boolean div5, int max) {
46     super(div3, div5, max, null);
47   }
48
49   public void print() {
50     System.out.println(current);
51   }
52 }
```

注意，需要在 if 语句之前进行 current 和 max 的比较，以确保只有当 current 小于或等于 max 时才会打印该值。

另外，如果使用支持函数式的语言（Java 8 和许多其他语言），那么可以传入验证方法和打印方法作为参数。

```
1  int n = 100;
2  Thread[] threads = {
3    new FBThread(i -> i % 3 == 0 && i % 5 == 0, i -> "FizzBuzz", n),
4    new FBThread(i -> i % 3 == 0 && i % 5 != 0, i -> "Fizz", n),
5    new FBThread(i -> i % 3 != 0 && i % 5 == 0, i -> "Buzz", n),
6    new FBThread(i -> i % 3 != 0 && i % 5 != 0, i -> Integer.toString(i), n)};
7  for (Thread thread : threads) {
8    thread.start();
9  }
10
11 public class FBThread extends Thread {
12   private static Object lock = new Object();
13   protected static int current = 1;
14   private int max;
15   private Predicate<Integer> validate;
16   private Function<Integer, String> printer;
17   int x = 1;
18
19   public FBThread(Predicate<Integer> validate,
20                   Function<Integer, String> printer, int max) {
21     this.validate = validate;
22     this.printer = printer;
23     this.max = max;
24   }
25
26   public void run() {
27     while (true) {
28       synchronized (lock) {
29         if (current > max) {
30           return;
31         }
32         if (validate.test(current)) {
33           System.out.println(printer.apply(current));
34           current++;
35         }
36       }
37     }
38   }
39 }
```

当然，还有许多其他的实现方式。

第 34 章

测　　　试

34.1 随机崩溃

有个应用程序一运行就崩溃，现在你拿到了源码。在调试器中运行 10 次之后，你发现该应用每次崩溃的位置都不一样。这个应用只有一个线程，并且只调用 C 标准库函数。究竟是什么样的编程错误导致程序崩溃？该如何逐一测试每种错误？

题目解法

具体如何处理这个问题要视待诊断应用程序的类型而定。不过，我们还是可以给出导致随机崩溃的一些常见原因。

- **随机变量**。该应用程序可能用到某个随机变量或可变分量，程序每次执行时取值不定。具体的例子包括用户输入、程序生成的随机数或当前时间。
- **未初始化变量**。该应用程序可能包含一个未初始化变量，在某些语言中，该变量可能含有任意值。这个变量取不同值可能导致代码每次执行路径有所不同。
- **内存泄漏**。该程序可能存在内存溢出。每次运行时引发问题的可疑进程随机不定，这与当时运行的进程数量有关。另外还包括堆溢出或栈内数据被破坏。
- **外部依赖**。该程序可能依赖别的应用程序、机器或资源。要是存在多处依赖，程序就有可能在任意位置崩溃。

为了找出问题的原因，我们首先应该尽量了解这个应用程序。谁在运行这个程序？他们用它做什么？这个程序属于哪种应用？

此外，尽管应用程序每次崩溃的位置不尽相同，但还是有办法确定其可能与特定组件或场景有关。例如，有可能只是启动该应用程序而不进行其他操作时，这个程序从不崩溃，它只有在载入文件之后的某个时间点才会崩溃，或者有可能每次崩溃都出现在底层组件如文件 I/O 上。

要解决这个问题，也许可以试试消除法。首先，关闭系统中其他所有应用，仔细追踪资源使用。如果该程序有些部分可以关掉，那就设法关掉。在另一台机器上运行该程序，看看能否重现同一问题。我们可以消除或修改的越多，就越容易定位原因。

此外，我们还可以借助工具检查特定情况。例如，要排查前面第二个原因，我们可以利用运行时工具来检查未初始化变量。

这些问题不仅考查你解决问题的方式，还考查你头脑风暴的能力。你是会病急乱投医，胡乱给出一些建议？抑或以合乎逻辑的、有条理的方式处理问题？

34.2 无工具测试

不借助任何测试工具，该如何对网页进行负载测试？

题目解法

负载测试（load test）不仅有助于定位 Web 应用性能的瓶颈，还能确定其最大连接数。同样地，它还能检查应用如何响应各种负载情况。要进行负载测试，必须先确定对性能要求最高的场景，以及满足目标的性能衡量指标。一般来说，有待测量的对象包括以下几种。

- 响应时间；
- 吞吐量；
- 资源利用率；
- 系统所能承受的最大负载。

随后，我们设计各种测试模拟负载，细心测量上面的每一项。

若缺少正规的测试工具，我们可以自行打造。例如，可以创建成千上万的虚拟用户，模拟并发用户。我们会编写多线程的程序，新建成千上万个线程，每个线程扮演一个实际用户，载入待测页面。对于每个用户，可以利用程序来测量响应时间、数据 I/O（输入/输出），等等。之后，还要分析测试期间收集的数据结果，并与可接受的值进行较。

第 35 章

中等难题

35.1 交换数字

编写一个函数,不用临时变量,直接交换两个数。

题目解法

这是个经典面试题,题目也相当简单。我们将用 a_0 表示 a 的初始值,b_0 表示 b 的初始值,用 diff 表示 a_0 - b_0 的值。

让我们将 a > b 的情形绘制在数轴上。

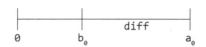

首先,将 a 设为 diff,即上面数轴的右边那一段。然后,b 加上 diff(并将结果保存在 b 中),就可得到 a_0。至此,我们得到 b = a_0 和 a = diff。最后,只需将 b 设为 a_0 - diff,也就是 b - a。

下面是具体的实现代码。

```
1   // 以 a = 9, b = 4 为例
2   a = a - b; // a = 9 - 4 = 5
3   b = a + b; // b = 5 + 4 = 9
4   a = b - a; // a = 9 - 5
```

我们还可以用位操作实现类似的解法,这种解法的优点在于它适用的数据类型更多,不仅限于整数。

```
5   // 以 a = 101 (in binary)和 b = 110 为例
6   a = a^b; // a = 101^110 = 011
7   b = a^b; // b = 011^110 = 101
8   a = a^b; // a = 011^101 = 110
```

这段代码使用了异或操作,要了解细节,最简单的方法就是看看单个比特位的情况,一探究竟。如能正确交换两个比特位,整个操作就能正确无误地进行。

让我们使用 x 和 y 两个比特位,逐行分析交换过程。

(1) x = x ^ y
该行本质上是在检查 x 与 y 是否相等。当且仅当 x != y 时,该行的结果为 1。

(2) y = x ^ y
或者:y = {x 与 y 相同则取 0,x 与 y 不同则取 1} ^ {y 的原始值}
请注意,将一个比特位与 1 进行异或操作会翻转该比特位的值,而将一个比特位与 0 进行异或操作不会对其值进行改变。

因此，如果当 x != y 时，我们进行 y = 1 ^ {y 原值}操作，y 的值将会被翻转，即得到 x 的原始值。

否则，如果当 x == y 时，我们进行 y = 0 ^ {y 原值}操作，y 的值不会发生改变。

无论哪种情况，y 的值都会与 x 的原始值相等。

(3) x = x ^ y

或者：x = {x 与 y 相同则取 0，x 与 y 不同则取 1} ^ {x 的原始值}

此时，y 的值即为 x 的原始值。该行代码其实和上面一行的代码相同，只是变量名不同而已。

当 x 与 y 的值不同时，我们进行 x = 1 ^ {x 原值}操作，x 的值将会被翻转。

当 x 与 y 的值相同时，我们进行 x = 0 ^ {x 原值}操作，x 的值不会发生改变。

上面描述的操作适用于每一个比特位。因为该方法能够正确地交换两个比特位，所以它也能够正确地交换整个数字。

35.2 交点

给定两条线段（表示为起点和终点），如果它们有交点，请计算其交点。

题目解法

两条无限长度的直线相交，只需有不同的斜率（slope）即可。如果有相同的斜率，那么必定代表同一条直线，即 y 轴截距（intersect）相等，如下所示。

```
slope 1 != slope 2
OR
slope 1 == slope 2 AND intersect 1 == intersect 2
```

而如果两条线段相交，在上面的条件满足的情况下，交点还必须在两条线段的范围之内。

```
直线相交条件
AND
交点的 x 和 y 坐标位于线段 1 的范围内
AND
交点的 x 和 y 坐标位于线段 2 的范围内
```

如果两条线段位于同一条无限长度的直线上呢？如果是这种情况，则两条线段必须有一部分重合。如果我们按照 x 坐标的位置对两条线段进行排序（起点位于终点之前，点 1 位于点 2 之前），那么两条线只在下面的情况下相交。

```
假设：
    start1.x < start2.x && start1.x < end1.x && start2.x < end2.x
两条线相交的条件为：
    start2 位于 start1 和 end1 之间
```

下面实现该程序。

```
1   Point intersection(Point start1, Point end1, Point start2, Point end2) {
2       /* 以 x 的值重新排列这些点以便起点位于终点之前。这将使得后面的逻辑更简单 */
3       if (start1.x > end1.x) swap(start1, end1);
4       if (start2.x > end2.x) swap(start2, end2);
5       if (start1.x > start2.x) {
6           swap(start1, start2);
7           swap(end1, end2);
8       }
9
10      /* 计算直线（包括斜率和 y 轴交点）*/
```

```
11      Line line1 = new Line(start1, end1);
12      Line line2 = new Line(start2, end2);
13
14      /* 如果两线平行，那么它们只在 start2 位于线 1 且具有相同 y 轴截距时相交 */
15      if (line1.slope == line2.slope) {
16        if (line1.yintercept == line2.yintercept &&
17            isBetween(start1, start2, end1)) {
18          return start2;
19        }
20        return null;
21      }
22
23      /* 获取交点坐标 */
24      double x = (line2.yintercept - line1.yintercept) / (line1.slope - line2.slope);
25      double y = x * line1.slope + line1.yintercept;
26      Point intersection = new Point(x, y);
27
28      /* 检查是否在线段范围内 */
29      if (isBetween(start1, intersection, end1) &&
30          isBetween(start2, intersection, end2)) {
31        return intersection;
32      }
33      return null;
34    }
35
36    /* 检查 middle 是否在 start 和 end 点之间 */
37    boolean isBetween(double start, double middle, double end) {
38      if (start > end) {
39        return end <= middle && middle <= start;
40      } else {
41        return start <= middle && middle <= end;
42      }
43    }
44
45    /* 检查 middle 是否在 start 和 end 点之间 */
46    boolean isBetween(Point start, Point middle, Point end) {
47      return isBetween(start.x, middle.x, end.x) &&
48          isBetween(start.y, middle.y, end.y);
49    }
50
51  /* 交换点 one 和 two 的坐标 */
52  void swap(Point one, Point two) {
53    double x = one.x;
54    double y = one.y;
55    one.setLocation(two.x, two.y);
56    two.setLocation(x, y);
57  }
58
59  public class Line {
60    public double slope, yintercept;
61
62    public Line(Point start, Point end) {
63      double deltaY = end.y - start.y;
64      double deltaX = end.x - start.x;
65      slope = deltaY / deltaX; // 当 deltaX = 0 时应为无穷大（不应抛出异常）
66      yintercept = end.y - slope * end.x;
67    }
68
69  public class Point {
70    public double x, y;
71    public Point(double x, double y) {
```

```
72        this.x = x;
73        this.y = y;
74      }
75
76      public void setLocation(double x, double y) {
77        this.x = x;
78        this.y = y;
79      }
80    }
```

为了使代码短小精悍,我们将 Point 类和 Line 类的内部元素的可见性设为 public。你可以和面试官讨论这样做的优势和劣势。

35.3 最小差

给定两个整数数组,计算具有最小差(非负)的一对数值(每个数组中取一个值),并返回该对数值的差。

示例:

输入: {1, 3, 15, 11, 2}, {23, 127, 235, 19, 8}
输出: 3,即数值对(11, 8)

题目解法

解法 1(蛮力法)

最简单的蛮力法是对所有的数值对进行迭代,计算差值并与当前的最小差值进行比较。

```
1   int findSmallestDifference(int[] array1, int[] array2) {
2     if (array1.length == 0 || array2.length == 0) return -1;
3
4     int min = Integer.MAX_VALUE;
5     for (int i = 0; i < array1.length; i++) {
6       for (int j = 0; j < array2.length; j++) {
7         if (Math.abs(array1[i] - array2[j]) < min) {
8           min = Math.abs(array1[i] - array2[j]);
9         }
10      }
11    }
12    return min;
13  }
```

此处还可稍作优化,即我们可以在找到差值为 0 的数对时立即返回。这是因为 0 是可能的最小差值。但是,根据输入的不同,这样做反而有可能会使算法更慢。

只有当输入的数值对列表的靠前位置存在一对差值为 0 的数值时,该优化才会使算法更快。为了实现该优化,我们必须每次迭代时都执行额外的代码。这里需要权衡利弊:对于一些输入这样做会更快,对于另外一些输入这样做则会更慢。鉴于该优化会使代码阅读起来更加困难,或许我们最好不要进行这类优化。

无论是否有此"优化",该算法花费的时间都为 $O(AB)$。

解法 2(最优方法)

一种较好的方法是对数组进行排序。排序后,我们就可以通过对数组进行迭代找出最小差值。

例如我们有下面两个数组。

```
A: {1, 2, 11, 15}
B: {4, 12, 19, 23, 127, 235}
```
可以尝试以下方法。

(1) 假设有一个指针 a 指向 A 的起始处，另一个指针 b 指向 B 的起始处。此时 a 与 b 的差值为 3，将该值存储于变量 min 中。

(2) 我们如何才能（有可能）使得差值变小呢？b 指向的值此时大于 a 指向的值，所以移动 b 只会使得差值增加。因此，我们可以移动 a。

(3) 现在 a 指向 2，而 b 指向 4（没有移动），差值为 2。因此，我们应该更新 min 的值。由于 a 指向的值更小，所以再次移动 a。

(4) 现在 a 指向 11 而 b 指向 4。移动 b。

(5) 现在 a 指向 11 而 b 指向 12。将 min 的值更新为 1。移动 b。

以此类推。

```
1   int findSmallestDifference(int[] array1, int[] array2) {
2     Arrays.sort(array1);
3     Arrays.sort(array2);
4     int a = 0;
5     int b = 0;
6     int difference = Integer.MAX_VALUE;
7     while (a < array1.length && b < array2.length) {
8       if (Math.abs(array1[a] - array2[b]) < difference) {
9         difference = Math.abs(array1[a] - array2[b]);
10      }
11
12      /* 移动较小值 */
13      if (array1[a] < array2[b]) {
14        a++;
15      } else {
16        b++;
17      }
18    }
19    return difference;
20  }
```

该算法排序花费的时间为 $O(A \log A + B \log B)$，寻找最小差值花费的时间为 $O(A + B)$。因此，算法整体运行时间为 $O(A \log A + B \log B)$。

35.4 整数的英文表示

给定一个整数，打印该整数的英文描述（例如 "One Thousand, Two Hundred Thirty Four"）。

题目解法

解出此题关键在于组织好解题的过程并确保有完善的测试用例。

举个例子，在转换 19 323 984 时，我们可以考虑分段处理，每三位转换一次，并在适当的地方插入 thousand（千）和 million（百万），如下所示。

```
convert(19,323,984) =  convert(19) + "million" + convert(323) + "thousand" +
                       convert(984)
```

下面是该算法的实现代码。

```
1   String[] smalls = {"Zero", "One", "Two", "Three", "Four", "Five", "Six", "Seven",
2     "Eight", "Nine", "Ten", "Eleven", "Twelve", "Thirteen", "Fourteen", "Fifteen",
```

```
3      "Sixteen", "Seventeen", "Eighteen", "Nineteen"};
4    String[] tens = {"", "", "Twenty", "Thirty", "Forty", "Fifty", "Sixty", "Seventy",
5      "Eighty", "Ninety"};
6    String[] bigs = {"", "Thousand", "Million", "Billion"};
7    String hundred = "Hundred";
8    String negative = "Negative";
9
10   String convert(int num) {
11     if (num == 0) {
12       return smalls[0];
13     } else if (num < 0) {
14       return negative + " " + convert(-1 * num);
15     }
16
17     LinkedList<String> parts = new LinkedList<String>();
18     int chunkCount = 0;
19
20     while (num > 0) {
21       if (num % 1000 != 0) {
22         String chunk = convertChunk(num % 1000) + " " + bigs[chunkCount];
23         parts.addFirst(chunk);
24       }
25       num /= 1000; // 移动该批次
26       chunkCount++;
27     }
28
29     return listToString(parts);
30   }
31
32   String convertChunk(int number) {
33     LinkedList<String> parts = new LinkedList<String>();
34
35     /* 转换百位 */
36     if (number >= 100) {
37       parts.addLast(smalls[number / 100]);
38       parts.addLast(hundred);
39       number %= 100;
40     }
41
42     /* 转换十位 */
43     if (number >= 10 && number <= 19) {
44       parts.addLast(smalls[number]);
45     } else if (number >= 20) {
46       parts.addLast(tens[number / 10]);
47       number %= 10;
48     }
49
50     /* 转换个位 */
51     if (number >= 1 && number <= 9) {
52       parts.addLast(smalls[number]);
53     }
54
55     return listToString(parts);
56   }
57   /* 将字符串链表转换为字符数,使用空格作为分隔符 */
58   String listToString(LinkedList<String> parts) {
59     StringBuilder sb = new StringBuilder();
60     while (parts.size() > 1) {
61       sb.append(parts.pop());
62       sb.append(" ");
63     }
```

```
64      sb.append(parts.pop());
65      return sb.toString();
66  }
```

处理这类问题的关键在于,因为有很多特殊情况,所以要确保考虑到所有特殊情况。

35.5 运算

请实现整数数字的乘法、减法和除法运算,运算结果均为整数数字,程序中只允许使用加法运算符。

题目解法

我们唯一可以使用的运算符是加法。在这样的问题中行之有效的方法是,深入思考每种运算究竟需要进行何种操作,或者应该如何以其他运算(加法运算或其他已经可以通过加法表示的运算)替代该运算。

解法 1(减法)

如何通过加法表示减法?这个问题非常简单。$a-b$ 与 $a+(-1)\times b$ 是相同的运算。但是,由于我们不能使用 ×(乘法)运算,因此必须自己实现取负(negate)函数。

```
1   /* 将正号翻转为负号或将负号翻转为正号 */
2   int negate(int a) {
3       int neg = 0;
4       int newSign = a < 0 ? 1 : -1;
5       while (a != 0) {
6           neg += newSign;
7           a += newSign;
8       }
9       return neg;
10  }
11
12  /* 将 b 变为相反数并将两数相加以达到相减的结果 */
13  int minus(int a, int b) {
14      return a + negate(b);
15  }
```

对数值 K 进行取负操作的实现方法是,将 K 个 -1 相加。请注意,该算法将花费 $O(K)$ 的时间。

如果此处注重优化,我们可以使 a 更快地接近 0(为了便于解释,我们假设 a 是一个正数)。为此,我们可以首先将 a 减 1,之后减 2,之后减 4,之后减 8,以此类推。我们可以将此值称为 value。我们希望精确地将 a 减为 0,因此,当将 a 减去下一个 delta 后会改变 a 的符号时,我们将 a 重置为 1 并重复该过程。

例如:

```
a:     29 28 26 22 14 13 11 7  6  4  0
delta: -1 -2 -4 -8 -1 -2 -4 -1 -2 -4
```

下面的代码实现了该算法。

```
1   int negate(int a) {
2       int neg = 0;
3       int newSign = a < 0 ? 1 : -1;
4       int delta = newSign;
5       while (a != 0) {
6           boolean differentSigns = (a + delta > 0) != (a > 0);
7           if (a + delta != 0 && differentSigns) { // 如果 delta 过大,则重置
8               delta = newSign;
```

```
9      }
10     neg += delta;
11     a += delta;
12     delta += delta; // 将delta增大一倍
13   }
14   return neg;
15 }
```

分析该算法的运行时间需要进行一些运算。

请注意,将 a 减去一半需花费 $O(\log a)$ 的时间。为什么呢?对于每一轮"将 a 减半"的操作, a 的绝对值与 delta 相加的和总是相等的。delta 和 a 的值最终将相遇于 a/2。由于 delta 的值每次都增加一倍,因此需要 $O(\log a)$ 次之后才可以达到 a/2。

我们需要进行 $O(\log a)$ 轮计算。

(1) 将 a 减为 a/2 花费的时间为 $O(\log a)$。
(2) 将 a/2 减为 a/4 花费的时间为 $O(\log a/2)$。
(3) 将 a/4 减为 a/8 花费的时间为 $O(\log a/4)$。

以此类推,共进行 $O(\log a)$ 轮计算。

因此运行时间总计为 $O(\log a + \log(a/2) + \log(a/4) + \cdots)$,其中表达式中共有 $O(\log a)$ 项。

请回忆一下指数运算的两条定理,如下所示。

❏ log(xy) = log x + log y
❏ log(x/y) = log x - log y

如果我们将这两条定理应用于上述表达式,可以得到如下表达式。

(1) O(log a + log(a/2) + log(a/4) + ...)
(2) O(log a + (log a - log 2) + (log a - log 4) + (log a - log 8) + ...
(3) O((log a)*(log a) - (log 2 + log 4 + log 8 + ... + log a)) // 共 $O(\log a)$ 项
(4) O((log a)*(log a) - (1 + 2 + 3 + ... + log a)) // 计算对数值
(5) O((log a)*(log a) - (log a)(1 + log a)/2) // 使用 1 至 K 的求和公式
(6) $O((\log a)^2)$ // 从第 5 步中消除第 2 项

因此,运行时间为 $O((\log a)^2)$。

这里的数学运算远远超出了大多数人在面试中可以完成(应该完成)的内容。你可以对其进行简化,需要进行 $O(\log a)$ 轮计算,最长的一轮计算需要完成 $O(\log a)$ 的计算。因此,取负运算的时间复杂度上限为 $O((\log a)^2)$。在此处,时间复杂度的上限刚好等同于时间复杂度本身。

还有其他一些更快的解法。比如,每一轮运算中我们不需要将 delta 重置为 1,而是将其设置为上一个 delta 值。这样做的结果是,增加 delta 的值时,我们每次将其乘以 2;减小 delta 的值时,我们每次将其除以 2。该方法的时间复杂度为 $O(\log a)$。但是,该解法的实现需要栈、除法或者移位操作,其中的任何一个操作可能都不符合题目要求。不过,你也可以和面试官讨论一下该实现方法。

解法 2(乘法)

加法和乘法的关联是十分显而易见的。若将 a 乘以 b,我们只需将 a 与其自身相加 b 次。

```
1 /* 将a乘以b,即将a与自身相加b次 */
2 int multiply(int a, int b) {
3   if (a < b) {
4     return multiply(b, a); // 如果b < a,则算法更快
5   }
6   int sum = 0;
```

```
7       for (int i = abs(b); i > 0; i = minus(i, 1)) {
8         sum += a;
9       }
10      if (b < 0) {
11        sum = negate(sum);
12      }
13      return sum;
14    }
15
16    /* 返回绝对值 */
17    int abs(int a) {
18      if (a < 0) {
19        return negate(a);
20      } else {
21        return a;
22      }
23    }
```

上述代码中我们需要注意的一点是要正确处理负数的情况。如果 b 是负数，则需要将结果的符号进行翻转。因此，代码中实际上完成了如下操作。

multiply(a, b) <-- abs(b) * a * (-1 if b < 0)

我们可以实现一个简单的求绝对值（abs）函数以便完成全部代码。

解法 3（除法）

在三种运算中，除法当然是最难的。好处是我们现在可以使用 multiply、subtract 和 negate 方法来实现除法（divide）。

我们现在尝试计算 x，使得 $x = a/b$。或者换一种说法，我们希望找到 x，使得 $a = bx$。现在，我们已经把这个问题转换为了一个可以用已知运算（乘法）表示的问题。

我们可以这样实现该问题：将 b 乘以逐渐增大的值，直到达到 a 的值为止。这方法非常低效，特别是 multiply 方法的实现中包含了大量的加法运算。

另一种方法是，通过观察方程 $a = xb$，我们会发现通过不断地将 b 与其自身相加可以得到 a 的值。需要重复的次数即为 x。

当然，a 或许不能被 b 整除，这无关紧要。实现整数除法本来就会截断运算结果。

下面的代码实现了这个算法。

```
1     int divide(int a, int b) throws java.lang.ArithmeticException {
2       if (b == 0) {
3         throw new java.lang.ArithmeticException("ERROR");
4       }
5       int absa = abs(a);
6       int absb = abs(b);
7
8       int product = 0;
9       int x = 0;
10      while (product + absb <= absa) { /* 不要超过 a */
11        product += absb;
12        x++;
13      }
14
15      if ((a < 0 && b < 0) || (a > 0 && b > 0)) {
16        return x;
17      } else {
18        return negate(x);
19      }
20    }
```

解决这个问题时要注意以下几点。

- 一个既有逻辑性又实用的方法是，回头审视乘法和除法的严格定义。请记住这一方法。所有（好的）面试问题都可以用具有逻辑性的、有条理的方法来处理。
- 面试官寻求的正是这种具有逻辑性的、不断深入的方法。
- 这是一个很好的问题，它可以用来展示你编写整洁代码的能力，特别是可以展示重用代码方面的能力。例如，如果你正在编写这个解决方案且事先没有将 negate 写在单独的方法中，那么一旦你发现会多次调用它，就应该把它移入其自身的方法中。
- 编程中做假设时需谨慎。不要假设数字都是正数或者 a 一定大于 b。

35.6 生存人数

给定一个列有出生年份和死亡年份的名单，实现一个方法以计算生存人数最多的年份。你可以假设所有人都出生于 1900 年至 2000 年（含 1900 和 2000）之间。如果一个人在某一年的任意时期都处于生存状态，那么他们应该被纳入那一年的统计中。例如，生于 1908 年、死于 1909 年的人应当被列入 1908 年和 1909 年的计数。

题目解法

我们首先要做的是描述该解法的轮廓。面试问题没有具体说明输入的格式。在真正的面试中，可以询问面试官输入数据的结构是什么样的或者明确地陈述你的（合理的）假设。

这里，我们需要做出自己的假设。我们将假设有一个简单的 Person 对象构成的数组。

```
1  public class Person {
2    public int birth;
3    public int death;
4    public Person(int birthYear, int deathYear) {
5      birth = birthYear;
6      death = deathYear;
7    }
8  }
```

我们也可以在 Person 的定义中加入 getBirthYear()和 getDeathYear()两个方法。有些人会认为这样做可以带来更加良好的编程风格，但是为了使代码短小精悍且描述清晰，此处将类的变量设置为了公共可见的变量。

重要之处在于我们确实使用了 Person 对象。相比于保存一个出生年份的整数数组以及一个死亡年份的整数数组（隐式地假设 births[i]和 deaths[i]指代的是同一人），使用 Person 对象提供了更好的编程风格。你并不会有很多机会来展示编程风格，因此，要善加利用已有机会。

了解了上述内容后，让我们从蛮力法开始讨论。

解法 1（蛮力法）

蛮力法直接来源于题目的文字描述。我们需要找到生存人数最多的年份。因此，要对每一年进行迭代，并检查当年有多少人生存。

```
1  int maxAliveYear(Person[] people, int min, int max) {
2    int maxAlive = 0;
3    int maxAliveYear = min;
4
5    for (int year = min; year <= max; year++) {
6      int alive = 0;
7      for (Person person : people) {
```

```
8       if (person.birth <= year && year <= person.death) {
9         alive++;
10      }
11    }
12    if (alive > maxAlive) {
13      maxAlive = alive;
14      maxAliveYear = year;
15    }
16  }
17
18  return maxAliveYear;
19 }
```

请注意,我们已经传入了最小年份 1900 和最大年份 2000 这两个值,因此,不应该再将其直接写入代码中。

该算法的运行时间为 $O(RP)$,其中 R 为年份的范围(此例中为 100),P 为总人数。

解法 2(稍有改善的蛮力法)

一种稍有改善的解法是,可以创建一个数组来记录每一年出生的人数,之后,只需对人员列表进行迭代,对于每一个人,相应增加上述数组中对应年份的值。

```
1  int maxAliveYear(Person[] people, int min, int max) {
2    int[] years = createYearMap(people, min, max);
3    int best = getMaxIndex(years);
4    return best + min;
5  }
6
7  /* 将每个人的年份加到映射中 */
8  int[] createYearMap(Person[] people, int min, int max) {
9    int[] years = new int[max - min + 1];
10   for (Person person : people) {
11     incrementRange(years, person.birth - min, person.death - min);
12   }
13   return years;
14 }
15
16 /* 将 left 和 right 间的值增加 1  */
17 void incrementRange(int[] values, int left, int right) {
18   for (int i = left; i <= right; i++) {
19     values[i]++;
20   }
21 }
22
23 /* 获取数组中最大元素的索引 */
24 int getMaxIndex(int[] values) {
25   int max = 0;
26   for (int i = 1; i < values.length; i++) {
27     if (values[i] > values[max]) {
28       max = i;
29     }
30   }
31   return max;
32 }
```

对于第 9 行中数组的大小请谨慎处理。如果 1900 年至 2000 年的年份是包括两端的,那么总计为 101 年而不是 100 年。这也就是为什么数组的大小为 `max - min + 1`。

让我们将该算法分解为几个部分来分析运行时间。

- 我们首先创建了一个大小为 R 的数组，其中 R 为最大至最小的年份。
- 然后，对于 P 位人员，我们对该人存活的年份 Y 进行迭代。
- 接下来，再次对大小为 R 的数组进行迭代。

该算法的运行时间总计为 $O(PY + R)$。最坏的情况下，Y 的值即为 R，因此我们并没有取得比前述算法更优的算法。

解法 3（更优化的解法）

我们来看一个例子。下面的每一列都是相互对应的，相同位置的元素对应为同一个人。为了紧凑一些，我们只列出了年份中最后两位数字。

```
birth: 12 20 10 01 10 23 13 90 83 75
death: 15 90 98 72 98 82 98 98 99 94
```

值得注意的是，这些年份是否匹配并不重要。每一次出生都会增加一个人，每一次死亡都会删除一个人。

因为实际上并不需要匹配出生和死亡，所以可以对两列数据进行排序。排序后的年份或许可以帮助我们解决问题。

```
birth: 01 10 10 12 13 20 23 75 83 90
death: 15 72 82 90 94 98 98 98 98 99
```

可以尝试遍历这些年份。

- 第 0 年时，没有人存活。
- 第 1 年时，有一次出生。
- 第 2 年至第 9 年时，没有任何事情发生。
- 遍历至第 10 年，此时我们发现两次出生。至此，共有三人存活。
- 第 15 年时，有一人死亡。至此，剩下两人存活。
- 以此类推。

如果遍历这样的两个数组，就可以记录每个时间点存活的人数。

```
1   int maxAliveYear(Person[] people, int min, int max) {
2       int[] births = getSortedYears(people, true);
3       int[] deaths = getSortedYears(people, false);
4   
5       int birthIndex = 0;
6       int deathIndex = 0;
7       int currentlyAlive = 0;
8       int maxAlive = 0;
9       int maxAliveYear = min;
10  
11      /* 遍历数组 */
12      while (birthIndex < births.length) {
13          if (births[birthIndex] <= deaths[deathIndex]) {
14              currentlyAlive++; // 包括出生
15              if (currentlyAlive > maxAlive) {
16                  maxAlive = currentlyAlive;
17                  maxAliveYear = births[birthIndex];
18              }
19              birthIndex++; // 移动出生索引
20          } else if (births[birthIndex] > deaths[deathIndex]) {
21              currentlyAlive--; // 包括死亡
22              deathIndex++; // 移动死亡索引
23          }
```

```
24      }
25
26      return maxAliveYear;
27    }
28
29    /* (基于 copyBirthYear 的值) 复制出生和死亡年份并排序 */
30    int[] getSortedYears(Person[] people, boolean copyBirthYear) {
31      int[] years = new int[people.length];
32      for (int i = 0; i < people.length; i++) {
33        years[i] = copyBirthYear ? people[i].birth : people[i].death;
34      }
35      Arrays.sort(years);
36      return years;
37    }
```

在这里有一些非常容易出错的地方。

在第 13 行，我们需要仔细考虑是应该使用小于号（<）还是小于等于号（<=），还需要关注到在同一年发现了一次出生和一次死亡这一情况（出生和死亡是否来自同一个人并不重要）。

当我们发现同一年中有出生和死亡的情况时，希望在记录死亡**之前**记录出生，这样我们可以将当年计算为存活年份。这也就是为什么会在第 13 行使用<=号。

还需要注意的是，在哪里进行 maxAlive 和 maxAliveYear 值的更新。更新需要在 currentAlive++ 之后进行，这样结果才会包含更新后的值。但是更新需要在 birthIndex++ 之前进行，否则无法得到正确的年份。

该解法将花费 $O(P \log P)$ 的时间，其中 P 是人员的数量。

解法 4（更优化的解法）

可以进一步进行优化吗？为此，我们需要去掉排序的部分，即回到了处理未排序数组的问题中。

```
birth: 12 20 10 01 10 23 13 90 83 75
death: 15 90 98 72 98 82 98 98 99 94
```

如前所述，我们所用的逻辑方法是，每一次出生都会增加一个人，每一次死亡都会删除一个人。因此，让我们以此逻辑方法来表示上述数据。

```
01: +1      10: +1     10: +1     12: +1     13: +1
15: -1      20: +1     23: +1     72: -1     75: +1
82: -1      83: +1     90: +1     90: -1     94: -1
98: -1      98: -1     98: -1     98: -1     99: -1
```

我们可以创建一个年份数组，其中 array\[year\]的值表示当年人口如何变化。为了创建该数组，需要遍历人员列表，当有人出生时加 1，当有人死亡时减 1。

一旦得到该数组，就可以对年份进行遍历并随着遍历的进行记录当前人口（每次都增加 array\[year\]的值）。

该逻辑方法相当不错，但我们还需三思。该方法是否真的可行？

我们应该考虑的一个边界情况是某人在出生的同一年死亡。增减操作将相互抵消并得出当前年份的人口变化为 0。根据题目的措辞，这个人本应该被算作当年处于生存状态。

事实上，此算法中该 bug 的影响要广泛得多。该问题适用于所有人员。1908 年死亡的人直到 1909 年才应该从人口总数中移除。

一种简单的修正方法是，我们不对 array\[deathYear\]减 1，而是对 array\[deathYear + 1\] 进行减 1 操作。

```
1    int maxAliveYear(Person[] people, int min, int max) {
2      /* 构造人口差值的数组 */
3      int[] populationDeltas = getPopulationDeltas(people, min, max);
4      int maxAliveYear = getMaxAliveYear(populationDeltas);
5      return maxAliveYear + min;
6    }
7
8    /* 将出生和死亡年份加入到差值数组中 */
9    int[] getPopulationDeltas(Person[] people, int min, int max) {
10     int[] populationDeltas = new int[max - min + 2];
11     for (Person person : people) {
12       int birth = person.birth - min;
13       populationDeltas[birth]++;
14
15       int death = person.death - min;
16       populationDeltas[death + 1]--;
17     }
18     return populationDeltas;
19   }
20
21   /* 计算动态和并返回最大值的索引 */
22   int getMaxAliveYear(int[] deltas) {
23     int maxAliveYear = 0;
24     int maxAlive = 0;
25     int currentlyAlive = 0;
26     for (int year = 0; year < deltas.length; year++) {
27       currentlyAlive += deltas[year];
28       if (currentlyAlive > maxAlive) {
29         maxAliveYear = year;
30         maxAlive = currentlyAlive;
31       }
32     }
33
34     return maxAliveYear;
35   }
```

该解法将花费 $O(R+P)$ 的时间，其中 R 是年份的范围，P 是人员的数量。尽管对于很多预期中的输入数据来说，$O(R+P)$ 或许会优于 $O(P \log P)$ 的时间复杂度，但是你无法通过直接对两个时间复杂度进行比较来得出其中哪一个要略胜一筹的结论。

35.7 部分排序

给定一个整数数组，编写一个函数，找出索引 m 和 n，符合只要将 m 和 n 之间的元素排好序，整个数组就是有序的条件。注意：n-m 尽量最小，也就是说，找出符合条件的最短序列。

示例：

输入：1, 2, 4, 7, 10, 11, 7, 12, 6, 7, 16, 18, 19

输出：(3, 9)

题目解法

如果要找的是两个索引，这表明数组中间有一段有待排序，其中数组开头和末尾部分是排好序的。

现在，我们借用下面的例子来解决此题。

1, 2, 4, 7, 10, 11, 8, 12, 5, 6, 16, 18, 19

首先映入脑海的想法可能是，直接找出位于开头的最长递增子序列，以及位于末尾的最长递增子序列。

```
左边：1, 2, 4, 7, 10, 11
中间：8, 12
右边：5, 6, 16, 18, 19
```

很容易就能找出这些子序列，只需从数组最左边和最右边开始，向中间查找递增子序列。一旦发现有元素大小顺序不对，那就是找到了递增/递减子序列的两头。

但是，为了解决这个问题，还需要对数组中间部分进行排序。只要将中间部分排好序，数组所有元素便是有序的。具体来说，就是以下判断条件必须为真。

```
/* 左边 (left) 所有元素都要小于中间 (middle) 的所有元素 */
min(middle) > end(left)

/* 中间 (middle) 所有元素都要小于右边 (right) 的所有元素 */
max(middle) < start(right)
```

或者换句话说，对于所有元素：

```
left < middle < right
```

实际上，上例的这个条件绝不可能成立。根据定义，中间部分的元素是无序的。而在上面的例子中，left.end > middle.start 且 middle.end > right.start 一定成立。这样一来，只排序中间部分并不能让整个数组有序。

不过，我们还可以缩减左边和右边的子序列，直到先前的条件成立为止。我们需要使左边的元素小于所有中间和右边的元素，同时使右边的元素大于所有左边和右边的元素。

令 min 等于 min(middle 和 right 中的元素)，max 等于 max(middle 和 left 中的元素)。请注意，由于右边和左边的元素已经有序，因此我们只需要分别取其起点和终点即可。

对左边部分，我们先从这个子序列的末尾开始（值为 11，索引为 5），并向左移动。min 的值此时为 5。一旦找到元素索引 i 使得 array[i] < min，我们便得知：只需排序中间部分，就能让数组的那部分有序。

然后，对右边部分进行类似操作，此时 max 等于 12。我们先从右边子序列的起始元素（值为 5）开始，并向右移动，将中间部分的最大值 12 依次与 6、16 比较。找到 16 时，就能确定在 16 的右边已经没有元素比 12 小了（因为右边是递增子序列）。至此，对数组中间部分进行排序，以使整个数组都是有序的。

下面是这个算法的实现代码。

```
1   void findUnsortedSequence(int[] array) {
2       // 找到左边的子序列
3       int end_left = findEndOfLeftSubsequence(array);
4       if (end_left >= array.length - 1) return; // 已排序
5
6       // 找到右边的子序列
7       int start_right = findStartOfRightSubsequence(array);
8
9       // 获取最大值和最小值
10      int max_index = end_left; // 左边最大值
11      int min_index = start_right; // 右边最小值
12      for (int i = end_left + 1; i < start_right; i++) {
13          if (array[i] < array[min_index]) min_index = i;
14          if (array[i] > array[max_index]) max_index = i;
15      }
```

```
16
17       // 向左移动直至小于 array[min_index]
18       int left_index = shrinkLeft(array, min_index, end_left);
19
20       // 向右移动直至大于 array[max_index]
21       int right_index = shrinkRight(array, max_index, start_right);
22
23       System.out.println(left_index + " " + right_index);
24   }
25
26   int findEndOfLeftSubsequence(int[] array) {
27       for (int i = 1; i < array.length; i++) {
28           if (array[i] < array[i - 1]) return i - 1;
29       }
30       return array.length - 1;
31   }
32
33   int findStartOfRightSubsequence(int[] array) {
34       for (int i = array.length - 2; i >= 0; i--) {
35           if (array[i] > array[i + 1]) return i + 1;
36       }
37       return 0;
38   }
39
40   int shrinkLeft(int[] array, int min_index, int start) {
41       int comp = array[min_index];
42       for (int i = start - 1; i >= 0; i--) {
43           if (array[i] <= comp) return i + 1;
44       }
45       return 0;
46   }
47
48   int shrinkRight(int[] array, int max_index, int start) {
49       int comp = array[max_index];
50       for (int i = start; i < array.length; i++) {
51           if (array[i] >= comp) return i - 1;
52       }
53       return array.length - 1;
54   }
```

注意，在上面的解法中，我们还创建了不少方法。虽然也可以把所有代码一股脑儿塞进一个方法，但这样一来，代码理解、维护和测试起来就要难得多。在面试中写代码时，你应该优先考虑这几点。

35.8 连续数列

给定一个整数数组（有正数有负数），找出总和最大的连续数列，并返回总和。

示例：

输入：2, -8, 3, -2, 4, -10

输出：5（即{3, -2, 4}）

题目解法

此题难度不小，但又极为常见。接下来，我们会通过下面的例子来解题。

2   3   -8   -1   2   4   -2   3

如果把上面的数组看作是正数数列和负数数列交替出现，我们会发现，答案绝不会只包含某负数子数列或正数子数列的一部分。何以见得？只包含某负数子数列的一部分，将使得总和过小，我们应该排除整个负数数列才对。同样地，只包含正数子数列的一部分也会显得很怪，因为若包含整个子数列，总和就能变得更大。

为了构思出算法，我们可以把数组看作一个正负数交错出现的列。每个数字代表正数子数列的总和或负数子数列的总和。对于上面的数组，简化后如下所示。

5　-9　6　-2　3

我们无法立即从中窥得一个好算法，不过，它确实可以帮助我们更好地理解手头正在处理的问题。

考虑上面的数组。把{5，-9}视作子数列说得通吗？不，这两个数字的总和为-4，所以最好两个数字都不要或者考虑只包含子数列{5}，只有一个元素。

什么情况下需要在子数列中包含负数呢？只有当它能将两个正子数列拼接在一起，并且两者加起来大于这个负数的时候。

我们可以逐步找出答案，先从数组的第一个元素开始。

首先看到5，这是到目前为止最大的总和。我们将 maxsum 设为5，并将 sum 设为5。接着，考虑-9，将它与 sum 相加会得到负值。将子数列从5延伸到-9并没有意义（只会将子数列缩减为-4），因此我们会重置 sum 的值。

现在看到6，这个子数列比5大，因此更新 maxsum 和 sum。

接着来看-2，与6相加，sum 设为4。由于总和仍会变大（与其他部分连接时，会有更长的数列），我们有可能想把{6, -2}纳入最长子数列，因此更新 sum，但不更新 maxsum。

最后看到3，3加上 sum(4)结果为7，更新 maxsum，最后得到最长子数列为{6, -2, 3}。

推而广之，对于完全展开的数组而言，处理逻辑方法是一样的。下面是该算法的实现代码。

```
1   int getMaxSum(int[] a) {
2     int maxsum = 0;
3     int sum = 0;
4     for (int i = 0; i < a.length; i++) {
5       sum += a[i];
6       if (maxsum < sum) {
7         maxsum = sum;
8       } else if (sum < 0) {
9         sum = 0;
10      }
11    }
12    return maxsum;
13  }
```

如果整个数组都是负数，怎么样才是正确的行为？看看这个简单的数组：{-3, -10, -5}，以下答案每个都说得通。

(1) -3（假设子数列不能为空）。

(2) 0（子数列长度为零）。

(3) MINIMUM_INT（视为错误情况）。

我们会选择第二个（maxsum = 0），但其实并没有所谓的"正确"答案。这一点可以跟面试官好好讨论一番，这样也能展示出你注重细节。

35.9 模式匹配

你有两个字符串，即 pattern 和 value。pattern 字符串由字母 a 和 b 组成，用于描述字符串中的模式。例如，字符串 catcatgocatgo 匹配模式 aabab（其中 cat 是 a，go 是 b）。该字符串也匹配像 a、ab 和 b 这样的模式。编写一个方法判断 value 字符串是否匹配 pattern 字符串。

题目解法

和其他题目一样，我们可以先从简单的蛮力法开始讨论。

解法 1（蛮力法）

一种蛮力法是尝试所有 a 和 b 可能的值并检查它们是否与字符串匹配。

为了完成该解法，我们可以对 a 的所有子串和 b 的所有子串进行迭代。对于长度为 n 的字符串，总共有 $O(n^2)$ 个子串，因此该过程将会花费 $O(n^4)$ 的时间。但是在这之后，对于 a 和 b 的每一个值，我们需要构造一个长度与其一致的字符串并检查构造的字符串是否与该值相等。该构造、比较的步骤将会花费 $O(n)$ 的时间，因此该算法的总体运行时间为 $O(n^5)$。

```
1   for each possible substring a
2     for each possible substring b
3       candidate = buildFromPattern(pattern, a, b)
4       if candidate equals value
5         return true
```

好复杂呀！

一种优化的方式是检查模式串是否以 a 作为起始字符，如果是的话，字符串 a 则必须以 value 的起始为最初的字符（否则，字符串 b 必须以 value 的起始为最初的字符）。这样一来，对于 a 就不存在 $O(n^2)$ 个可能的值了，只有 $O(n)$ 种可能性。

接下来，算法需要检查模式是以 a 为起始还是 b 为起始。如果模式串以 b 为起始，我们可以对其进行翻转以便字符串以 a 作为起始（将字符串中的所有 a 替换为 b，所有 b 替换为 a）。然后，对 a 的所有可能子串（所有子串必须起始于索引 0）和 b 的所有可能子串（所有子串必须起始于 a 结束后的某个字符）进行迭代。和前面一样，我们需要将该模式的字符串与原字符串进行比较。

至此，该算法花费的时间为 $O(n^4)$。

还可以稍作优化。如果字符串起始于 b 而不是起始于 a，我们其实并不需要进行翻转操作。buildFromPattern 方法可以处理这种情况。可以把模式串中的第一个字符认定为"主"字符，而把其他的字符作为备用字符。buildFromPattern 方法可以根据 a 是主字符还是备用字符来构建合适的字符串。

```
1   boolean doesMatch(String pattern, String value) {
2     if (pattern.length() == 0) return value.length() == 0;
3
4     int size = value.length();
5     for (int mainSize = 0; mainSize < size; mainSize++) {
6       String main = value.substring(0, mainSize);
7       for (int altStart = mainSize; altStart <= size; altStart++) {
8         for (int altEnd = altStart; altEnd <= size; altEnd++) {
9           String alt = value.substring(altStart, altEnd);
10          String cand = buildFromPattern(pattern, main, alt);
11          if (cand.equals(value)) {
12            return true;
```

```
13          }
14        }
15      }
16    }
17    return false;
18  }
19
20  String buildFromPattern(String pattern, String main, String alt) {
21    StringBuffer sb = new StringBuffer();
22    char first = pattern.charAt(0);
23    for (char c : pattern.toCharArray()) {
24      if (c == first) {
25        sb.append(main);
26      } else {
27        sb.append(alt);
28      }
29    }
30    return sb.toString();
31  }
```

我们应该寻找一个更加优化的算法。

解法 2（优化解法）

从头至尾审视一下现在的算法。搜索所有主字符串的值很快（需要花费 $O(n)$ 的时间），但是搜索备用字符串很慢，该过程需要花费 $O(n^2)$ 的时间。我们应该研究一下如何进行优化。

假设有一个模式串 aabab，我们使用该模式串与值串 catcatgocatgo 进行比较。一旦选择 cat 作为进行测试的值，字符串 a 则需要占用 9 个字符（3 个长度各为 3 的字符串 a）。因此，字符串 b 必须占用剩余的 4 个字符，其中每个字符串 b 的长度为 2。进一步分析可以得出，我们其实还可以准确地知道每个字符串出现的位置。如果字符串 a 是 cat，模式串是 aabab，那么字符串 b 一定是 go。

换句话说，一旦选定了 a，我们也就相应的选定了 b，并不需要对 b 进行迭代。通过获取模式串 pattern 的一些基本数据（a 的数量，b 的数量，a 和 b 的个数），对字符串 a 的可能值（或者 main 字符串所对应的可能值）进行迭代足矣。

```
1   boolean doesMatch(String pattern, String value) {
2     if (pattern.length() == 0) return value.length() == 0;
3
4     char mainChar = pattern.charAt(0);
5     char altChar = mainChar == 'a' ? 'b' : 'a';
6     int size = value.length();
7
8     int countOfMain = countOf(pattern, mainChar);
9     int countOfAlt = pattern.length() - countOfMain;
10    int firstAlt = pattern.indexOf(altChar);
11    int maxMainSize = size / countOfMain;
12
13    for (int mainSize = 0; mainSize <= maxMainSize; mainSize++) {
14      int remainingLength = size - mainSize * countOfMain;
15      String first = value.substring(0, mainSize);
16      if (countOfAlt == 0 || remainingLength % countOfAlt == 0) {
17        int altIndex = firstAlt * mainSize;
18        int altSize = countOfAlt == 0 ? 0 : remainingLength / countOfAlt;
19        String second = countOfAlt == 0 ? "" :
20                        value.substring(altIndex, altSize + altIndex);
21
22        String cand = buildFromPattern(pattern, first, second);
23        if (cand.equals(value)) {
```

```
24         return true;
25       }
26     }
27   }
28   return false;
29 }
30
31 int countOf(String pattern, char c) {
32   int count = 0;
33   for (int i = 0; i < pattern.length(); i++) {
34     if (pattern.charAt(i) == c) {
35       count++;
36     }
37   }
38   return count;
39 }
40
41 String buildFromPattern(...) { /* 同前 */ }
```

该算法花费的时间为 $O(n^2)$，这是因为我们对 main 字符串的 $O(n)$ 种可能性进行了迭代，而每次构建和比较字符串花费的时间为 $O(n)$。

请注意我们还减少了可能的 main 字符串的数量。如果 main 字符串有 3 个，那么其长度不可能超过 1/3 的 value 字符串长度。

解法 3（优化解法）

如果你不喜欢只为了对字符串进行比较就要构建新串（并随即销毁）的做法，可以删去这部分操作。

取而代之的是，我们可以像以前一样对 a 和 b 的值进行迭代。然而，（在给定 a 和 b 的值的情况下）为了比较一个字符串是否与模式串相匹配，我们对 value 字符串进行遍历，将 a 和 b 中的第一个字符串与 value 的子串进行比较。

```
1  boolean doesMatch(String pattern, String value) {
2    if (pattern.length() == 0) return value.length() == 0;
3
4    char mainChar = pattern.charAt(0);
5    char altChar = mainChar == 'a' ? 'b' : 'a';
6    int size = value.length();
7
8    int countOfMain = countOf(pattern, mainChar);
9    int countOfAlt = pattern.length() - countOfMain;
10   int firstAlt = pattern.indexOf(altChar);
11   int maxMainSize = size / countOfMain;
12
13   for (int mainSize = 0; mainSize <= maxMainSize; mainSize++) {
14     int remainingLength = size - mainSize * countOfMain;
15     if (countOfAlt == 0 || remainingLength % countOfAlt == 0) {
16       int altIndex = firstAlt * mainSize;
17       int altSize = countOfAlt == 0 ? 0 : remainingLength / countOfAlt;
18       if (matches(pattern, value, mainSize, altSize, altIndex)) {
19         return true;
20       }
21     }
22   }
23   return false;
24 }
25
26 /* 对 pattern 和 value 进行迭代。对于 pattern 中的每一个字符，检查其是 main 字符串
```

```
27    * 还是alternate字符串。之后检查value中的下一组字符是否与原始main或者alternate
28    * 字符串中的字符相匹配 */
29   boolean matches(String pattern, String value, int mainSize, int altSize,
30                   int firstAlt) {
31     int stringIndex = mainSize;
32     for (int i = 1; i < pattern.length(); i++) {
33       int size = pattern.charAt(i) == pattern.charAt(0) ? mainSize : altSize;
34       int offset = pattern.charAt(i) == pattern.charAt(0) ? 0 : firstAlt;
35       if (!isEqual(value, offset, stringIndex, size)) {
36         return false;
37       }
38       stringIndex += size;
39     }
40     return true;
41   }
42
43   /* 检查两个子字符串从给定位移至给定长度处是否相等 */
44   boolean isEqual(String s1, int offset1, int offset2, int size) {
45     for (int i = 0; i < size; i++) {
46       if (s1.charAt(offset1 + i) != s1.charAt(offset2 + i)) {
47         return false;
48       }
49     }
50     return true;
51   }
```

该算法花费 $O(n^2)$ 的时间，但是该算法会在匹配失败时尽早结束（大多数情况下都会匹配失败）。而上个解法必须完成构建字符串的所有步骤之后才能得知匹配是否成功。

35.10 交换求和

给定两个整数数组，请交换一对数值（每个数组中取一个数值），使得两个数组所有元素的和相等。

示例：

　　输入: {4, 1, 2, 1, 1, 2}和{3, 6, 3, 3}
　　输出: {1, 3}

题目解法

首先应该弄清该题目究竟在考查什么问题。

我们有两个数组以及这两个数组所有元素的和。尽管一开始给定的条件中或许没有数组元素的和，我们可以先假设有此信息。毕竟，计算数组所有元素的和只需要花费 $O(N)$ 的时间，而给出的算法肯定无法比 $O(N)$ 还快。因此，计算数组元素的和不会影响总体的运行时间。

当我们从数组 A 向数组 B 移动一个元素 a 时（正数），数组 A 的和（sumA）将会减少 a，而数组 B 的和（sumB）会增加 a。

我们需要找到两个值 a 和 b，由此得出如下式子。

　　sumA - a + b = sumB - b + a

经过简单的计算可以得出如下结果。

　　2a - 2b = sumA - sumB
　　a - b = (sumA - sumB) / 2

因此，实际上需要寻找两个差值为 (sumA - sumB)/2 的元素。

请注意，因为该差值必须是一个整数数字（毕竟，你要交换两个整数元素不可能有非整数差值），因此我们可以确定两个数组和的差值必须是偶数，否则无法找到一对数值进行交换。

解法 1（蛮力法）

蛮力法相当简单，只需要对两个数组进行迭代并检查每对数值即可。

既可以简单地对两个数组新的和进行比较，也可以通过寻找具有上述目标差值的数对来完成该解法。

一种简单方法的实现代码如下所示。

```
1   int[] findSwapValues(int[] array1, int[] array2) {
2       int sum1 = sum(array1);
3       int sum2 = sum(array2);
4
5       for (int one : array1) {
6           for (int two : array2) {
7               int newSum1 = sum1 - one + two;
8               int newSum2 = sum2 - two + one;
9               if (newSum1 == newSum2) {
10                  int[] values = {one, two};
11                  return values;
12              }
13          }
14      }
15
16      return null;
17  }
```

寻找目标差值法的实现代码如下所示。

```
1   int[] findSwapValues(int[] array1, int[] array2) {
2       Integer target = getTarget(array1, array2);
3       if (target == null) return null;
4
5       for (int one : array1) {
6           for (int two : array2) {
7               if (one - two == target) {
8                   int[] values = {one, two};
9                   return values;
10              }
11          }
12      }
13
14      return null;
15  }
16
17  Integer getTarget(int[] array1, int[] array2) {
18      int sum1 = sum(array1);
19      int sum2 = sum(array2);
20
21      if ((sum1 - sum2) % 2 != 0) return null;
22      return (sum1 - sum2) / 2;
23  }
```

此处使用了 Integer 类（封装后的数据类）作为 getTarget 方法的返回类型，这便于区分出错用例。该算法花费的时间为 $O(AB)$。

解法 2（优化算法）

该算法可以简化为在数组中查找差值为给定值的一对数。带着这样的想法，让我们来重新审视一下蛮力法都包含哪些步骤。

在蛮力法中，首先对数组 A 进行循环。然后，对于数组 A 中的每一个元素，在数组 B 中寻找一个与其差值为目标值的元素。如果数组 A 中的元素是 5，目标差值为 3，那么我们要查找的元素则为 2。2 是满足目标的唯一值。这也就是说，并不需要编写 one - two == target 这样的代码，而是要使用 two == one - target 这样的语句。如何才能快速在数组 B 中找到等于 one - target 的值呢？

可以使用散列表来快速完成该过程。只需要将数组 B 中的所有元素加入到散列表中即可。然后，对数组 A 进行迭代并在数组 B 中查找合适的元素。

```
1   int[] findSwapValues(int[] array1, int[] array2) {
2     Integer target = getTarget(array1, array2);
3     if (target == null) return null;
4     return findDifference(array1, array2, target);
5   }
6
7   /* 查找一对有特定差值的数 */
8   int[] findDifference(int[] array1, int[] array2, int target) {
9     HashSet<Integer> contents2 = getContents(array2);
10    for (int one : array1) {
11      int two = one - target;
12      if (contents2.contains(two)) {
13        int[] values = {one, two};
14        return values;
15      }
16    }
17
18    return null;
19  }
20
21  /* 将数组内容加入到散列表中 */
22  HashSet<Integer> getContents(int[] array) {
23    HashSet<Integer> set = new HashSet<Integer>();
24    for (int a : array) {
25      set.add(a);
26    }
27    return set;
28  }
```

该算法花费的时间为 $O(A + B)$。因为至少需要访问两个数组中的所有元素，该时间复杂度是最佳可能运行时间（best conceivable runtime, BCR）。

解法 3（另一种方法）

如果数组是有序的，我们可以通过对其进行迭代以找到合适的一对数值。这种方法会占用较少的空间。

```
1   int[] findSwapValues(int[] array1, int[] array2) {
2     Integer target = getTarget(array1, array2);
3     if (target == null) return null;
4     return findDifference(array1, array2, target);
5   }
6
7   int[] findDifference(int[] array1, int[] array2, int target) {
8     int a = 0;
9     int b = 0;
10
11    while (a < array1.length && b < array2.length) {
```

```
12      int difference = array1[a] - array2[b];
13      /* 将 difference 与 target 比较。如果 difference 太小，
14       * 则将a 移至较大的数；如果 difference 太大，
15       * 则将b 移至较大的数。如果相等则返回此对数 */
16      if (difference == target) {
17        int[] values = {array1[a], array2[b]};
18        return values;
19      } else if (difference < target) {
20        a++;
21      } else {
22        b++;
23      }
24    }
25
26    return null;
27 }
```

该算法花费的时间为 $O(A + B)$，但是两个数组必须是有序数组。如果两个数组并非有序数组，我们仍然可以使用该方法，只是首先需要对其进行排序。在这样的情况下，程序的总体运行时间为 $O(A \log A + B \log B)$。

35.11 兰顿蚂蚁

一只蚂蚁坐在由白色和黑色方格构成的无限网格上。开始时，网格全白，蚂蚁面向右侧。每行走一步，蚂蚁执行以下操作。

(1) 如果在白色方格上，则翻转方格的颜色，向右（顺时针）转 90 度，并向前移动一个单位。

(2) 如果在黑色方格上，则翻转方格的颜色，向左（逆时针方向）转 90 度，并向前移动一个单位。

编写程序来模拟蚂蚁执行的前 K 个动作，并打印最终的网格。请注意，题目没有提供表示网格的数据结构，你需要自行设计。你编写的方法接受的唯一输入是 K，你应该打印最终的网格，不需要返回任何值。方法签名类似于 void printKMoves(int K)。

题目解法

乍一看，该题解法似乎非常简单，即构造网格，记录蚂蚁的位置和方向，反转单元格的颜色，转向，移动即可。有趣之处在于如何处理网格的无限性。

解法 1（固定数组）

理论上，由于只进行前 K 步移动，其实可以得到网格的最大尺寸。在任意方向上，蚂蚁并不能超过 K 步的距离。构造一个宽为 2K 且高为 2K 的网格（将蚂蚁置于网格中央），即可满足题目的要求。该方法存在的问题在于网格不能进行拓展。如果你移动了 K 步之后想要再移动 K 步，该方法就不可行了。另外，该方法会占用大量的空间。在一个方向上，最大的高度很有可能达到 K 步的距离，但是蚂蚁有可能只在一个小的环状路线中转圈。你或许并不需要浪费那么多的空间。

解法 2（可变大小数组）

另外一种思路是使用可变大小数组，如 Java 的 `ArrayList` 类。使用这类数据结构允许按需增加数组的尺寸，而且平均插入时间仍然保持为 $O(1)$。

问题在于该网格需要向两个方向增长，但是 `ArrayList` 类只提供一维数组的功能。另外，我们需要向"反方向"增加元素，而 `ArrayList` 类无法提供这样的功能。然而可以使用类似的

方法创建尺寸可变的网格。每当蚂蚁到达网格的边界时，我们将该方向的网格大小增加一倍。向相反方向拓展的情况，该怎么处理呢？尽管理论上我们可以将反方向称为"负"方向，但是并不能通过负值索引来访问数组中的元素。

解决该问题的其中一种方法是，我们可以创建一些"伪索引"。假设蚂蚁位于坐标(–3, –10)处，可以记录一个位移量以便将坐标转化为数组的索引。其实，我们并不一定要这么做。蚂蚁的位置不需要为外界所知，也不需要始终保持一致。当蚂蚁进入到负值坐标区域后，只需要将数组的大小增加一倍，并将所有的单元格信息和蚂蚁移入正值坐标区域。本质上，我们对所有的索引值都进行了重新设定。无论如何都要创建一个新的矩阵，因此，重新设定索引值并不会影响以 O 表示的时间复杂度。

```
1   public class Grid {
2     private boolean[][] grid;
3     private Ant ant = new Ant();
4
5     public Grid() {
6       grid = new boolean[1][1];
7     }
8
9     /* 将旧的值复制到新的数组中，对其行和列进行移位*/
10    private void copyWithShift(boolean[][] oldGrid, boolean[][] newGrid,
11                               int shiftRow, int shiftColumn) {
12      for (int r = 0; r < oldGrid.length; r++) {
13        for (int c = 0; c < oldGrid[0].length; c++) {
14          newGrid[r + shiftRow][c + shiftColumn] = oldGrid[r][c];
15        }
16      }
17    }
18
19    /* 确保给定的位置满足数组的大小。如果需要，则对方阵的大小进行翻倍。
20     * 复制旧的值并调整蚂蚁的位置 */
21    private void ensureFit(Position position) {
22      int shiftRow = 0;
23      int shiftColumn = 0;
24
25      /* 计算行的总数 */
26      int numRows = grid.length;
27      if (position.row < 0) {
28        shiftRow = numRows;
29        numRows *= 2;
30      } else if (position.row >= numRows) {
31        numRows *= 2;
32      }
33
34      /* 计算列的总数 */
35      int numColumns = grid[0].length;
36      if (position.column < 0) {
37        shiftColumn = numColumns;
38        numColumns *= 2;
39      } else if (position.column >= numColumns) {
40        numColumns *= 2;
41      }
42
43      /* 如果需要则扩展数组。同时移动蚂蚁的位置 */
44      if (numRows != grid.length || numColumns != grid[0].length) {
45        boolean[][] newGrid = new boolean[numRows][numColumns];
46        copyWithShift(grid, newGrid, shiftRow, shiftColumn);
47        ant.adjustPosition(shiftRow, shiftColumn);
```

```
48        grid = newGrid;
49      }
50    }
51
52    /* 变换单元格的颜色 */
53    private void flip(Position position) {
54      int row = position.row;
55      int column = position.column;
56      grid[row][column] = grid[row][column] ? false : true;
57    }
58
59    /* 移动蚂蚁 */
60    public void move() {
61      ant.turn(grid[ant.position.row][ant.position.column]);
62      flip(ant.position);
63      ant.move();
64      ensureFit(ant.position); // 扩展
65    }
66
67    /* 打印 */
68    public String toString() {
69      StringBuilder sb = new StringBuilder();
70      for (int r = 0; r < grid.length; r++) {
71        for (int c = 0; c < grid[0].length; c++) {
72          if (r == ant.position.row && c == ant.position.column) {
73            sb.append(ant.orientation);
74          } else if (grid[r][c]) {
75            sb.append("X");
76          } else {
77            sb.append("_");
78          }
79        }
80        sb.append("\n");
81      }
82      sb.append("Ant: " + ant.orientation + ". \n");
83      return sb.toString();
84    }
85  }
```

我们将与蚂蚁相关的所有代码放置在了一个单独的类中。这样做的一个好处在于，如果因为某些原因需要在题目中使用多只蚂蚁，该代码易于扩展以支持该功能。

```
1  public class Ant {
2    public Position position = new Position(0, 0);
3    public Orientation orientation = Orientation.right;
4
5    public void turn(boolean clockwise) {
6      orientation = orientation.getTurn(clockwise);
7    }
8
9    public void move() {
10      if (orientation == Orientation.left) {
11        position.column--;
12      } else if (orientation == Orientation.right) {
13        position.column++;
14      } else if (orientation == Orientation.up) {
15        position.row--;
16      } else if (orientation == Orientation.down) {
17        position.row++;
18      }
19    }
```

```
20
21    public void adjustPosition(int shiftRow, int shiftColumn) {
22      position.row += shiftRow;
23      position.column += shiftColumn;
24    }
25  }
```

我们同样定义了一个 Orientation 枚举类，它本身也包含一些实用的功能。

```
1   public enum Orientation {
2     left, up, right, down;
3
4     public Orientation getTurn(boolean clockwise) {
5       if (this == left) {
6         return clockwise ? up : down;
7       } else if (this == up) {
8         return clockwise ? right : left;
9       } else if (this == right) {
10        return clockwise ? down : up;
11      } else { // 向下
12        return clockwise ? left : right;
13      }
14    }
15
16    @Override
17    public String toString() {
18      if (this == left) {
19        return "\u2190";
20      } else if (this == up) {
21        return "\u2191";
22      } else if (this == right) {
23        return "\u2192";
24      } else { // 向下
25        return "\u2193";
26      }
27    }
28  }
```

我们还创建了一个简单的 Position 类，易于分开记录行和列的信息。

```
1   public class Position {
2     public int row;
3     public int column;
4
5     public Position(int row, int column) {
6       this.row = row;
7       this.column = column;
8     }
9   }
```

该方法可行，但是实际上要给出的解法没必要这么复杂。

解法 3（哈希集合）

尽管使用矩阵来表示网格似乎是显而易见的做法，但是不使用该表示方法实际上更简单。我们其实只需要一组白色方格及蚂蚁的位置与方向即可。

可以使用哈希集合来存储白色方格。如果某个位置处于集合中，则表示该处方格为白色。否则，该处方格为黑色。

唯一棘手的问题是该如何打印网格。应该从哪里开始？又该在何处结束？

我们需要打印网格，因此，需要记录网格左上角和右下角的位置。每当移动蚂蚁时，都需要将蚂蚁的位置与左上角和右下角的位置进行对比，按需更新它们的值。

```java
public class Board {
    private HashSet<Position> whites = new HashSet<Position>();
    private Ant ant = new Ant();
    private Position topLeftCorner = new Position(0, 0);
    private Position bottomRightCorner = new Position(0, 0);

    public Board() { }

    /* 移动蚂蚁 */
    public void move() {
      ant.turn(isWhite(ant.position)); // 转向
      flip(ant.position); // 翻转颜色
      ant.move(); // 移动
      ensureFit(ant.position);
    }

    /* 反转单元格颜色 */
    private void flip(Position position) {
      if (whites.contains(position)) {
        whites.remove(position);
      } else {
        whites.add(position.clone());
      }
    }

    /* 跟踪左上角和右下角的位置并拓展表格 */
    private void ensureFit(Position position) {
      int row = position.row;
      int column = position.column;

      topLeftCorner.row = Math.min(topLeftCorner.row, row);
      topLeftCorner.column = Math.min(topLeftCorner.column, column);

      bottomRightCorner.row = Math.max(bottomRightCorner.row, row);
      bottomRightCorner.column = Math.max(bottomRightCorner.column, column);
    }

    /* 检查单元格是否为白色 */
    public boolean isWhite(Position p) {
      return whites.contains(p);
    }

    /* 检查单元格是否为白色 */
    public boolean isWhite(int row, int column) {
      return whites.contains(new Position(row, column));
    }

    /* 打印 */
    public String toString() {
      StringBuilder sb = new StringBuilder();
      int rowMin = topLeftCorner.row;
      int rowMax = bottomRightCorner.row;
      int colMin = topLeftCorner.column;
      int colMax = bottomRightCorner.column;
      for (int r = rowMin; r <= rowMax; r++) {
        for (int c = colMin; c <= colMax; c++) {
          if (r == ant.position.row && c == ant.position.column) {
            sb.append(ant.orientation);
          } else if (isWhite(r, c)) {
            sb.append("X");
          } else {
            sb.append("_");
          }
        }
```

```
64        }
65        sb.append("\n");
66      }
67      sb.append("Ant: " + ant.orientation + ". \n");
68      return sb.toString();
69    }
```

Ant 类与 Orientation 类的实现与上述方法一致。

为了支持哈希集合的功能，Position 类的实现稍作修改。位置将成为哈希集合的键，因此，我们需要实现 hashCode() 方法。

```
1   public class Position {
2     public int row;
3     public int column;
4
5     public Position(int row, int column) {
6       this.row = row;
7       this.column = column;
8     }
9
10    @Override
11    public boolean equals(Object o) {
12      if (o instanceof Position) {
13        Position p = (Position) o;
14        return p.row == row && p.column == column;
15      }
16      return false;
17    }
18
19    @Override
20    public int hashCode() {
21      /* 哈希函数有很多选择，此为一种 */
22      return (row * 31) ^ column;
23    }
24
25    public Position clone() {
26      return new Position(row, column);
27    }
28  }
```

该实现方法的优势在于，如果访问一个特定的单元格，行和列的标号将始终保持不变。

35.12 1×5 个随机数方法中生成 7 个随机数

给定 rand5()，实现一个方法 rand7()，即给定一个生成 0 到 4 (含 0 和 4) 随机数的方法，编写一个生成 0 到 6 (含 0 和 6) 随机数的方法。

题目解法

这个函数要正确实现，则返回 0 到 6 之间的值，每个值的概率必须为 1/7。

● 第一次尝试（调用次数固定）

第一次尝试时，我们可能会想产生出 0 到 9 之间的值，然后再除以 7 取余数。代码大致如下。

```
1   int rand7() {
2     int v = rand5() + rand5();
3     return v % 7;
4   }
```

可惜的是，上面的代码无法以相同的概率产生所有值。分析一下每次调用 rand5() 返回的结果与 rand7() 函数返回值的对应关系，就能确认这一点。

第一次调用	第二次调用	结果		第一次调用	第二次调用	结果
0	0	0		2	3	5
0	1	1		2	4	6
0	2	2		3	0	3
0	3	3		3	1	4
0	4	4		3	2	5
1	0	1		3	3	6
1	1	2		3	4	0
1	2	3		4	0	4
1	3	4		4	1	5
1	4	5		4	2	6
2	0	2		4	3	0
2	1	3		4	4	1
2	2	4				

因为每一行会调用两次 rand5()，每次调用返回不同值的概率为 1/5，所以，每一行出现的概率为 1/25。数一数每个数字出现的次数，就会发现这个 rand7() 函数以 5/25 的概率返回 4，而返回 0 的概率为 3/25，也就是说，这个函数与题目要求不符，返回各种结果的概率并非 1/7。

现在设想一下，若要修改上面的函数加上一条 if 语句，并修改常数乘数或再插入一个 rand5() 调用，同样会产生一张类似的表格，而每一行组合出现的概率将是 $1/5^k$，其中 k 为那一行调用 rand5() 的次数。不同行调用 rand5() 的次数可能不同。最终，rand7() 函数返回结果的概率，比如 6，为所有结果为 6 的行的概率总和，也就是：

$$P(\text{rand7()} = 6) = 1/5^i + 1/5^j + \ldots + 1/5^m$$

为了保证函数正确实现，这个概率必须等于 1/7。但这又不可能，因为 5 和 7 互质，5 倒数的指数级数不可能得到 1/7。

难道此题无解吗？并非如此。严格地说，这意味着，rand5() 调用组合的结果若能得到 rand7() 的某个特定值，只要能列出来，该函数就不会返回均匀分布的结果。我们还是有办法解出此题的，只不过必须使用 while 循环，另外请注意，我们无法确定返回一个结果要经过几次循环。

- 第二次尝试（调用次数不定）

只要能使用 while 循环，工作就会变得简单许多。我们只需生出一个范围的数值，且每个数值出现的概率相同（且这个范围至少要有 7 个元素）。如果能做到这一点，就可以舍弃后面大于 7 的倍数的部分，然后将余下元素除以 7 取余数。由此将得到范围 0 到 6 的值，且每个值出现的概率相等。

下面的代码会通过 5 * rand5() + rand5() 产生范围 0 到 24。然后，舍弃 21 和 24 之间的数值，否则 rand7() 返回 0 到 3 的值就会偏多，最后除以 7 取余数，得到范围 0 到 6 的数值，每个值出现的概率相同。注意，这种做法需要舍弃一些值，因此不确定返回一个值要调用几次 rand5()，这就是所谓的调用次数不定。

```
1   int rand7() {
2       while (true) {
3           int num = 5 * rand5() + rand5();
4           if (num < 21) {
```

```
5       return num % 7;
6     }
7   }
8 }
```

注意，执行 5 * rand5() + rand5() 正好只提供了一种方式来取得范围 0 到 24 之间的每个数值，这就确保了每个值出现的概率相同。

可以换个做法执行 2 * rand5() + rand5() 吗？不行，因为这些值不是均匀分布的。例如，取得 6 有两种方式（6 = 2 × 1 + 4 和 6 = 2 × 2 + 2），而取得 0（0 = 2 × 0 + 0）只有一种方式，在范围里的值出现概率不等。还有一种做法就是使用 2 * rand5()，这样也能得到均匀分布的值，但要复杂得多。代码如下所示。

```
1  int rand7() {
2    while (true) {
3      int r1 = 2 * rand5(); /* 0 与 9 中间的偶数 */
4      int r2 = rand5(); /* 稍后用于产生 0 或 1 */
5      if (r2 != 4) { /* r2 包括多余的偶数；抛弃多余的偶数 */
6        int rand1 = r2 % 2; /* 产生 0 或 1 */
7        int num = r1 + rand1; /* 位于 0 至 9 之间 */
8        if (num < 7) {
9          return num;
10       }
11     }
12   }
13 }
```

事实上，我们可以使用的范围是无限的。关键在于确保该范围足够大，且范围内所有值出现的概率相同。

第 36 章

高难度题

36.1 不用加号的加法

设计一个函数把两个数字相加。不得使用 + 或者其他算术运算符。

题目解法

遇到这类问题，第一反应是我们需要跟比特位打交道。何出此言？原因很简单，连加号（+）都不能用了，还有其他选择吗？再说了，计算机在计算时就是跟比特位打交道的。接下来，我们应该着眼于深刻理解加法是怎么运作的。我们可以过一遍加法问题，看看自己能否悟出新东西，如某种模式，然后试试能否用代码来实现。

来探讨一个加法问题，并以十进制运算，这样更容易理解。

要做 759 + 674 加法运算，通常会将每个数字的个位数（digit[0]）相加、进位，然后将每个数字的十位数（digit[1]）相加、进位，以此类推。二进制加法也可以采取同样的做法：各位数相加，必要时进位。有没有办法让程序简单一些呢？当然有！设想一下，把"相加"和"进位"等步骤分开，也就是说，像下面这么做。

(1) 将 759 和 674 相加，但"忘了"进位，得到 323。
(2) 将 759 和 674 相加，但只进位，不会将各位数加在一起，得到 1110。
(3) 将前面两步操作的结果加起来，递归执行步骤(1)和步骤(2)描述的过程：1110 + 323 = 1433。

那么，对于二进制，该怎么做？

(1) 若将两个二进制数加在一起，但忘记进位，只要 a 和 b 的 i 位相同（皆为 0 或皆为 1），总和的 i 位就为 0。这本质上就是异或操作（XOR）。
(2) 若将两个数字加在一起，但只进位，只要 a 和 b 的 $i-1$ 位皆为 1，总和的 i 位就为 1。这实质上就是位与（AND）加上移位操作。
(3) 接着，递归执行步骤(1)和步骤(2)，直至没有进位为止。

下面是该算法的实现代码。

```
1  int add(int a, int b) {
2      if (b == 0) return a;
3      int sum = a ^ b; // 两数相加，不进位
4      int carry = (a & b) << 1; // 进位，但不对两数相加
5      return add(sum, carry); // 以 sum 和 carry 为参数进行递归
6  }
```

你也可以通过递推方式实现该算法。

```
1  int add(int a, int b) {
2      while (b != 0) {
3          int sum = a ^ b; // 两数相加，不进位
```

```
4       int carry = (a & b) << 1; // 进位，但不对两数相加
5       a = sum;
6       b = carry;
7   }
8   return a;
9 }
```

要求我们实现基本算术运算的问题比较常见。解决这些问题的关键在于深入挖掘这些运算通常是怎么实现的，这样就可根据给定问题的限制条件重新实现相关运算。

36.2 消失的数字

数组 A 包含从 0 到 n 的所有整数，但其中缺了一个。在这个问题中，只用一次操作无法取得数组 A 里某个整数的完整内容。此外，数组 A 的元素皆以二进制表示，唯一可用的访问操作是"从 A[i] 中取出第 j 位数据"，该操作的时间复杂度为常量。请编写代码找出那个缺失的整数。你有办法在 $O(n)$ 时间内完成吗？

题目解法

你可能见过一个类似的问题：给定一个从 0 到 n 的数字列表，其中只有一个数字被删除，请找到缺失的数字。解决这个问题，可以简单地将数字列表中所有数字相加，并将其与 0 到 n 的和，即 $n(n+1)/2$ 进行比较，差值即为缺失的数字。

此题中，我们可以通过基于它的二进制表示计算每个数字的值，并最终计算所有数字之和。这个解法的时间复杂度是 $n \times \text{length}(n)$，其中 length 是 n 比特位的数目。请注意 $\text{length}(n) = \log_2(n)$。所以，运行时间实际上为 $O(n \log(n))$。这并不是很好的解法。我们实际上可以使用类似的方法，但更直接地利用位的值。画一个二进制数的列表（其中-----表示被删除的值）。

```
00000       00100       01000       01100
00001       00101       01001       01101
00010       00110       01010
-----       00111       01011
```

去掉上面的数字会造成最低有效位 1 和 0 的不平衡，这一位我们称之为 LSB_1。在从 0 到 n 的一组数字中，如果 n 是奇数，我们期望 0 和 1 的数目是相同的；如果 n 是偶数，我们则期望 0 比 1 多一个，即如下所示。

```
if n % 2 == 1 then count(0s) = count(1s)
if n % 2 == 0 then count(0s) = 1 + count(1s)
```

注意，这意味着 count(0s) 总是大于或等于 count(1s)。

从列表中移除一个值 v 时，通过查看其他所有数字的最低有效位，我们马上就会知道 v 是偶数还是奇数。

	n % 2 == 0 count(0s) = 1 + count(1s)	n % 2 == 1 count(0s) = count(1s)
v % 2 == 0 $\text{LSB}_1(v) = 0$	a 0 is removed. count(0s) = count(1s)	a 0 is removed. count(0s) < count(1s)
v % 2 == 1 $\text{LSB}_1(v) = 1$	a 1 is removed. count(0s) > count(1s)	a 1 is removed. count(0s) > count(1s)

所以，如果 count(0s) <= count(1s)，那么 v 就是偶数。如果 count(0s) > count(1s)，v 则是奇数。

至此，我们可以移除所有的偶数，重点关注奇数，抑或移除所有的奇数，而重点关注偶数。但是怎么算出 v 中的下一位呢？如果 v 包含在（现在更小的）列表中，那么我们由此会得出如下结论（其中 $count_2$ 表示第二最低有效位中 0 或 1 的数目）。

$count_2(0s) = count_2(1s)$ OR $count_2(0s) = 1 + count_2(1s)$

和前面的例子一样，我们可以推导出 v 的第二最低有效位（LSB_2）的值。

	$count_2(0s) = 1 + count_2(1s)$	$count_2(0s) = count_2(1s)$
$LSB_2(v) == 0$	a 0 is removed. $count_2(0s) = count_2(1s)$	a 0 is removed. $count_2(0s) < count_2(1s)$
$LSB_2(v) == 1$	a 1 is removed. $count_2(0s) > count_2(1s)$	a 1 is removed. $count_2(0s) > count_2(1s)$

同样，我们可以得出如下结论。

- 如果 $count_2(0s) <= count_2(1s)$，那么 $LSB_2(v) = 0$。
- 如果 $count_2(0s) > count_2(1s)$，那么 $LSB_2(v) = 1$。

可以对每位重复此过程。在每次迭代中，对第 i 位上 0 和 1 的数量进行计数，以检查 $LSB_i(v)$ 的值是 0 还是 1。然后，当 $LSB_i(x) != LSB_i(v)$ 时，丢弃该数字，也就是说，如果 v 是偶数，我们就丢弃奇数，以此类推。

在这个过程结束的时候，我们可以算出 v 中所有的位。在每一次后续的迭代中，可以看到 n、$n/2$、$n/4$ 位，以此类推。这些结果会在 $O(N)$ 的运行时间中得出。我们也可以更直观地观察该过程，这样做或许会有所助益。在第一次迭代中，我们从以下所有的数字开始。

```
00000        00100        01000        01100
00001        00101        01001        01101
00010        00110        01010
-----        00111        01011
```

由于 $count_1(0s) > count_1(1s)$，因此我们知道 $LSB_1(v) = 1$。现在，丢弃所有满足条件 $LSB_1(x) != LSB_1(v)$ 的 x。

```
00000        00100        01000        01100
00001        00101        01001        01101
00010        00110        01010
-----        00111        01011
```

至此，$count_2(0s) > count_2(1s)$，所以可知 $LSB_2(v) = 1$。现在，丢弃所有满足条件 $LSB2(x) != LSB_2(v)$ 的 x。

```
00000        00100        01000        01100
00001        00101        01001        01101
00010        00110        01010
-----        00111        01011
```

这一次，$count_3(0s) <= count_3(1s)$，我们知道 $LSB_3(v) = 0$。现在，丢弃所有满足条件 $LSB_3(x) != LSB_3(v)$ 的 x。

```
00000        00100        01000        01100
00001        00101        01001        01101
00010        00110        01010
-----        00111        01011
```

只剩一个数字了。在这种情况下，$count_4(0s) <= count_4(1s)$，所以 $LSB_4(v) = 0$。

当丢弃满足条件 $LSB_4(x)$!= 0 的所有数字时,我们将得到一个空列表。一旦列表为空,那么 $count_i(0s)$ <= $count_i(1s)$,即 $LSB_i(v)$ = 0。换句话说,一旦得到一个空的列表,就可以用 0 来填充 v 的剩余位。

对于上面的例子,这个过程将会得出计算结果 v = 00011。下面的代码实现了该算法。通过将数组按位的值进行分割,我们已经实现了丢弃数字的过程。

```
1   int findMissing(ArrayList<BitInteger> array) {
2     /* 从最低有效低位开始一直向上计算 */
3     return findMissing(array, 0);
4   }
5
6   int findMissing(ArrayList<BitInteger> input, int column) {
7     if (column >= BitInteger.INTEGER_SIZE) { // 完成
8       return 0;
9     }
10    ArrayList<BitInteger> oneBits = new ArrayList<BitInteger>(input.size()/2);
11    ArrayList<BitInteger> zeroBits = new ArrayList<BitInteger>(input.size()/2);
12
13    for (BitInteger t : input) {
14      if (t.fetch(column) == 0) {
15        zeroBits.add(t);
16      } else {
17        oneBits.add(t);
18      }
19    }
20    if (zeroBits.size() <= oneBits.size()) {
21      int v = findMissing(zeroBits, column + 1);
22      return (v << 1) | 0;
23    } else {
24      int v = findMissing(oneBits, column + 1);
25      return (v << 1) | 1;
26    }
27  }
```

在第 24 行和第 27 行,我们递归地计算了 v 的其他位,然后根据是否满足 $count_1(0s)$ <= $count_1(1s)$,插入 0 或 1。

36.3 字母与数字

给定一个放有字符和数字的数组,找到最长的子数组,且包含的字符和数字的个数相同。

题目解法

创建一个极好且通用的样例非常重要。这绝对是真的。不过,理解一道题的最关键之处同样十分重要。

让我们先看一个例子。

[A, B, A, A, A, B, B, B, A, B, A, A, B, B, A, A, A, A, A]

需要寻找最长的子数组(subarray),使其满足 count(A, subarray) = count(B, subarray)。

解法 1(蛮力法)

可以从最明显的解决方案着手。只需遍历所有子数组,计算 A 和 B(或字母和数字)的数量,找出最长的一个即可。我们可以对此稍作优化。从最长的子数组开始,只要找到符合条件的子数组,就返回它。

```
1    /* 返回具有相同数目 0 和 1 的最大子数组。从最长子数组逐个检查。
2     * 发现子数组具有相同数目的 0 和 1 则返回 */
3    char[] findLongestSubarray(char[] array) {
4      for (int len = array.length; len > 1; len--) {
5        for (int i = 0; i <= array.length - len; i++) {
6          if (hasEqualLettersNumbers(array, i, i + len - 1)) {
7            return extractSubarray(array, i, i + len - 1);
8          }
9        }
10     }
11     return null;
12   }
13
14   /* 检查子数组是否具有相同数量的字母和数字 */
15   boolean hasEqualLettersNumbers(char[] array, int start, int end) {
16     int counter = 0;
17     for (int i = start; i <= end; i++) {
18       if (Character.isLetter(array[i])) {
19         counter++;
20       } else if (Character.isDigit(array[i])) {
21         counter--;
22       }
23     }
24     return counter == 0;
25   }
26
27   /* 返回 start 和 end 之间的子数组 */
28   char[] extractSubarray(char[] array, int start, int end) {
29     char[] subarray = new char[end - start + 1];
30     for (int i = start; i <= end; i++) {
31       subarray[i - start] = array[i];
32     }
33     return subarray;
34   }
```

尽管做了优化，这个算法时间复杂度仍然是 $O(N^2)$，其中 N 是数组的长度。

解法 2（最优解）

我们要做的是找到一个子数组，使其中字母的数目等于数字的数目。如果仅从数组起始处计算字母和数字的数量会如何？

```
     a a a a 1 1 a 1 1 a a 1 a a 1 a a a a a
#a   1 2 3 4 4 4 5 5 5 6 7 7 8 9 9 10 11 12 13 14
#1   0 0 0 0 1 2 2 3 4 4 4 5 5 5 6 6  6  6  6  6
```

当然，当字母的数量等于数字的数量时，我们可以说从索引 0 到当前索引是一个 "相等" 的子数组。该方法只会告诉我们从索引 0 开始的 "相等" 的子数组。如何找出所有 "相等" 的子数组？

想象这样一幅图景，假设我们在 a1aaa1 这样的数组后面插入一个相等的子数组（如 **a11a1a**）。这将如何影响字符的数量？

```
     a 1 a a a 1 | a 1 1 a 1 a
#a   1 1 2 3 4 4 | 5 5 5 6 6 7
#1   0 1 1 1 1 2 | 2 3 4 4 5 5
```

研究一下在子数组开始处和结束处的数目（分别为(4,2)和(7,5)），你可能会注意到，虽然值并不相同，但差是相同的，即 4 − 2 = 7 − 5。这有一定的道理。由于两处分别增加了相同数量的字母和数字，因此应该保持同样的差。

注意，当差相同时，子数组起始于初始匹配索引之后的一位，并结束于最终匹配索引。这解释了下面的第 9 行代码。

更新前面的数组，加入差值。

	a	a	a	a	1	1	a	1	1	a	a	1	a	a	1	a	a	a	a
#a	1	2	3	4	4	4	5	5	5	6	7	7	8	9	9	10	11	12	13	14
#1	0	0	0	0	1	2	2	3	4	4	4	5	5	5	6	6	6	6	6	6
-	1	2	3	4	3	2	3	2	1	2	3	2	3	4	3	4	5	6	7	8

每当返回相同的差值时，即找到了一个"相等"的子数组。要找到最大的子数组，只需要找到两个相距最远且具有相同差值的索引。为此，我们使用散列表来存储第一次得到的某一差值的索引。然后，每当得到相同的差值，就查看该子数组（从该索引第一个出现到当前索引）是否大于当前的最大值。果真如此的话，就更新最大值。

```
1   char[] findLongestSubarray(char[] array) {
2     /* 计算数字和字母的数量差值 */
3     int[] deltas = computeDeltaArray(array);
4
5     /* 寻找具有最大范围的且具有制定差值的项目 */
6     int[] match = findLongestMatch(deltas);
7
8     /* 返回子数组。请注意，该数组从具备此差值的元素之后一个索引位置开始 */
9     return extract(array, match[0] + 1, match[1]);
10  }
11
12  /* 计算从数组开始至每一位索引处的字母数字数量差值 */
13  int[] computeDeltaArray(char[] array) {
14    int[] deltas = new int[array.length];
15    int delta = 0;
16    for (int i = 0; i < array.length; i++) {
17      if (Character.isLetter(array[i])) {
18        delta++;
19      } else if (Character.isDigit(array[i])) {
20        delta--;
21      }
22      deltas[i] = delta;
23    }
24    return deltas;
25  }
26
27  /* 寻找具有最大范围的且具有制定差值的项目 */
28  int[] findLongestMatch(int[] deltas) {
29    HashMap<Integer, Integer> map = new HashMap<Integer, Integer>();
30    map.put(0, -1);
31    int[] max = new int[2];
32    for (int i = 0; i < deltas.length; i++) {
33      if (!map.containsKey(deltas[i])) {
34        map.put(deltas[i], i);
35      } else {
36        int match = map.get(deltas[i]);
37        int distance = i - match;
38        int longest = max[1] - max[0];
39        if (distance > longest) {
40          max[1] = i;
41          max[0] = match;
42        }
43      }
44    }
```

```
45        return max;
46    }
47
48    char[] extract(char[] array, int start, int end) { /* 相同 */ }
```

该解法需要 O(N) 的时间，其中 N 是数组的大小。

36.4 2 出现的次数

编写一个方法，计算从 0 到 n（含 n）中数字 2 出现的次数。

示例：

  输入：25

  输出：9(2, 12, 20, 21, 22, 23, 24, 25)（注意 22 应该算作两次）

题目解法

面对此题，我们想到的第一种解法应该是蛮力法。记住，面试官希望看到你是怎么解题的。可以一开始先给出蛮力解法。

```
1   /* 数一数 0 到 n 中数字 2 出现的次数 */
2   int numberOf2sInRange(int n) {
3     int count = 0;
4     for (int i = 2; i <= n; i++) { // 不妨直接从 2 开始
5       count += numberOf2s(i);
6     }
7     return count;
8   }
9
10  /* 数出某个数字中有几个 2 */
11  int numberOf2s(int n) {
12    int count = 0;
13    while (n > 0) {
14      if (n % 10 == 2) {
15        count++;
16      }
17      n = n / 10;
18    }
19    return count;
20  }
```

有个地方应该注意，就是最好将 numberOf2s 独立写成一个方法，这样让代码更为清晰，也能表明你写代码时能做到干净整齐。

改进后的解法

之前的解法是从一个范围内的数字来看，现在从数字的每个位来观察问题。假设有下面一个数字序列：

```
  0   1   2   3   4   5   6   7   8   9
 10  11  12  13  14  15  16  17  18  19
 20  21  22  23  24  25  26  27  28  29
...
110 111 112 113 114 115 116 117 118 119
```

由观察可知，每 10 个数字中，最后一位为 2 的情况大概会出现一次，因为 2 在连续 10 个数中都会出现一次。实际上，任意位为 2 的概率大概是 1/10。之所以说"大概"，是因为存在边界条件（这极为常见）。例如，在 1 到 100 之间，十位数为 2 的概率正好为 1/10。然而，在 1 到 37 之间，十位数为 2 的概率就会大于 1/10。

下面逐一分析 digit < 2、digit = 2 和 digit > 2 这三种情况，就能算出准确的比率。

- digit < 2

以 x = 61 523 和 d = 3 为例，可以看出 x[d] = 1（也即 x 的第 d 位数为 1）。第 3 位数为 2 的范围是 2000～2999、12 000～12 999、22 000～22 999、32 000～32 999、42 000～42 999 和 52 000～52 999，还没到范围 62 000～62 999，因此第 3 位数总共有 6000 个 2。这个数量等于范围 1 到 60 000 里第 3 位数为 2 的数量。

换句话说，可以将原来的数往下降至最近的 10^{d+1}，然后再除以 10，就可以算出第 d 位数为 2 的数量。

```
if x[d] < 2: count2sInRangeAtDigit(x, d) =
    let y = round down to nearest 10^(d+1)
    return y / 10
```

- digit > 2

现在，我们再来看看 x 的第 d 位数大于 2（x[d] > 2）的情况。基本上，我们可以运用与之前相同的逻辑方法，确认范围 0～63 525 里第 3 位数为 2 的数量与范围 0～70 000 是相同的。因此，之前是往下降，现在是往上升。

```
if x[d] > 2: count2sInRangeAtDigit(x, d) =
    let y = round up to nearest 10^(d+1)
    return y / 10
```

- digit = 2

最后这种情况可能是最棘手的，不过仍可套用之前的逻辑方法。以 x = 62523 和 d = 3 为例，由之前的逻辑方法可得到相同的范围（也即范围 2000～2999，12 000～12 999，…，52 000～52 999）。在最后余下的 62 000～62 523 这个范围里，第 3 位数为 2 的数量有多少？其实，再明显不过了。只有 524 个（62 000, 62 001, …, 62 523）。

```
if x[d] = 2: count2sInRangeAtDigit(x, d) =
    let y = round down to nearest 10^(d+1)
    let z = right side of x (i.e., x % 10^d)
    return y / 10 + z + 1
```

现在，只需迭代访问数字中的每个位数。相关代码实现起来相当简单。

```
1   int count2sInRangeAtDigit(int number, int d) {
2       int powerOf10 = (int) Math.pow(10, d);
3       int nextPowerOf10 = powerOf10 * 10;
4       int right = number % powerOf10;
5
6       int roundDown = number - number % nextPowerOf10;
7       int roundUp = roundDown + nextPowerOf10;
8
9       int digit = (number / powerOf10) % 10;
10      if (digit < 2) { // 判断数位的值
11          return roundDown / 10;
12      } else if (digit == 2) {
13          return roundDown / 10 + right + 1;
14      } else {
15          return roundUp / 10;
16      }
17  }
18
19  int count2sInRange(int number) {
```

```
20      int count = 0;
21      int len = String.valueOf(number).length();
22      for (int digit = 0; digit < len; digit++) {
23        count += count2sInRangeAtDigit(number, digit);
24      }
25      return count;
26    }
```

解决此题时要全面仔细地测试,务必列全一系列的测试用例,然后逐一测试验证。

36.5 主要元素

如果数组中多一半的数都是同一个,则称之为主要元素。给定一个正数数组,找到它的主要元素。若没有,返回–1。要求时间复杂度为 $O(N)$,空间复杂度为 $O(1)$。

示例:
    输入:1 2 5 9 5 9 5 5 5
    输出:5

题目解法

先看一个例子。

3 1 7 1 3 7 3 7 1 7 7

可以注意到的一点是,如果主要元素(在本例中为 7)在数组开始时出现的频率较低,那么在数组结束时,该元素必须出现得更频繁。观察到这一点很不错。

这个面试问题明确要求我们要在 $O(N)$ 的时间内和 $O(1)$ 的空间内给出解法。尽管如此,放宽其中一个要求有时候可以帮助我们找到解法。让我们试着放宽时间要求,但要保持 $O(1)$ 的空间要求。

解法 1

一种简单的方法是迭代数组并检查每个元素是否为主要元素,这需要 $O(N^2)$ 的时间和 $O(1)$ 的空间。

```
1   int findMajorityElement(int[] array) {
2     for (int x : array) {
3       if (validate(array, x)) {
4         return x;
5       }
6     }
7     return -1;
8   }
9
10  boolean validate(int[] array, int majority) {
11    int count = 0;
12    for (int n : array) {
13      if (n == majority) {
14        count++;
15      }
16    }
17
18    return count > array.length / 2;
19  }
```

该算法并不符合问题的时间要求,但这只是一开始的一种粗略解法。我们可以考虑优化该算法。

解法 2

以一个特定的用例为例，让我们想想这个算法都做了什么。有什么可以删去的吗？

3	1	7	1	1	7	7	3	7	7	7
0	1	2	3	4	5	6	7	8	9	10

在第一次验证步骤中，我们选择 3 并将其作为主要元素进行验证。几个元素之后，我们仍然只发现了一个 3 和几个非 3 元素。需要继续检查 3 吗？

一方面，需要继续检查。如果数组中有一串 3，3 依然成为主要元素。另一方面，其实并非如此。如果 3 确实还有很多，那么我们将在随后的验证步骤中遇到这些 3。只要非 3（countNo）元素数目至少与 3（countYes）元素数目一样多，即可终止本次 validate(3) 步骤，也就是说，当 countNo >= countYes 时，即终止 Validate 操作。此逻辑方法对于第一个元素来说行之有效，但是下一个元素呢？我们可以将第二个元素视为新数组的起始元素。这会是什么样子？

```
validate(3) on [3, 1, 7, 1, 1, 7, 7, 3, 7, 7, 7]
    sees 3 -> countYes = 1, countNo = 0
    sees 1 -> countYes = 1, countNo = 1
    TERMINATE. 3 is not majority thus far.
validate(1) on [1, 7, 1, 1, 7, 7, 3, 7, 7, 7]
    sees 1 -> countYes = 0, countNo = 0
    sees 7 -> countYes = 1, countNo = 1
    TERMINATE. 1 is not majority thus far.
validate(7) on [7, 1, 1, 7, 7, 3, 7, 7, 7]
    sees 7 -> countYes = 1, countNo = 0
    sees 1 -> countYes = 1, countNo = 1
    TERMINATE. 7 is not majority thus far.
validate(1) on [1, 1, 7, 7, 3, 7, 7, 7]
    sees 1 -> countYes = 1, countNo = 0
    sees 1 -> countYes = 2, countNo = 0
    sees 7 -> countYes = 2, countNo = 1
    sees 7 -> countYes = 2, countNo = 1
    TERMINATE. 1 is not majority thus far.
validate(1) on [1, 7, 7, 3, 7, 7, 7]
    sees 1 -> countYes = 1, countNo = 0
    sees 7 -> countYes = 1, countNo = 1
    TERMINATE. 1 is not majority thus far.
validate(7) on [7, 7, 3, 7, 7, 7]
    sees 7 -> countYes = 1, countNo = 0
    sees 7 -> countYes = 2, countNo = 0
    sees 3 -> countYes = 2, countNo = 1
    sees 7 -> countYes = 3, countNo = 1
    sees 7 -> countYes = 4, countNo = 1
    sees 7 -> countYes = 5, countNo = 1
```

至此，我们还不能确定 7 是主要元素。我们已经删除了 7 之前和之后的所有元素。但也可能该数组不存在主要元素。只需简单地从数组起始处调用 validate(7)，就可以确认 7 是否为主要元素。执行该 validate 操作将花费 $O(N)$ 的时间，这也是最理想的运行复杂度。因此，最终执行 validate 步骤并不会影响总的运行时间。我们注意到一些元素被反复地"检查"，能删去这些操作吗？

请注意第一个 validate(3)。因为 3 不是主要元素，该步骤在子数组[3, 1]之后失败。但是由于 validate 失败，即一个元素不是主要元素，这意味着在子数组中没有其他元素是主要元素。根据之前的逻辑方法，不需要调用 validate(1)。我们知道，1 出现的次数没有超过一半。如果它是主要元素，就会在以后出现。让我们再试一试，看看效果如何。

```
validate(3) on [3, 1, 7, 1, 1, 7, 7, 3, 7, 7, 7]
    sees 3 -> countYes = 1, countNo = 0
    sees 1 -> countYes = 1, countNo = 1
    TERMINATE. 3 is not majority thus far.
skip 1
validate(7) on [7, 1, 1, 7, 7, 3, 7, 7, 7]
    sees 7 -> countYes = 1, countNo = 0
    sees 1 -> countYes = 1, countNo = 1
    TERMINATE. 7 is not majority thus far.
skip 1
validate(1) on [1, 7, 7, 3, 7, 7, 7]
    sees 1 -> countYes = 1, countNo = 0
    sees 7 -> countYes = 1, countNo = 1
    TERMINATE. 1 is not majority thus far.
skip 7
validate(7) on [7, 3, 7, 7, 7]
    sees 7 -> countYes = 1, countNo = 0
    sees 3 -> countYes = 1, countNo = 1
    TERMINATE. 7 is not majority thus far.
skip 3
validate(7) on [7, 7, 7]
    sees 7 -> countYes = 1, countNo = 0
    sees 7 -> countYes = 2, countNo = 0
    sees 7 -> countYes = 3, countNo = 0
```

我们应该停下来想一想这个算法都由哪些步骤构成。

(1) 从[3]开始，展开子数组，直到3不再是主要元素。在[3, 1]处，我们失败了。失败时，子数组中没有主要元素。

(2) 然后移动到[7]，展开子数组，一直到[7, 1]。再次终止，没有任何元素可以成为子数组中的主要元素。

(3) 移动到[1]并展开子数组到[1, 7]。再次终止。没有任何元素可以成为主要元素。

(4) 移动到[7]并展开子数组到[7, 3]。再次终止。没有任何元素可以成为主要元素。

(5) 移动到[7]并展开子数组至数组的末尾处，即[7, 7, 7]。我们已经找到了主要元素（现在必须验证这一点）。

每次终止 validate 步骤时，子数组都没有主要元素。这意味着至少 7 和非 7 的数量一致。虽然我们本质上是将这个子数组从原始数组中删除，但是主要元素仍然会在剩下的部分中找到，并且仍然会是主要元素。因此，在某一时刻，我们终将发现主要元素。至此，可以分两步运行该算法：一步是找到可能的主要元素，另一步是验证主要元素。与其使用两个变量来计数（countYes 和 countNo），不如使用一个进行递增和递减的单一 count 变量。

```
1   int findMajorityElement(int[] array) {
2       int candidate = getCandidate(array);
3       return validate(array, candidate) ? candidate : -1;
4   }
5
6   int getCandidate(int[] array) {
7       int majority = 0;
8       int count = 0;
9       for (int n : array) {
10          if (count == 0) { // 前面的集合中没有主要元素
11              majority = n;
12          }
13          if (n == majority) {
14              count++;
```

```
15        } else {
16          count--;
17        }
18      }
19      return majority;
20    }
21
22    boolean validate(int[] array, int majority) {
23      int count = 0;
24      for (int n : array) {
25        if (n == majority) {
26          count++;
27        }
28      }
29
30      return count > array.length / 2;
31    }
```

该算法花费 $O(N)$ 的时间且占用 $O(1)$ 的空间。

36.6 BiNode

有个名为 BiNode 的简单数据结构，包含指向另外两个节点的指针。

```
public class BiNode {
  public BiNode node1, node2;
  public int data;
}
```

BiNode 可用来表示二叉树（其中 node1 为左子节点，node2 为右子节点）或双向链表（其中 node1 为前趋节点，node2 为后继节点）。实现一个方法，把用 BiNode 实现的二叉搜索树转换为双向链表，要求值的顺序保持不变，转换操作应是原址的，也就是在原始的二叉搜索树上直接修改。

题目解法

这个看似复杂的问题可以用递归法来实现。你需要对递归法了若指掌才能解出该题。

画一个简单的二叉搜索树。

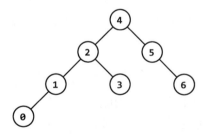

下面的 convert 方法将其转换为了双向链表。

0 <-> 1 <-> 2 <-> 3 <-> 4 <-> 5 <-> 6

让我们从根节点（节点 4）开始用递归法解决该问题。已知树的左右两部分形成了各自的"子链表"（也就是说，它们在链表中以连续的形式出现）。因此，如果我们递归地将左右子树转换为双向链表，只需要合并不同的部分即可构建为最终的链表，伪代码如下所示。

```
1   BiNode convert(BiNode node) {
2     BiNode left = convert(node.left);
3     BiNode right = convert(node.right);
4     mergeLists(left, node, right);
5     return left; // left 的头部
6   }
```

为了实现该解法的细节,我们需要得到每个链表的头部和尾部。可以用几种不同的方法实现。

解法 1(额外数据结构)

第一个较容易的方法是创建一个新的数据结构,我们将其称为 NodePair。该数据结构只包含一个链表的头和尾。convert 方法可以返回 NodePair 类型的值。下面的代码实现了这种方法。

```
1   private class NodePair {
2     BiNode head, tail;
3
4     public NodePair(BiNode head, BiNode tail) {
5       this.head = head;
6       this.tail = tail;
7     }
8   }
9
10  public NodePair convert(BiNode root) {
11    if (root == null) return null;
12
13    NodePair part1 = convert(root.node1);
14    NodePair part2 = convert(root.node2);
15
16    if (part1 != null) {
17      concat(part1.tail, root);
18    }
19
20    if (part2 != null) {
21      concat(root, part2.head);
22    }
23
24    return new NodePair(part1 == null ? root : part1.head,
25                       part2 == null ? root : part2.tail);
26  }
27
28  public static void concat(BiNode x, BiNode y) {
29    x.node2 = y;
30    y.node1 = x;
31  }
```

上面的代码仍然可以在原址转换 BiNode 数据结构。我们只是使用 NodePair 作为返回值的数据结构,也可以选择使用一个双元素的 BiNode 数组来实现同一目的,但是后者实现起来会有点混乱不堪,而写代码要尽量整洁,在面试中更是如此。如果能在不借助这些额外数据结构的情况下解题,那就再好不过了。其实可以做到。

解法 2(获取尾部节点)

和使用 NodePair 来返回链表的头和尾不同的是,我们可以只返回头部。在此之后,可以使用头部找到链表的尾部。

```
1   BiNode convert(BiNode root) {
2     if (root == null) return null;
3
```

```
4      BiNode part1 = convert(root.node1);
5      BiNode part2 = convert(root.node2);
6
7      if (part1 != null) {
8        concat(getTail(part1), root);
9      }
10
11     if (part2 != null) {
12       concat(root, part2);
13     }
14
15     return part1 == null ? root : part1;
16   }
17
18   public static BiNode getTail(BiNode node) {
19     if (node == null) return null;
20     while (node.node2 != null) {
21       node = node.node2;
22     }
23     return node;
24   }
```

除了调用 getTail 之外,该代码几乎与第一个解法相同。然而,该解法不太高效。深度为 d 的叶节点将被 getTail 方法调用 d 次(每个位于叶节点上方的节点都会调用一次)。这样一来,总体时间复杂度会变为 $O(N^2)$,其中 N 是树中节点的数目。

解法 3(构建循环链表)

基于解法 2,我们可以构建第三个也是最后一个解法。这种方法需要将链表的头部和尾部用 BiNode 类型返回。我们可以将每个列表作为一个**循环链表**的头部返回。为了得到它的链表尾部,只需调用 head.node1。

```
1    BiNode convertToCircular(BiNode root) {
2      if (root == null) return null;
3
4      BiNode part1 = convertToCircular(root.node1);
5      BiNode part3 = convertToCircular(root.node2);
6
7      if (part1 == null && part3 == null) {
8        root.node1 = root;
9        root.node2 = root;
10       return root;
11     }
12     BiNode tail3 = (part3 == null) ? null : part3.node1;
13
14     /* 将 left 与 root 合并 */
15     if (part1 == null) {
16       concat(part3.node1, root);
17     } else {
18       concat(part1.node1, root);
19     }
20
21     /* 将 right 与 root 合并 */
22     if (part3 == null) {
23       concat(root, part1);
24     } else {
25       concat(root, part3);
26     }
27
28     /* 将 left 与 right 合并 */
```

```
29      if (part1 != null && part3 != null) {
30        concat(tail3, part1);
31      }
32
33      return part1 == null ? root : part1;
34    }
35
36    /* 将列表转化为环形链表，再切断环形连接 */
37    BiNode convert(BiNode root) {
38      BiNode head = convertToCircular(root);
39      head.node1.node2 = null;
40      head.node1 = null;
41      return head;
42    }
```

注意，我们已经将代码的主要部分转移到 convertToCircular 方法中。convert 方法调用此方法来获得循环链表的头部，然后断开循环连接。

该方法花费 $O(N)$ 的时间，因为每个节点平均下来只被触及 1 次，或者更准确地说，是 $O(1)$ 次。

36.7 最小 k 个数

设计一个算法，找出数组中最小的 k 个数。

题目解法

此题有多种解法，下面将介绍其中 3 种：排序、小顶堆和选择排序（selection rank）。

一些算法需要修改数组。你应该和面试官讨论这个问题。但是请注意，即使不可以修改原始数组，你也可以克隆数组并修改克隆的结果。这不会影响任何算法的整体大 O 时间。

解法 1（排序）

按升序排序所有元素，然后取出前 k 个数。

```
1   int[] smallestK(int[] array, int k) {
2     if (k <= 0 || k > array.length) {
3       throw new IllegalArgumentException();
4     }
5
6     /* 数组排序 */
7     Arrays.sort(array);
8
9     /* 复制前 k 个元素 */
10    int[] smallest = new int[k];
11    for (int i = 0; i < k; i++) {
12      smallest[i] = array[i];
13    }
14    return smallest;
15  }
```

该算法的时间复杂度为 $O(n \log(n))$。

解法 2（大顶堆）

我们可以使用大顶堆来解题。首先，为前 k 个数字创建一个大顶堆（最大元素位于堆顶）。然后，遍历整个数列，将每个元素插入大顶堆，并删除最大的元素（即根元素）。遍历结束后，我们将得到一个堆，刚好包含最小的 k 个数字。这个算法的时间复杂度为 $O(n \log(m))$，其中 m 为待查找数值的数量。

```java
1   int[] smallestK(int[] array, int k) {
2     if (k <= 0 || k > array.length) {
3       throw new IllegalArgumentException();
4     }
5
6     PriorityQueue<Integer> heap = getKMaxHeap(array, k);
7     return heapToIntArray(heap);
8   }
9
10  /* 创建最小 k 个元素的大顶堆 */
11  PriorityQueue<Integer> getKMaxHeap(int[] array, int k) {
12    PriorityQueue<Integer> heap =
13      new PriorityQueue<Integer>(k, new MaxHeapComparator());
14    for (int a : array) {
15      if (heap.size() < k) { // 如果仍有空间
16        heap.add(a);
17      } else if (a < heap.peek()) { // 如果无空间且顶部较小
18        heap.poll(); // 删除最大值
19        heap.add(a); // 加入新元素
20      }
21    }
22    return heap;
23  }
24
25  /* 将堆转化为数组 */
26  int[] heapToIntArray(PriorityQueue<Integer> heap) {
27    int[] array = new int[heap.size()];
28    while (!heap.isEmpty()) {
29      array[heap.size() - 1] = heap.poll();
30    }
31    return array;
32  }
33
34  class MaxHeapComparator implements Comparator<Integer> {
35      public int compare(Integer x, Integer y) {
36          return y - x;
37      }
38  }
```

Java 使用 PriorityQueue 类提供类似于堆的功能。默认情况下，它是一个最小堆，即最小的元素在顶部。要切换到最大堆使最大的元素成为顶部元素，我们可以传入一个不同的比较器（comparator）。

解法 3（如果元素各不相同，选择排序算法）

在计算机科学中，选择排序算法可以在线性时间内找到数组中第 i 个最小（或最大）的元素。如果这些元素各不相同，则可在预期的 $O(n)$ 时间内找到第 i 个最小的元素。该算法的基本流程如下。

(1) 在数组中随机挑选一个元素，将它用作 pivot（基准）。以 pivot 为基准划分所有元素，记录 pivot 左边的元素个数。

(2) 如果左边刚好有 i 个元素，则直接返回左边最大的元素。

(3) 如果左边元素个数大于 i，则继续在数组左边部分重复执行该算法。

(4) 如果左边元素个数小于 i，则在数组右边部分重复执行该算法，但只查找排 i - leftSize 的那个元素。

一旦找到了第 i 个最小的元素，就能得知所有小于此值的元素将会在该元素的左边（因为你已经对数组进行了相应的分割）。现在只需返回前 i 个元素。下面是该算法的实现代码。

```java
1   int[] smallestK(int[] array, int k) {
2     if (k <= 0 || k > array.length) {
3       throw new IllegalArgumentException();
4     }
5
6     int threshold = rank(array, k - 1);
7     int[] smallest = new int[k];
8     int count = 0;
9     for (int a : array) {
10      if (a <= threshold) {
11        smallest[count] = a;
12        count++;
13      }
14    }
15    return smallest;
16  }
17
18  /* 通过 rank 获取元素 */
19  int rank(int[] array, int rank) {
20    return rank(array, 0, array.length - 1, rank);
21  }
22
23  /* 通过 rank 获取 left 与 right 间的元素 */
24  int rank(int[] array, int left, int right, int rank) {
25    int pivot = array[randomIntInRange(left, right)];
26    int leftEnd = partition(array, left, right, pivot);
27    int leftSize = leftEnd - left + 1;
28    if (rank == leftSize - 1) {
29      return max(array, left, leftEnd);
30    } else if (rank < leftSize) {
31      return rank(array, left, leftEnd, rank);
32    } else {
33      return rank(array, leftEnd + 1, right, rank - leftSize);
34    }
35  }
36
37  /* 以 pivot 为中点分组,所有小于等于 pivot 的元素均出现在大于 pivot 的元素之前 */
38  int partition(int[] array, int left, int right, int pivot) {
39    while (left <= right) {
40      if (array[left] > pivot) {
41        /* left 大于 pivot,将其交换至右侧 */
42        swap(array, left, right);
43        right--;
44      } else if (array[right] <= pivot) {
45        /* right 小于 pivot,将其交换至左侧 */
46        swap(array, left, right);
47        left++;
48      } else {
49        /* left 和 right 位置正确。扩展范围 */
50        left++;
51        right--;
52      }
53    }
54    return left - 1;
55  }
56
57  /* 获取指定范围内的随机整数 */
58  int randomIntInRange(int min, int max) {
59    Random rand = new Random();
60    return rand.nextInt(max + 1 - min) + min;
61  }
```

```
62
63   /* 交换 i 和 j 位置的值 */
64   void swap(int[] array, int i, int j) {
65     int t = array[i];
66     array[i] = array[j];
67     array[j] = t;
68   }
69
70   /* 获取 left 和 right 之间的最大值 */
71   int max(int[] array, int left, int right) {
72     int max = Integer.MIN_VALUE;
73     for (int i = left; i <= right; i++) {
74       max = Math.max(array[i], max);
75     }
76     return max;
77   }
```

如果这些元素有重复值（一般不大可能），就需要对这个算法略作调整，以适应这一变化。

解法 4（如果元素不是唯一的，选择排序算法）

需要对 partition 函数进行较大更改。我们将数组以基准元素进行分割，现在将该数组划分为 3 部分：小于 pivot、等于 pivot 和大于 pivot。还需要对 rank 函数稍作调整。现在通过比较左边部分和中间部分的大小来排序。

```
1    class PartitionResult {
2      int leftSize, middleSize;
3      public PartitionResult(int left, int middle) {
4        this.leftSize = left;
5        this.middleSize = middle;
6      }
7    }
8
9    int[] smallestK(int[] array, int k) {
10     if (k <= 0 || k > array.length) {
11       throw new IllegalArgumentException();
12     }
13
14     /* 获取排序为 k-1 的项目 */
15     int threshold = rank(array, k - 1);
16
17     /* 复制小于阈值的项目 */
18     int[] smallest = new int[k];
19     int count = 0;
20     for (int a : array) {
21       if (a < threshold) {
22         smallest[count] = a;
23         count++;
24       }
25     }
26
27     /* 如果仍有空间，则一定有和阈值相等的项目。复制它们 */
28     while (count < k) {
29       smallest[count] = threshold;
30       count++;
31     }
32
33     return smallest;
34   }
35
36   /* 查找排序为 k 的值 */
```

```java
37   int rank(int[] array, int k) {
38     if (k >= array.length) {
39       throw new IllegalArgumentException();
40     }
41     return rank(array, k, 0, array.length - 1);
42   }
43
44   /* 在 start 和 end 之间的子数组中查找排序为 k 的值 */
45   int rank(int[] array, int k, int start, int end) {
46     /* 以任意值为中点进行分组 */
47     int pivot = array[randomIntInRange(start, end)];
48     PartitionResult partition = partition(array, start, end, pivot);
49     int leftSize = partition.leftSize;
50     int middleSize = partition.middleSize;
51
52     /* 搜索一部分宿主 */
53     if (k < leftSize) { // 排序 k 的值在左半边
54       return rank(array, k, start, start + leftSize - 1);
55     } else if (k < leftSize + middleSize) { // 排序 k 的值在中间
56       return pivot; // 中间的值都为 pivot
57     } else { // 排序 k 的值在右半边
58       return rank(array, k - leftSize - middleSize, start + leftSize + middleSize,
59                   end);
60     }
61   }
62
63   /* 按照小于 pivot、等于 pivot、大于 pivot 的顺序对数组进行分组 */
64   PartitionResult partition(int[] array, int start, int end, int pivot) {
65     int left = start;  /* 左半边的右侧边界 */
66     int right = end;   /* 右半边的左侧边界 */
67     int middle = start; /* 中部的右边界 */
68     while (middle <= right) {
69       if (array[middle] < pivot) {
70         /* middle 处的元素小于 pivot。left 也小于等于 pivot。对其进行交换。
71          * middle 和 left 应该加一 */
72         swap(array, middle, left);
73         middle++;
74         left++;
75       } else if (array[middle] > pivot) {
76         /* middle 处的元素大于 pivot。right 可能为任意值。对其进行交换。
77          * 因此，新的 right 处的值必定大于 pivot。向右移动一位 */
78         swap(array, middle, right);
79         right--;
80       } else if (array[middle] == pivot) {
81         /* middle 处的值与 pivot 相同。移动一位 */
82         middle++;
83       }
84     }
85
86     /* 返回 left 和 middle 的大小 */
87     return new PartitionResult(left - start, right - left + 1);
88   }
```

请注意对 smallestK 所作的更改。我们不能只是将所有小于或等于 threshold 的元素复制到数组中。因为有重复元素，所以可能有远远多于 k 个元素小于或等于 threshold。我们也不能只说"好的，只复制 k 个元素"。可能在不经意间就用"相等元素"填满了数组，而没有给较小的元素留出足够的空间。

该题解法相当简单：先复制较小的元素，然后在数组尾部填充相等的元素。

36.8 多次搜索

给定一个字符串 b 和一个包含较短字符串的数组 T，设计一个方法，根据 T 中的每一个较短字符串，对 b 进行搜索。

题目解法

让我们先从一个例子入手。

```
T = {"is", "ppi", "hi", "sis", "i", "ssippi"}
b = "mississippi"
```

注意，在以上示例中，要确保有一些字符串（比如"is"）在 b 中出现多次。

解法 1

这种简单解法一目了然。只需在较大字符串中搜索较小字符串。

```
1   HashMapList<String, Integer> searchAll(String big, String[] smalls) {
2     HashMapList<String, Integer> lookup =
3       new HashMapList<String, Integer>();
4     for (String small : smalls) {
5       ArrayList<Integer> locations = search(big, small);
6       lookup.put(small, locations);
7     }
8     return lookup;
9   }
10
11  /* 在较大字符串中找到所有较小字符串的位置 */
12  ArrayList<Integer> search(String big, String small) {
13    ArrayList<Integer> locations = new ArrayList<Integer>();
14    for (int i = 0; i < big.length() - small.length() + 1; i++) {
15      if (isSubstringAtLocation(big, small, i)) {
16        locations.add(i);
17      }
18    }
19    return locations;
20  }
21
22  /* 查看 small 字符串是否出现在 big 字符串 offset 位置处 */
23  boolean isSubstringAtLocation(String big, String small, int offset) {
24    for (int i = 0; i < small.length(); i++) {
25      if (big.charAt(offset + i) != small.charAt(i)) {
26        return false;
27      }
28    }
29    return true;
30  }
31
32  /* HashMapList 是从 String 映射到 ArrayList 的散列表。实现细节请见附录 A */
```

还可以使用 substring 和 equals 函数，而不用编写 isSubstringAtLocation。因为该方法不需要创建一堆子字符串，所以会稍快一些（虽然用大 O 表示速度是一样的）。

该方法需要 $O(kbt)$ 的时间，k 是 T 中最长的字符串的长度，b 是较大字符串的长度，t 是字符串 T 中较小字符串的数量。

解法 2

为了优化这个问题，我们应该考虑如何一次性处理 T 中的所有元素或以某种方式对计算进行重用。

一种方法是使用较大字符串中的每个后缀创建一个类似于 Trie 的数据结构。对于字符串 bibs，其后缀的列表是：bibs, ibs, bs, s。该字符串对应的树如下。

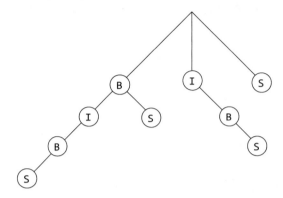

然后，你要做的就是在后缀树中搜索 T 中的每一个字符串。注意，如果 B 是一个单词，那么你会得到两个位置。

```
1    HashMapList<String, Integer> searchAll(String big, String[] smalls) {
2      HashMapList<String, Integer> lookup = new HashMapList<String, Integer>();
3      Trie tree = createTrieFromString(big);
4      for (String s : smalls) {
5        /* 获取每次出现的结束位置 */
6        ArrayList<Integer> locations = tree.search(s);
7
8        /* 调整至开始位置 */
9        subtractValue(locations, s.length());
10
11       /* 插入 */
12       lookup.put(s, locations);
13     }
14     return lookup;
15   }
16
17   Trie createTrieFromString(String s) {
18     Trie trie = new Trie();
19     for (int i = 0; i < s.length(); i++) {
20       String suffix = s.substring(i);
21       trie.insertString(suffix, i);
22     }
23     return trie;
24   }
25
26   void subtractValue(ArrayList<Integer> locations, int delta) {
27     if (locations == null) return;
28     for (int i = 0; i < locations.size(); i++) {
29       locations.set(i, locations.get(i) - delta);
30     }
31   }
32
33   public class Trie {
34     private TrieNode root = new TrieNode();
35
36     public Trie(String s) { insertString(s, 0); }
37     public Trie() {}
38
39     public ArrayList<Integer> search(String s) {
40       return root.search(s);
```

```
41      }
42
43      public void insertString(String str, int location) {
44        root.insertString(str, location);
45      }
46
47      public TrieNode getRoot() {
48        return root;
49      }
50  }
51
52  public class TrieNode {
53     private HashMap<Character, TrieNode> children;
54     private ArrayList<Integer> indexes;
55
56     public TrieNode() {
57        children = new HashMap<Character, TrieNode>();
58        indexes = new ArrayList<Integer>();
59     }
60
61     public void insertString(String s, int index) {
62        if (s == null) return;
63        indexes.add(index);
64        if (s.length() > 0) {
65           char value = s.charAt(0);
66           TrieNode child = null;
67           if (children.containsKey(value)) {
68              child = children.get(value);
69           } else {
70              child = new TrieNode();
71              children.put(value, child);
72           }
73           String remainder = s.substring(1);
74           child.insertString(remainder, index + 1);
75        } else {
76           children.put('\0', null); // 终止字符
77        }
78     }
79
80     public ArrayList<Integer> search(String s) {
81        if (s == null || s.length() == 0) {
82           return indexes;
83        } else {
84           char first = s.charAt(0);
85           if (children.containsKey(first)) {
86              String remainder = s.substring(1);
87              return children.get(first).search(remainder);
88           }
89        }
90        return null;
91     }
92
93     public boolean terminates() {
94        return children.containsKey('\0');
95     }
96
97     public TrieNode getChild(char c) {
98        return children.get(c);
99     }
100 }
101
102 /* HashMapList 是从 String 映射到 ArrayList 的散列表。*/
```

该算法需要 $O(b^2)$ 的时间来创建树和 $O(kt)$ 的时间来搜索位置。

　　提示：k 是 T 中最长的字符串的长度，b 是较大字符串的长度，t 是字符串 T 中较小字符串的数量。

该算法总运行时间是 $O(b^2 + kt)$。

如果对预期输入所知甚少，则无法直接将 $O(b^2 + kt)$ 与前一个解法的运行时间 $O(bkt)$ 进行比较。如果 b 很大，$O(bkt)$ 则更优。但是如果有多个较小字符串，那么 $O(b^2 + kt)$ 可能会更好。

解法 3

另外，我们可以将所有较小的字符串添加到一个 trie 中。例如，字符串{{i, is, pp, ms} 看起来就像下面的 trie。附加在节点上的星号（*）表示该节点是一个单词的结束。

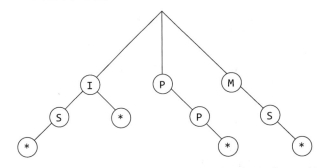

现在，如果想在 mississippi 中找到所有的单词，就从每个单词开始对该树进行搜索。

- m：首先要从 mississippi 的第一个字母 m 开始对 trie 进行查找。搜索到 mi，终止搜索。
- i：之后，到 mississippi 的第二个字母 i，发现 i 是一个完整的单词，就把它添加到列表中。一直继续搜索 i 会到达 is。这个字符串也是一个完整的单词，把它添加到列表中。这个节点没有更多的子节点，转到 mississippi 的下一个字符。
- s：现在到达字母 s。节点 s 没有第一层的节点，转入下一个字符。
- s：另一个 s 节点，继续下一个字符。
- i：发现另一个 i，找到 trie 的 i 节点。发现 i 是一个完整的单词，就把它添加到列表中。一直继续搜索 i 会到达 is。这个字符串也是一个完整的单词，就把它添加到列表中。这个节点没有更多的子节点，转到 mississippi 的下一个字符。
- s：到达字母 s。节点 s 没有第一层的节点，转入下一个字符。
- s：另一个 s 节点，继续下一个字符。
- i：找到 i 节点。发现 i 是一个完整的单词，就把它添加到列表中。mississippi 的下一个字符是 p，没有节点 p，在这里停止。
- p：发现字母 p，树中没有 p 节点。
- p：另一个字母 p。
- i：找到 i 节点。发现 i 是一个完整的单词，就把它添加到列表中。在 mississippi 中没有更多的字符了，即完成了该算法。

每次找到一个完整的"较小"单词，就把该单词添加到列表中紧挨着较大字符串（mississippi）的位置。

下面的代码实现了这个算法。

```
1   HashMapList<String, Integer> searchAll(String big, String[] smalls) {
2       HashMapList<String, Integer> lookup = new HashMapList<String, Integer>();
```

```java
3      int maxLen = big.length();
4      TrieNode root = createTreeFromStrings(smalls, maxLen).getRoot();
5
6      for (int i = 0; i < big.length(); i++) {
7        ArrayList<String> strings = findStringsAtLoc(root, big, i);
8        insertIntoHashMap(strings, lookup, i);
9      }
10
11     return lookup;
12   }
13
14   /* 将每个字符串插入到 trie 中（每个字符串长度均不超过 maxLen）*/
15   Trie createTreeFromStrings(String[] smalls, int maxLen) {
16     Trie tree = new Trie("");
17     for (String s : smalls) {
18       if (s.length() <= maxLen) {
19         tree.insertString(s, 0);
20       }
21     }
22     return tree;
23   }
24
25   /* 以较大字符串中 start 位置为起始位置，在 trie 中查找字符串 */
26   ArrayList<String> findStringsAtLoc(TrieNode root, String big, int start) {
27     ArrayList<String> strings = new ArrayList<String>();
28     int index = start;
29     while (index < big.length()) {
30       root = root.getChild(big.charAt(index));
31       if (root == null) break;
32       if (root.terminates()) { // 完整字符串，加入到链表中
33         strings.add(big.substring(start, index + 1));
34       }
35       index++;
36     }
37     return strings;
38   }
39
40   /* HashMapList 是从 String 映射到 ArrayList 的散列表。*/
```

该算法花费 $O(kt)$ 的时间来创建 trie 和 $O(bk)$ 的时间来搜索所有字符串。

提示：k 是 T 中最长的字符串的长度，b 是较大字符串的长度，t 是字符串 T 中较小字符串的数量。

解答该题目总用时为 $O(kt + bk)$。

解法 1 的时间复杂度是 $O(kbt)$。我们知道 $O(kt + bk)$ 一定会比 $O(kbt)$ 快。

解法 2 的时间复杂度是 $O(b^2 + kt)$。因为 b 总是大于 k（如果不是，即知这个很长的字符串 k 不能在 b 中找到），所以我们知道解法 3 也比解法 2 快。

36.9 消失的两个数字

给定一个数组，包含从 1 到 N 所有的整数，但其中缺了一个。你能在 $O(N)$ 时间内只用 $O(1)$ 的空间找到它吗？如果是缺了两个数字呢？

题目解法

先着手解决第 1 部分问题：在 $O(N)$ 时间内只用 $O(1)$ 的空间找到缺失的数字。

第1部分问题：找到一个缺失的数字

先来解决限制条件这个问题。不能存储所有的值，这将占用 $O(N)$ 的空间，但是，我们仍需要有一个所有值的"记录"，以便识别缺失的数字。

这表明我们需要用这些值进行某种计算。这种计算需要具备哪些特征？

- **唯一性**。如果这个计算在两个数组（符合问题的描述）中给出了相同的结果，那么这些数组必须相同（缺失的数字相同），也就是说，计算的结果必须与特定的数组和丢失的数字一一对应。
- **可逆性**。我们需要从计算结果找到丢失数字的方法。
- **常数时间**。计算可能很慢，但对于数组中的每个元素，计算的必须是常数项时间复杂度。
- **常数空间**。计算需要额外的内存，但必须只占用 $O(1)$ 的内存。

达到"唯一性"这一要求是最有意思的，也是最具挑战性的。在一组数字上可以进行什么计算，以便可以发现缺失的数字？实际上有多种可能性。

我们可以用素数来计算。例如，对于数组中的每个值 x，我们将 result 乘以第 x 个素数。然后会得到一些独一无二的值（因为两个不同的素数不能有相同的乘积）。

该方法是可逆的。我们可以把结果除以每个素数：2、3、5、7等。当得到第 i 个素数的非整数时，即可得知 i 是数组中缺失的数字。但该方法运行只需要常数时间和常数空间吗？只有存在在 $O(1)$ 时间和 $O(1)$ 空间中可以得到第 i 个素数的方法时，我们才能达到该目的。我们无法做到这一点。那么还能做其他什么样的计算？我们甚至不需要计算这些素数。为什么不把所有的数直接相乘？

- **唯一吗**？是的。想象一下 $1 \times 2 \times 3 \times \cdots \times n$。现在，把其中一个数字划掉。如果划掉的是其他数字，将会得到一个不同的结果。
- **使用常数时间和常数空间吗**？是的。
- **可逆吗**？让我们思考一下。如果将该乘积和没有去掉任何数字的乘积相比，能找到丢失的号码吗？当然可以。只要把 `full_product` 除以 `actual_product`，就可以得知 `actual_product` 中缺少了哪个数字。

只有一个问题：这个乘积真的会非常非常大。如果 n 是 20，该乘积将近似于 2 000 000 000 000 000 000。

我们仍然可以这样进行计算，但是需要使用 BigInteger 类。

```
1   int missingOne(int[] array) {
2     BigInteger fullProduct = productToN(array.length + 1);
3
4     BigInteger actualProduct = new BigInteger("1");
5     for (int i = 0; i < array.length; i++) {
6       BigInteger value = new BigInteger(array[i] + "");
7       actualProduct = actualProduct.multiply(value);
8     }
9
10    BigInteger missingNumber = fullProduct.divide(actualProduct);
11    return Integer.parseInt(missingNumber.toString());
12  }
13
14  BigInteger productToN(int n) {
15    BigInteger fullProduct = new BigInteger("1");
16    for (int i = 2; i <= n; i++) {
17      fullProduct = fullProduct.multiply(new BigInteger(i + ""));
```

```
18      }
19      return fullProduct;
20  }
```

不过，没有必要这么做。我们可以使用和代替乘积，也将是独一无二的。使用加法还有另一个好处：计算 1 和 n 之间的数字之和已经有一个确定的表达式，即 $n(n+1)/2$。

大多数求职者可能不记得 1 和 n 之间的数字和的表达式，这没关系。但是，面试官可能会要求你去推导该表达式。下面教你如何思考该问题。你可以把 $0 + 1 + 2 + 3 + \cdots + n$ 的序列中的较小值和较大值进行配对。然后会得到 $(0, n) + (1, n - 1) + (2, n - 3)$ 这样的序列。每一对的和都是 n，总共有 $(n + 1)/2$ 对。但是，如果 n 是偶数，$(n + 1)/2$ 不是整数怎么办？在这种情况下，将较小值和较大值组合成 $n/2$ 对，并使每对的和为 $n + 1$。无论哪种方法，计算结果都是 $n(n+1)/2$。

切换到求和的算法将会大大延迟溢出问题，但并不会避免该问题。你应该和面试官讨论一下这个问题，看看他希望你如何处理。

第 2 部分问题：找到两个丢失的数字

解决该问题要困难得多。当有两个缺失的数字时，让我们看看使用之前的方法会得出什么结果。

❏ 和：使用该方法将给出丢失的两个值的和。
❏ 积：使用该方法将给出丢失的两个值的积。

可惜，知道和是不够的。例如，如果和是 10，那么它可以对应于 $(1, 9)(2, 8)$ 和其他很多数对。对于积来说也是如此。

我们又遇到了和第 1 部分问题相同的挑战。需要找到一种计算，使得计算结果在所有可能的缺失数字对中是唯一的。也许真有这样一种计算方法（素数的方法是可行的，但其不能在常数项时间内完成），但是面试官可能并不想让你了解这类数学知识。回到能完成的计算。我们可以得到 $x+y$，也可以得到 $x \times y$，每个结果都有很多可能性。但是同时使用这两种方法可以将结果缩小到特定的数字。

```
x + y = sum      -> y = sum - x
x * y = product -> x(sum - x) = product
                   x*sum - x² = product
                   x*sum - x² - product = 0
                   -x² + x*sum - product = 0
```

现在，我们可以用二次公式来求解 x，一旦得到 x，就可以计算 y 了。还可以使用很多其他运算。几乎所有的计算（除了"线性"计算）都会给出 x 和 y 的值。

在本节中，让我们使用一种不同的计算方法。和使用 $1 \times 2 \times \cdots \times n$ 进行计算不同的是，这次我们可以用平方和：$1^2 + 2^2 + \cdots + n^2$。代码至少会在较小的 n 值上正确运行，因此，`BigInteger` 类的使用变得不那么重要。可以与面试官讨论一下是否有必要使用 `BigInteger` 类。

```
x + y = s       -> y = s - x
x² + y² = t     -> x² + (s-x)² = t
                   2x² - 2sx + s²-t = 0
```

回忆一下二次公式：

```
x = [-b +- sqrt(b² - 4ac)] / 2a
```

其中：

```
a = 2
b = -2s
c = s²-t
```

现在实现起来是小菜一碟。

```
1    int[] missingTwo(int[] array) {
2      int max_value = array.length + 2;
3      int rem_square = squareSumToN(max_value, 2);
4      int rem_one = max_value * (max_value + 1) / 2;
5
6      for (int i = 0; i < array.length; i++) {
7        rem_square -= array[i] * array[i];
8        rem_one -= array[i];
9      }
10
11     return solveEquation(rem_one, rem_square);
12   }
13
14   int squareSumToN(int n, int power) {
15     int sum = 0;
16     for (int i = 1; i <= n; i++) {
17       sum += (int) Math.pow(i, power);
18     }
19     return sum;
20   }
21
22   int[] solveEquation(int r1, int r2) {
23     /* ax^2 + bx + c
24      * -->
25      * x = [-b +- sqrt(b^2 - 4ac)] / 2a
26      * 此情况下,必须是+或者- */
27     int a = 2;
28     int b = -2 * r1;
29     int c = r1 * r1 - r2;
30
31     double part1 = -1 * b;
32     double part2 = Math.sqrt(b*b - 4 * a * c);
33     double part3 = 2 * a;
34
35     int solutionX = (int) ((part1 + part2) / part3);
36     int solutionY = r1 - solutionX;
37
38     int[] solution = {solutionX, solutionY};
39     return solution;
40   }
```

你可能会注意到,二次公式通常会给出两个解,但是在以上代码中,我们只使用(+)给出的结果,从来没有验证过(-)的答案。这是为什么呢?

存在"另一个解"并不意味着两个解一个是正确的答案,另一个是"错误"的。这仅仅意味着正好有两个 x 的值满足以下等式,即 $2x^2 - 2sx + (s^2 - t) = 0$。

确实有两个解。另一个解就是 y!

如果你不能立即明白其中的道理,请记住 x 和 y 是可以互换的。如果我们先解出了 y 而不是 x,那么会得到一个相同的方程: $2y^2 - 2sy + (s^2 - t) = 0$。当然, y 可以满足 x 的方程, x 也可以满足 y 的方程。它们的方程是完全一样的。正是因为 x 和 y 都是方程 2(某值)² − 2s(某值) + $(s^2 - t) = 0$ 的解,所以另一个满足这个等式的值一定是 y。

仍然没有被上面的分析说服？我们可以做一些数学计算。假设我们取 x 的另一个解，即 $[-b - \text{sqrt}(b^2 - 4ac)] / 2a$。那么 y 是多少？

```
x + y = r₁
    y = r₁ - x
      = r₁ - [-b - sqrt(b² - 4ac)]/2a
      = [2a*r₁ + b + sqrt(b² - 4ac)]/2a
```

将 a 和 b 的值代入等式中的一部分，但保持另一部分不变。

```
      = [2(2)*r₁ + (-2r₁) + sqrt(b² - 4ac)]/2a
      = [2r₁ + sqrt(b² - 4ac)]/2a
```

回想一下 $b = -2r_1$。现在，我们结束这个方程的结算。

```
      =[-b + sqrt(b² - 4ac)] / 2a
```

因此，如果使用 x = (第一部分 + 第二部分)/ 第三部分，则可以导出 y 的值是(第一部分 − 第二部分) / 第三部分。将哪一个解称为 x 哪一个解称为 y 无关紧要，可以随意进行指定，最后的结果将会是一样的。

36.10 单词转换

给定字典中的两个词，长度相等。写一个方法，把一个词转换成另一个词，但是一次只能改变一个字符。每一步得到的新词都必须能在字典中找到。

示例：

输入：DAMP, LIKE

输出：DAMP -> LAMP ->LIMP -> LIME ->LIKE

题目解法

先试试一种简单解法，然后再来探索更优解法。

解法 1（蛮力法）

解决这个问题的一种方法是，用各种可能的方法来转换单词，当然，每个步骤都要检查当前单词是否为有效单词，然后看看是否能达到最终的单词。举个例子，将 bold 这个词转换成如下字符串。

- <u>a</u>old, <u>b</u>old, ..., <u>z</u>old
- b<u>a</u>ld, b<u>b</u>ld, ..., b<u>z</u>ld
- bo<u>a</u>d, bo<u>b</u>d, ..., bo<u>z</u>d
- bol<u>a</u>, bol<u>b</u>, ..., bol<u>z</u>

如果字符串不是一个有效的单词，或者我们已经访问过这个单词，那么将终止搜索（不执行此路径）。该解法本质上是深度优先搜索：如果两个单词之间编辑距离为1，那么两个单词之间则存在一条"边"。这意味着该算法并不会找到最短路径，而只会找到一条可达路径。如果想找到最短路径，则需要使用广度优先搜索。

```
1   LinkedList<String> transform(String start, String stop, String[] words) {
2       HashSet<String> dict = setupDictionary(words);
3       HashSet<String> visited = new HashSet<String>();
4       return transform(visited, start, stop, dict);
5   }
6
7   HashSet<String> setupDictionary(String[] words) {
```

```
8     HashSet<String> hash = new HashSet<String>();
9     for (String word : words) {
10        hash.add(word.toLowerCase());
11    }
12    return hash;
13 }
14
15 LinkedList<String> transform(HashSet<String> visited, String startWord,
16                              String stopWord, Set<String> dictionary) {
17    if (startWord.equals(stopWord)) {
18       LinkedList<String> path = new LinkedList<String>();
19       path.add(startWord);
20       return path;
21    } else if (visited.contains(startWord) || !dictionary.contains(startWord)) {
22       return null;
23    }
24
25    visited.add(startWord);
26    ArrayList<String> words = wordsOneAway(startWord);
27
28    for (String word : words) {
29       LinkedList<String> path = transform(visited, word, stopWord, dictionary);
30       if (path != null) {
31          path.addFirst(startWord);
32          return path;
33       }
34    }
35
36    return null;
37 }
38
39 ArrayList<String> wordsOneAway(String word) {
40    ArrayList<String> words = new ArrayList<String>();
41    for (int i = 0; i < word.length(); i++) {
42       for (char c = 'a'; c <= 'z'; c++) {
43          String w = word.substring(0, i) + c + word.substring(i + 1);
44          words.add(w);
45       }
46    }
47    return words;
48 }
```

这个算法主要的低效之处在于试图搜索所有编辑距离为 1 的字符串。现在搜索所有编辑距离为 1 的字符串，然后去掉其中无效的字符串。只考虑那些有效的字符串。

解法 2（优化解法）

只搜索有效的单词，我们显然需要一个方法，以便从一个单词找到所有与其相关的有效单词列表。是什么使两个单词"相关"（编辑距离为 1）？如果两个单词除了一个字符以外，其余字符都是相同的，那么它们的编辑距离为 1。例如，ball 和 bill 编辑距离为 1，因为它们都是 b_ll 的形式。所以，一种方法是将所有看起来像 b_ll 的单词分为一组。

对于整个字典中的所有单词，我们可以创建一个映射，使其从一个"通配符单词"（如 b_ll）映射到所有符合该模式的单词列表。例如，对于一个如{all, ill, ail, ape, ale}这样的较小字典，其映射可能如下所示。

```
_il -> ail
_le -> ale
_ll -> all, ill
```

```
_pe -> ape
a_e -> ape, ale
a_l -> all, ail
i_l -> ill
ai_ -> ail
al_ -> all, ale
ap_ -> ape
il_ -> ill
```

当我们想要知道与 ale 编辑距离为 1 的单词时, 只需在散列表中查找_le、a_e 和 al_的值。本质上, 这个算法是一样的。

```
1   LinkedList<String> transform(String start, String stop, String[] words) {
2     HashMapList<String, String> wildcardToWordList = createWildcardToWordMap(words);
3     HashSet<String> visited = new HashSet<String>();
4     return transform(visited, start, stop, wildcardToWordList);
5   }
6
7   /* 从 startWord 到 stopWord 进行深度优先搜索, 每次搜索编辑距离为 1 的单词 */
8   LinkedList<String> transform(HashSet<String> visited, String start, String stop,
9                                 HashMapList<String, String> wildcardToWordList) {
10    if (start.equals(stop)) {
11      LinkedList<String> path = new LinkedList<String>();
12      path.add(start);
13      return path;
14    } else if (visited.contains(start)) {
15      return null;
16    }
17
18    visited.add(start);
19    ArrayList<String> words = getValidLinkedWords(start, wildcardToWordList);
20
21    for (String word : words) {
22      LinkedList<String> path = transform(visited, word, stop, wildcardToWordList);
23      if (path != null) {
24        path.addFirst(start);
25        return path;
26      }
27    }
28
29    return null;
30  }
31
32  /* 将字典中的单词加入映射, 使得通配符映射至单词 */
33  HashMapList<String, String> createWildcardToWordMap(String[] words) {
34    HashMapList<String, String> wildcardToWords = new HashMapList<String, String>();
35    for (String word : words) {
36      ArrayList<String> linked = getWildcardRoots(word);
37      for (String linkedWord : linked) {
38        wildcardToWords.put(linkedWord, word);
39      }
40    }
41    return wildcardToWords;
42  }
43
44  /* 获取单词对应的一组通配符 */
45  ArrayList<String> getWildcardRoots(String w) {
46    ArrayList<String> words = new ArrayList<String>();
47    for (int i = 0; i < w.length(); i++) {
48      String word = w.substring(0, i) + "_" + w.substring(i + 1);
49      words.add(word);
```

```
50    }
51    return words;
52 }
53
54 /* 返回编辑距离为 1 的单词 */
55 ArrayList<String> getValidLinkedWords(String word,
56       HashMapList<String, String> wildcardToWords) {
57    ArrayList<String> wildcards = getWildcardRoots(word);
58    ArrayList<String> linkedWords = new ArrayList<String>();
59    for (String wildcard : wildcards) {
60       ArrayList<String> words = wildcardToWords.get(wildcard);
61       for (String linkedWord : words) {
62          if (!linkedWord.equals(word)) {
63             linkedWords.add(linkedWord);
64          }
65       }
66    }
67    return linkedWords;
68 }
69
70 /* HashMapList<String, Integer> 是从 String 到 ArrayList 的散列表。*/
```

该算法是可行的,但可以让它运行更快一些。

一种优化方式是将其从深度优先搜索改为广度优先搜索。如果只有 0 条或 1 条路径,那算法的速度就是相等的。但是,如果有多条路径,那么广度优先搜索则可能会运行得更快一些。

广度优先搜索找到两个节点之间的最短路径,深度优先搜索则会找到任意路径。这意味着深度优先搜索可能需要一个极为冗长、曲折的过程才可以找到两个点的连接,而实际上它们可能非常接近。

解法 3(最优解)

如前所述,可以使用广度优先搜索来优化该算法。这是我们能做到的最快速度吗?并不是。

假设两个节点之间的路径长度为 4。通过广度优先搜索,我们将访问大约 15^4 个节点才能找到该路径。广度优先搜索速度极快。相反,如果我们同时从原点和目标节点搜索,会怎么样?在这种情况下,广度优先搜索将会在每一边完成两层搜索之后相遇。

- 从原点出发经历的节点数目:15^2。
- 从目标节点出发经历的节点数目:15^2。
- 总节点数目:$15^2 + 15^2$。

这比传统的广度优先搜索要好得多。我们需要跟踪在每个节点上进行搜索的路径。为了实现这个方法,我们使用了一个额外的类 BFSData。BFSData 使代码更加清晰,并允许我们为两个同时进行的广度优先搜索创建一个相似的框架。否则,我们需要不断地分开传递多个变量。

```
1  LinkedList<String> transform(String startWord, String stopWord, String[] words) {
2     HashMapList<String, String> wildcardToWordList = getWildcardToWordList(words);
3
4     BFSData sourceData = new BFSData(startWord);
5     BFSData destData = new BFSData(stopWord);
6
7     while (!sourceData.isFinished() && !destData.isFinished()) {
8        /* 从 source 开始搜索 */
9        String collision = searchLevel(wildcardToWordList, sourceData, destData);
10       if (collision != null) {
11          return mergePaths(sourceData, destData, collision);
12       }
13
```

```
14      /* 从 destination 开始搜索 */
15      collision = searchLevel(wildcardToWordList, destData, sourceData);
16      if (collision != null) {
17        return mergePaths(sourceData, destData, collision);
18      }
19    }
20
21    return null;
22  }
23
24  /* 搜索一层。如果有冲突则返回 */
25  String searchLevel(HashMapList<String, String> wildcardToWordList,
26                     BFSData primary, BFSData secondary) {
27    /* 每次我们只搜索一层。对每一层的节点进行计数并只搜索这么多节点。我们会不断加入新节点 */
28    int count = primary.toVisit.size();
29    for (int i = 0; i < count; i++) {
30      /* 获取第一个节点 */
31      PathNode pathNode = primary.toVisit.poll();
32      String word = pathNode.getWord();
33
34      /* 检查是否访问过 */
35      if (secondary.visited.containsKey(word)) {
36        return pathNode.getWord();
37      }
38
39      /* 将朋友加入到队列中 */
40      ArrayList<String> words = getValidLinkedWords(word, wildcardToWordList);
41      for (String w : words) {
42        if (!primary.visited.containsKey(w)) {
43          PathNode next = new PathNode(w, pathNode);
44          primary.visited.put(w, next);
45          primary.toVisit.add(next);
46        }
47      }
48    }
49    return null;
50  }
51
52  LinkedList<String> mergePaths(BFSData bfs1, BFSData bfs2, String connection) {
53    PathNode end1 = bfs1.visited.get(connection); // end1 -> 起点
54    PathNode end2 = bfs2.visited.get(connection); // end2 -> 目的地
55    LinkedList<String> pathOne = end1.collapse(false); // 向前
56    LinkedList<String> pathTwo = end2.collapse(true);  // 向后
57    pathTwo.removeFirst(); // 删除链接
58    pathOne.addAll(pathTwo); // 加入第二条路径
59    return pathOne;
60  }
61
62  /* getWildcardRoots、getWildcardToWordList 和 getValidLinkedWords 方法
63   * 与前述解决方案相同 */
64
65  public class BFSData {
66    public Queue<PathNode> toVisit = new LinkedList<PathNode>();
67    public HashMap<String, PathNode> visited = new HashMap<String, PathNode>();
68
69    public BFSData(String root) {
70      PathNode sourcePath = new PathNode(root, null);
71      toVisit.add(sourcePath);
72      visited.put(root, sourcePath);
73    }
```

```
 74
 75     public boolean isFinished() {
 76       return toVisit.isEmpty();
 77     }
 78  }
 79
 80  public class PathNode {
 81     private String word = null;
 82     private PathNode previousNode = null;
 83     public PathNode(String word, PathNode previous) {
 84       this.word = word;
 85       previousNode = previous;
 86     }
 87
 88     public String getWord() {
 89       return word;
 90     }
 91
 92     /* 遍历路径，并返回节点链表 */
 93     public LinkedList<String> collapse(boolean startsWithRoot) {
 94       LinkedList<String> path = new LinkedList<String>();
 95       PathNode node = this;
 96       while (node != null) {
 97         if (startsWithRoot) {
 98           path.addLast(node.word);
 99         } else {
100           path.addFirst(node.word);
101         }
102         node = node.previousNode;
103       }
104       return path;
105     }
106  }
107
108  /* HashMapList<String, Integer> 是从 String 到 ArrayList<Integer>的散列表。
```

这个算法的时间复杂度有些难以描述，因为这取决于编程语言本身，以及起始单词和目标单词。一种描述方式是，如果每个单词都有 E 个编辑距离为 1 的单词，而起始单词和目标单词的距离为 D，则时间复杂度是 $O(E^{D/2})$。这是每个广度优先搜索速度所需要完成的工作。

当然，对于面试来说，该解法要实现很多代码，这完全不可能。更现实地说，你需要省略诸多细节。或许只需要写 `transform` 和 `searchLevel` 的框架，并省略其余的部分。

36.11 最大子矩阵

给定一个正整数和负整数组成的 $N \times N$ 矩阵，编写代码找出元素总和最大的子矩阵。

题目解法

此题有很多种解法，我们先从蛮力法开始，并在此基础上进行优化。

解法 1（蛮力法）

跟许多"求最大值"问题一样，此题也有个简单的蛮力解法。这种解法就是直接迭代所有可能的子矩阵，计算元素总和，找出最大值。要迭代所有可能的子矩阵（且不重复），只需迭代所有的有序行配对，然后迭代所有的有序列配对。由于要迭代 $O(N^4)$ 个子矩阵，计算每个子矩阵的元素总和用时 $O(N^2)$，因此，这个解法的时间复杂度为 $O(N^6)$。

```
1    SubMatrix getMaxMatrix(int[][] matrix) {
2      int rowCount = matrix.length;
3      int columnCount = matrix[0].length;
4      SubMatrix best = null;
5      for (int row1 = 0; row1 < rowCount; row1++) {
6        for (int row2 = row1; row2 < rowCount; row2++) {
7          for (int col1 = 0; col1 < columnCount; col1++) {
8            for (int col2 = col1; col2 < columnCount; col2++) {
9              int sum = sum(matrix, row1, col1, row2, col2);
10             if (best == null || best.getSum() < sum) {
11               best = new SubMatrix(row1, col1, row2, col2, sum);
12             }
13           }
14         }
15       }
16     }
17     return best;
18   }
19
20   int sum(int[][] matrix, int row1, int col1, int row2, int col2) {
21     int sum = 0;
22     for (int r = row1; r <= row2; r++) {
23       for (int c = col1; c <= col2; c++) {
24         sum += matrix[r][c];
25       }
26     }
27     return sum;
28   }
29
30   public class SubMatrix {
31     private int row1, row2, col1, col2, sum;
32     public SubMatrix(int r1, int c1, int r2, int c2, int sm) {
33       row1 = r1;
34       col1 = c1;
35       row2 = r2;
36       col2 = c2;
37       sum = sm;
38     }
39
40     public int getSum() {
41       return sum;
42     }
43   }
```

因为求和的代码相对独立，所以最好可以将其放在自己的函数中。

解法 2（动态规划法）

注意到前面的解法被拖慢了 $O(N^2)$，只怪矩阵元素总和的计算太慢。有办法减少元素总和计算的用时吗？当然有。事实上，computeSum 的用时可以降至 $O(1)$。想一想下列矩形。

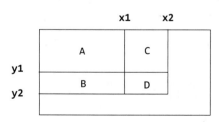

假设我们知道下列值。

```
ValD = area(point(0, 0) -> point(x2, y2))
ValC = area(point(0, 0) -> point(x2, y1))
ValB = area(point(0, 0) -> point(x1, y2))
ValA = area(point(0, 0) -> point(x1, y1))
```

每个 `Val*` 都从原点开始，在子矩形的右下角结束。利用这些值，可得到以下等式：

area(D) = ValD - area(A union C) - area(A union B) + area(A)

或者，换一种写法：

area(D) = ValD - ValB - ValC + ValA

利用类似的逻辑方法，就可以有效地为矩阵里的所有点算出这些值：

Val(x, y) = Val(x - 1, y) + Val(x, y - 1) - Val(x - 1, y - 1) + M[x][y]

我们可以预先算好这些值，然后就能迅速地找到元素总和最大的子矩阵。下面是该算法的实现代码。

```
1   SubMatrix getMaxMatrix(int[][] matrix) {
2     SubMatrix best = null;
3     int rowCount = matrix.length;
4     int columnCount = matrix[0].length;
5     int[][] sumThrough = precomputeSums(matrix);
6
7     for (int row1 = 0; row1 < rowCount; row1++) {
8       for (int row2 = row1; row2 < rowCount; row2++) {
9         for (int col1 = 0; col1 < columnCount; col1++) {
10          for (int col2 = col1; col2 < columnCount; col2++) {
11            int sum = sum(sumThrough, row1, col1, row2, col2);
12            if (best == null || best.getSum() < sum) {
13              best = new SubMatrix(row1, col1, row2, col2, sum);
14            }
15          }
16        }
17      }
18    }
19    return best;
20  }
21
22  int[][] precomputeSums(int[][] matrix) {
23    int[][] sumThrough = new int[matrix.length][matrix[0].length];
24    for (int r = 0; r < matrix.length; r++) {
25      for (int c = 0; c < matrix[0].length; c++) {
26        int left = c > 0 ? sumThrough[r][c - 1] : 0;
27        int top = r > 0 ? sumThrough[r - 1][c] : 0;
28        int overlap = r > 0 && c > 0 ? sumThrough[r-1][c-1] : 0;
29        sumThrough[r][c] = left + top - overlap + matrix[r][c];
30      }
31    }
32    return sumThrough;
33  }
34
35  int sum(int[][] sumThrough, int r1, int c1, int r2, int c2) {
36    int topAndLeft = r1 > 0 && c1 > 0 ? sumThrough[r1-1][c1-1] : 0;
37    int left = c1 > 0 ? sumThrough[r2][c1 - 1] : 0;
38    int top = r1 > 0 ? sumThrough[r1 - 1][c2] : 0;
39    int full = sumThrough[r2][c2];
40    return full - left - top + topAndLeft;
41  }
```

由于该算法要访问每一对行、每一对列，因此它将花费 $O(N^4)$ 的时间。

解法 3（优化后的解法）

如果矩阵为 R 行 C 列，我们可以在 $O(R^2C)$ 的时间内解出此题。

回想一下找出最大总和的子数组问题：给定一个整数数组，找出元素总和最大的子数组。我们有办法在 $O(N)$ 时间内找到（元素总和）最大的子数组，该解法也可用来求解此题。每个子矩阵都可以表示为一组连续的行和一组连续的列。如果要迭代所有连续行的组合，那么，对每一种组合找出一组可给出元素总和最大的列，就可以了。如下所示。

```
1   maxSum = 0
2   foreach rowStart in rows
3     foreach rowEnd in rows
4       /* 以 rowStart 为上边、rowEnd 为下边的子矩阵有很多。
5        * 寻找以 colStart 和 colEnd 为边的矩阵，使其和最大 */
6       maxSum = max(runningMaxSum, maxSum)
7   return maxSum
```

现在，问题转变为如何高效地找出"最好"的 `colStart` 和 `colEnd`？此题变得越来越有意思了。假设有如下子矩阵：

	rowStart			
9	-8	1	3	-2
-3	7	6	-2	4
6	-4	-4	8	-7
12	-5	3	9	-5
	rowEnd			

给定一个 `rowStart` 和 `rowEnd`，我们想要找到相应的 `colStart` 和 `colEnd`，使得 `rowStart` 为上边、`rowEnd` 为下边的子矩阵元素总和最大。为此，可以把每一列加起来，然后应用此题开头解释过的 `maxSubArray` 函数。

在前面的例子中，总和最大的子数组是第 1 列到第 4 列。这就意味着最大子矩阵为 (rowStart, first column) 到 (rowEnd, fourth column)。至此，可写出大致如下的伪码。

```
1   maxSum = 0
2   foreach rowStart in rows
3     foreach rowEnd in rows
4       foreach col in columns
5         partialSum[col] = sum of matrix[rowStart, col] through matrix[rowEnd, col]
6       runningMaxSum = maxSubArray(partialSum)
7       maxSum = max(runningMaxSum, maxSum)
8   return maxSum
```

第 5、6 行计算总和需用时 $R \times C$（要循环访问 `rowStart` 至 `rowEnd`），因此共用时为 $O(R^3C)$。不过，大功尚未告成。在第 5、6 行，从头将 `a[0]...a[i]` 加起来，即使在外层 `for` 循环的前一次迭代时已计算过 `a[0]...a[i-1]` 的总和。完全可以删去这部分重复的计算。

```
1   maxSum = 0
2   foreach rowStart in rows
3     clear array partialSum
4     foreach rowEnd in rows
5       foreach col in columns
6         partialSum[col] += matrix[rowEnd, col]
```

```
7      runningMaxSum = maxSubArray(partialSum)
8    maxSum = max(runningMaxSum, maxSum)
9  return maxSum
```

最终，完整的代码大致如下所示。

```
1  SubMatrix getMaxMatrix(int[][] matrix) {
2    int rowCount = matrix.length;
3    int colCount = matrix[0].length;
4    SubMatrix best = null;
5
6    for (int rowStart = 0; rowStart < rowCount; rowStart++) {
7      int[] partialSum = new int[colCount];
8
9      for (int rowEnd = rowStart; rowEnd < rowCount; rowEnd++) {
10       /* 对 rowEnd 行的值相加 */
11       for (int i = 0; i < colCount; i++) {
12         partialSum[i] += matrix[rowEnd][i];
13       }
14
15       Range bestRange = maxSubArray(partialSum, colCount);
16       if (best == null || best.getSum() < bestRange.sum) {
17         best = new SubMatrix(rowStart, bestRange.start, rowEnd,
18                              bestRange.end, bestRange.sum);
19       }
20     }
21   }
22   return best;
23 }
24
25 Range maxSubArray(int[] array, int N) {
26   Range best = null;
27   int start = 0;
28   int sum = 0;
29
30   for (int i = 0; i < N; i++) {
31     sum += array[i];
32     if (best == null || sum > best.sum) {
33       best = new Range(start, i, sum);
34     }
35
36     /* 如果 running_sum 小于 0，则无须重复。重置 */
37     if (sum < 0) {
38       start = i + 1;
39       sum = 0;
40     }
41   }
42   return best;
43 }
44
45 public class Range {
46   public int start, end, sum;
47   public Range(int start, int end, int sum) {
48     this.start = start;
49     this.end = end;
50     this.sum = sum;
51   }
52 }
```

这个解法的时间复杂度为 $O(N^3)$。

36.12 稀疏相似度

两个（具有不同单词的）文档的交集（intersection）中元素的个数除以并集（union）中元素的个数，就是这两个文档的相似度。例如，{1, 5, 3}和{1, 7, 2, 3}的相似度是 0.4，其中，交集的元素有 2 个，并集的元素有 5 个。

给定一系列的长篇文档，每个文档元素各不相同，并与一个 ID 相关联。它们的相似度非常"稀疏"，也就是说任选 2 个文档，相似度都很接近 0。请设计一个算法返回每对文档的 ID 及其相似度。

只需输出相似度大于 0 的组合。请忽略空文档。为简单起见，可以假定每个文档由一个含有不同整数的数组表示。

示例：

输入：
```
13: {14, 15, 100, 9, 3}
16: {32, 1, 9, 3, 5}
19: {15, 29, 2, 6, 8, 7}
24: {7, 10}
```

输出：
```
ID1, ID2 : SIMILARITY
13, 19   : 0.1
13, 16   : 0.25
19, 24   : 0.14285714285714285
```

题目解法

这听起来是个相当棘手的问题，所以让我们先试试蛮力算法。如果没有别的办法，那么它将帮助我们解决这个问题。请记住，每个文档都是一组不同的"单词"，每个"单词"都是一个整数。

解法 1（蛮力法）

使用蛮力算法，只需将所有数组与其他数组进行比较。在每次比较中，我们计算两个数组的交集大小和并集大小。注意，我们只需在相似度大于 0 时打印这一对文档。两个数组的并集永远不能为 0（除非两个数组为空，在这种情况下，我们将不会打印它们）。因此，实际上只有在交集大于 0 时，才需要打印相似度。

如何计算交集和并集的大小？

intersection 表示共有元素的数量。因此，我们可以迭代第一个数组（A）并检查每个元素是否在第二个数组（B）中。如果是，则将 intersection 加一。要计算这个并集，我们需要确保不会重复计算两个文档的共有元素。这样做的一种方法是对 A 中存在、B 中不存在的所有元素的个数进行统计，然后将 B 中所有元素的个数与之相加，由于重复元素只在 B 中进行统计，因此这样可以避免重复计数。抑或，我们可以这样想。如果进行了重复计数，那就意味着在交集中的元素（同时存在于 A 和 B 中的元素）被计算了两次。因此，只需删除这些重复的元素即可。

```
union(A, B) = A + B - intersection(A, B)
```

换句话说，只需计算交集即可。从交集可以很快得出并集和相似度。该算法只需比较两个数组（文档），其时间复杂度为 $O(AB)$。但是，我们需要比较 D 个文档中的每一对文档。假设每个文档最多包括 W 个单词，那么运行时间将为 $O(D^2W^2)$。

解法 2（略有改进的蛮力法）

一个快速的改进策略是，优化两个数组相似度的计算。具体来说，就是优化交集计算。

我们需要知道两个数组中共有元素的个数。可以把 A 的所有元素都放入散列表中。然后遍历 B，每当在 A 中找到一个元素的时候，就递增 intersection 的值。该方法需要 $O(A+B)$ 的时间。如果每个数组的大小都为 W，完成 D 个数组需要 $O(D^2W)$ 的时间。在实现这一点之前，先考虑一下所需的类。

我们需要返回一个文档对列表和它们的相似度。我们将使用一个 DocPair 类来完成这个任务。确切的返回类型将是一个散列表，该散列表为从 DocPair 到一个表示相似度的 double 型数据的映射。

```
1   public class DocPair {
2     public int doc1, doc2;
3
4     public DocPair(int d1, int d2) {
5       doc1 = d1;
6       doc2 = d2;
7     }
8
9     @Override
10    public boolean equals(Object o) {
11      if (o instanceof DocPair) {
12        DocPair p = (DocPair) o;
13        return p.doc1 == doc1 && p.doc2 == doc2;
14      }
15      return false;
16    }
17
18    @Override
19    public int hashCode() { return (doc1 * 31) ^ doc2; }
20  }
```

有一个表示文档的类也大有用处。

```
1   public class Document {
2     private ArrayList<Integer> words;
3     private int docId;
4
5     public Document(int id, ArrayList<Integer> w) {
6       docId = id;
7       words = w;
8     }
9
10    public ArrayList<Integer> getWords() { return words; }
11    public int getId() { return docId; }
12    public int size() { return words == null ? 0 : words.size(); }
13  }
```

严格地说，我们不需要这些代码。然而，可读性非常重要，阅读 ArrayList<Document> 比阅读 ArrayList<ArrayList<Integer>> 要容易得多。这样做不仅能显示出良好的编码风格，还能让你在面试时更加轻松。你最好少写些代码。除非有额外的时间或面试官要求这样做，否则可能不需要定义整个 Document 类。

```
1   HashMap<DocPair, Double> computeSimilarities(ArrayList<Document> documents) {
2     HashMap<DocPair, Double> similarities = new HashMap<DocPair, Double>();
3     for (int i = 0; i < documents.size(); i++) {
4       for (int j = i + 1; j < documents.size(); j++) {
5         Document doc1 = documents.get(i);
```

```
  6        Document doc2 = documents.get(j);
  7        double sim = computeSimilarity(doc1, doc2);
  8        if (sim > 0) {
  9          DocPair pair = new DocPair(doc1.getId(), doc2.getId());
 10          similarities.put(pair, sim);
 11        }
 12      }
 13    }
 14    return similarities;
 15  }
 16
 17  double computeSimilarity(Document doc1, Document doc2) {
 18    int intersection = 0;
 19    HashSet<Integer> set1 = new HashSet<Integer>();
 20    set1.addAll(doc1.getWords());
 21
 22    for (int word : doc2.getWords()) {
 23      if (set1.contains(word)) {
 24        intersection++;
 25      }
 26    }
 27
 28    double union = doc1.size() + doc2.size() - intersection;
 29    return intersection / union;
 30  }
```

注意观察第 28 行。为什么要将 union 定义为 double 类呢？它显然应该是一个整数。这样做是为了避免整数除法产生的 bug。如果不这样做，除法运算就会"向下取整"为一个整数。这意味着相似度几乎总是会返回 0。

解法 3（又一种蛮力法）

如果文档是有序的，则可以按照排序顺序遍历来计算两个文档之间的交集，这就像对两个数组进行归并排序一样。该方法需要花费 $O(A + B)$ 的时间。这样的时间复杂度与我们当前的算法是相同的，但是使用的空间更小。在 D 个包含 W 个单词的文档上使用该方法，需要使用 $O(D^2W)$ 的时间。因为不知道数组是否有序，所以可以先对它们进行排序。这将花费 $O(D \times W \log W)$ 的时间。整个运行时间为 $O(D \times W \log W + D^2W)$。我们不能想当然地认为第二部分的时间复杂度远大于第一部分，因为这并不一定。这取决于 D 和 $\log W$ 的相对大小，因此需要在时间复杂度的表达式中保留这两项。

解法 4（优化解法一）

构造一个更大的示例可以帮助我们真正理解这个问题。

```
13: {14, 15, 100, 9, 3}
16: {32, 1, 9, 3, 5}
19: {15, 29, 2, 6, 8, 7}
24: {7, 10, 3}
```

首先，我们可以尝试各种方法，以便更快地消除潜在的比较。例如，是否可以计算每个数组中的最小值和最大值？如果这样做，就可以知道非重叠的数组不需要进行比较。

问题是，这并不能真正解决时间复杂度这一问题。到目前为止，最快的运行时间是 $O(D^2W)$。在此优化之后，我们仍然会比较所有 $O(D^2)$ 个文件对，不过 $O(W)$ 这一部分有时或许会变为 $O(1)$。当 D 变大时，这个 $O(D^2)$ 将会是一个大问题。因此，让我们把重点放在减少 $O(D^2)$ 这个因素上。这就是该解法遇到的"瓶颈"。具体地说，这意味着给定一个文档 docA，我们希望找到所有具有一定相似度的文档，并且希望在不"访问"每个文档的情况下这样做。

什么会使文件与 docA 相似？也就是说，什么特征使得文档的相似度（similarity）大于 0？

假设 docA 是 {14, 15, 100, 9, 3}。对于一个具有相似度大于 0 的文档，它需要包含 14、15、100、9 或 3。如何快速地得到一个文档列表，使得其中的每个文档都包含这些元素之一？

一个较慢的方法（而且，实际上是唯一的方法）是读取每个文档中的每一个单词，以查找包含 14、15、100、9 或 3 的文档。该方法将花费 $O(DW)$ 的时间。这并不是一个好方法。但是，请注意，我们正在不断重复该过程。可以在下一次调用时重用上一次的工作。如果我们构建一个散列表，使其从一个单词映射到包含该单词的所有文档，则可以很快得知与 docA 有交集的文档。

```
1 -> 16
2 -> 19
3 -> 13, 16, 24
5 -> 16
6 -> 19
7 -> 19, 24
8 -> 19
9 -> 13, 16
...
```

当我们想要知道与 docA 有交集的所有文档时，只需在这个散列表中查找 docA 的每个项。然后会得到一个文档的列表，其中每个文档都与 docA 有交集。现在，我们要做的就是比较 docA 和这些文档。如果有 P 对相似度大于 0 的文档，并且每个文档都有 W 个单词，那么这将花费 $O(PW)$ 的时间（加上 $O(DW)$ 的时间来创建和读取该散列表）。因为我们认为 P 比 D^2 小得多，所以该算法比前述算法要好得多。

解法 5（优化解法二）

如果考虑时间复杂度——$O(PW + DW)$——可能无法摆脱 $O(DW)$ 这个因素。我们必须至少接触每一个单词一次，而且总共有 $O(DW)$ 个单词。因此，如果要进行优化，则可能在 $O(PW)$ 项上进行。要消除 $O(PW)$ 一项中的 P 很困难，这是因为，至少需要打印所有的 P 对文档（这需要 $O(P)$ 的时间）。那么，最好关注 W 部分。对于每一对相似的文档，我们可否只做少于 $O(W)$ 的计算？

解决这个问题的一种方法是分析散列表给出的信息。想一想以下文档列表。

```
12: {1, 5, 9}
13: {5, 3, 1, 8}
14: {4, 3, 2}
15: {1, 5, 9, 8}
17: {1, 6}
```

如果在这个文档的散列表中查找 12 号文档中的元素，可以得到以下文档。

```
1 -> {12, 13, 15, 17}
5 -> {12, 13, 15}
9 -> {12, 15}
```

这说明 13 号文档、15 号文档和 17 号文档与 12 号文档相似。在当前的算法中，我们现在需要将 12 号文档与 13 号文档、15 号文档和 17 号文档进行比较，以便查看它们与 12 号文档共同元素的数量（即交集的大小）。我们可以根据文档大小和交集大小计算并集，该过程与前述方法相同。但是，请注意，13 号文档在散列表中出现了两次，15 号文档出现了三次，17 号文档出现了一次。我们丢弃了这些信息。可以使用这些信息吗？一些文档出现了多次，另一些文档却只出现了一次，这说明了什么？

13 号文档出现了两次，因为它和 12 号文档有两个共同元素（1 和 5）。17 号文档出现了一次，因为它和 12 号文档只有一个共同元素（1）。15 号文档出现了三次，因为它和 12 号文档有三个共同元素（1、5 和 9）。事实上，这些信息可以直接告诉我们交集的大小。我们可以遍历每个文档，查找散列表中的项，然后计算每个文档在每个条目列表中出现的次数。下面是一种更直观的方法。

(1) 如前所述，为文档列表构建一个散列表。
(2) 创建一个新的散列表，使其从一对文档映射到一个整数（该整数表示交集的大小）。
(3) 读取第一个散列表，遍历每个文档列表。
(4) 对于每个文档列表，遍历该列表中的每一对文档，并对该对文档的交集大小加一。

将该解法的时间复杂度与上一解法的时间复杂度进行对比有些棘手。一种可以用于分析的方法是，我们需要意识到在上一解法中对于每一对相似的文档都要完成 $O(W)$ 的计算。这是因为，一旦发现两个文档是相似的，就会访问每个文档中的所有单词。在这个算法中，我们只需访问一对文档中共有的单词。在最坏情况下，时间复杂度仍然是一样的，但是对于其他许多输入样例，这个算法会更快。

```
1   HashMap<DocPair, Double>
2   computeSimilarities(HashMap<Integer, Document> documents) {
3     HashMapList<Integer, Integer> wordToDocs = groupWords(documents);
4     HashMap<DocPair, Double> similarities = computeIntersections(wordToDocs);
5     adjustToSimilarities(documents, similarities);
6     return similarities;
7   }
8
9   /* 创建从单词到所在位置的散列表 */
10  HashMapList<Integer, Integer> groupWords(HashMap<Integer, Document> documents) {
11    HashMapList<Integer, Integer> wordToDocs = new HashMapList<Integer, Integer>();
12
13    for (Document doc : documents.values()) {
14      ArrayList<Integer> words = doc.getWords();
15      for (int word : words) {
16        wordToDocs.put(word, doc.getId());
17      }
18    }
19
20    return wordToDocs;
21  }
22
23  /* 计算文档的交集。先对每对文档进行遍历，再对文档内容进行遍历，增加每页的交集大小 */
24  HashMap<DocPair, Double> computeIntersections(
25      HashMapList<Integer, Integer> wordToDocs {
26    HashMap<DocPair, Double> similarities = new HashMap<DocPair, Double>();
27    Set<Integer> words = wordToDocs.keySet();
28    for (int word : words) {
29      ArrayList<Integer> docs = wordToDocs.get(word);
30      Collections.sort(docs);
31      for (int i = 0; i < docs.size(); i++) {
32        for (int j = i + 1; j < docs.size(); j++) {
33          increment(similarities, docs.get(i), docs.get(j));
34        }
35      }
36    }
37
38    return similarities;
39  }
40
```

```
41    /* 增加每对文档的交集大小 */
42    void increment(HashMap<DocPair, Double> similarities, int doc1, int doc2) {
43      DocPair pair = new DocPair(doc1, doc2);
44      if (!similarities.containsKey(pair)) {
45        similarities.put(pair, 1.0);
46      } else {
47        similarities.put(pair, similarities.get(pair) + 1);
48      }
49    }
50
51    /* 调整交集内容使其相似 */
52    void adjustToSimilarities(HashMap<Integer, Document> documents,
53                              HashMap<DocPair, Double> similarities) {
54      for (Entry<DocPair, Double> entry : similarities.entrySet()) {
55        DocPair pair = entry.getKey();
56        Double intersection = entry.getValue();
57        Document doc1 = documents.get(pair.doc1);
58        Document doc2 = documents.get(pair.doc2);
59        double union = (double) doc1.size() + doc2.size() - intersection;
60        entry.setValue(intersection / union);
61      }
62    }
63
64    /* HashMapList<Integer, Integer> 是从 Integer 到 ArrayList<Integer>的散列表。
```

对于一组具有稀疏相似度的文档，这将比原始的简单算法快得多，后者需要直接比较所有文档对。

解法 6（优化解法三）

有些求职者可能会想出另一种算法。这种算法虽然有些慢，但仍然很不错。

回想一下之前的算法，可以通过排序来计算两个文档之间的相似度。我们可以将此方法扩展到多个文档。假设我们将所有单词加上原始文档的标记，然后对它们进行排序。在此之前的文件列表如下所示。

1_{12}, 1_{13}, 1_{15}, 1_{16}, 2_{14}, 3_{13}, 3_{14}, 4_{14}, 5_{12}, 5_{13}, 5_{15}, 6_{16}, 8_{13}, 8_{15}, 9_{12}, 9_{15}

现在我们有了和前述算法基本上一样的方法。遍历这个元素列表。对于包含相同元素的每一个序列，我们增加对应的两个文档交集的计数。我们将使用一个 Element 类将文档和单词组合在一起。当对列表进行排序时，将首先以单词进行排序，在单词相等时，以文档的 ID 进行排序。

```
1    class Element implements Comparable<Element> {
2      public int word, document;
3      public Element(int w, int d) {
4        word = w;
5        document = d;
6      }
7
8      /* 排序时，使用此函数比较单词 */
9      public int compareTo(Element e) {
10       if (word == e.word) {
11         return document - e.document;
12       }
13       return word - e.word;
14     }
15   }
16
17   HashMap<DocPair, Double> computeSimilarities(
18       HashMap<Integer, Document> documents) {
19     ArrayList<Element> elements = sortWords(documents);
```

```java
20    HashMap<DocPair, Double> similarities = computeIntersections(elements);
21    adjustToSimilarities(documents, similarities);
22    return similarities;
23  }
24
25  /* 将所有单词加入到一个链表中，先以单词排序，再以文档排序 */
26  ArrayList<Element> sortWords(HashMap<Integer, Document> docs) {
27    ArrayList<Element> elements = new ArrayList<Element>();
28    for (Document doc : docs.values()) {
29      ArrayList<Integer> words = doc.getWords();
30      for (int word : words) {
31        elements.add(new Element(word, doc.getId()));
32      }
33    }
34    Collections.sort(elements);
35    return elements;
36  }
37
38  /* 增加每对文档的交集大小 */
39  void increment(HashMap<DocPair, Double> similarities, int doc1, int doc2) {
40    DocPair pair = new DocPair(doc1, doc2);
41    if (!similarities.containsKey(pair)) {
42      similarities.put(pair, 1.0);
43    } else {
44      similarities.put(pair, similarities.get(pair) + 1);
45    }
46  }
47
48  /* 调整交集内容使其相似 */
49  HashMap<DocPair, Double> computeIntersections(ArrayList<Element> elements) {
50    HashMap<DocPair, Double> similarities = new HashMap<DocPair, Double>();
51
52    for (int i = 0; i < elements.size(); i++) {
53      Element left = elements.get(i);
54      for (int j = i + 1; j < elements.size(); j++) {
55        Element right = elements.get(j);
56        if (left.word != right.word) {
57          break;
58        }
59        increment(similarities, left.document, right.document);
60      }
61    }
62    return similarities;
63  }
64
65  /* 调整交集内容使其相似 *
66  void adjustToSimilarities(HashMap<Integer, Document> documents,
67                            HashMap<DocPair, Double> similarities) {
68    for (Entry<DocPair, Double> entry : similarities.entrySet()) {
69      DocPair pair = entry.getKey();
70      Double intersection = entry.getValue();
71      Document doc1 = documents.get(pair.doc1);
72      Document doc2 = documents.get(pair.doc2);
73      double union = (double) doc1.size() + doc2.size() - intersection;
74      entry.setValue(intersection / union);
75    }
76  }
```

这个算法的第一步比前述算法要慢，这是因为它必须对列表进行排序而不是仅仅将元素添加到列表中。该算法的第二步与前述算法基本上是相同的。这两种算法的运行速度都要比原始的简单算法快得多。

第 37 章

进阶话题

本章涉及的话题并不是面试中的常见内容，但建议根据面试的岗位要求，选择对应内容深入学习。

37.1 实用数学

以下是一些在解答问题时比较实用的数学题。网上有更多的正式验算过程可供你查阅，但这里将重点为你介绍隐藏在这些数学知识背后的思路。你可以把这些看作非正式的验算过程。

37.1.1 整数 1 至 N 的和

$1+2+\cdots+n$ 是多少？让我们通过将较小的值和较大的值进行配对来计算。

如果 n 是偶数，则将 1 和 n、2 和 $n-1$ 等项进行配对。将会得到 $n/2$ 对和，每对和的值为 $n+1$。如果 n 是奇数，则将 0 和 n、1 和 $n-1$ 等项进行配对。将会得到 $(n+1)/2$ 对和，每对和的值为 n。

n是偶数			
数对	a	b	a + b
1	1	n	n + 1
2	2	n - 1	n + 1
3	3	n - 2	n + 1
4	4	n - 3	n + 1
...	...	...	...
n/2	n/2	n/2 + 1	n + 1
总计：	n/2×(n+1)		

n是奇数			
数对	a	b	a + b
1	0	n	n
2	1	n - 1	n
3	2	n - 2	n
4	3	n - 3	n
...	...	...	...
(n+1)/2	(n-1)/2	(n+1)/2	n
总计：	(n+1)/2 × n		

无论哪种情况，和都为 $n(n+1)/2$。该推理过程会导致很多嵌套的循环。以下面的代码为例：

```
1   for (int i = 0; i < n; i++) {
2       for (int j = i + 1; j < n; j++) {
3           System.out.println(i + j);
4       }
5   }
```

在外层 for 循环的第一次迭代中，内层 for 循环会迭代 $n-1$ 次。在外层 for 循环的第二次迭代中，内层 for 循环将迭代 $n-2$ 次。接下来，内层 for 循环会分别迭代 $n-3$ 次和 $n-4$ 次，等等。内层 for 循环总次数为 $n(n-1)/2$。因此，该代码用时为 $O(n^2)$。

37.1.2 2的幂的和

请考虑下面的序列：$2^0 + 2^1 + 2^2 + \cdots + 2^n$。结果是什么？

思考该问题的一种直观的办法是观察这些值的二进制表示方式。

幂	二进制表示	十进制表示
2^0	00001	1
2^1	00010	2
2^2	00100	4
2^3	01000	8
2^4	10000	16
和：2^5-1	11111	32 - 1 = 31

因此，若以二进制表示，$2^0 + 2^1 + 2^2 + \cdots + 2^n$ 的值为 $(n+1)$ 个 1，即此值为 $2^{n+1}-1$。

结论：由 2 的幂组成的序列之和大约等于序列中的下一个值。

37.1.3 对数的底

假设有一个以 $\log_2$ 表示的数（以 2 为底的对数），如何将其转换为 $\log_{10}$？也就是说，$\log_b k$ 和 $\log_x k$ 有什么关系？

让我们进行一些数学计算。假设 $c = \log_b k$，$y = \log_x k$。

```
log_b k = c --> b^c = k          // log 的定义
log_x(b^c) = log_x k             // 等式两边取 log
c log_x b = log_x k              // 对数的规则。此处可消去以 e 为底的指数
c = log_b k = log_x k/log_x b    // 代入 c 并将上面等式相除
```

因此，假设想将 $\log_2 p$ 转化为 $\log_{10} p$，只需：

$$\log_{10} p = \frac{\log_2 p}{\log_2 10}$$

结论：以不同数字为底的对数只相差一个常数因子。出于这个原因，大多数情况下忽略了大 O 表示法中的对数的底数。底数并不重要，因为会删除常量。

37.1.4 排列

总共有多少种排列 n 个不重复字符的方法？排列第一个字符有 n 种选项，第二个字符位置有 $n-1$ 种选项（一个字符已经被使用了），第三个字符有 $n-2$ 种选项，以此类推。因此，字符串排列方式的总数是 $n!$。

$$n! = \underline{n} \times \underline{n-1} \times \underline{n-2} \times \underline{n-3} \times \cdots \times \underline{1}$$

如果从 n 个唯一字符中构成一个长度为 k 的字符串（所有字符均唯一），该如何计算？你可以遵循类似的逻辑，但是需要提前停止对于字符的选择与相乘。

$$\frac{n!}{(n-k)!} = \underline{n} \times \underline{n-1} \times \underline{n-2} \times \underline{n-3} \times \cdots \times \underline{n-k+1}$$

37.1.5 组合

假设你有一组 n 个不同的字符，有多少种方法可以将 k 个字符选入新的集合（顺序无关紧

要)？也就是说，n个不同元素中有多少个大小为k的子集？这就是"从n中选k个数"的意思，通常写为$\binom{n}{k}$。

想象一下，首先写出所有长度为k的子串，然后取出重复项，从而得到所有集合的列表。根据上一节，可以得到$n!/(n-k)!$个长度为k的子串。由于每个大小为k的子集可以被重新排列为$k!$种独特的字符串，每个子集都在该子串列表中重复$k!$次，因此结果需要除以$k!$从而去除这些重复项。

$$\binom{n}{k} = \frac{1}{k!} \times \frac{n!}{(n-k)!} = \frac{n!}{k!(n-k)!}$$

37.1.6 归纳证明

归纳法是一种证明某事实为真的方式，其与递归关系密切。归纳法采取以下形式。

任务：证明语句$P(k)$对于所有的$k \geq b$都成立。
- 基础情况：证明$P(b)$语句成立，该步骤只需带入数字即可。
- 假设：假设$P(n)$语句成立。
- 归纳步骤：证明如果$P(n)$语句成立，那么$P(n+1)$语句也一定成立。

这就像多米诺骨牌一样，如果第一个多米诺骨牌倒下，它总会碰到下一个多米诺骨牌，最终所有的多米诺骨牌都将倒下。

让我们使用该方法来证明包含n个元素的集合共有2^n个子集。
- 定义：令$S = \{a_1, a_2, a_3, ..., a_n\}$是包含$n$个元素的集合。
- 基础情况：证明$\{\}$共有2^0个子集。该情况成立，这是因为$\{\}$的唯一子集是$\{\}$。
- 假设$\{a_1, a_2, a_3, ..., a_n\}$有$2^n$个子集。
- 证明$\{a_1, a_2, a_3, ..., a_{n+1}\}$存在$2^{n+1}$个子集。

考虑$\{a_1, a_2, a_3, ..., a_{n+1}\}$的子集。恰好一半包含$a_{n+1}$，另一半则不包含。不包含$a_{n+1}$的子集就是$\{a_1, a_2, a_3, ..., a_n\}$的子集，假设其共有$2^n$个元素。因为有$x$的子集与没有$x$的子集的数量相同，所以有$2^n$个子集包含$a_{n+1}$。因此，共有$2^n + 2^n$个子集，即$2^{n+1}$。

许多递归算法可以通过归纳法证明其正确性。

37.2 拓扑排序

有向图的拓扑排序是对节点列表进行排序的一种方式。拓扑排序之后，如果(a, b)是图中的一条边，则a应出现在列表中的b之前。如果一个图有环路或者无向，则无法对其进行拓扑排序。

该算法用途广泛。例如，假设有一个用于表示装配线上零件的图，图的边(handle, door)表示你需要在门（door）之前组装手柄（handle）。拓扑排序可以为该装配线提供合理的组装顺序。

可以用下面的方法构造一个拓扑排序。

(1) 找出没有入边的所有节点，并将这些节点添加到拓扑排序中。
- 可以放心地添加这些节点，因为它们之前不需要完成任何节点。不妨把所有这样的节点都找出来。
- 如果图中没有环路，那么这样的节点必然存在。毕竟，如果选择任意一个节点，则可以任意向后移动节点。要么终将停止在某一节点处（在这种情况下，即发现了一个没有入边的节点），要么会返回至前面的一个节点（在这种情况下，图中即有一个环路）。

(2) 完成上述操作后，从图中删除上一步骤中每个节点的出边。
- 这些节点已经被添加到拓扑排序中，所以它们实际上不再相关。不再能打破这些边定义的顺序了。

(3) 重复上述步骤，添加没有入边的节点，并删除其出边。当所有的节点都被加入到拓扑排序中后，即完成了该算法。

更正式地说，该算法是这样的。

(1) 创建一个队列 order，其最终将存储有效的拓扑排序。目前该队列为空。

(2) 创建一个队列 processNext。这个队列将存储下一个要处理的节点。

(3) 计算每个节点的入边的数量并设置类变量 node.inbound 的值。节点通常只存储它们的出边。但是，可以通过遍历节点 n 来计算入边的数量，并对其每条出边(n, x)将 x.inbound 的值加一。

(4) 再次遍历节点，并将其中 x.inbound == 0 的所有节点添加到 processNext 中。

(5) 当 processNext 不为空时，执行以下操作。
- 从 processNext 中删除第一个节点 n。
- 对于每条边(n, x)，将 x.inbound 的值减一。如果 x.inbound == 0，则将 x 加入到 processNext 尾部。
- 将 n 加入到 order 尾部。

(6) 如果 order 包含所有节点，则该算法已成功。否则，拓扑排序因为发现环路而失败。

37.3 Dijkstra 算法

在一些图表中，可能需要对边赋予权重。如果图表代表城市，则每个边可以代表道路，其权重可以代表运行时间。在这种情况下，我们可能会像你的 GPS 地图系统一样提出这样的问题：从当前位置到另一个点 P 的最短路径是什么？这里就需要用到 Dijkstra 算法。

Dijkstra 算法是一种在加权有向图（可能包含环路）中查找两点之间最短路径的方法。所有的边都必须具有正值。

让我们试着去推导 Dijkstra 算法。以前文描述的图表为例，可以通过计算所有可能路径花费的实际时间来计算 s 点至 t 点最短的路径。这里我们需要一台机器克隆自己。

(1) 从 s 点开始。

(2) 对于 s 的每条出边，需要克隆自己并开始遍历。如果边(s, x)的权重为 5，实际上需要 5 分钟才能到达。

(3) 每次到达一个节点，检查是否有人曾经到达过此节点。如果有，则停止。由于别人先于我们从 s 点到达此节点，因此这条路径自然没有其他路径快。如果没有，则对自己进行克隆，并朝所有可能的方向前进。

(4) 第一个到达 t 点的克隆体赢得胜利。

该方法是可行的，但是在真正的算法中，我们当然不希望真的使用一个计时器来查找最短路径。

假设每个克隆体都可以立即从一个节点跳跃到其相邻节点（不管边的权重是多少），但是克隆体会保存一个 time_so_far 变量，该变量用于记录以"真实"的速度行走将会花费多长时间。另外，一次只能移动一个人，而且总是移动具有最小的 time_so_far 值的那个。这就是 Dijkstra 算法的工作原理。

Dijkstra算法用于查找从起始节点到图上**每个**节点的最小加权路径。思考下图。

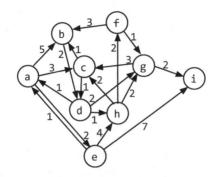

假设试图查找从 *a* 到 *i* 的最短路径，我们将使用 Dijkstra 算法来找到从 *a* 至所有其他节点的最短路径，显然可以从中得知从 *a* 到 *i* 的最短路径。

首先初始化几个变量。

- path_weight[node]：从每个节点到最短路径权重的映射，除了 path_weight[a] 被初始化为 0 以外，其他所有的值被初始化为无穷大。
- previous[node]：从每个节点到（当前）最短路径中上一个节点的映射。
- remaining：由图表中所有节点组成的优先队列，其中每个节点的优先级由 path_weight 确定。
- 一旦初始化了这些值，就可以开始调整 path_weight 的值了。

（最小）**优先队列**是一个抽象数据类型（至少在这种情况下是这样），它支持插入一个对象和键，删除具有最小键的对象，减小键的值。你可以将其想象为一个典型的队列，不同之处在于，它不是删除存在最久的项目，而是删除最低或最高优先级的项目。优先队列是一个抽象数据类型，这是因为它的定义来源于其行为（或其操作），而它背后的实现方法可能有所不同。你可以使用数组、最小（最大）堆或者许多其他数据结构来实现优先队列。

对 remaining 中的节点进行迭代（直到 remaining 为空），对每个节点做以下操作。
(1) 选择 remaining 中 path_weight 值最小的节点，将该节点称为节点 n。
(2) 对于每个相邻节点，比较 path_weight[x]（该值为从节点 a 到节点 x 的当前最短路径的权重）与 path_weight[n] + edge_weight[(n, x)] 的值，也就是说，可以得到一条当前路径以外的具有更低权重的从 a 至 x 的路径吗？如果可以，更新 path_weight 和 previous 的值。
(3) 从 remaining 中删除 n。

当 remaining 为空时，path_weight 即存储了从 a 到每个节点的当前最短路径的权重。可以通过追踪 previous 的值来重建该路径。

不妨在以上图表中使用该方法。

(1) n 的第一个值是 a。观察它的相邻节点（b、c 和 e），更新 path_weight 的值（到 5、3 和 2）和 previous 的值（到 a）。然后，从 remaining 中删除 a。

(2) 之后，找到下一个最小的节点，即 e。之前将 path_weight[e] 更新为 2。它的相邻节点是 h 和 i，所以更新这两个节点的 path_weight（到 6 和 9）和 previous 的值。请注意 6 是 path_weight[e]（即 2）与边 (e, h) 的权重（即 4）之和。

(3) 下一个最小的节点是 c，它的 path_weight 值为 3。它的相邻节点是 b 和 d。

path_weight[d]的值是无穷大，所以将其更新为 4（path_weight[c] + weight(edge c, d)），path_weight[b]的值先前已经设置为 5，但是由于 path_weight[c] + weight(edge c, b)（即 3 + 1 = 4）小于 5，因此需要将 path_weight[b]更新为 4，并且将 previous 更新为 c。这表示将改进从 a 到 b 的路径，使其通过 c 节点。

继续重复此过程直到 remaining 为空。下图显示了每一步中对 path_weight（左侧单元格）和 previous（右侧单元格）的改变。最上面一行显示了当前 n（从 remaining 中删除的节点）的值。当一行从 remaining 删除之后，就将整行划去。

	INITIAL		n=a		n=e		n=c		n=b		n=d		n=h		n=g		n=f		FINAL	
	wt	pr	wt	pr	wt	pr	wt	pr	wt	pr	wt	pr	wt	pr	wt	pr	wt	pr	wt	pr
a	0	-	已删除																0	-
b	∞	-	5	a			4	c	已删除										4	c
c	∞	-	3	a			已删除												3	a
d	∞	-					4	c			已删除								4	c
e	∞	-	2	a	已删除														2	a
f	∞	-											7	h			已删除		7	h
g	∞	-									6	d			已删除				6	d
h	∞	-			6	e					5	d	已删除						5	d
i	∞	-	∞	-	9	e									8	g			8	g

一旦完成，可以按照这个图表往回查找，从 i 开始查看实际的路径，在上述的例子中，最小权重路径权重为 8，路径为 a -> c -> d -> g -> i。

优先队列和运行时间

如前所述，该算法使用了优先队列，但是该数据结构可以用不同的方式实现。

本算法的运行时间在很大程度上取决于优先队列的实现。假设你有 v 个顶点和 e 个节点。

- 如果使用数组实现优先队列，那么最多可以调用 remove_min 方法 v 次。每次操作将花费 $O(v)$ 的时间，所以在 remove_min 调用上会花费 $O(V^2)$ 的时间。另外，对于每条边，最多可更新一次 path_weight 和 previous 的值，因此 $O(e)$ 的时间内就可以完成更新操作。请注意，e 必须小于等于 v^2，因为边的数量不可能超过顶点对的数量。因此，总体运行时间是 $O(V^2)$。
- 如果使用最小堆实现优先队列，则 remove_min 方法的每次调用将花费 $O(\log v)$ 的时间（与插入和更新键一样）。我们将为每个顶点执行一次 remove_min 方法，这样将花费 $O(v \log v)$ 的时间（v 个顶点，每个顶点花费 $O(\log v)$ 的时间）。另外，对于每一条边，会调用一次更新键或插入键操作，因此这将花费 $O(e \log v)$ 的时间。总计运行时间为 $O((v + e)\log v)$。

哪一种方法更好？如果图有很多条边，那么 v^2 将接近于 e。在这种情况下，使用数组实现可能会更好，因为 $O(v^2)$ 要好于 $O((v + v^2)\log v)$。但是，如果图比较稀疏，则 e 比 v^2 小得多。在这种情况下，最小堆实现可能会更好一些。

37.4 散列表冲突解决方案

基本上任何散列表都可能发生冲突。有很多方法可以处理该问题。

37.4.1 使用链表连接数据

这种方法最常见，散列表的数组会被映射为一个链表。只需不断向该链表添加项即可。只要冲突的数量非常小，该方法就非常有效。

在最坏的情况下，查找操作的时间复杂度为 $O(n)$，其中 n 是散列表中元素的数量。最坏情况只有在出现非常奇怪的数据，使用非常差的散列函数或两者兼而有之的情况下才会发生。

37.4.2 使用二叉搜索树连接数据

除了在链表中存储冲突元素，还可以将冲突元素存储在二叉搜索树中。这会使最坏情况下的运行时间达到 $O(\log n)$。

实际上，除非出现非常不均匀的分布，否则很少采用这种方法。

37.4.3 使用线性探测进行开放寻址

在这种方法中，当冲突发生时（已经在指定的索引处存储了一个元素），只是移动到数组中的下一个索引，直到找到空位。或者，有些时候，还会使用一些其他的固定位移，如索引 + 5。

如果冲突次数很少，那么这就是一个非常快速和节省空间的解决方案。

一个明显的缺点是，散列表受到数组大小的限制。上述连接数据的方案则不受此限制。

这里还有一个问题。假设一个具有大小为 100 的底层数组的散列表，其中索引 20 到 29 已被填充（而其他元素为空），下一个插入到索引 30 的概率是多少？由于映射到 20 到 30 之间任何索引的元素都将最终被插入至索引 30 的位置，因此其概率为 10%。这将导致**聚集**的问题。

37.4.4 平方探测和双重散列

探测之间的距离不需要是线性的。例如，可以按照平方的方式增加探测距离。或者可以使用另一个散列函数来确定探测距离。

37.5 Rabin-Karp 子串查找

在较大的字符串 B 中搜索子串 S 的蛮力法需要 $O(s(b-s))$ 的运行时间，其中 s 是 S 的长度，b 是 B 的长度。在该算法中，搜索 B 中前 $b - s + 1$ 个字符，并对其中每一个字符检查从它开始的 s 个字符是否与 S 匹配。

Rabin-Karp 算法巧妙地对蛮力法进行了优化：如果两个字符串相同，那么它们必然具有相同的散列值（反过来则不是这样，两个不同的字符串可能会有相同的散列值）。

因此，如果有效地为 B 中的每个长度为 s 的字符序列预先计算散列值，则可以在 $O(b)$ 的时间内找到 S 的位置。然后，只需要验证那些位置确实与 S 匹配。

例如，假设散列函数只是对每个字符进行简单的求和（其中，空格 = 0，a = 1，b = 2，以此类推）。如果 S 是 ear，而 B 是 doe are hearing me，那么只需要找出总和为 24（e + a + r）的序列。该情况在三处发生。对于每一处位置，需要检查字符串是否确实为 ear。

字符：	d	o	e		a	r	e		h	e	a	r	i	n	g		m	e
代码：	4	15	5	0	1	18	5	0	8	5	1	18	9	14	7	0	13	5
接下来三个元素的和：	24	20	6	19	24	23	13	13	14	24	28	41	30	21	20	18		

如果通过计算 hash('doe')、hash('oe ')、hash('e a')等步骤来求和，那么仍然需要 $O(s(b-s))$ 的时间。

取而代之的是，可以通过 hash('oe ') = hash('doe') - code('d') + code(' ') 来计算散列值。计算所有散列值需要 $O(b)$ 的时间。

你可能会认为，在最坏情况下许多散列值都会相同，所以该方法仍将花费 $O(s(b-s))$ 的时间。对于这个散列函数确实是这样的。

在实践中，会使用更好的**滚动散列函数**（rolling hash function），比如 Rabin 指纹函数（Rabin fingerprint）。该函数本质上把类似于 doe 这样的字符串作为 128（或者以字母表中字符数量为进制）进制数处理。

hash('doe')= code('d') * 128^2 + code('o') * 128^1 + code('e') * 128^0

对于该散列函数，可以删除 d，移动 o 与 e，最后加入空格。

hash('oe ')=(hash('doe') - code('d') * 128^2) * 128 + code(' ')

如此计算会大大减少错误匹配的次数。虽然最坏情况下的时间复杂度仍为 $O(sb)$，但是使用像该函数一样的好的散列函数可以使期望时间复杂度变为 $O(s + b)$。

在面试中会时常用到该算法，因此，熟悉在线性时间内可以进行子串查找的知识，对你的面试将大有裨益。

37.6 AVL 树

AVL 树是实现树平衡算法的两种常用方法之一。我们只在这里讨论插入操作，如果你感兴趣，也可以单独查找删除操作的内容。

37.6.1 性质

AVL 树在每个节点中存储以此节点为根的所有子树的高度。这样一来，对于任意节点，都可以检查其在高度上是否平衡，即左子树的高度和右子树的高度相差不超过 1。这样做可以防止树过于失衡。

$$balance(n) = n.left.height - n.right.height$$
$$-1 <= balance(n) <= 1$$

37.6.2 插入操作

当插入节点时，某些节点的平衡度可能会变为-2 或 2。因此，当"展开"递归栈时，需要检查、修复每个节点处的平衡度。可以通过一系列的旋转操作来完成这一任务。旋转操作可以是左旋或者右旋。右旋是与左旋相反的操作。

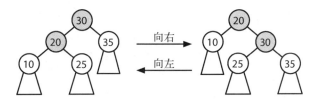

根据树的平衡度以及不平衡发生的位置，可以用不同的方式进行修正。

- 情况1：平衡度为2

在这种情况下，左子树的高度比右子树的高度多 2。如果左子树较大，则左子树多出的节点必定悬挂在左侧（如左左型所示）或悬挂在右侧（如左右型所示）。如果给定的树看起来像是左右型结构，则可以对其进行下图所示的旋转操作，并将其转换为左左型结构，从而最终转换为平衡结构。如果给定的树看起来已经为左左型结构，那么只需将其转化为平衡结构即可。

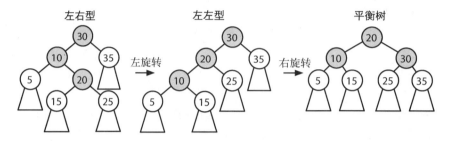

- 情况2：平衡度为-2

这种情况是前一种情况的镜像。给定的树看起来为右左型或右右型。执行下面的旋转操作可以将其转换为平衡结构。

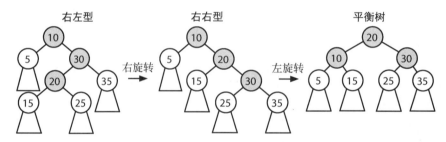

在这两种情况下，"平衡"就意味着树的 balance 值位于-1 和 1 之间。这并不意味着 balance 值为 0。

对树进行向上递归，同时修复树中任意的不平衡节点。如果找到某一子树的平衡度为 0，即完成了树的平衡操作。树中一部分的不平衡不会导致另一棵更高的子树产生-2 或 2 的平衡度。如果以非递归方式实现该算法，则可以在此时跳出循环。

37.7 红黑树

红黑树（一种自平衡二叉搜索树）不能保证非常严格的平衡，但是其平衡性仍然足以确保以 $O(\log N)$ 的时间复杂度进行插入、删除和检索操作。它们需要较少的内存，并且可以更快地进行再平衡（这意味着可以更快地进行插入和移除操作），所以它们常在树需要被频繁修改的情况下使用。

红黑树的实现方法是，对节点交替标记红色或黑色（以特定规则进行，如下所述），并要求从某一节点到叶节点的所有路径都具有相同数量的黑色节点。这样的方法可以得到一棵合理的平衡树。

下面的树是红黑树（红色节点用灰色表示）。

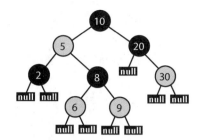

37.7.1 性质

(1) 每个节点要么是红色节点，要么是黑色节点。
(2) 根节点是黑色节点。
(3) 叶节点为空节点，也称为黑色节点。
(4) 每个红色节点必须有两个黑色子节点，也就是说，一个红色节点不可能有红色子节点（虽然黑色节点可以有黑色子节点）。
(5) 每一条从某一节点至其叶节点的路径必须包含相同数量的黑色子节点。

37.7.2 为什么这样的树是平衡的

性质(4)意味着在一条路径中两个红色节点不能相邻（例如，父节点和子节点）。因此，一条路径中，红色的节点数量不会超过一半。

考虑从某节点（比如根节点）到叶节点的两条路径。两条路径必须具有相同数量的黑色节点（性质(5)，共计 b 个黑色节点）。假设它们的红色节点数量尽可能不同：一个路径包含最小数量的红色节点，另一个路径包含最大数量的红色节点。

- 路径 1（最少红色节点路径）：红色节点的最小数量为零。因此，路径 1 共有 b 个节点。
- 路径 2（最多红色节点路径）：红色节点的最大数量为 b，这是因为红色节点必须有黑色子节点，而黑色节点的数量为 b。因此，路径 2 共有 $2b$ 个节点。

因此，即使在最极端的情况下，两条路径的长度相差也不会超过一倍。这足以确保在 $O(\log N)$ 的时间复杂度内完成查找操作和插入操作。

如果可以保持这些性质，则可以得到一棵（足够）平衡的树——无论如何都足以确保在 $O(\log N)$ 的时间内完成查找操作和插入操作。接下来的问题是如何有效地维护这些性质。我们只在这里讨论插入操作，但你可以自行检索删除操作的相关资料。

37.7.3 插入操作

在一棵红黑树中插入一个新节点。以典型的二叉搜索树插入操作为例。
- 新的节点被插入到一个叶节点中，这意味着它们将替换一个黑色节点。
- 新的节点总是红色的，并赋予两个黑色的叶节点（空节点）。

一旦完成了这个任务，我们就需要修复所有违反红黑树性质的地方。有以下两种可能的违规之处。
- 红色违规：红色节点有一个红色的子节点（或者根节点是红色的）。
- 黑色违规：一条路径比另一条路径有更多的黑色节点。

插入的节点是红色的。没有改变任何路径（到达叶节点的路径）上的黑色节点的数量，所以不会产生黑色违规，但是可能产生红色违规。

在根节点是红色的特殊情况下，总是可以将它变成黑色来满足第二条性质，这不会违反其他的限制。

否则，如果存在红色违规，那么这意味着在另一个红色节点下出现了一个红色节点。大事不妙！

把当前节点称为 N。P 是 N 的父节点。G 是 N 的祖父节点，U 是 N 的叔伯节点，即 P 的兄弟节点。已知部分如下。

- N 是红色的，P 是红色的，这是因为产生了红色违规。
- G 一定是黑色的，这是因为之前并没有产生红色违规。

未知部分如下。

- U 可能是红色或黑色的。
- U 可能是左子节点或右子节点。
- N 可能是左子节点或右子节点。

通过简单的组合，总共需要考虑 8 种情况。幸运的是，其中一些情况是相同的。

情况 1：U 是红色的

U 是左子节点还是右子节点或者 P 是左子节点还是右子节点无关紧要。我们可以将 8 种情况中的 4 种合并为一种情况来讨论。

如果 U 是红色的，那么可以切换 P、U 和 G 的颜色，将 G 从黑色切换为红色，将 P 和 U 从红色切换为黑色。在此过程中并没有改变任何路径上的黑色节点数量。

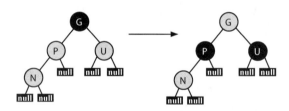

但是，将 G 变为红色，可能使其与父节点产生了红色违规。如果发生这样的情况，则需要递归地使用同样的一整套逻辑来处理红色冲突，即将 G 变为新的 N。

请注意，在一般的递归情况下，N、P 和 U 也可能在黑色空节点（上图中显示为叶节点）的位置存在子树。在情况 1 中，这些子树仍然连接至同一父节点，这是因为树的结构并没有改变。

情况 2：U 是黑色的

我们需要考虑 N 和 U 的组合（左子节点或是右子节点）。在每种情况下，确保修正红色违规（红色节点位于红色节点之上）的同时不会出现下列情况。

- 扰乱二叉搜索树的排序。
- 引入黑色违规（在一条路径上比另一条路径上存在更多的黑色节点）。

可以达到上述目的即可。在下面的每一种情况下，红色违规都是通过旋转被修正，而这些旋转操作都保持了节点的顺序。此外，下面的旋转都保持每条未受影响的路径部分中黑色节点的确切数量。被旋转的部分要么是空的叶节点，要么是内部没有改变的子树。

- N 和 P 都是左子节点

通过旋转 N、P 和 G 并通过下图所示的着色来修正红色违规。如果我们观察树的中序遍历，可以发现旋转保持了节点的顺序（a <= N <= b <= P <= c <= G <= U）。在每条通往任意子树 a、b、c 和 U（它们可能都是空节点）的路径中，该树都保持了相同、等量的黑色节点。

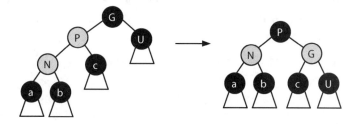

- P 是左子节点，N 是右子节点

在情况 B 中的旋转修正了红色违规并保持了中序遍历的属性：a <= P <= b <= N <= c <= G <= U。同样地，黑色节点的计数在每条延伸至叶节点的路径中保持不变。

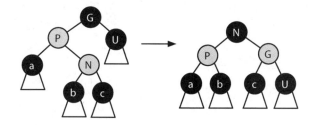

- N 和 P 都是右子节点

这是情况 A 的镜像。

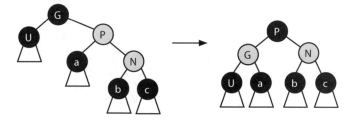

- N 是左子节点，P 是右子节点

这是情况 B 的镜像。

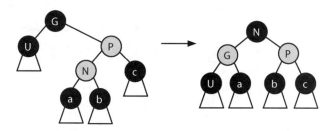

在情况 2 的每一个子情况中，N、P 和 G 的按值排序的中间元素都被旋转操作为 G 原先子树的根节点，同时该元素与 G 元素交换了颜色。后续可以继续研究它们是如何工作的，每种情况如何确保没有红色违规、没有黑色违规同时没有违反二叉搜索树性质。

37.8 MapReduce

MapReduce 在系统设计中广泛应用于处理大量的数据。顾名思义，一个 MapReduce 程序需要你编写一个映射（Map）步骤和一个归纳（Reduce）步骤，而其余部分交由系统处理。

(1) 系统在不同的机器上分割数据。
(2) 每台机器开始运行用户提供的 `Map` 程序。
(3) `Map` 程序获取一些数据并产生一个对。
(4) 由系统提供的 `Shuffle` 进程将重新组织数据，使得与某一给定的键相关联的所有对都会被发送到同一台机器。这些数据将被 Reduce 程序处理。
(5) 由用户提供的 Reduce 程序将接受一个键和一组与其相关联的值，并以某种方式对它们进行"归纳"并产生一个新的键和值。这个结果可能会被反馈到 Reduce 程序中以进一步进行归纳。

使用 MapReduce 的典型例子来计算一组文档中单词出现的频率。

你可以把它写成一个单一的函数——读入所有的数据，通过散列表计算出每个单词出现的次数，然后输出结果。

MapReduce 允许你对文档进行并行处理。Map 函数读入一个文档，并且只会记录每个单词及其出现次数（出现次数总为 1）。Reduce 函数读入键（即单词）和与其相关联的值（即出现次数）。它生成出现次数的和。该值可能会最终成为另一个 Reduce 函数的输入值（如图所示，该 Reduce 被使用于同一键上）。

```
1  void map(String name, String document):
2    for each word w in document:
3      emit(w, 1)
4
5  void reduce(String word, Iterator partialCounts):
6    int sum = 0
7    for each count in partialCounts:
8      sum += count
9    emit(word, sum)
```

下图显示了这个例子的工作过程。

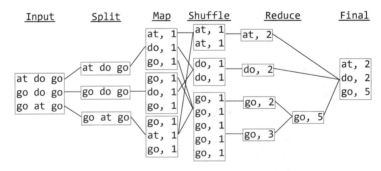

这里有另一个例子：有一组数据，以 {City, Temperature, Date}（城市，温度，日期）的形式保存。需要计算的是每年每个城市的平均温度。例如，给定的数据为 {(2012, Philadelphia, 58.2)、(2011, Philadelphia, 56.6)、(2012, Seattle, 45.1)}。

❑ **Map**：Map 步骤输出为键值对，其中键为 `City_Year`，值为 `(Temperature, 1)`。"1"表示这是一个数据点的平均温度。这对 Reduce 步骤来说很重要。

- Reduce：Reduce 步骤将会输入一个与特定城市和年份相对应的温度列表。该步骤必须使用这些输入来计算平均温度。不能只是简单地将温度加起来，然后除以总数量。

    要理解这一点，假设我们有一个特定城市和年份的 5 个数据：25、100、75、85、50。Reduce 步骤可能一次只能得到这些数据中的一部分。如果计算{75, 85}的平均值，会得到 80。这可能最终会成为另一个 Reduce 步骤的输入，该步骤会加入数据 50。如果只是简单地计算 80 和 50 的平均值，则是错误的。这是因为 80 有更多的权重。

    因此，取而代之的是：Reduce 步骤应该接受{(80, 2), (50, 1)}，然后计算**加权**平均温度。所以，该步骤应该计算 $80 \times 2 + 50 \times 1$ 的和，然后除以(2 + 1)并得到平均温度为 70。最后的输出结果为(70, 3)。

    另一个 Reduce 步骤可能会归纳{(25, 1), (100, 1)}得到(62.5, 2)。如果将其与(70, 3)进行归纳，可以得到最终答案为(67, 5)。换句话说，今年这个城市的平均气温是 67 度。

我们也可以用其他的方式做到这一点。可以把城市作为键，将(Year, Temperature, Count)作为值。Reduce 步骤基本上可以完成同样的工作，但是必须按照年份进行分组。

在很多情况下，一种实用的方法是首先考虑 Reduce 步骤应该做什么，然后设计 Map 步骤。Reduce 需要哪些数据来完成其工作？

37.9 补充学习内容

至此，你已经掌握了这些进阶话题。你还想学习更多内容？好的。这里有一些话题可供参考。

- **贝尔曼–福特算法**（Bellman-Ford algorithm）：在同时具有正值和负值边的加权有向图中，查找起始于单个节点的最短路径。
- **弗洛伊德算法**（Floyd-Warshall algorithm）：在同时具有正值或负值边（但不包括负值权重的环路）的加权图中，查找起始多条最短路径。
- **最小生成树**（minimum spanning tree）：在加权连通无向图中，生成树是指连接所有顶点的树。最小生成树是具有最小权重的生成树。有多种算法可以计算最小生成树。
- **B 树**（B-tree）：在磁盘或其他存储设备上，常使用自平衡搜索树（不是二叉搜索树）。它类似于红黑树，但使用较少的输入输出操作。
- **A*** ：查找源节点和目标节点（或多个目标节点之一）之间成本最低的路径。该算法拓展了 Dijkstra 算法，并通过使用启发式搜索获得了更好的性能。
- **区间树**（interval tree）：区间树是平衡二叉搜索树的扩展形式，但该数据结构存储的是区间（低->高的数值范围）而不是简单的值。酒店可以使用该数据结构来存储所有预订，然后有效地检测出在某一特定的时间都有哪些人入住该酒店。
- **图的着色**（graph coloring）：对图中的节点进行着色，使得图中没有两个相邻的顶点具有相同的颜色。有许多算法可以用来确定一个图是否可以使用 K 种颜色进行着色。
- **P、NP 和 NP 完备**（NP-complete）：P、NP 和 NP 完备用于指代问题的类别。P 问题是指可以被迅速解决的问题（"快速"意味着多项式时间）。NP 问题是指那些给定解决方案后可以被快速验证的问题。NP 完备问题是 NP 问题的一个子集，该类问题之间可以相互递推（换句话说，如果你找到一个问题的解决方案，那么你可以在多项式时间内通过该解决方案来解决集合中的其他问题）。P = NP 是否成立仍然是一个未知的且非常著名的问题，但是一般认为该问题的答案是否定的。

- **组合和概率**：从这部分你可以学到很多东西，比如随机变量、期望值和排列的计算方法。
- **二分图**（bipartite graph）：二分图是图的一种，在该图中，你可以将其节点划分为两个集合，使得图中的每条边都分布于两个集合之间（换句话说，在同一集合中的两个节点之间，没有任何边）。有一个算法可以用于检查一个图是否是二分图。请注意，二分图等同于仅使用两种颜色进行着色的图。
- **正则表达式**（regular expression）：你应该知道正则表达式的存在，并且粗略地了解它们的用途。你还可以了解正则表达式匹配算法如何工作。正则表达式背后的一些基本语法也可能会非常实用。